ALLE ZEIT WACH 1842

Julian Ławrynowicz

Variationsrechnung und Anwendungen

Mit 54 Abbildungen

Springer-Verlag
Berlin Heidelberg New York Tokyo

Julian Ławrynowicz
Mathematisches Institut der Polnischen Akademie der Wissenschaften, Łódź, Narutowicza 56, 90–136 Łódź, Polen

Übersetzt aus dem Polnischen von:

Diethard Pallaschke
Institut für Statistik und Mathematische Wirtschaftstheorie
Universität Karlsruhe, Kollegium am Schloß, Bau III
D-7500 Karlsruhe

Titel der polnischen Originalausgabe:
Rachunek wariacyjny ze wstępem do progamowania matematycznego.
Veröffentlicht bei Wydawnictwa Naukowo-Techniczne, Warschau 1977.

CIP-Kurztitelaufnahme der Deutschen Bibliothek. Julian, Ławrynowicz; Variationsrechnung und Anwendungen/ J. Ławrynowicz. – Berlin; Heidelberg; New York; Tokyo; Springer 1986.
ISBN-13: 978-3-540-13632-3 e-ISBN-13: 978-3-642-69891-0
DOI: 10.1007/978-3-642-69891-0

2144/3140 – 543210

Vorwort

Dieses Lehrbuch ist für Ingenieure und für Studenten der Technischen Universitäten bestimmt (mit besonderer Berücksichtigung von Hörern der elektrotechnisch-orientierten Fakultäten).

Das Buch stellt sich die Aufgabe , den Leser in die Grundprobleme und Anwendungen der Variationsrechnung und der mathematischen Programmierung einzuführen. Im Hinblick auf den vorgesehenen Leserkreis sind manche schwierige Beweise von Sätzen - sogar von grundlegenden Sätzen - nur skizziert oder sogar weggelassen worden. Ein großer Wert wurde dagegen auf die präzise, aus einer entsprechenden Heuristik abgeleiteten Formulierung der Begriffsbildungen in den Sätzen und auf eine Erklärung der Begriffe anhand von zahlreichen Beispielen, Übungen und Abbildungen gelegt.

Man hat beim Leser die Kenntnis der mathematischen Analysis im Umfang der Lehrbücher [0.7 - 0.9] vorauszusetzen.

Außer einem Grundkurs der Variationsrechnung umfaßt das Buch folgende Gebiete: mehrdimensionale, von höheren Ableitungen abhängigen Variationsprobleme, Variationsaufgaben bei variablen Gebieten, Anwendungen in der Physik und Elektrotechnik sowie eine Einführung in die Variationsmethoden der Komplexen Analysis. Die angegebenen Gebiete werden geometrisch und mit direkten Methoden behandelt. Ebenfalls behandelt wird eine Einführung in den Bereich der mathematischen Programmierung mit besonderer Berücksichtigung der dynamischen Programmierung.

Der Leser kann sich damit anhand des Buches eine Orientierung über die Probleme erarbeiten, mit denen sich die Variationsrechnung zur Zeit beschäftigt. Die Literaturverzeichnisse am Ende jeden Kapitels ermöglichen ihm die Fortführung von weiteren selbstständigen Studien. Der sehr große Stoffumfang und der begrenzte Umfang des Buches bedingen, daß viele Probleme, besonders in den abschließenden Kapiteln, nur überblicksweise behandelt werden konnten.

Einige Paragraphen, die nicht zum unmittelbaren Verständnis des Buches dienen, sind mit Sternen gekennzeichnet. Sie haben einen ergänzenden Charakter und können beim ersten Lesen ohne Schaden für das Verstehen des weiteren Stoffes übergangen werden.

Ich möchte hier sehr herzlich den Herrn Professoren: Mirosław Dąbrowski, Jan Krzyż, Władysław Pełczewski, Stefan Rolewicz und Michał Życzkowski sowie den Herrn Dozenten: Jerzy Muszyński, Henryk Ratajski und Andrzej Wierzbicki und den Herrn Doktoren Antoni Pierzchalski und Stanisław Walczak für Bemerkungen zum Inhalt und zur Fassung des Buches danken.

Sollten dem Leser dieses Buches irgendwelche zusätzliche Bemerkungen wichtig erscheinen, wäre ich für die Zusendung von Informationen sehr dankbar.

Łódź, September 1975

Autor

Vorwort zur deutschen Auflage

In der deutschen Ausgabe wurden neben einigen Berichtigungen und Verbesserungen in der Literaturliste Bücher in polnischer bzw. russischer Sprache ersetzt durch ihre deutsche, englische oder französische Übersetzung, sofern eine solche existiert. Wenn keine solche Übersetzung vorhanden ist, wurden diese Bücher ersetzt durch entsprechende in westlichen Sprachen, wobei deutschsprachige bevorzugt wurden. Im übrigen wurde die ganze Literaturliste auf den neuesten Stand gebracht. Für den Grundkurs der mathematischen Analysis zitiert man die Lehrbücher [0.7 - 0.9] und auch [0.1 - 0.6, 0.10 - 0.11]. Da die deutsche Ausgabe keine Kolumnentitel besitzt, befinden sich die Literaturliste und Hilfen zur Lösung der Aufgaben am Ende des Buches.

Der Autor ist Herrn Prof. Dr. Diethard Pallaschke zu tiefem Dank verpflichtet für seine überaus sorgfältige Übersetzung des Buches ins Deutsche und textliche Verbesserungen, ferner den Herausgebern des "Springer - Verlages" für die Aufnahme des Buches in dessen weltweite Sammlung, sowie Herrn Prof. Dr. Krzysztof Tatarkiewicz für kritische Bemerkungen bei der polnischen Ausgabe.

Łódź, im Sommer 1985   Autor

Inhaltsverzeichnis

Kapitel 1. Elemente der Variationsrechnung

1.1 Eine elementare Einführung in Extremalprobleme 1

1.2 Die einfachste Variationsaufgabe; notwendige Bedingungen: Die Eulersche Gleichung 7

1.3 Das isoperimetrische Problem als Extremwertaufgabe unter Nebenbedingungen. Eine Anwendung der Lagrange'schen Multiplikatoren 14

1.4 Hinreichende Bedingungen zur Existenz schwacher Extrema 18

1.5 Einführung in die Theorie der starken Extrema. Die Hamilton-Jakobi'sche Gleichung 23

1.6 Funktionalanalytische Grundlagen der Variationsrechnung 28

1.7 Funktionale und Operatoren in Banach- und Hilbert-Räumen 38

1.8 Die Verallgemeinerung der einfachsten Variationsaufgabe auf Banach- und Hilbert-Räumen 43

Kapitel 2. Mehrdimensionale, von höheren Ableitungen abhängige Variationsprobleme oder Probleme mit variablen Gebieten

2.1 Mehrdimensionale Variationsprobleme ohne höhere Ableitungen 48
2.2 Funktionale, die Ableitungen höherer Ordnung enthalten 57
2.3 Variationsaufgaben bei variablen Gebieten 64
2.4 Gebrochene extremale und variable Endpunkte. Die Transversalitätsbedingungen 68
2.5 Extremalwertaufgaben mit variablen Gebieten, die nur von Ableitungen 1.Ordnung abhängen 77
2.6 Der Satz von Noether und seine Implikationen 84
2.7 Extremalwertaufgaben mit variablem Gebiet und Ableitungen höherer Ordnung 87

Kapitel 3. Spezielle Anwendungen in Physik und Elektrotechnik

3.1 Das Hamilton-Prinzip und stetige mechanische Systeme 101
3.2 Die Schwingungsgleichung für eingespannte Saiten, Membrane, Stäbe und Platten 108
3.3 Die Herleitung der Maxwellschen Gleichungen der klassischen Elektrodynomik aus dem Variationsprinzip 113
3.4 Die Grundlagen der Variation von Potentialen. Die Prinzipien von Dirichlet und Thomson 122
3.5 Die Zustandsanalyse eines Systems mit zwei oder mehreren Energiearten 132
3.6 Die Berechnung der Kapazität und der Induktivität des Systems 142
3.7 Variationsmethoden in der modernen Physik. Die Variationsherleitung der Schrödinger, Klein-Gordon und Dirac-Gleichung mit Variationsmethoden 148

Kapitel 4. Einführung in die Variationsmethoden der komplexen Analysis und in die geometrischen und direkten Methoden

4.1 Überblick über die notwendigen Voraussetzungen aus der komplexen Analysis 152
4.2 Ein Überblick über die grundlegenden Ereignisse der Integrationstheorie 161
4.3 Variationen, die Analytizität und Konformität erhalten 171
4.4 Variationen, die die Quasikonformität erhalten 172
4.5 Einführung in die geometrischen Methoden der Variationsrechnung 189
4.6 Die Technik der Riemann'schen Flächen in der Variationsrechnung und ihre Interpretation in der Theorie der Elektromagnetismus 192
4.7 Eine Einführung in direkte Methoden und einige numerische Rechenbeispiele 202
4.8 Weitere Anwendungsbeispiele aus der Physik und der Elektrotechnik 211

Kapitel 5. Einführung in die Mathematische Programmierung

5.1 Die klassischen Lösungsmethoden für Variationsaufgaben auf der Grundlage der natürlichen Extremalgleichungen 216
5.2 Die Übertragung der Methode der natürlichen Gleichungen auf diskrete Prozesse 221
5.3 Das allgemeine Prinzip der linearen und nicht-linearen Programmierung 227
5.4 Die Übertragung auf Vektorräume: Das allgemeine Prinzip der mathematischen Programmierung 233

5.5 Notwendige und hinreichende Bedingungen für die Existenz von Extrema 237

5.6 Die grundlegenden Prinzipien der optimalen Steuerung. Das Pontrjagin'sche Maximum-Prinzip 244

5.7 Die Optimierung linearer Steuerungssysteme 252

5.8 Das Bellman'sche Optimalitätsprinzip in der dynamischen Programmierung. Die geometrische Darstellung von Steuerungsproblemen 257

5.9 Eine Einführung in die numerische Lösungsverfahren 266

5.10 Anwendungsbeispiele aus der Elektrotechnik und der Automatisierungstheorie 273

Lösungshinweise 277

Index 303

Literatur 311

1 Elemente der Variationsrechnung

1.1 EINE ELEMENTARE EINFÜHRUNG IN EXTREMALPROBLEME

Im folgenden sei $y:D_y \to \mathbb{R}$ eine reellwertige Funktion, die auf einem beliebigen Intervall $D_y \subset \mathbb{R}$ definiert sei. Wir benutzen auch die Bezeichnungen

$$y = (\mathbb{R} \supset D_y \ni x \mapsto y(x) \in \mathbb{R}) \quad \text{oder} \quad x \mapsto y(x),\ x \in D_y \subset \mathbb{R}.$$

Dabei verstehen wir unter einem *beliebigen Intervall* stets ein offenes, abgeschlossenes oder einseitig abgeschlossenes beschränktes bzw. unbeschränktes Intervall. Das offene Intervall mit den Endpunkten a und b wird mit $(a;b)$ bezeichnet und nicht mit (a,b); denn damit werden wir einen Punkt des $\mathbb{R}^2$ bezeichnen. Entsprechend wird das abgeschlossene Intervall mit den Endpunkten a und b mit $[a;b]$ bezeichnet.

Wir sagen nun, daß eine Funktion y in $x_0 \in D_y$ ein *lokales Maximum (bzw. Minimum)* besitzt, falls ein $\varepsilon > 0$ existiert, so daß für alle $x \in B(x_0;\varepsilon) = (x_0-\varepsilon; x_0+\varepsilon) \subset D_y$

$$y(x) \leq y(x_0) \qquad [\text{bzw.: } y(x) \geq y(x_0)] \tag{1.1}$$

gilt. Wenn keine Verwechslungen zu befürchten sind, werden wir den Zusatz "lokal" einfach weglassen. Maxima und Minima nennen wir zusammenfassend *Extrema*. Falls die Ungleichung (1.1) für alle $x \in D_y$ gilt, dann spricht man von einem *globalen* Extremum. Existiert für einen der Endpunkte x_0 des Intervalls D_y ein $\varepsilon > 0$, so daß für alle $x \in B(x_0;\varepsilon) \cap D_y$ die Ungleichung (1.1) gilt, dann heißt er *Randextremum*.

Beispiel 1.1. Die Funktion $[-\frac{1}{2}\pi;\pi] \ni x \mapsto \sin x$ hat in $\frac{1}{2}\pi$ ein lokales Maximum, das zugleich auch global ist und in $-\frac{1}{2}\pi$ hat sie ein Randminimum, welches ebenfalls global ist.

Für eine stetige Funktion y existieren stets globale Extrema, wenn das Intervall D_y abgeschlossen und beschränkt ist. Diese Bedingung ist äquivalent dazu, daß D_y *kompakt* ist, daß also jede Folge von Elementen aus D_y eine konvergente Teilfolge enthält. Verläßt man jedoch den $\mathbb{R}^n$ und betrachtet allgemeinere Räume, dann ist kompakt nicht mehr äquivalent zu abgeschlossen und beschränkt [0.6].

Satz 1.1 *(Weierstraß). Eine stetige Funktion, die auf einem kompakten Intervall aus* $\mathbb{R}$ *definiert ist, besitzt stets ein globales Maximum und Minimum.* (Beweis - siehe [0.5]).

Die Bestimmung von lokalen Extrema stetiger Funktionen tritt bei sehr vielen Problemen ganz natürlich auf. Falls die Funktion y in x_0 ein lokales Extremum hat und außerdem in x_0 differenzierbar ist, dann ist bekanntlich $y'(x_0)=0$. Ist y in x_0 differenzierbar und gilt $y'(x_0)=0$, dann heißt x_0 ein *stationärer* Punkt von y und y heißt in x_0 *stationär*, (woraus keineswegs die Existenz eines Extremums folgt).

Satz 1.2. *Wenn eine Funktion y in einem stationären Punkt* x_0 *zweimal stetig differenzierbar ist und außerdem* $y''(x_0)<0$ *[bzw.:* $y''(x_0)>0$*] gilt, dann hat y in* x_0 *ein lokales Maximum [bzw.:Minimum].*

Bei reellwertigen Funktionen mehrerer Veränderlicher, also

$$x \mapsto y(x) \in \mathbb{R}\,, \quad x=(x_1,\dots,x_n) \in D_y \subset \mathbb{R}^n \tag{1.2}$$

geht man analog vor. Der Definitionsbereich D_y ist dann eine beliebige Teilmenge des $\mathbb{R}^n$. Mit $B(x_0;\varepsilon)$ bezeichnet man die n-dimensionale offene Kugel mit Mittelpunkt x_0 und Radius ε. Weiterhin heißt eine Teilmenge M des $\mathbb{R}^n$ kompakt, falls jede Folge von Elementen von M eine in M konvergente Teilfolge besitzt. Eine Teilmenge des $\mathbb{R}^n$ ist genau dann kompakt, wenn sie abgeschlossen und beschränkt ist (siehe [0.3]). Satz 1.1 läßt sich wie folgt verallgemeinern:

Satz 1.3 *(Weierstraß). Eine stetige reellwertige Funktion, die auf einer kompakten Teilmenge des* $\mathbb{R}^n$ *definiert ist, besitzt ein globales Maximum und Minimum.*

Wie bei reellwertigen Funktionen einer Veränderlichen gilt auch hier, daß $\frac{\partial}{\partial x_i} y(x_0)=0$ ist, für $i=1,\dots,n$, falls y in x_0 ein lokales Extremum hat und außerdem alle partiellen Ableitungen in x_0 existieren. Im folgenden bezeichnen wir die partiellen Ableitungen (wie in [0.5]) mit

$$y_{|i}=y_{x_i}=\frac{\partial}{\partial x_i}y, \quad y_{|i,k}=(y_{|i})_{|k}=\left(\frac{\partial^2}{\partial x_k \partial x_i}\right)y. \tag{1.3}$$

Existieren für die Funktion y alle partiellen Ableitungen im Punkte x_o und gilt $y_{|i}(x_o)=0$, $i=1,\ldots,n$, dann heißt x_o ein *stationärer* Punkt der Funktion y und y heißt in x_o *stationär*. Bekanntlich gilt:

Satz 1.4. *Falls eine reellwertige Funktion y in einem stationären Punkt x_o zweimal stetig partiell differenzierbar ist und außerdem die quadratische Form*

$$\mathbb{R}^n \ni (h_1,\ldots,h_n) \mapsto \sum_{i,k=1}^{n} y_{|i,k}(x_o)h_i h_k \tag{1.4}$$

negativ [bzw. positiv] definit ist, d.h. für alle $h\neq 0$ ist ihr Wert negativ [bzw. positiv], dann hat y in x_o ein lokales Maximum [bzw. Minimum].

Für den Spezialfall n=1 ist die quadratische Form (1.4) genau dann negativ definit, wenn

$$y_{|1,1}(x_o)y_{|2,2}(x_o) > y^2_{|1,2}(x_o), \quad y_{|1,1}(x_o)<0$$

und positiv definit, falls

$$y_{|1,1}(x_o)y_{|2,2}(x_o) > y^2_{|1,2}(x_o), \quad y_{|1,1}(x_o)>0$$

gilt. Ein stationärer Punkt x_o der Funktion y, für den

$$y_{|1,1}(x_o)y_{|2,2}(x_o) < y^2_{|1,2}(x_o)$$

heißt ein *Sattelpunkt* (solch ein Punkt ist kein Extremum).

Wir bemerken noch, daß $y|D$ die *Einschränkung* der Funktion y (1.2) auf eine Teilmenge $D\subset D_y$ bezeichnet, also $y|D=(D\ni x\mapsto y(x))$ und daß man $f(t)=o(g(t))$ schreibt, falls $\frac{f(t)}{g(t)} \to 0$ für $t\to 0$ gilt.

Beispiel 1.2. Die Funktion $y(x)=2x_1^2-x_1x_2+x_2^2+x_1+x_2$, definiert für alle $(x_1,x_2)\in\mathbb{R}^2$ mit $x_1^2+x_2^2\leq 1$, hat im Punkte $(-\frac{3}{7},-\frac{5}{7})$ ein lokales Minimum. Um mögliche weitere Randextrema zu bestimmen, ist die Gleichung $\tilde{y}(t)=0$ zu lösen mit $\tilde{y}=((-\pi;\pi]\ni t\mapsto \frac{d}{dt} y((\cos t, \sin t))$. Man sieht sofort, daß $\tilde{y}(t)= 2\sqrt{2}\sin\frac{3}{2}t\cdot\sin\frac{1}{2}(t-\frac{\pi}{2})$ gilt. Also hat man das Vorzeichen von $\tilde{y}'(t)$ in den Punkten $t=-\frac{2}{3}\pi$, 0, $\frac{1}{2}\pi$, $\frac{2}{3}\pi$ zu prüfen. Hieraus ergibt sich, daß y, eingeschränkt auf den Rand $x_1^2+x_2^2=1$, zwei lokale Maxima in den Punkten (1,0) und $(-\frac{1}{2}, \frac{1}{2}\sqrt{3})$ und (0,1) hat. Diese Extrema sind jedoch nicht notwendige Randextrema von y. Aus $(1+h_1)^2+h_2^2\leq 1$ folgt nämlich

$$y(1+h_1,h_2)-y(1,0)=5h_1+o(\{h_1^2+h_2^2\}^{\frac{1}{2}}), \quad h_1 \leq -\tfrac{1}{2}(h_1^2+h_2^2) \leq 0.$$

Also ist das Vorzeichen der obigen Differenzen von y in (1,0) negativ. Analog sieht man, daß sich die entsprechenden Differenzen von y in den Punkten (0,1), $(-\frac{1}{2},\frac{1}{2}\sqrt{3})$, $(-\frac{1}{2},-\frac{1}{2}\sqrt{3})$ wie $3h_2 \leqslant 0$, $-\frac{1}{2}(2+\sqrt{3})(h_1-\sqrt{3}h_2) \leqslant 0$ und $-\frac{1}{2}(2-\sqrt{3})(h_1+\sqrt{3}h_2) \leqslant 0$ verhalten. Also können überhaupt nur Maxima auftreten, und indem man die Funktionswerte berechnet, ergibt sich, daß y in (1,0) und $(-\frac{1}{2},\frac{1}{2}\sqrt{3})$ je ein Randmaximum besitzt. Insbesondere hat die Funktion y kein Randminimum. Nach dem Satz von Weierstraß existiert mindestens je ein globales Maximum und Minimum. Zunächst sieht man, daß y in $(-\frac{3}{7}, -\frac{5}{7})$ ein globales Minimum hat und aus $y(1,0)>y(-\frac{1}{2},\frac{1}{2}\sqrt{3})$ folgt, daß das globale Maximum in (1,0) angenommen wird.

Wir wollen uns nun noch mit der Bestimmung von *Extrema unter Nebenbedingungen* befassen. Dabei gehen wir wieder von der Funktion (1.2) aus und nehmen an, daß die Nebenbedingungen durch

$$y^*(x)=(c_1,\ldots,c_m),\quad m<n,\quad c_i\text{-Konstante} \tag{1.5}$$

in Vektorform gegeben sind, mit $x \mapsto y^*(x) \in \mathbb{R}^m$, $x \in D_{y^*} \subset \mathbb{R}^n$. Dabei ist $y^*=(y_1^*,\ldots,y_m^*)$, wobei die einzelnen y_i^* reellwertige Funktionen sind. Weiterhin wollen wir annehmen, daß D_y eine offene Teilmenge des $\mathbb{R}^n$ ist und daß $D_{y^*}=D_y$ gilt. Die Funktionen y und y* seien nach jedem Argument stetig partiell differenzierbar und mindestens eine der Jacobi-Determinanten (in der Schreibweise von (1.3)), also:

$$\begin{vmatrix} y^*_{1|k_1}(x) & \cdots & y^*_{1|k_m}(x) \\ \cdots\cdots & & \cdots\cdots \\ y^*_{m|k_1}(x) & \cdots & y^*_{m|k_m}(x) \end{vmatrix}, \quad 1 \leqslant k_1 < \ldots < k_m \leqslant n$$

sei ungleich Null. Wie nehmen außerdem noch an, daß die Lösungsmenge E der Gleichung (1.5) nicht leer ist und bezeichnen wie üblich die Verknüpfung zweier Abbildungen f und g mit $g \circ f$, also

$$g \circ f = (D_f \ni x \mapsto g(f(x))).$$

Das folgende Theorem zeigt nun, wie man diese Aufgabe durch die Einführung von zusätzlichen Parametern $\lambda_1,\ldots,\lambda_m$, den sogenannten Lagrange'schen Multiplikatoren, in vielen Fällen lösen kann:

<u>*Satz 1.5*</u> *(Lagrange). Unter den obigen Annahmen ist $x_o \in E$ genau dann ein stationärer Punkt der Funktion $y|E$, wenn es reelle Zahlen $\lambda_1,\ldots,\lambda_m$ gibt, so daß*

$$y_{|k}(x_o) = \sum_{i=1}^{m} \lambda_i y^*_{i|k}(x_o),\quad k=1,\ldots,n \tag{1.6}$$

gilt.

<u>Beweis.</u> Es sei u eine reguläre Parameterdarstellung einer gewissen Umgebung w von x_o in E, d.h. w ist das Bild unter u einer geeigneten Umgebung $\tilde{w}$ eines Punktes $t_o \in \mathbb{R}^{n-m}$. Insbesondere gilt $t_o = u^{-1}(x_o)$; ferner ist u bijektiv und stetig partiell differenzierbar. Da x_o ein stationärer Punkt von $y|E$ ist, folgt aus der Kettenregel für $l=1,\ldots,n-m$ und $i=1,\ldots,m$

$$(y \circ u)_{|l}(t_o) = \sum_{k=1}^{n} (y_{|k} \circ u)(t_o) u_{k|l}(t_o) = 0,$$

$$(y_i^* \circ u)_{|l}(t_o) = \sum_{k=1}^{n} (y^*_{i|k} \circ u)(t_o) u_{k|l}(t_o) = 0.$$

Hieraus folgt, daß der Rang der Matrix

$$\begin{pmatrix} (y_{|1} \circ u)(t_o) & (y_{|2} \circ u)(t_o) \ldots & (y_{|n} \circ u)(t_o) \\ (y^*_{1|1} \circ u)(t_o) & (y^*_{1|2} \circ u)(t_o) & \ldots (y^*_{1|n} \circ u)(t_o) \\ \ldots\ldots & \ldots\ldots & \ldots\ldots \\ (y^*_{m|1} \circ u)(t_o) & (y^*_{m|2} \circ u)(t_o) \ldots & \ldots (y^*_{m|n} \circ u)(t_o) \end{pmatrix}$$

nicht größer als m ist. Da jedoch nach Voraussetzung eine m-reihige Jacobi-Determinante von y* nicht verschwindet, folgt, daß die erste Zeile der obigen Matrix eine Linearkombination der restlichen m Zeilen ist. Daher folgt (1.6). Man sieht leicht, daß diese Argumentation auch den Umkehrschluß liefert. Q.E.D.

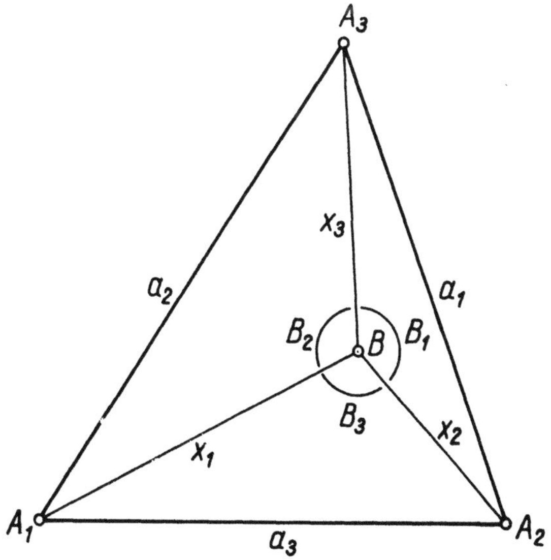

Abb. 1

<u>Beispiel 1.3.</u> Für ein Dreieck mit den Eckpunkten A_1, A_2, A_3 bestimme man einen inneren Punkt B (Abb.1), so daß die Summe der Entfernungen x_i von B zu A_i minimal ist. Dazu sei B_i, i=1,2,3 der Winkel in B, der zu den Dreiecken mit den Seiten A_2A_3, A_3A_1, A_1A_2 gehört. Dann ist die Funktion

$$A_1A_2A_3 \ni x = (x_1, x_2, x_3) \mapsto x_1+x_2+x_3$$

unter der Nebenbedingung

$$B_1(x)+B_2(x)+B_3(x) = 2\pi$$

zu minimieren. Zunächst ist $\cos B_1(x) = (x_2^2+x_3^2-a_1^2)/2x_2x_3$, wobei a_1 die Länge der Strecke A_2A_3 ist. Daraus folgt, daß für einen stationären Punkt $x=x_0$ nach Satz 1.5

$$1 = \lambda(B_{2|1}(x) + B_{3|1}(x))$$

gilt, und somit folgt $\lambda \neq 0$. Wegen $B_{2|1}(x) = [1/\sin B_2(x)][x_1^{-1} \cos B_2(x) -x_3^{-1}]$ und einer analogen Formel für $B_{3|1}(x)$ folgt für $x=x_0$

$$[1/\sin B_2(x)][x_1^{-1} \cos B_2(x)-x_3^{-1}]+[1/\sin B_3(x)][x_1^{-1} \cos B_3(x) -x_2^{-1}] = \frac{1}{\lambda}.$$

Aus der Nebenbedingung ergibt sich nun: $\sin[B_2(x)+B_3(x)] = -\sin B_1(x)$ und mit Hilfe des Additionstheorems für die Sinus-Funktion folgt:

$$\frac{1}{\lambda} \sin B_2(x) \sin B_3(x)+ \frac{1}{x_1} \sin B_1(x)+ \frac{1}{x_2} \sin B_2(x)+ \frac{1}{x_3} \sin B_3(x)=0.$$

Da $\sin B_i(x) \neq 0$ gilt, folgt, daß (für $x=x_0$) $\sin B_1(x)=\sin B_2(x)=\sin B_3(x)$ und damit $B_1(x)=B_2(x)=B_3(x)=\frac{2}{3}\pi$ gilt. Man sieht leicht, daß diese Bedingung das Minimum liefert.

<u>ÜBUNGEN</u>

1. Man diskutiere für eine Funktion zweier Veränderlicher die geometrische Form eines stationären Punktes.
2. Welche der folgenden Teilmengen des $\mathbb{R}^2$ ist kompakt?
   a) die Kreisscheibe $x_1^2+x_2^2 \leq 1$
   b) der Halbraum $x_1 \geq 0$
3. Man bestimme alle Extrema der nachstehend aufgeführten Funktionen, die auf der Kugel $x_1^2+x_2^2 \leq 1$ definiert sind:
   a) $x_1^2-2x_1x_2+x_2^2$
   b) $x_1^2-x_1x_2+x_1+x_2$
   c) $x_1^2+x_1x_2+x_2^2-x_1-x_2$

4. Man zeige, daß im rechtwinkligen Dreieck maximaler Fläche, für welches die Summe der Längen von einer Kathete mit der Hypothenuse konstant ist, der eingeschlossene Winkel gleich $\frac{1}{3}\pi$ ist.
5. Man zeige, daß die kürzeste Länge des Tangentenabschnittes an eine gegebene Ellipse, der durch die beiden Halbachsen begrenzt ist, gleich der Summe der Längen der beiden Halbachsen ist.

1.2 DIE EINFACHSTE VARIATIONSAUFGABE NOTWENDIGE BEDINGUNGEN: DIE EULERSCHE GLEICHUNG

Bislang haben wir die Extrema von reellwertigen Funktionen betrachtet, die auf einer gewissen Punktmenge des $\mathbb{R}^n$ definiert waren. Nun wollen wir uns mit *Funktionalen, den eigentlichen Objekten der Variationsrechnung,* befassen. Dabei versteht man unter einem *Funktional* eine reellwertige Funktion, deren Argumente wieder Funktionen sind, also eine Abbildung, die bestimmten Funktionen, z.B. $y \mapsto a_2$, $y(x)=a_0+a_1x+a_2x^2$, $x\in[0;1]$ gewisse reelle Zahlen zuordnet. Ohne daß wir uns jetzt auf eine genaue Analyse des Begriffs des Funktionals und damit zusammenhängend des Funktionenraumes einlassen (das wird in den Paragraphen 1.6 und 1.7 unter Benutzung der Funktionalanalysis geschehen) werden wir zunächst die sogenannte *einfachste Variationsaufgabe* formulieren und lösen. Dies wird uns dann über den Stoff der Paragraphen 1.3 - 1.5 auf ganz natürliche Art zu den abstrakten Begriffen der Funktionalanalysis führen.

Unsere Aufgabe besteht darin, aus einer gewissen Menge von Funktionen D_I eine Funktion y zu bestimmen, für die das Funktional

$$D_I \ni y \mapsto I[\tilde{y}] = \int_a^b F(x,\tilde{y},\tilde{y}')\,dx \equiv \int_a^b F(x,\tilde{y}(x),\tilde{y}'(x))\,dx \tag{1.7}$$

ein lokales Extremum besitzt. Dabei nehmen wir an, daß *die Menge D_I aus allen stetig differenzierbaren Funktionen der Form*

$$\tilde{y}=([a;b]\ni x \mapsto \tilde{y}(x)\in\mathbb{R}),\quad \tilde{y}(a)=A,\quad \tilde{y}(b)=B \tag{1.8}$$

besteht. Weiter sei F eine reellwertige Funktion, die nach allen Argumenten zweimal stetig partiell differenzierbar ist. (Die Funktion F und die Konstanten A und B sind gegeben). Den Begriff des (sogenannten *schwachen) Extremums* definiert man genau so, wie im Falle von Funktionen (wobei wir darauf hinweisen, daß eine geringe Veränderung der

Funktion y möglicherweise zu einer starken Veränderung ihrer Ableitung y' führt, was wir hier ausschließen wollen). Das Funktional I hat also in $\tilde{y}=y$ z.B. ein *(lokales) Minimum*, falls ein $\varepsilon>0$ existiert, so daß für alle $\tilde{y}\in B(y;\varepsilon)$

$$I[\tilde{y}] \geqslant I[y] \tag{1.9}$$

gilt. Dabei bezeichnet $B(y,\varepsilon)$ die Menge aller Funktionen $\tilde{y}\in D_I$ für die

$$\max_x |h(x)| + \max_x |h'(x)| < \varepsilon, \quad h=\tilde{y}-y \tag{1.1o}$$

erfüllt ist. (Nach dem Satz von Weierstraß wird in (1.1o) das Maximum angenommen). Wir beschränken uns jetzt auf die Angabe einer notwendigen Bedingung für die Existenz von Extrema:

<u>*Satz 1.6*</u> *(Euler). Unter den obigen Voraussetzungen gilt: Besitzt das Funktional I für $\tilde{y}=y$ ein Extremum, dann gilt:*

$$F_y - \frac{d}{dx} F_{y'} = 0 \quad \textit{(Eulersche Gleichung)} \tag{1.11}$$

Dabei ist $F_y(x) = F_{\tilde{y}}(x,\tilde{y},\tilde{y}')\Big|_{\tilde{y}=y(x),\,\tilde{y}'=y'(x)}$

und die analoge Gleichung gilt für $F_{y'}$.

<u>Bemerkung 1.1:</u> Da y die Gleichung (1.11) erfüllt, ist die Funktion $F_{y'}$ differenzierbar.

<u>Beweis</u> zu Satz 1.6: Zunächst können wir annehmen, daß I in $\tilde{y}=y$ ein Minimum hat. Dazu muß unter Umständen F durch -F ersetzt werden. Nun sei $\varepsilon>0$ so gewählt, daß die Ungleichung (1.9) gilt. Nach Definition von D_I und $B(y;\varepsilon)$ existiert zu jedem $\tilde{y}\in D_I$ ein $T>0$, so daß für alle $|t|\leqslant T$ die Funktion $y+th=y+t(\tilde{y}-y)$ in $B(y;\varepsilon)$ liegt. Aus der notwendigen Bedingung über die Existenz von Extrema für Funktionen einer reellen Veränderlichen folgt, daß

$$\frac{d}{dt} \int_a^b F(x,y+th,y'+th')\,dx\Big|_{t=0} = 0$$

gilt, d.h.

$$\int_a^b (F_y h + F_{y'} h')\,dx = 0. \tag{1.12}$$

Wir bilden nun die Funktion

$$G(x) = \int_a^x F_y(s,y(s),y'(s))\,ds, \quad a\leqslant x\leqslant b \tag{1.13}$$

Durch partielle Integration erhält man mit der Relation $h(a)=h(b)=0$ und der Formel (1.12)

$$\int_a^b (-G+F_{y'})h'dx = -G(b)h(b)+G(a)h(a)+\int_a^b (F_y h+F_{y'}h')dx = 0.$$

Setzt man in diese Gleichung die spezielle Funktion

$$h(x) = \int_a^x [F_{y'}(s,y(s),y'(s))-G(s)-c]ds,\quad a\leq x\leq b$$

ein, wobei c so gewählt wird, daß $h(b) = 0$ ist, so ergibt sich:

$$\int_a^b (F_{y'}-G-c)^2dx = \int_a^b (F_{y'}-G-c)h'dx = c[-h(b)+h(a)]= 0.$$

Aus der Stetigkeit des Integranden folgt, daß $F_{y'}-G=c$ ist. Nach (1.13) erhält man daraus durch Differenzieren $\frac{d}{dx}F_{y'}-F_y=0$. Damit ist die Gleichung (1.11) bewiesen. Q.E.D.

Bemerkung 1.2: Die Lösungen der Eulerschen Gleichung (genannt: *Extremale*) bilden im allgemeinen eine zweiparametrige Schaar (vgl.[0.4]). Wenn (a) F nicht von x abhängt oder (b) F nicht von y abhängt, dann findet man für die Eulersche Gleichung leicht ein erstes Integral: für (a) $y'F_{y'}-F = \text{const}$ und für (b) $F_{y'} = \text{const}$, wie man durch Differenzieren nachprüft. Falls (c) F nicht von y' abhängt, ergibt sich $F_y=0$.

Die Eulersche Gleichung ist im allgemeinen eine Differentialgleichung zweiter Ordnung. Man kann also annehmen, daß ihre Lösungen y zweimal differenzierbar sind. Zur Berechnung von y" gehen wir von der Existenz der Ableitung $\frac{d}{dx} F_{y'}$ aus. Also folgt für $\varepsilon\neq 0$ und $x,x+\varepsilon\in[a;b]$

$$\frac{1}{\varepsilon}[F_{y'}(x+\varepsilon,y(x+\varepsilon),y'(x+\varepsilon))-F_{y'}(x,y(x),y'(x))] =$$

$$= F_{y'x}(x_t,y_t,y'_t)+F_{y'y}(x_t,y_t,y'_t)\ \frac{1}{\varepsilon}\ [y(x+\varepsilon)-y(x)] +$$

$$+ F_{y'y'}(x_t,y_t,y'_t)\ \frac{1}{\varepsilon}\ [y'(x+\varepsilon)-y'(x)],$$

wobei $x_t = x+t\varepsilon, y_t = y(x)+t[y(x+\varepsilon)-y(x)]$

und $y'_t = y'(x)+t[y'(x+\varepsilon)-y'(x)],\ 0<t<1.$

Hierbei wurde der Mittelwertsatz benutzt. Aus (1.11) folgt nun:

Korollar 1.1 *(Hilbert). Genügt F der Voraussetzung von Satz 1.6 und ist y eine Lösung von (1.11), dann existiert auf der Menge*

$E=\{x:F_{y'y'}(x)\neq 0\}$ *die zweite Ableitung* y'' *und es gilt*

$$y''(x) = \frac{G(x)}{F_{y'y'}(x)}, \quad G = F_y - F_{y'x} - y'F_{y'y} .$$

Insbesondere ist y'' *auf* E *stetig.*

Beispiel 1.4. (Die Brachystochronen-Aufgabe, gestellt von Johann Bernoulli; der Name ist aus dem Griechischen abgeleitet von brachys=kurz und chronos=Zeit; also die Minimalzeitaufgabe). Wir betrachten die folgende Aufgabe aus der Mechanik. Aus allen *glatten* Kurven (das sind diejenigen, die eine stetig differenzierbare Parameterdarstellung besitzen, wobei die Ableitung in jedem Punkte ungleich Null sei), die in der senkrecht aufgehängten Ebene zwei Punkte A und B verbinden (siehe Abb.2), bestimme man diejenige Kurve, auf der ein Massenpunkt von A aus mit Anfangsgeschwindigkeit $v_A=0$ reibungsfrei unter dem Einfluß der Schwerkraft in der kürzesten Zeit den Punkt B erreicht.

Dazu stellen wir die betrachtete Ebene in einem rechtwinkligen Koordinatensystem dar, wobei wir annehmen, daß $A=(0,0)$ und $B=(a,b)$ mit $a>0$ ist. Die Aufgabe ist physikalisch nur dann sinnvoll, wenn man $b>0$ annimmt.

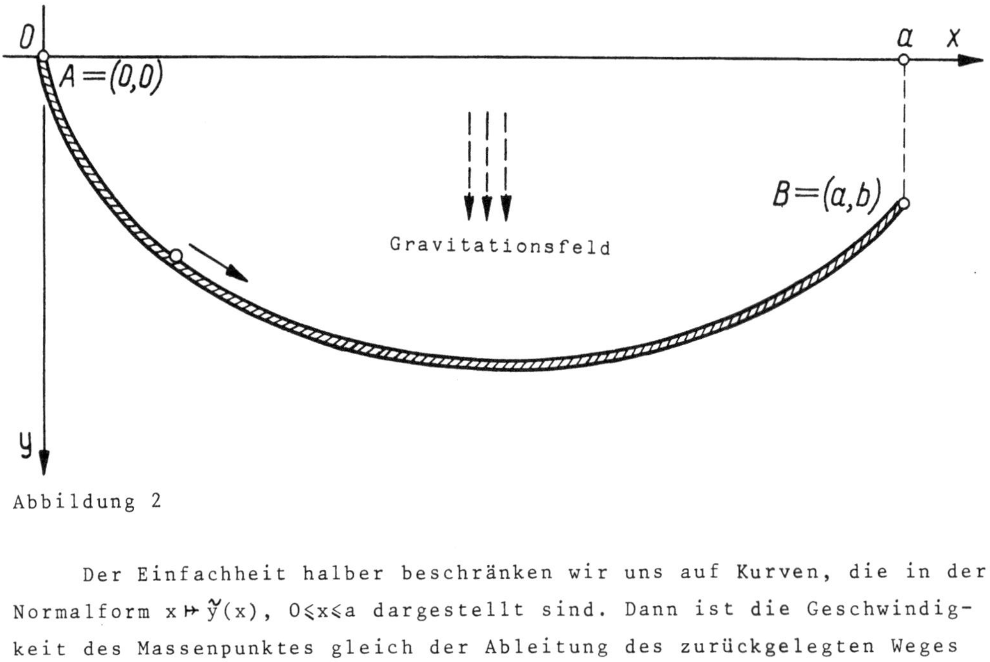

Abbildung 2

Der Einfachheit halber beschränken wir uns auf Kurven, die in der Normalform $x\mapsto \tilde{y}(x)$, $0\leq x\leq a$ dargestellt sind. Dann ist die Geschwindigkeit des Massenpunktes gleich der Ableitung des zurückgelegten Weges

Weges nach der Zeit, d.h. $v=\frac{ds}{dt}$. Da die Bewegung aus der Schwerkraft resultiert, gilt weiterhin $v(t)=gt$, wobei g die Gravitationskonstante ist. Daher wird die Lage des Massenpunktes zur Zeit t durch $\tilde{y}(x(t))=\frac{1}{2}gt^2$ gegeben. Zu minimieren ist also das Funktional:

$$I[\tilde{y}] = \int_A^B [1/v(t)]ds = \int_A^B (2g\tilde{y})^{-\frac{1}{2}}ds = (2g)^{-\frac{1}{2}} \int_0^a \tilde{y}^{-\frac{1}{2}}(1+\tilde{y}'^2)^{\frac{1}{2}}dx.$$

Zunächst bemerkt man, daß für $x\to 0+$ die Funktion $F(x,\tilde{y},\tilde{y}')=\tilde{y}^{-\frac{1}{2}}(1+\tilde{y}'^2)^{\frac{1}{2}}$ gegen $+\infty$ strebt, so daß man Satz 1.6 und Bemerkung 1.1 nicht unmittelbar anwenden kann. Daher betrachten wir das Problem zunächst aus einem anderen Blickwinkel: Angenommen, wir interessieren uns nur für die Punkte $x\geq x_o\in[0;a]$, wobei wir die Anfangslage (x_o,y_o) des Massenpunktes und die zugehörige Geschwindigkeit v_o für die gesuchte Kurve kennen. Dann wird die Geschwindigkeit v als Funktion der Zeit durch $v=[2y(\tilde{y}-\varepsilon)]^{\frac{1}{2}}$ gegeben, wobei $\tilde{y}$ auf $[x_o;a]$ definiert ist und ε aus $v_o=[2y(y_o-\varepsilon)]^{1/2}$ bestimmt wird.

Die entsprechende Funktion ist nun $F_\varepsilon(x,\tilde{y},\tilde{y}')=(\tilde{y}-\varepsilon)^{-\frac{1}{2}}(1+\tilde{y}'^2)^{\frac{1}{2}}$. Sie hängt nicht von x ab. Sei für $\varepsilon>0$ das Extremum durch $\tilde{y}=y_\varepsilon$ gegeben. Aus physikalischen Gründen ist die Existenz gesichert. Nach Bemerkung 1.1 weiß man:

$$y'_\varepsilon(\partial/\partial y'_\varepsilon)[(y_\varepsilon-\varepsilon)^{-\frac{1}{2}}(1+y'^2_\varepsilon)^{\frac{1}{2}}]-(y_\varepsilon-\varepsilon)^{-\frac{1}{2}}(1+y'^2_\varepsilon)^{\frac{1}{2}}=\tilde{c} \quad \text{(Konstante)},$$

also gilt $(y_\varepsilon-\varepsilon)(1+y'^2_\varepsilon)=1/\tilde{c}^2_\varepsilon$, da $\tilde{c}_\varepsilon\neq 0$. Setzt man $y(\varepsilon)[1+y(\varepsilon)'^2]=1/\tilde{c}^2$, wobei -wegen der Randbedingungen- $\tilde{c}_\varepsilon=\tilde{c}_o$ gilt. Somit erfüllt auch die Extremale y der Ausgangsaufgabe die Gleichung $y(1+y'^2)=1/\tilde{c}^2$ mit $\tilde{c}=\tilde{c}_o$.

Um eine Parametrisierung der Extremalen y zu finden, gehen wir von folgendem Ansatz aus: Wir setzen:

$$(y'\circ x)(u) \equiv y'(x(u)) = \mathrm{ctg}\tfrac{1}{2}u, \quad x^{-1}(0)<u<x^{-1}(a). \tag{1.14}$$

Dann ist

$$1/\tilde{c}^2 = y(x(u))(1+\mathrm{ctg}^2\tfrac{1}{2}u), \text{ also}$$

$$(y\circ x)(u) \equiv y(x(u)) = c(1-\cos u), \quad c=1/2\tilde{c}^2. \tag{1.15}$$

Aus den Formeln (1.14), (1.15) und der Bedingung $y(0)=0$, folgt nun:

$$x(u)=c^*+\int\frac{dy/du}{dy/dx}du \equiv c^*+\int\frac{(y\circ x)'}{y'\circ x}du = c^*+c\int\mathrm{tg}\tfrac{1}{2}u \sin u\, du =$$

$$= c(u-\sin u), \quad c^*\text{- Konstante}. \tag{1.16}$$

Also ist die Extremale y eine gewisse Zykloide: Eine Zykloide ist eine Kurve, die man geometrisch wie folgt beschreibt: Man fixiere auf einem Kreis einen beliebigen Punkt p. Dann lasse man den Kreis längs einer Geraden laufen. Die Bewegung, die der Punkt p ausführt, liefert eine Zykloide (siehe Abb.3). Die einzelnen Zykloiden gehen durch Ähnlichkeitstransformation auseinander hervor. Um diejenige Zykloide zu bestimmen, die in A=(0,0) beginnt und durch B=(a,b) geht, beginne man mit einer beliebigen Zykloide. Diese schneidet dann zum ersten Mal die Verbindungsstrecke von A nach B in B_1. Die Ähnlichkeitstransformation, die B_1 nach B abbildet, führt die Ausgangszykloide in die gewünschte Zykloide über. Es existiert also durch einen beliebigen Punkt (a,b) stets eine Zykloide der Form (1.15), (1.16) mit $0 \leq u \leq 2\pi$, und daher mindestens eine Lösung der Variationsaufgabe. Auf der anderen Seite ist jede Lösung mit einer kleineren Periode nicht differenzierbar (siehe Abb.4)

Abbildung 3

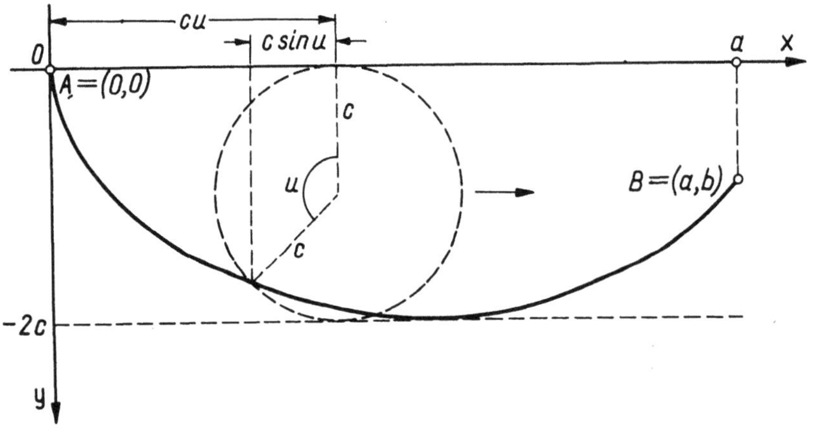

Abbildung 4

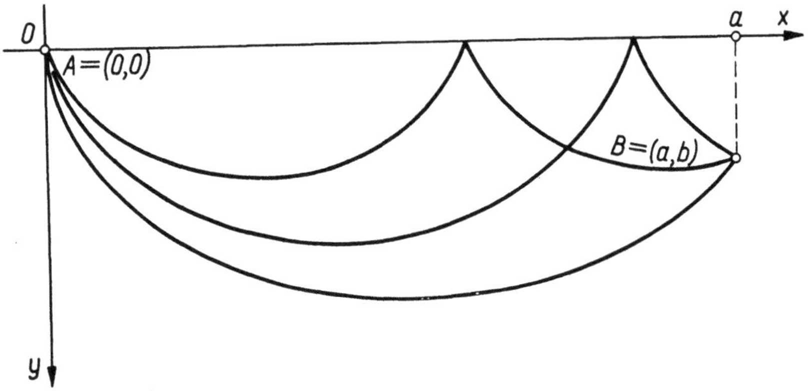

und gehört daher auch nicht zu der betrachteten Klasse. Somit existiert genau eine Lösung.

Daß die Extremale y ein Minimum des Funktionals I ist, folgt unmittelbar aus physikalischen Überlegungen. Ein genauer mathematischer Beweis ist ziemlich aufwendig. Dafür ist es erforderlich, -analog wie im Beispiel 1.2- den Ausdruck $I[y+h]$ für Funktionen h, die der Bedingung (1.10) genügen, zu untersuchen.

ÜBUNGEN

6. Man führe in der Menge der stetig differenzierbaren Funktionen D_I der Form (1.8) den Begriff der Kugel so ein, daß man für Funktionale der Form (1.7) den Begriff des lokalen Extremums analog wie bei Funktionen formulieren kann.

7. Es sei f eine stetige reellwertige Funktion auf $[a,b]$ und für alle stetigen Funktionen h mit $h(a)=h(b)=0$ sei $\int_a^b fh\,dx=0$. Man zeige, daß $f(x)\equiv 0$ gilt. (**Lagrange**, Du Bois-Reymond).

8. Es sei f eine stetige reellwertige Funktion auf $[a,b]$ und für alle stetig differenzierbaren Funktionen h mit $h(a)=h(b)=0$ sei $\int_a^b fh'dx=0$. Man zeige, daß $f = \text{const}$ gilt. (Du Bois-Reymond).

9. Es seien f und g stetige reellwertige Funktionen auf $[a,b]$ und für alle stetig differenzierbaren Funktionen h mit $h(a)=h(b)=0$ sei. $\int_a^b (fh+gh')dx=0$. Man zeige, daß g differenzierbar ist und daß $g'=f$ gilt. (Du Bois-Reymond).

10. Man gebe Beispiele von Funktionalen an, für welche die zugehörige Schaar der Extremalen a) zweiparametrig, b) einparametrig, c) nullparametrig ist.

11. Man zeige unter Benutzung von Polarkoordinaten, daß die Extremalen des Funktionals
$$I = (D_I \ni \tilde{r} \mapsto \int_{t_o}^{t_*} [(2\tilde{r}^{-1}+\alpha)(\tilde{r}^2+\tilde{r}'^2)]^{\frac{1}{2}} dt)$$
in der Klasse der stetig differenzierbaren Funktionen $[t_o;t_*]\ni t \to \tilde{r}(t)\in R$, $\tilde{r}(t_o)=T_o$, $\tilde{r}(t_*)=T_*$ die folgenden Kegelschnitte sind: a) Ellipsen, falls $\alpha<0$, b) Parabeln, falls $\alpha=0$ und c) Hyperbeln, falls $\alpha>0$. Man gebe eine physikalische Interpretation an.

12. Unter allen glatten Kurven auf der Sphäre, die zwei gegebene Punkte verbinden, bestimme man die Kurve mit kürzester Länge.

13. Aus allen glatten Kurven in der Ebene $\{x\in \mathbb{R}^3 : x_3=0\}$, welche die

Punkte $(-1,a,0)$ und $(1,a,0)$ verbinden, sei $x_2=y(x_1)$ für $-1\leqslant x_1\leqslant 1$ diejenige, deren Rotationsfläche um die x_3-Achse eine minimale Oberfläche hat. Man zeige, daß für genügend großes a die Kurve y eine Kettenlinie (Katenoide) ist, d.h. daß $y(x_1)=c\cosh(x_1/c)$ gilt, wobei c eine der beiden Wurzeln von $c\cosh(1/c)=a$ ist. Man gebe eine physikalische Interpretation an.

14. Man beweise, daß Aufgabe 13 genau dann eine Lösung besitzt, falls $a>(\alpha^2-1)^{-1/2}$ mit $\operatorname{tgh}\alpha=\alpha$. Man berechne $a_o=(\alpha^2-1)^{-1/2}$ mit einer Genauigkeit von 4 Dezimalen. Welche physikalische Bedeutung hat a_o?

1.3 DAS ISOPERIMETRISCHE PROBLEM ALS EXTREMWERTAUFGABE UNTER NEBENBEDINGUNGEN. EINE ANWENDUNG DER LAGRANGE'SCHEN MULTIPLIKATOREN

Das *isoperimetrische Problem* (der Begriff "isoperimetrisch", oder "mit demselben Umfang" wurde zwischen 4oo und 414 von Synosius eingeführt) besteht darin, aus allen geschlossenen Kurven konstanter Länge, die durch einen festen Punkt gehen, diejenige Kurve zu bestimmen, welche die größte Fläche einschließt. Dieses Problem betrachten wir hier in dem allgemeinen Rahmen der *Extrema unter Nebenbedingungen:* im einfachsten Fall, in dem das Funktional nur von einer Funktion abhängt, besteht dann die Aufgabe darin, aus allen Funktionen $y\in D_I$, die stetig differenzierbar sind und der Bedingung (1.8) genügen, ein $y\in D_I$ zu bestimmen, für welches das Funktional (1.7) sein Extremum annimmt, und das zusätzlich die in der nachstehenden Vektorgleichung zusammengefaßten Nebenbedingungen

$$\int_a^b G(x,\tilde{y},\tilde{y}')dx = (c_1,\ldots,c_m),\ c_i \text{ - gegebene Konstante} \tag{1.17}$$

erfüllt. Dabei sind die Funktionen $F,G_1,\ldots,G_m$ reellwertig und zweimal stetig partiell differenzierbar. (Die Funktionen $F,G=(G_1,\ldots,G_m)$ sowie die Konstanten A und B sind gegeben). Ähnlich wie bei Funktionen löst man dieses Problem durch die Einführung von Lagrange'schen Multiplikatoren:

Satz 1.7 *(Euler-Lagrange)*: *Unter den obigen Voraussetzungen gilt: Besitzt das Funktional I der Form (1.7) unter den Nebenbedingungen (1.17) in $\tilde{y}=y$ ein Extremum, wobei y nicht die Differentialgleichung $G_y-(d/dx)G_{y'}=0$ erfüllt, dann existieren reelle Zahlen $\lambda_1,\ldots,\lambda_m$, so daß*

$$\Phi_y-\frac{d}{dx}\Phi_{y'} = 0 \text{ ist, mit } \Phi=F-\sum_{i=1}^{m}\lambda_i G_i \tag{1.18}$$

(Euler-Lagrange Gleichung).

Beweis: (für m=1). Wie im Beweis von Satz 1.6 zeigt man, daß für $h=\tilde{y}-y$ die Gleichungen (1.12)

$$\int_a^b (G_y h + G_{y'}h')dx = 0$$

gelten. Diese Gleichungen kann man auch in der Form

$$\int_a^b (F^*h'dx = 0 \qquad \text{und} \qquad \int_a^b G^*h'dx = 0$$

schreiben, mit

$$F^*(x) = F_{y'}(x,y(x),\ y'(x)) - \int_a^x F_y(s,y(s),\ y'(s)ds$$

und

$$G^*(x) = G_{y'}(x,y(x),\ y'(x)) - \int_a^x G_y(s,y(s),y'(s)ds.$$

Insbesondere gelten die obigen Gleichungen auch für die Funktion

$$h(x) = \int_a^x [F^*(s) - \lambda G^*(s)-c]ds \qquad a\leqslant x\leqslant b$$

wobei die Parameter λ und c so bestimmt sind, daß $h(b)=0$ und $\int_a^b G^*h'dx=0$ erfüllt ist. Ausgeschrieben liefert dies das Gleichungssystem

$$\lambda\int_a^b G^*dx + c\int_a^b dx = \int_a^b F^*dx,\quad \lambda\int_a^b G^{*2}dx + c\int_a^b G^*dx = \int_a^b F^*G^*dx,$$

welches genau eine Lösung besitzt. Dies sieht man so: Zunächst erfüllt y nicht die Differentialgleichung $G_y - \frac{d}{dx}G_{y'} = 0$. Also ist G^* keine Konstante. Mit der Schwarzschen Ungleichung für Integrale folgt, daß auch die Determinante des Gleichungssystems ungleich Null ist. Man erhält also

$$\int_a^b (F^*-\lambda G^*-c)^2dx = \int_a^b (F^*-\lambda G^*-c)h'dx = c[-h(b)-h(a)]= 0$$

und, da der Integrand stetig ist, folgt daraus $F^*-\lambda G^*=c$. Differenzieren ergibt $\frac{d}{dx}(F^*-\lambda G^*)=0$, womit die Gleichung (1.18) bewiesen ist.

Q.E.D.

Ein verwandtes Problem erhält man, falls die Kurve $\tilde{y}$ in einer gewissen vorgegebenen Fläche oder Hyperfläche liegt. In diesem Fall hängt dann das zu betrachtende Funktional von mindestens zwei Funktionen ab. Derartige Probleme werden im Paragraphen 2.3 behandelt.

Beispiel 1.5: Aus allen glatten Kurven der Länge 2a mit $1<a\leq\frac{1}{2}\pi$, die in der Ebene die Punkte (-1,0) und (0,1) verbinden, bestimme man diejenige Kurve, die mit der x-Achse die größte Fläche einschließt (Abbildung 5). Es ist also das Funktional

$$I[\tilde{y}]=\int_{-1}^{+1}\tilde{y}dx \text{ unter der Nebenbedingung } \int_{-1}^{+1}(1+\tilde{y}'^2)^{\frac{1}{2}}dx=2a$$

zu maximieren. (Wir beschränken uns, wie in Beispiel 1.4, auf die Normaldarstellung).

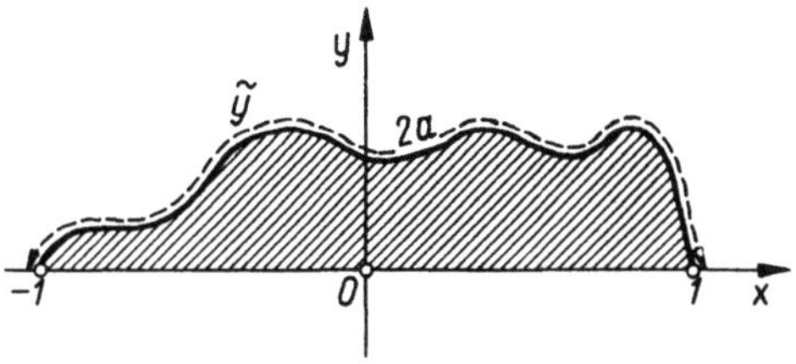

Abbildung 5

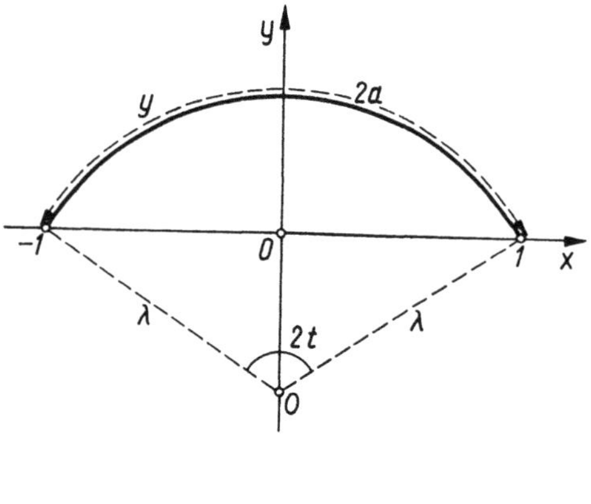

Abbildung 6

Wir bemerken zunächst, daß $\Phi(x,\tilde{y},\tilde{y}')=\tilde{y}-\lambda(1+\tilde{y}'^2)^{1/2}$ nicht von x abhängt. Also gilt für eine Extremale $\tilde{y}=y$ (falls sie existiert) nach Satz 1.7 und Bemerkung 1.2, daß $y'[y-\lambda(1+y'^2)^{1/2}]_{y'}-[y-\lambda(1+y'^2)^{1/2}]=c$ (Konstante) und $(y+\tilde{c})(1+y'^2)^{1/2}=\lambda$ ist. Um eine Parametrisierung für die Extremale y anzugeben, gehen wir von folgendem Ansatz aus: Wir setzen $(y'\circ x)(u)=$ $=\operatorname{tg} u$, $x^{-1}(-1)<u<x^{-1}(1)$. Dann ist $(y\circ x)(u) = c+\lambda\cos u$, $c=-\tilde{c}$ und wegen der Randbedingungen $y(-1)=y(1)=0$ erhält man

$$x(u) = c^*+ \int\frac{(y\circ x)'}{y'\circ x}\,du = c^*-\lambda\int \operatorname{ctg} u \sin u\,du = -\lambda\sin u,\quad \lambda=1+c^2.$$

Also ist die Extremale ein Kreisbogen mit Radius λ. Ist nun 2t der Mittelpunktswinkel, so ist $a=\lambda t=(1+c^2)^{1/2}t$, also ist $\operatorname{tg} t = \frac{1}{c}$ und somit $\frac{1}{t}\sin t = \frac{1}{a}$. Also ist das Problem für $1<a\leq\frac{1}{2}\pi$ lösbar. Für $a=1$ ist das Problem trivial und für $a<1$ ist die Menge D_I der zulässigen Kurven leer. Falls $a>\frac{1}{2}\pi$, dann müssen die zulässigen Kurven in Parameterdarstellung vorliegen. Damit hängt dann das zu betrachtende Funktional von zwei Funktionen ab. Diese Aufgabe erörtern wir im Paragraphen 2.1 genauer.

ÜBUNGEN

15. Es seien f und g stetige Funktionen auf dem Intervall [a;b] und $g\neq$const. Ferner folge für alle stetig differenzierbare Funktionen h mit $h(a)=h(b)=0$ aus
$\int_a^b gh'dx=0$ stets $\int_a^b fh'dx=0$.
Man zeige, daß es Konstante c_1,c_2 gibt, so daß $f=c_1g+c_2$ ist.
16. Man beweise Satz 1.7 für beliebiges m.
17. Für eine homogene Seite der Länge 2a mit $a\geq 1$, die längs der horizontalen Achse $x_2=0$ in den Punkten (-1,0) und (1,0) frei aufgehängt ist, bestimme man die Elastizitätsgleichung.
18. Man verallgemeinere Aufgabe 17 für beliebige Punkte (p,P) und (q,Q) mit $p<q$ und $a\geq\frac{1}{2}[(q-p)^2+(Q-P)^2]^{1/2}$.
19. Aus allen glatten Kurven fester Länge in der Ebene $\{x\in\mathbb{R}^3: x_3=0\}$, welche die Punkte (-1,a,0) und (1,a,0) mit $a>0$ verbinden, sei $x_2=y(x_1)$ für $-1\leq x_1\leq 1$ diejenige, deren Rotationskörper um die x_3-Achse das größte Volumen hat. Man zeige, daß das Produkt $\rho(x_1)\cdot y(x_1)$, $-1\leq x_1\leq 1$ aus Krümmungsradius und Funktionswert konstant ist.
20. Man verallgemeinere Aufgabe 19 auf den Fall beliebiger Punkte (p,P,0) und (q,Q,0) mit $p<q$.

1.4 HINREICHENDE BEDINGUNGEN ZUR EXISTENZ SCHWACHER EXTREMA

In diesem Abschnitt formulieren wir mehrere hinreichende Bedingungen für die Existenz von Extrema eines *Funktionals der Form (1.7), welches auf der Menge D_I der stetig differenzierbaren Funktionen, die den Bedingungen (1.8) genügen, definiert ist.* Dazu nehmen wir an, daß die Funktion F reellwertig und *dreimal stetig partiell differenzierbar ist.* (Die Funktion F und die Konstanten A und B sind gegeben).

Nach der Taylor'schen Formel hat man für den Ausdruck $F(x,y(x)+h(x),\ y'(x)+h'(x))-F(x,y(x),\ y'(x))$ für $y+h \in D_I$:

$$F_y(X)h(x)+F_{y'}(X)h'(x)+\frac{1}{2}[F_{yy}(X)h^2(x)+2F_{yy'}(X)h(x)h'(x)+$$

$$+F_{y'y'}(X)h'^2(x)]+o(\|h\|_1^2)$$

wobei $X=(x,y(x),\ y'(x))$ und $\|h\|_1=\max_x|h(x)|+\max_x|h'(x)|$ gilt. Also ist

$$I[y+h]-I[y] = ((\delta I)[y])[h]+((\delta^2 I)[y])[h]+o(\|h\|_1^2) \qquad (1.19)$$

mit

$$((\delta I)[y])[h]=\int_a^b (F_y h+F_{y'}h')dx \qquad (1.2o)$$

und

$$((\delta^2 I)[y])[h]=\frac{1}{2}\int_a^b (F_{yy}h^2+2F_{yy'}hh'+F_{y'y'}h'^2)dx. \qquad (1.21)$$

Wenn keine Verwechslungen zu befürchten sind, schreiben wir kurz:

$$\delta I[y][h] = ((\delta I)[y])[h], \quad \delta^2 I[y][h] = ((\delta^2 I)[y])[h]. \qquad (1.22)$$

(Weit verbreitet ist auch die abkürzende Schreibweise $\partial I[h]$ für $\delta I[y][h]$ und $\delta^2 I[h]$ für $\delta^2 I[y][h]$.)

Man nennt das Funktional $\partial I[y]$ die *erste Variation* des Funktionals I an der Stelle $y \in D_I$. Es ist (bezüglich h) ein stetiges lineares Funktional. Analog heißt $\delta^2 I[y]$ die *zweite Variation* von I an der Stelle $y \in D_I$. $\delta^2 I[y]$ ist ein homogenes quadratisches stetiges Funktional. Den Begriff des homogenen linearen bzw. quadratischen stetigen Funktionals definiert man entsprechend wie bei Funktionen [O.8]. Das nun folgende Ergebnis zeigt, daß man bei einem Funktional I -analog wie bei Funktionen- von einem stationären Punkt y sprechen kann, sofern $\delta I[y][h]=0$ für $y+h \in D_I$ erfüllt ist.

Lemma 1.1. *Besitzt unter den obigen Voraussetzungen das Funktional I der Form (1.7) in $\tilde{y}=y$ ein Minimum [bzw. Maximum], dann ist $\delta I[y][h]=0$ und es gilt $\delta^2 I[y][h]\geqslant 0$ [bzw. $\leqslant 0$] für $y+h\in D_I$.*

Beweis: (für den Fall des Minimums). Da I in $\tilde{y}=y$ ein lokales Minimum hat, folgt zunächst aus den Formeln (1.19) und (1.22), daß für genügend kleines $\|h\|_1$ stets:

$$\delta^2 I[y][h]+o(\|h\|_1^2)\geqslant 0 \tag{1.23}$$

gilt.

Angenommen, für ein gewisses $h=h_o$ sei $\delta^2 I[y][h_o]<0$. Dann gilt aber im Widerspruch zu Formel (1.23) für alle $0\leqslant t\leqslant 1$ die Ungleichung

$$\delta^2 I[y][th_o]=t^2\delta^2 I[y][h_o]<0,$$

da die zweite Variation ein quadratisches stetiges Funktional ist.

Q.E.D.

Nach diesem Ergebnis ist man geneigt, auch Satz 1.2 analog zu verallgemeinern. Leider ist dies nicht möglich, vielmehr gilt Folgendes:

Lemma 1.2. *Ist unter der Voraussetzung von Lemma 1.1 $\delta I[y][h]=0$ und existiert eine Konstante $K>0$ [bzw. <0], so daß $\delta^2 I[y][h]\geqslant K\|h\|_1^2$ [bzw. $\leqslant K\|h\|_1^2$] für $y+h\in D_I$ erfüllt ist, dann hat das Funktional in $\tilde{y}=y$ ein Minimum [bzw. Maximum].*

Beweis: Dies folgt unmittelbar aus den Formeln (1.19) und (1.22).

Leider ist die in Lemma 1.2 angegebene hinreichende Bedingung über die Existenz eines Extremums recht unhandlich.

Schauen wir uns zunächst die zweite Variation von I etwas genauer an: Mit den Abkürzungen

$$P = \frac{1}{2} F_{y'y'} \text{ und } Q = \frac{1}{2} (F_{yy} - \frac{d}{dx} F_{yy'})$$

hat man

$$\delta^2 I[y][h] = \int_a^b (Ph'^2 + Qh^2)\,dx\,. \tag{1.24}$$

Angenommen, es sei

$$\delta^2 I[y][h] \geq 0 \text{ für } y+h \in D_I, \quad (1.25)$$

und für ein gewisses $x_0 \in [a;b]$ sei $P(x_0)<0$. Dann existiert eine hinreichend kleine Zahl $c>0$ und eine natürliche Zahl n, so daß für alle Punkte x des Teilintervalls $(x_0 - \frac{\Pi}{n}; x_0 + \frac{\Pi}{n}) \cap [a;b]$ stets $P(x) \leq -c$ ist. Nun betrachten wir insbesondere diejenige Funktion h, die auf dem obigen Teilintervall durch $h(x) = \sin^2 n(x-x_0)$ gegeben ist, und außerhalb des Teilintervalls verschwindet. Dann folgt aus Gleichung (1.24), daß für $n \geq \Pi/\max(x_0-a, b-x_0)$ stets

$$\delta^2 I[y][h] < -\frac{1}{2} n \Pi c + \frac{1}{n} \Pi \max_x |Q(x)| < 0$$

erfüllt ist, im Widerspruch zu (1.25). Daher ergibt sich hieraus die folgende notwendige Bedingung:

<u>Satz 1.8</u> *(Legendre). Falls das Funktional I die Voraussetzung von Lemma 1.1 erfüllt und in $y=\tilde{y}$ ein Minimum [bzw. Maximum] besitzt, dann ist für jedes $x \in [a;b]$*

$$F_{y'y'}(x, y(x), y'(x)) \geq 0 \ [\text{bzw.} \leq 0] \qquad \textit{(Legendre Bedingung).}$$

Ohne Beweis geben wir nun noch die notwendige Bedingung von *Jacobi* an: Ein Punkt $a^* \in [a;b]$ heißt bezüglich des Funktionals I *konjugiert* zu a, falls die Differentialgleichung

$$Qh - \frac{d}{dx}(Ph') = 0 \qquad \textit{(Jacobi-Gleichung)} \qquad (1.26)$$

(für die Funktion h) eine nichttriviale Lösung hat, die in den Punkten a und a* verschwindet. (Man sieht unmittelbar, daß (1.26) die Eulersche Gleichung für das Funktional (1.24) ist).

<u>Satz 1.9</u> *(Jacobi). Genügt das Funktional I der Voraussetzung von Lemma 1.1 und besitzt es in $y=\tilde{y}$ ein Extremum, dann enthält das Teilintervall (a;b) keinen bezüglich des Funktional I zu a konjugierten Punkt.*

Ersetzt man in der Legendre-Bedingung das Ungleichheitszeichen $\geq$ [bzw. $\leq$] durch $>$ [bzw. $<$], so erhält man die sogenannte *starke Legendre-Bedingung* (mit $>$[bzw. $<$]). Analog erhält man aus der Jacobi-Bedingung (das ist Satz 1.9) die sogenannte *starke Jacobi-Bedingung*, wenn man das Intervall (a;b) durch (a;b] ersetzt. Manchmal ist es jedoch angebracht, mit der etwas schwächeren Bedingung über die Erzeugung von Extremalflächen zu arbeiten. Man sagt, daß die Lösung $\tilde{y}=y$ der Eulerschen Gleichung (1.11) *eine Extremalenfläche (Y,D) für das Funktional I erzeugt* genau dann, wenn diese Lösung in einer einparametrigen Familie Y von Lösungen der Gleichung (1.11) liegen, so daß durch jeden Punkt eines gewissen Gebietes D, welches das Innere der betrachteten Lösung enthält, genau eine Extremale dieser einparametrigen Familie Y führt. Ohne Beweis zitieren wir den folgenden Satz:

Satz 1.10. *Es sei I ein Funktional der Form (1.7), welches auf der Menge D_I der stetig differenzierbaren Funktionen definiert sei, die den Bedingungen (1.8) genügen. Weiterhin sei F reellwertig und dreimal stetig partiell differenzierbar. Sei $y \in D_I$ eine Lösung der Eulerschen Gleichung (1.11), die die starke Legendre-Bedingung mit dem "größer-" [bzw. "kleiner"] -Zeichen erfülle. Wir wollen weiterhin annehmen, daß diese Lösung $\tilde{y}=y$ eine Extremalenfläche erzeuge (dies gilt insbesondere dann, wenn sie der starken Jacobi-Bedingung genügt). Dann hat das Funktional I in $\tilde{y}=y$ ein Minimum [bzw. Maximum].*

Zu diesem Gebiet existiert eine umfangreiche Literatur, in der man auch die Beweise zu den Sätzen 1.9 und 1.1o nachlesen kann (vgl. in [1.4], S.131-147 und in [1.5], S.118-143). Leider sind die in Lemma 1.2 und Satz 1.1o formulierten hinreichenden Bedingungen zur Existenz von Extrema nur selten von praktischer Bedeutung. All zu oft ist man auf "ad hoc" Methoden angewiesen, die auf der speziellen Form des jeweiligen Problems beruhen. Nützlich ist oft Satz 1.8, mit dem man relativ leicht entscheiden kann, ob ein Maximum oder Minimum vorliegt.

Beispiel 1.6. Wir zeigen, daß es sich beim Problem der Brachystochrone (Beispiel 1.4) um ein Minimum handelt. Die Legendre-Bedingung liefert zunächst

$$F_{y'y'}(x,y'(x),y'(x)) = y^{-\frac{1}{2}}(x)[1+y'^2(x)]^{-\frac{3}{2}} > 0 \text{ für } 0<x\leq a$$

und für x=0 erhält man $+\infty$ (vgl. die entsprechende Argumentation von Beispiel 1.4). Dabei ist y der Zykloiden-Bogen, der die Punkte A und B verbindet und durch die Formeln (1.15) und (1.16) für $0\leq u\leq 2\Pi$ gegeben ist (die Konstante c in (1.15), (1.16) ist eindeutig bestimmt). Nun sei D der senkrechte Halbgürtel unterhalb der x-Achse, dessen Rand durch die Punkte A und B bestimmt wird und Y die einparametrige Familie der Zykloidenbögen (1.15),(1.16) mit Anfangspunkt A, wobei der Parameter c alle positiven Werte durchläuft. Für jeden Punkt $(x_o,y_o) \in D$ hat das Gleichungssystem

$$c(u-\sin u) = x_o,\quad c(1-\cos u) = y_o$$

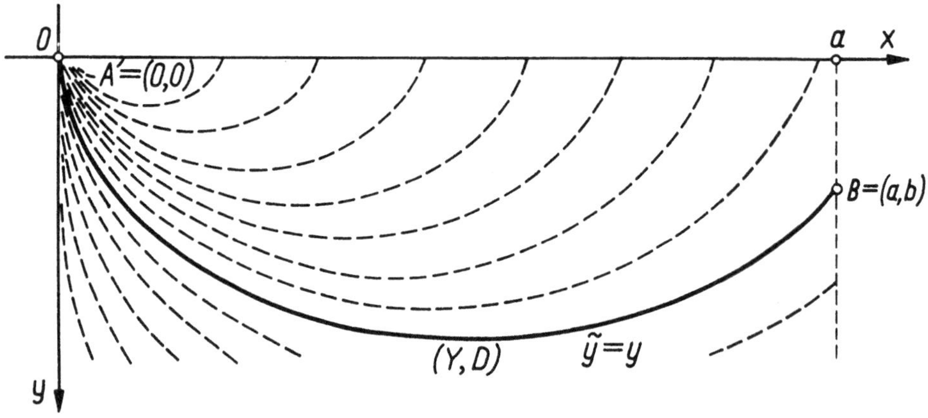

Abbildung 7

genau eine Lösung c, sofern $0<u<2\Pi$. Also erzeugen die Lösungen $\tilde{y}=y$ eine Extremalenfläche (Y,D) für das betrachtete Funktional und damit folgt aus Satz 1.1o die Existenz eines Minimums. Zum Schluß bemerken wir noch, daß auch die starke Jacobi-Bedingung erfüllt ist, deren Nachweis jedoch aufwendig ist (vgl. z.B. [1.1], S.234-235).

<u>Beispiel 1.7:</u> Die Eulersche Gleichung des Funktionals

$$I = (D_I \ni y \mapsto \int_0^1 (x+y+y'^2)dx) \text{ mit } y(0)=0,\ y(1)=0$$

lautet $y''=\frac{1}{2}$. Zusammen mit den Randbedingungen $y(0)=y(1)=0$ liefert die Eulersche Gleichung die Extremalen $y(x) = \frac{1}{4}x(x-1)$, $0\leqslant x\leqslant 1$. Offensichtlich ist die starke Legendre-Bedingung erfüllt, da $F_{y'y'}=2>0$ ist. Da die allgemeine Lösung der Jacobi-Gleichung $h''=0$ durch $h(x)=cx+c^*$ mit $0\leqslant x\leqslant 1$ gegeben ist, existiert keine nichttriviale Lösung, die in $a=0$ und in einem anderen Punkt $a^*>0$ verschwindet. Also ist auch die starke Jacobi-Bedingung erfüllt und aus Satz 1.1o folgt damit die Existenz eines Minimums von I in $\tilde{y}=y$.

ÜBUNGEN

21. Es seien f und g auf dem Intervall $[a;b]$ definierte stetige reellwertige Funktionen. Für jede stetig differenzierbare Funktion h mit $h(a)=h(b)=0$ habe das Integral $\int_a^b (fh'^2+gh^2)dx$ das gleiche Vorzeichen.
Man zeige, daß die Funktion f dasselbe Vorzeichen wie das obige Integral hat.

22. Man bestimme die Extrema der Funktionale:

a) $I = (D_I \ni y \mapsto \int_0^1 (1/y')dx)$ mit $y(0)=0$, $y(1)=1$,

b) $I = (D_I \ni y \mapsto \int_{-1}^2 y'(1+x^2y')dx)$ mit $y(-1)=1$, $y(2)=4$,

c) $I = (D_I \ni y \mapsto \int_0^a (y'^2-y^2)dx)$, mit $y(0)=0$, $y(a)=1$, $0<a\leqslant\Pi$.

23. Gegeben sei ein homogener Stab der Länge a mit Elastizitätsmodul μ und dem kleineren Trägheitsmoment ι quer zum Stab. Man bestimme den kritischen Druck an den Stabenden, bei dem eine Verbiegung eintritt.

1.5 EINFÜHRUNG IN DIE THEORIE DER STARKEN EXTREMA. DIE HAMILTON-JACOBI'SCHE GLEICHUNG.

Wie im vorherigen Abschnitt betrachten wir wieder Funktionale I der Form (1.7), die auf der Menge D_I der stetig differenzierbaren Funktionen definiert sind und den Bedingungen (1.8) genügen. Dazu nehmen wir an, daß die Funktion F reellwertig und zweimal stetig partiell differenzierbar ist. (Die Funktion F und die Konstanten A und B sind gegeben). Wir sagen nun, daß das Funktional I in $\tilde{y}=y$ ein *starkes (lokales) Minimum* hat, falls ein $\varepsilon>0$ existiert, für das die Ungleichung (1.9) gilt. Dabei bezeichnet dann $B(y;\varepsilon)$ die Menge der Funktionen $\tilde{y}\in D_I$ mit

$$\max_x |h(x)|<\varepsilon; \quad h=\tilde{y}-y. \tag{1.27}$$

Analog definiert man den Begriff des *starken Maximums*. Zusammenfassend heißen starke Maxima bzw. Minima auch *starke Extrema*.

Offensichtlich ist jedes starke Extremum auch ein schwaches Extremum. Also sind die notwendigen Bedingungen zur Existenz schwacher Extrema auch notwendige Bedingungen zur Existenz starker Extrema. Weiterhin läßt sich das zu Satz 1.1o entsprechende Ergebnis wie folgt formulieren:

Satz 1.11. *Es sei I ein Funktional, das den Voraussetzungen von 1.1o genügt. Ferner sei $y \in D_I$ eine Lösung der Eulerschen Gleichung (1.11) und für alle $a \leq x \leq b$ und alle $-\infty < p < +\infty$ sei*

$$F_{pp}(x,y(x),p)>0 \text{ [bzw. } <0].$$

Weiterhin setzen wir voraus, daß die Lösungen $\tilde{y}=y$ eine Extremalenfläche für das Funktional I erzeugt. Dann besitzt I in $\tilde{y}=y$ ein starkes Minimum [bzw. Maximum] und für alle $y \in D_I$ mit $y \neq \tilde{y}$ gilt außerdem $I[y]<I[\tilde{y}]$ (bzw. $I[y]>I[\tilde{y}]$).

Wie bereits aus dem vorherigen Abschnitt hervorgeht, ist die Legendre-Bedingung mit dem "größer"-bzw. "kleiner"-Zeichen von zentraler Bedeutung. Man wird also oft nur den Fall betrachten, in dem für alle $a \leq x \leq b$ stets

$$F_{y'y'}(x,y(x),y'(x)) \neq 0$$

gilt. Nach dem Satz über implizite Funktionen kann man dann die Gleichung

$$F_{y'} = p \tag{1.28}$$

lokal nach y' auflösen. Damit definiert man die *Hamilton-Funktion* H als

$$H(x,y,p) = -F(x,y,y'(x,y,p))+y'(x,y,p)p \;. \tag{1.29}$$

Die Eulerschen Gleichungen (1.11) lassen sich jetzt in der sogenannten *kanonischen Form* als

$$y' = H_p \;, \quad p' = -H_y \tag{1.3o}$$

schreiben. Diese Umformung der Eulerschen Gleichung ergibt sich aus Formel (1.28) und dem totalen Differential für H, das durch $dH=-F_x dx-F_y dy + +y'dy$ gegeben ist. Aus (1.11) und (1.28) folgt $F_y = \frac{d}{dx}(F_{y'})=p'$.

Wir nehmen nun an, daß es zu obigem Funktional I ein Gebiet $G \subset \mathbb{R}^2$ gibt mit der folgenden Eigenschaft: zu jedem $(b,B) \in G$ gibt es genau eine Extremale des Funktionals I in D_I, die durch die Punkte (a,A) und (b,B) geht. Die Gleichung (1.11) mit den Randbedingungen $y(a)=A$ und $y(b)=B$

hat also genau eine Lösung, die mit $y_{b,B}$ bezeichnet wird. Wir zeigen nun:

Lemma 1.3. *Das Funktional I genüge den oben formulierten Voraussetzungen. Dann ist die Funktion*

$$S(b,B) = I[y_{b,B}] \quad \text{(Hamilton Charakteristik)} \tag{1.31}$$

in den Parametern b und B eine Lösung der Differentialgleichung

$$S_u(u,v) + H(u,v,S_v(u,v,)) = 0 \quad \text{(Hamilton-Jacobi'sche Gleichung)} \tag{1.32}$$

mit $(u,v) \in G$.

Beweis. Es seien (u,v) und $(u+\varepsilon, v+\eta)$ Punkte aus G. Dann gilt nach (1.31) und (1.7)

$$S(u+\varepsilon,v+\eta) - S(u,v) = \int_a^u [F(x,y_{u+\varepsilon,v+\eta},y'_{u+\varepsilon,v+\eta}) -$$

$$- F(x,y_{u,v},y'_{u,v})]dx + \int_u^{u+\varepsilon} F(x,y_{u+\varepsilon,v+\eta},y'_{u+\varepsilon,v+\eta})dx.$$

Für $\varepsilon<0$ wird die Funktion $y_{u+\varepsilon,v+\eta}$ auf das Intervall $(u+\varepsilon,u]$ linear fortgesetzt, wobei die Steigung gleich

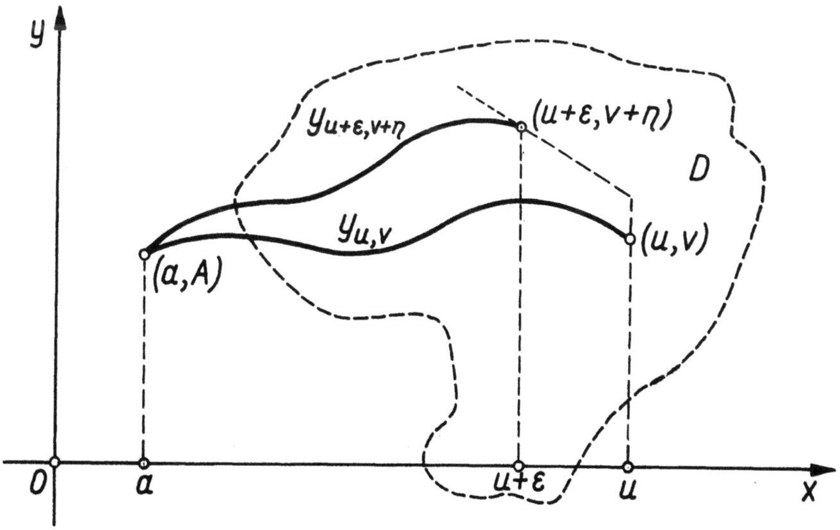

Abbildung 8

der linksseitigen Ableitung von $y_{u+\varepsilon,v+\eta}$ im Punkte $u+\varepsilon$ ist (Abb.8). Argumentiert man nun genau so wie im Beweis von Satz 1.6, dann erhält man:

$$S(u+\varepsilon,v+\eta) - S(u,v) = \int_a^u (F_{y_{u,v}} h + F_{y'_{u,v}} h')dx +$$

$$+ F(u,v,y'_{u,v}(u)) + o((\varepsilon^2+\eta^2)^{\frac{1}{2}})$$

mit $h = y_{u+\varepsilon,v+\eta} - y_{uv}$. Durch partielle Integration ergibt sich aus der Eulerschen Gleichung und der Randbedingung $h(a)=0$

$$\int_a^u (F_{y_{u,v}} h + F_{y'_{u,v}} h')dx = \int_a^u (F_{y_{u,v}} - \frac{d}{dx} F_{y'_{u,v}})h\, dx +$$

$$+F_{y'_{u,v}}(u,v,y'_{u,v}(u))h(u) - F_{y'_{u,v}}(a,A,y'_{u,v}(a))h(a) =$$

$$=F_{y'_{u,v}}(u,v,y'_{u,v}(u))h(u).$$

Nun ist aber

$$h(u) = y_{u+\varepsilon,v+\eta}(u) - y_{u,v}(u)$$

$$= y_{u+\varepsilon,v+\eta}(u+\varepsilon) - y_{u,v}(u) - \varepsilon y'_{u,v}(u) + o((\varepsilon^2+\eta^2)^{\frac{1}{2}})$$

$$= \eta - \varepsilon y'_{u,v}(u) + o((\varepsilon^2+\eta^2)^{\frac{1}{2}}).$$

Also ist

$$S(u+\varepsilon,v+\eta) - S(u,v) = [F(U) - y'_{u,v}(u)F_{y'_{u,v}}(U)]\varepsilon +$$

$$+ F_{y'_{u,v}}(U)\eta + o((\varepsilon^2 + \eta^2)^{\frac{1}{2}})$$

mit $U = (u,v,y'_{u,v}(u))$. Damit hat man

$$S_u(u,v) = F(U) - y'_{u,v}(u)F_{y'_{u,v}}(U), \quad S_v(u,v) = F_{y'_{u,v}}(U).$$

Aus (1.28) und (1.29) folgt die behauptete Differentialgleichung (1.32).

Q.E.D.

Wir formulieren die nächste Aussage ohne Beweis.

Satz 1.12 (Jacobi). Es seien die Voraussetzungen von Lemma 1.3 erfüllt und S sei ein vollständiges Integral (vgl. z.B. [0.4]) der Hamilton-Jacobi'schen Gleichung (1.32), welches von einem Parameter c abhänge. Ferner sei in einer gewissen (geeigneten) Teilmenge G von Punkten $(u,v,c)\in\mathbb{R}^3$ die zweite partielle Ableitung S_{vc} überall ungleich Null. Dann ist für jedes c* aus dem Intervall (α,β), das von G* abhängt, die Lösung y von*

$$S_c(x,y,c) = c^* \tag{1.33}$$

zusammen mit der Funktion p, die durch

$$p(x,c,c^*) = S_y(x,y(x,c,c^*),c), \quad \alpha<x<\beta \tag{1.34}$$

definiert ist, die allgemeine Lösung des kanonischen Systems (1.3o).

Die Beweise zu den Sätzen 1.11 und 1.12 findet man in den Lehrbüchern [1.4] S. 148-172 und 1o1-1o8, sowie [1.5] S. 132-145. Weiteres umfangreiches Material zu diesem grundlegenden Teil der Variationsrechnung findet man in den Monographien [1.1] und [1.2]. Ferner sind in der Aufgabensammlung [1.6] zahlreiche Übungen.

Beispiel 1.8: Beim Brachystochronen-Problem (vgl. Beispiel 1.4 und 1.6) liegt ein starkes Minimum vor. Dies folgt aus Satz 1.11, da

$$F_{pp}(x,y(x),p) = y^{-\frac{1}{2}}(x)(1+p^2)^{\frac{3}{2}} > 0 \text{ für } 0\leq x\leq a, \quad -\infty<p<+\infty .$$

Beispiel 1.9: Die Extremalen des Funktionals

$$I = (D_I \ni y \mapsto \int_a^b G(y)(1+y'^2)^{\frac{1}{2}}dx) \quad \text{mit } y(a)=A,\ y(b)=B$$

lassen sich mit der Hamilton-Jacobi'schen Gleichung bestimmen, die durch

$$S_u - (G^2-S_v^2)^{\frac{1}{2}} = 0$$

gegeben ist. Man kann also eine geeignete Teilmenge $G^*\subset\mathbb{R}^2$ finden, in der für das vollständige Integral

$$S(u,v,c) = cu + \int_A^v [G^2(v)-c^2]^{\frac{1}{2}}\, dv+\tilde{c}, \quad \tilde{c}\text{-Konst}$$

die Ableitung S_{vc} überall ungleich Null ist. Also gilt nach Satz 1.12 für jede Extremale y (falls sie existiert), daß sie der Gleichung

$$x - c \int_A^y [G^2(y)-c^2]^{-\frac{1}{2}} dx = c^*$$

genügt. Dabei sind die Konstanten c und c* so gewählt, daß die Randbedingungen y(a)=A und y(b)=B erfüllt sind.

ÜBUNGEN

24. Man entscheide, ob die folgenden Funktionale starke Extrema haben:
   a) I aus Beispiel 1.7,
   b) I aus Übung 22a),
   c) I aus Übung 22c) mit $a<\Pi$.

25. Man bestimme die Extrema des Funktionals

$$I = (D_I \ni y \to \int_0^1 xyy'^{\frac{1}{2}} dx), \text{ mit } y(0)=0,\ y(1)=1$$

   mit Hilfe von Satz 1.12.

1.6 FUNKTIONALANALYTISCHE GRUNDLAGEN DER VARIATIONSRECHNUNG

Im folgenden wollen wir uns mit Räumen von Funktionen beschäftigen, die sowohl mit einer algebraischen als auch einer geometrischen Struktur versehen sind. Man kann mit den Funktionen aus diesen Räumen genauso arbeiten wie mit Vektoren in Vektorräumen. Genauer ausgedrückt: man kann sie addieren und mit Skalaren multiplizieren. Weiterhin kann man sie auch als Punkte eines allgemeinen Raumes auffassen. Dies haben wir auch bereits in zwei Fällen getan (vgl. (1.1o) und (1.27)). Damals haben wir den Abstand einer Funktion h zur Nullfunktion O durch die Formeln

$$||h||_1 = \max_x |h(x)| + \max_x |h'(x)|, \quad ||h||_0 = \max_x |h(x)| \qquad (1.35)$$

festgelegt. Dieser Abstandsbegriff wurde zur Formulierung der schwachen und starken Extrema benötigt sowie für die damit zusammenhängenden Konvergenzbegriffe. Man kann also Funktionen als Vektoren auffassen und wie wir noch sehen werden auch eine verallgemeinerte Koordinatendarstellung für Funktionen angeben.

Diese Vorbemerkungen zeigen die Bedeutung der Funktionenräume. Sie sind von ihrer Struktur her topologische lineare Vektorräume. Insbesondere werden sie uns als normierte Vektorräume, Banach- oder sogar als Hilbert-Räume begegnen. Derartige Räume werden in der Funktionalanalysis behandelt. Im folgenden führen wir nun einige Grundbegriffe aus der *Funktionalanalysis* ein. Zur weiteren Vertiefung empfehlen wir allerdings die Monographie [1.8].

Definition: Ein geordnetes Quadrupel $\mathcal{R}=(R,\mathcal{N},\tilde{+},\tilde{\cdot})$, bestehend aus einer Menge R (das sind z.B. *Vektoren* oder *Funktionen*), einem Skalarkörper $\mathcal{N}$ (d.h. Zahlenkörper), einer Vektoraddition $\tilde{+}$ und einer Multiplikation $\tilde{\cdot}$ mit Skalaren heißt ein *Vektorraum* (oder: *linearer Raum*), wenn die nachstehend formulierten Axiome 1-8 erfüllt sind.

Dazu erinnern wir daran, daß ein geordnetes Tripel $\mathcal{N}=(N,+,\cdot)$, bestehend aus einer mindestens zweipunktigen Menge N, deren Elemente *Skalare* genannt werden, zusammen mit einer Addition + und Multiplikation $\cdot$ ein *Körper* heißt, falls die nachstehend formulierten Axiome I-IX erfüllt sind, nämlich:

Es seien $a,a_1,a_2,a_3 \in N$. Dann gilt:

I. $a_1+(a_2+a_3)=(a_1+a_2)+a_3$

II. Es existiert ein Element $0 \in N$, so daß $a+0=a$

III. Zu jedem a existiert ein Element $-a \in N$, so daß $a+(-a)=0$

IV. $a_1+a_2=a_2+a_1$

V. $a_1\cdot(a_2\cdot a_3)=(a_1\cdot a_2)\cdot a_3$

VI. Es existiert ein Element $1 \in N$, so daß $a\cdot 1=a$

VII. Zu jedem $a\neq 0$ existiert ein Element $a^{-1}\in N$, so daß $a\cdot a^{-1}=1$

VIII. $a_1\cdot a_2=a_2\cdot a_1$

IX. $a_1\cdot(a_2+a_3)=(a_1\cdot a_2)+(a_1\cdot a_3)\overset{\text{Konvention}}{=}a_1\cdot a_2+a_1\cdot a_3$.

Bemerkung 1.3. Jedes geordnete Paar (N,+), welches den Bedingungen I-III genügt oder was auf das gleiche hinauskommt, jedes geordnete Paar $(N,\cdot)$, welches den Bedingungen V-VII genügt, wobei dann die "Null" nicht in N liegt, d.h. stets $a\neq 0$ erfüllt ist, heißt eine *Gruppe*. Genügt eine

Gruppe (N,+) der Bedingung IV bzw. (N,·) der Bedingung VIII, dann heißt sie *kommutativ* (oder *abelsch*, nach dem norwegischen Mathematiker N.H. Abel).

Wir formulieren nun die Vektorraumaxiome 1-8. Für $y, y_1, y_2, y_3 \in R$ sei stets erfüllt:

1. $y_1 \tilde{+} (y_2 \tilde{+} y_3) = (y_1 \tilde{+} y_2) \tilde{+} y_3$
2. Es existiert ein Element $o \in R$, so daß $y \tilde{+} o = y$
3. Zu jedem y existiert ein Element $\tilde{-}y \in R$, so daß $y \tilde{+} (\tilde{-}y) = o$
4. $y_1 \tilde{+} y_2 = y_2 \tilde{+} y_1$
5. $a_1 \tilde{\cdot} (a_2 \tilde{\cdot} y) = (a_1 \cdot a_2) \tilde{\cdot} y$
6. $1 \tilde{\cdot} y = y$
7. $a \tilde{\cdot} (y_1 \tilde{+} y_2) = (a \tilde{\cdot} y_1) \tilde{+} (a \tilde{\cdot} y_2) \overset{\text{Konvention}}{=} a \tilde{\cdot} y_1 \tilde{+} a \tilde{\cdot} y_2$
8. $(a_1 + a_2) \tilde{\cdot} y = (a_1 \tilde{\cdot} y) \tilde{+} (a_2 \tilde{\cdot} y) \overset{\text{Konvention}}{=} a_1 \tilde{\cdot} y \tilde{+} a_2 \tilde{\cdot} y$

Im folgenden werden wir für die Vektoroperationen die Tilden weglassen. Wir schreiben dann + statt $\tilde{+}$ und · statt $\tilde{\cdot}$. Weiterhin werden wir uns auf die beiden Körper $N=\mathbb{R}$ oder $N=\mathbb{C}$ (den Körper der komplexen Zahlen) beschränken.

<u>Definition</u>: Ein geordnetes Paar $\mathcal{R} = (\mathcal{R}, \| \ \|)$, bestehend aus einem Vektorraum $\mathcal{R}$ und einer Funktion $\| \ \| : R \rightarrow \mathbb{R}$, genannt *Norm* (gelesen als: die Norm ist eine auf dem Träger R von $\mathcal{R}$ definierte reellwertige Funktion) heißt ein *normierter Vektorraum* genau dann, wenn die folgenden Axiome A-C gelten:

Für $a \in N$ und $y, y_1, y_2 \in \mathcal{R}$ sei stets erfüllt:

A. $\|y\| > 0$ sofern $y \neq 0$

B. $\|ay\| = |a| \, \|y\|$

C. $\|y_1 + y_2\| \leqslant \|y_1\| + \|y_2\|$.

Auf der Definition der Norm beruht der Begriff des *Abstandes* zweier Vektoren y_1, y_2, der durch $\|y_1 - y_2\|$ gegeben ist. Weiterhin ist die *offene Kugel* mit Mittelpunkt $y_o \in R$ und Radius $\varepsilon > 0$ durch $\{y \in R: \|y - y_o\| < \varepsilon\}$ gegeben. Mit Hilfe der offenen Kugeln lassen sich die *offenen* und *abgeschlossenen* Mengen definieren (vgl.z.B.[O.2]). Die Konvergenz bezüglich der Norm wird wie folgt erklärt: Eine Folge von Vektoren $y_n \in R$, n=1,2,... *konver-*

giert gegen $y \in R$, wenn $\|y_n - y\| \to 0$ für $n \to \infty$ erfüllt ist. Schließlich heißt $y_n \in R$, $n=1,2,\ldots$ eine *Cauchy-Folge*, falls $\|y_m - y_n\| \to 0$, sobald m und n gleichzeitig gegen unendlich streben.

Definition: Ein normierter Vektorraum, in dem jede Cauchy-Folge gegen ein gewisses Element dieses Raumes konvergiert, heißt ein *Banach-Raum* (also ein vollständiger normierter Raum).

Beispiel 1.10: Die Menge C[a;b] der auf dem Intervall [a;b] definierten reellwertigen stetigen Funktionen, versehen mit der üblichen Addition von Funktionen, bildet zusammen mit dem Körper der reellen Zahlen einen Vektorraum. Er läßt sich normieren mit der in Formel (1.35) eingeführten Norm $\| \; \|_0$ (für $h \in C[a;b]$). Die zu dieser Norm gehörende Konvergenz ist die gleichmäßige Konvergenz von Funktionen. Daher ist der Grenzwert jeder Cauchy-Folge in C[a;b] eine stetige Funktion, d.h. $\mathcal{C}[a;b]$ ist ein Banach-Raum. Analog definiert man nun für den Banach-Raum $\mathcal{C}^1[a;b]$ die entsprechende Norm $\| \; \|_1$ durch Formel (1.35) für $h \in C^1[a;b]$ (Dabei ist $C^1[a;b]$ die Menge der auf [a;b] definierten reellwertigen stetig differenzierbaren Funktionen). Allgemein bezeichnet man für eine positive natürliche Zahl r mit $\mathcal{C}^r(D)$ den Raum der r-mal stetig differenzierbaren reellwertigen Funktionen auf einer abgeschlossenen und beschränkten Menge D des $\mathbb{R}^n$. (Dabei gilt $h \in C^r(D)$, wenn es eine offene Menge $E \supset D$ und ein $h^* \in C^r(E)$ mit $h = h^*|D$ gibt). Die zugehörige Norm $\| \; \|_r$ wird dann für $h \in C^r(D)$ durch

$$\|h\|_r = \sum_{i=0}^{r} \max_x |h^{(i)}(x)| \; , \quad x \in D \tag{1.36}$$

gegeben. Hierbei bezeichnet $|h^{(i)}(x)|$ die positive Wurzel aus der Summe der Quadrate aller partiellen Ableitungen der Ordnung i. Wenn eine Folge bezüglich der Norm $\| \; \|_0$ konvergiert, spricht man von *schwacher* Konvergenz, Konvergenz bezüglich der Norm $\| \; \|_1$ nennen wir *starke* Konvergenz. Aus der starken Konvergenz folgt die schwache, aber nicht umgekehrt. So konvergiert z.B. die Folge der Funktionen $[a;b] \ni x \to \frac{1}{n} \sin nx$ schwach gegen 0 aber nicht stark.

Eine Menge D von Elementen eines Banach-Raumes $\mathcal{R}$ heißt "kompakt", wenn jede Folge von Elementen aus D eine in D konvergente Teilfolge enthält.

Beispiel 1.11: Die Menge der Funktionen $[a;b] \ni x \to \sin px$ mit $p \in \mathbb{R}$

ist in $\mathcal{C}[a;b]$ beschränkt, da $\|y(p)\|_o<1$ ist. Weiterhin ist sie abgeschlossen, aber nicht kompakt. Dies folgt etwa daraus, daß die Folge $[a;b]\ni x \to \sin nx$ keine konvergente Teilfolge enthält. Dieses Beispiel zeigt, daß, anders als im $\mathbb{R}^n$, abgeschlossen und beschränkt noch nicht kompakt impliziert. Vielmehr muß hier noch eine weitere Bedingung erfüllt sein, nämlich die Gleichstetigkeit. Man nennt die Teilmenge D aus [a;b] *gleichstetig* (oder: *gleichgradig stetig)*, wenn es zu jedem $\varepsilon>0$ ein $\partial>0$ gibt, so daß für alle $y\in D$ und alle $x_1,x_2\in[a;b]$ mit $|x_1-x_2|<\partial$ stets $|y(x_1)-y(x_2)|<\varepsilon$ ist. Nun gilt:

Lemma 1.4 *(Ascoli-Arzela). Eine Teilmenge D aus* $\mathcal{C}$ *[a;b] ist kompakt genau dann, wenn sie abgeschlossen, beschränkt und gleichstetig ist.*

Wir gehen nun zu Vektorräumen mit Skalarprodukt über.

Definition. Ein geeordnetes Paar $R=(\mathcal{R},(\ ,\ ))$, bestehend aus einem Vektorraum $\mathcal{R}$ und einem *Skalarprodukt (*oder*: inneres Produkt)* heißt ein *unitärer Raum*. Dabei ist ein Skalarprodukt eine Funktion $(\ ,\ ):R\times R\to\mathbb{C}$ mit den folgenden Eigenschaften a)-d):

Ist $a\in\mathbb{N}$ und sind $y,y_1,y_2,z\in R$, dann gilt:

a) $(y,y)>0$ für $y\neq o$

b) $(y,z)=\overline{(z,y)}$ (der Strich bedeutet die konjugiert komplexe Zahl, also $\bar{a}=\text{Re } a - j \text{ Im } a$)

c) $(y_1+y_2,z)=(y_1,z)+(y_2,z)$

d) $(ay,z)=a(y,z)$

Jeder unitäre Raum läßt sich durch

$$\|y\|=(y,y)^{\frac{1}{2}} \text{ für } y\in R \tag{1.37}$$

normieren. (Man sieht leicht, daß die Bedingungen A-C erfüllt sind). In einem unitären Raum läßt sich der Begriff der Orthogonalität definieren. Man nennt zwei Vektoren $y,z\in R$ *orthogonal,* falls $(y,z)=0$ gilt. Entsprechend nennt man zwei Teilmengen $Y,Z\subset R$ orthogonal zueinander, wenn für alle $y\in Y$ und alle $z\in Z$ stets $(y,z)=0$ erfüllt ist. Weiterhin heißt eine Teilmenge $Y\subset R$ *orthogonal,* falls für alle $y,z\in Y$ mit $y\neq z$ stets $(y,z)=0$ ist.

Wir nennen $Y \subset R$ *orthonormal*, falls Y orthogonal ist und $\|y\| = 1$ für jedes $y \in Y$ gilt.

Eine *orthogonale* [bzw. *orthonormale*] *Folge* ist eine orthogonale (bzw. orthonormale) abzählbare Menge. Man nennt eine orthonormale Folge von Vektoren $e_i \in R$ *vollständig* in $\mathbb{R}$, wenn aus $(y,e_i)=0$ für alle $i=1,2,..$ bereits $y=0$ folgt. Eine vollständige orthonormale Folge nennen wir auch Orthonormalsystem.

Bemerkung 1.4: Abkürzend schreibt man für eine Folge $a_1, a_2, ...$ auch $(a_i) = (a_1, a_2, ...)$. Mit dieser Schreibweise kann man manchmal auch gewisse Analogien zum $\mathbb{R}^n$ andeuten, der aus den n-elementigen reellen Zahlenfolgen besteht.

Definition: Ein geordnetes Paar $\mathcal{R} = (R, \|\ \|)$, bestehend aus einem unitären Raum R und der durch Formel (1.37) definierten Norm $\|\ \|$ heißt ein C-Hilbertraum, falls er eine vollständige Folge enthält und ein Banach-Raum ist.

Bemerkung 1.5: Üblicherweise versteht man unter einem Hilbert-Raum nur einen unitären Raum, der bezüglich der durch Formel (1.37) über das Skalarprodukt definierten Norm vollständig ist (als normierter Vektorraum). Daraus folgt noch nicht die Existenz einer orthonormalen Folge. Um dies hier hervorzuheben sprechen wir von einem C-Hilbertraum (von completus=vollständig). Mit anderen Worten: Ein C-Hilbert-Raum ist separabel und unendlich dimensional.

In der Variationsrechnung arbeitet man häufig mit dem Hilbert-Raum $\mathcal{L}^2[a;b]$ oder allgemeiner mit $\mathcal{L}^2(D)$ (siehe Beispiel 1.12) bzw. mit $\mathcal{L}^2_{\mathbb{R}}[a;b]$ oder $\mathcal{L}^2_{\mathbb{R}}(D)$ (siehe Übung 31). Zur Konstruktion dieser Räume benötigt man die Lebesgue'sche Maß- und Integrationstheorie, die wir hier kurz für den eindimensionalen Fall darstellen. Dieses Gebiet ist im Lehrbuch [0.9] sehr anschaulich und in den Lehrbüchern [0.5] und [1.7] ausführlich dargestellt.

Zunächst ist jede offene Teilmenge $A \subset \mathbb{R}$ die abzählbare (im allgemeinen unendliche) Vereinigung paarweise disjunkter Intervalle $(a_i;b_i)$. (Einen Beweis findet man in [0.6] S.111). Also definiert man für eine offene Menge $A \subset \mathbb{R}$ das *Maß* $|A|$ (genauer: Lebesgue-Maß) durch

$$|A| = \Sigma\ (b_i - a_i) \qquad \text{(wobei } |A| = +\infty \text{ zugelassen ist).}$$

Dann nennt man eine beliebige Teilmenge $D\subset\mathbb{R}$ *meßbar* (im Sinne von Lebesgue), falls es zu jedem $\varepsilon>0$ offene Mengen $A\subset\mathbb{R}$ und $B\subset\mathbb{R}$ mit $D\subset A$, $A\setminus D\subset B$ und $|B|>\varepsilon$ gibt. Für eine meßbare Menge D wird dann das (Lebesgue'sche) *Maß* durch

$$|D| = \inf |A|$$

definiert. Dabei wird das Infimum über alle offenen Mengen $A\supset D$ genommen. In diesem Zusammenhang sagt man dann auch, daß eine Bedingung *fast überall* in D gilt, wenn sie bis auf eine Menge vom Maße Null in D gilt.

Es läßt sich zeigen, daß die abzählbare Vereinigung offener Mengen wie auch die abzählbare Vereinigung abgeschlossener Mengen (also insbesondere kompakter Mengen) meßbar ist.

Nun nennt man eine komplexwertige Funktion y (also insbesondere auch eine reellwertige), die auf einer meßbaren Teilmenge D definiert ist, *meßbar* (im Sinne von Lebesgue), falls für jede reelle Zahl a die beiden Mengen $\{x:\mathrm{Re}\ y(x)<a\}$ und $\{x:\mathrm{Im}\ y(x)<a\}$ meßbar sind. Eine meßbare Funktion y heißt *einfach*, wenn sie nur endlich viele Werte annimmt. Für eine einfache Funktion y gilt $D_y=D_o\cup D_1\cup\ldots\cup D_m$, wobei $D_o..,D_m$ paarweise disjunkte Mengen sind mit $y(x)=0$ für $x\in D_o$ und $y(x)=c_i$ für $x\in D_i$, $i=1,2,.,m$.

Das (Lebesgue'sche) *Integral* einer einfachen Funktion y auf D_y definiert man durch

$$\int_{D_y} y\ dx \equiv \int_{D_y} y(x)\ dx = \sum_{i=1}^{m} c_i |D_i|\,.$$

Für eine beliebige meßbare Funktion y auf D_y definiert man das (Lebesgue'sche) *Integral* als Grenzwert (falls er existiert) in der Form

$$\int_{y} y\ dx = \lim_{k\to+\infty} \int_{D_y} y_k\ dx.$$

Dabei ist (y_k) eine Folge einfacher Funktionen mit:

1^0 das Maß der Punkte x für welche $y_k(x)\to y(x)$ für $k\to\infty$ strebt gegen $|D_y|$,

2^0 $\int_{D_y} |y_k-y_\ell| dx\to 0$ für $k,\ell\to+\infty$.

Man kann zeigen, daß diese Definition sinnvoll ist, also nicht von der speziellen Wahl der Folge (y_k) abhängt. Wenn weiterhin y auf D_y Riemann-integrierbar ist, dann existiert auch das Integral im Sinne von Lebesgue und beide sind gleich. Weiterhin ist eine beschränkte meßbare Funktion y auf einem Intervall [a;b] genau dann Riemann-integrierbar, wenn die Menge der Unstetigkeitsstellen von y das Maß Null hat (siehe [0.1]).

Gilt $D_y \subset \mathbb{R}^2$, so ersetzt man in den obigen Überlegungen Intervalle durch Rechtecke und für $D_y \subset \mathbb{R}^3$ nimmt man statt Intervallen Quader etc. (siehe [0.3]).

Beispiel 1.12: Mit $L^2[a;b]$ bezeichnet man die Menge der auf [a;b] definierten meßbaren komplexwertigen Funktionen, für die das Integral des Quadrates des Absolutbetrags (kurz: quadratintegrierbar) endlich ist. Zusammen mit dem Körper der komplexen Zahlen bildet diese Menge einen Vektorraum. Führt man ein Skalarprodukt durch

$$(y,z) = \int_a^b y\overline{z}\,dx, \text{ für } y,z \in L^2[a;b]$$

ein, dann läßt sich dieser Vektorraum nach Formel (1.37) normieren. Er wird mit $\mathcal{L}^2[a;b]$ bezeichnet. Da jede Cauchy-Folge (y_n), die per definitionem

$$\int_a^b |y_m - y_n|^2\,dx \to 0, \text{ für } m,n \to +\infty$$

erfüllt, gegen ein Element $y \in L^2[a;b]$ konvergiert, -wie man z.B. in der Integrationstheorie zeigt (vgl.z.B. [1.8] S.219-220)-, ist $\mathcal{L}^2[a;b]$ ein Banach-Raum. Der Grenzwert y ist also eine auf [a;b] definierte komplexwertige meßbare Funktion mit

$$\int_a^b |y|^2 dx < \infty \quad \text{und} \quad \int_a^b |y_n - y|^2\,dx \to 0 \text{ für } n \to \infty.$$

Wir bemerken noch, daß man die Elemente von $L^2[a;b]$ auch als Limites von Cauchy-Folgen stetiger Funktionen erhält. Ein ähnlicher Sachverhalt ist von den reellen Zahlen bekannt, die man als Limites von Cauchy-Folgen rationaler Zahlen erhält. Da die Folge

$$e_o(x) = \frac{1}{(b-a)^{\frac{1}{2}}}, \quad e_{2k-1}(x) = \frac{2^{\frac{1}{2}}}{(b-a)^{\frac{1}{2}}} \sin \frac{2k\pi x}{b-a},$$

$$e_{2k}(x) = \frac{2^{\frac{1}{2}}}{(b-a)^{\frac{1}{2}}} \cos \frac{2k\pi x}{b-a}, \quad a \leqslant x \leqslant b, \ k = 1,2,\ldots$$

ein vollständiges Orthonormalsystem bildet, ist $\mathcal{L}^2[a;b]$ ein C-Hilbert-Raum. Analog konstruiert man den Hilbert-Raum $\mathcal{L}^2(D)$ über einer kompakten Teilmenge des $\mathbb{R}^n$.

Ist $y \in R$ ein Element eines unitären normierten Raumes $\mathcal{R}$ und (e_i) ein Orthonormalsystem für $\mathcal{R}$, dann nimmt die Funktion $N^n \ni (a_1,\ldots,a_n) \to \| y-a_1e_1-a_2e_2-\ldots-a_ne_n \|$, ihr Minimum für

$$a_i = (y,e_i), \qquad i=1,\ldots,n \tag{1.38}$$

an. Dies folgt aus den Axiomen b)-d) und der Orthonormalität der Folge (e_i), denn man hat

$$\begin{aligned}(y - \Sigma\, a_ie_i, y - \Sigma\, a_ke_k) &= \\ &= (y,y) - \Sigma\, a_i(e_i,y) - \Sigma\, \bar{a}_k(y,e_k) + \Sigma\, a_i\, \Sigma\, \bar{a}_k(e_i,e_k) \\ &= (y,y) - \Sigma\, a_i\overline{(y,e_i)} - \Sigma\, \bar{a}_i(y,e_i) + \Sigma\, |a_i|^2 \\ &= (y,y) - \Sigma\, |(y,e_i)|^2 + \Sigma\, |a_i-(y,e_i)|^2.\end{aligned} \tag{1.39}$$

Der durch (1.38) definierte Ausdruck heißt *Fourier-Koeffizient* von y bezüglich (e_i). Wir zeigen nun:

Lemma 1.5: *Bezüglich eines vollständigen Orthonormalsystems (e_i) eines C-Hilbert-Raumes $\mathcal{R} = (R, \| \ \|)$ läßt sich jedes $y \in R$ als Fourier-Reihe*

$$y = \sum_{i=1}^{+\infty} a_ie_i \equiv \lim_{n\to+\infty} \sum_{i=1}^{n} a_ie_i, \text{ mit } a_i = (y,e_i) \tag{1.4o}$$

entwickeln und es gilt:

$$\|y\|^2 = \sum_{i=1}^{+\infty} |a_i|^2 \quad \textit{(Parseval'sche Gleichung)}. \tag{1.41}$$

Beweis: Aus (1.39) folgt zunächst, daß für alle n=1,2,... stets $|a_1|^2+|a_2|^2+\ldots+|a_n|^2 \leq \|y\|^2$ ist. Daher ist die Reihe $|a_1|^2+|a_2|^2+\ldots$ konvergent und durch $\|y\|^2$ beschränkt. (Das ist gerade die Bessel'sche Ungleichung). Hieraus folgt nun, daß

$$\left\|\sum_{i=m}^{n} a_i e_i\right\|^2 = \sum_{i=m}^{n} |a_i|^2 \to 0 \text{ für } m,n\to+\infty.$$

Damit ist $(a_1e_1+a_2e_2+\ldots+a_ne_n)$ eine Cauchy-Folge, die gegen ein $y^*\in R$ konvergiert. Da y und y* die gleichen Fourier-Koeffizienten bezüglich (e_i) haben, ist y-y* orthogonal zu (e_i). Nun ist (e_i) vollständig, woraus y-y*=0 folgt und (1.4o) gezeigt ist. Aus (1.39) folgt

$$\left\|y - \sum_{i=1}^{n} a_i e_i\right\|^2 = \|y\|^2 - \sum_{i=1}^{n} |a_i|^2. \tag{1.42}$$

Da, wie bereits gezeigt, die Reihen $|a_1|^2+|a_2|^2+\ldots$ und $a_1e_1+a_2e_2+\ldots$ konvergieren, erhält man aus (1.42) für $n\to\infty$ die Formel (1.41).

Q.E.D.

ÜBUNGEN

26. Man gebe die Definitionen für offene und abgeschlossene Mengen in normierten Vektorräumen an.

27. Man zeige, daß für die Räume $\mathcal{C}[a;b]$ und $\mathcal{C}^1[a;b]$ die Bedingungen I-IX, 1-8 und A-C gelten.

28. Es seien a,b,c,C reelle Konstante . Man zeige, daß die Menge der Funktionen

$$[a;b] \ni x \to \int_a^b f(t) \sin c(x-t)\, dt$$

für $f\in C[a;b]$ mit $\|f\|_0 \leq C$ in C[a;b] kompakt ist.

29. Man beweise für beliebige Elemente y und z eines unitären Raumes die Schwarz'sche Ungleichung $|(y,z)|^2 \leq (y,y)(z,z)$ und zeige, daß die Gleichheit genau dann gilt, wenn y und z linear abhängig sind.

3o. Man zeige, daß für den Raum $\mathcal{L}^2[a;b]$ die Bedingungen I-IX, 1-8 und a)-d) erfüllt sind.

31. Man konstruiere für den C-Hilbert-Raum $\mathcal{L}^2_{\mathbb{R}}[a;b]$ der reellwertigen meßbaren und quadratintegrierbaren Funktionen auf [a;b] ein vollständiges Orthonormalsystem.

32. Man konstruiere für den C-Hilbert-Raum der reellwertigen und quadratintegrierbaren Funktionen y auf [a;b] mit $y(a+b-x)=-y(x)$ $a\leqslant x\leqslant b$ ein vollständiges Orthonormalsystem.

33. Man konstruiere einen C-Hilbert-Raum, für den die Folge der Funktionen $y_k=e_{2k-2}$ aus Beispiel 1.12 ein vollständiges Orthonormalsystem bildet.

34. Man konstruiere einen C-Hilbert-Raum, für den die Folge der Funktionen

$$y_k(x) = \frac{1}{(b-a)^{\frac{1}{2}}} \quad \exp\left[\frac{2\Pi jk}{(b-a)}\ x\right],$$

wobei $a\leqslant x\leqslant b$, $k=0,1,-1,2,-2,\dots$ $\exp z = e^z$ und j die imaginäre Einheit sei, ein vollständiges Orthonormalsystem bildet.

35. Man konstruiere den C-Hilbert-Raum der folgenden Funktionen:
a) $y(x) = \text{const} \in R$, $0\leqslant x\leqslant 1$,
b) $y(x) = \text{const} \in C$, $0\leqslant x\leqslant 1$.

36. Es seien in einem C-Hilbert-Raum $y=a_1e_1+a_2e_2+\dots$ und $z=b_1e_1+b_2e_2+\dots$ Fourrier-Reihen bezüglich eines Orthonormalsystems (e_i). Man zeige, daß $(y,z)=a_1\overline{b}_1+a_2\overline{b}_2+\dots$ gilt.

1.7 FUNKTIONALE UND OPERATOREN IN BANACH- UND HILBERT-RÄUMEN

Im folgenden bezeichnen wir den Träger R eines normierten Vektorraumes $\mathcal{R}$ ebenfalls mit $\mathcal{R}$.

Definition. Es seien $\mathcal{R}$ und $\mathcal{R}'$ normierte Vektorräume. Dann versteht man unter einem *Funktional* [bzw. einer *Operation*] eine Funktion $\mathcal{R} \ni y \mapsto F[y] \in \mathbb{R}$ oder $\in \mathbb{C}$ [bzw. $\mathcal{R}'$]. F heißt ein *Operator*, wenn $\mathcal{R} \subset \mathcal{R}'$ erfüllt ist (d.h. $\mathcal{R}$ ist ein *Unterraum* von $\mathcal{R}'$). Allgemeiner kann man eine Operation F auch auf einer beliebigen Teilmenge $D_F \subset \mathcal{R}$ (D_F heißt *Definitionsbereich* der Operation F) betrachten. In diesem Fall nennt man $R_F=F(D_F)$ den *Bildbereich* von F.

Jedes Funktional kann man auch als eine Operation auffassen (vgl. Aufgabe 35).

Wir betrachten jetzt spezielle Klassen von Operationen. Eine Operation F heißt *stetig*, wenn es zu jedem $y \in D_F$ und jedem $\varepsilon>0$ ein $\partial>0$ gibt, so daß der Schnitt von D_F und der Kugel um y mit Radius ∂, durch F in die Kugel um F[y] mit Radius $\varepsilon>0$ im Raum $\mathcal{R}'$ abgebildet wird. Weiterhin heißt eine Operation F linear, wenn

$$F[a_1y_1+a_2y_2]=a_1F[y_1]+a_2F[y_2], \text{ für } a_1a_2 \in N\ ,\ y_1y_2 \in D_F$$

gilt mit $N=\mathbb{R}$ oder $N=\mathbb{C}$. Eine Operation $\mathcal{R}\times\tilde{\mathcal{R}}\ni(y,z)\mapsto F[y,z]$ heißt *bilinear*, wenn sie in jedem Argument linear ist. Der Vollständigkeit halber bemerken wir noch, daß das kartesische Produkt $\mathcal{R}\times\tilde{\mathcal{R}}$ zweier normierter Vektorräume versehen mit der Norm

$$\|(x,y)\|_{\mathcal{R}\times\tilde{\mathcal{R}}} = \max\ (\ \|x\|_{\mathcal{R}},\ \|y\|_{\tilde{\mathcal{R}}}\ )$$

$x\in\mathcal{R}$, $y\in\tilde{\mathcal{R}}$, wiederum ein normierter Vektorraum ist. Schließlich heißt eine Operation F *quadratisch*, falls sie die Form $F[y]=\tilde{F}[y,y]$, $(y,y)\in D_{\tilde{F}}$ hat, wobei F eine bilineare Operation sei.

Wir nennen eine lineare Operation F *beschränkt*, wenn eine Konstante K>0 existiert, für die die Bedingung $\|F[y]\|_{\tilde{\mathcal{R}}}\leq K\cdot\|y\|_{\tilde{\mathcal{R}}}$ stets erfüllt ist. Dabei seien (wie oben) $\|\ \ \|_{\mathcal{R}}$ und $\|\ \ \|_{\tilde{\mathcal{R}}}$ die zu $\mathcal{R}$ und $\tilde{\mathcal{R}}$ gehörenden Normen. Man sieht leicht, daß eine lineare Operation genau dann stetig ist, wenn sie beschränkt ist (siehe Aufgabe 37). Der Ausdruck

$\|F\| = \sup\limits_{y\neq 0} \dfrac{\|F[y]\|}{\|y\|}$ heißt die Norm der Operation F. Ein (nichtnotwendig) lineares Funktional heißt auf einer *Teilmenge* $D\subset D_F$ *beschränkt*, falls $\sup\limits_{y\in D}|F[y]|<+\infty$ erfüllt ist.

Für ein beliebiges reellwertiges Funktional F definiert man den Begriff des *Extremums* genau so, wie für Funktionale I der Form (1.7). Zum Beispiel hat das Funktional F in $\tilde{y}=y$ ein *lokales Minimum*, wenn ein $\varepsilon>0$ existiert, so daß für alle $\tilde{y}\in B(y,\varepsilon)$ stets $F[\tilde{y}]\geqslant F[y]$ gilt. Dabei ist $B(y,\varepsilon)$ die Menge der Elemente $\tilde{y}\in D_F$, die $\|\tilde{y}-y\|>\varepsilon$ erfüllen, d.h. der Schnitt der Menge D_F mit der Kugel um y mit Radius ε in dem betrachteten normierten Vektorraum. Der Satz von Weierstraß (Satz 1.3) läßt sich nun wie folgt verallgemeinern:

<u>*Satz 1.13:*</u> *Ein stetiges reellwertiges Funktional, das auf einer kompakten Teilmenge eines Banach-Raumes definiert ist, ist beschränkt und besitzt sowohl ein globales Maximum als auch ein globales Minimum.*

In einem Hilbert-Raum läßt sich jedes stetige lineare Funktional mit Hilfe des Skalarproduktes darstellen. Es gilt:

Satz 1.14 (F.Riesz-Fréchet). Sei $\mathcal{R}$ *ein Hilbert-Raum und F ein stetiges lineares Funktional, das auf* $\mathcal{R}$ *definiert ist. Dann gibt es genau ein* $z \in \mathcal{R}$*, so daß*

$$F[y]=(y,z), \text{ für } y \in \mathcal{R} \tag{1.43}$$

erfüllt ist. Weiterhin gilt:

$$\|F\| = \|z\| .$$

Beweis. Da F ein stetiges lineares Funktional ist, ist die Menge $S=\{y\in\mathcal{R} \mid F[y]=0\}$ in $\mathcal{R}$ abgeschlossen. Gilt $S=\mathcal{R}$, so folgt $z=o$. Sei nun $S\neq\mathcal{R}$. Dann ist die Menge $\mathcal{R}\setminus S$ nicht leer. Aus der Definition des Hilbert-Raumes folgt, daß es ein $z_o \in \mathcal{R}$ mit $z_o \neq o$ gibt, das zu S orthogonal ist. Nun sei $z=cz_o$ mit $0\neq c\in N$, wobei c später spezifiziert wird. Dann hat man für jedes $y\in\mathcal{R}$

$$y = \{y - \frac{F[y]}{F[z]} z\} + \frac{F[y]}{F[z]} z,$$

also

$$F\ [y - \frac{F[y]}{F[z]} z] = F[y] - \frac{F[y]}{F[z]} F[z] = 0.$$

Aus der ersten Gleichung folgt, daß sich jedes $y\in\mathcal{R}$ als Linearkombination von z und einem Element aus S darstellen läßt. Damit ist die Gleichung (1.43) nur noch für die beiden Fälle $y\in S$ und $y=az$ nachzuweisen. Im ersten Fall folgt 0=0. Im zweiten Fall ergibt sich aus der Linearität des Funktionals F und den Eigenschaften b)-d) des Skalarproduktes, daß $acF[z_o]=ac\bar{c}(z_o,z_o)$ gilt. Also erhält man nach (1.37), daß $c=\overline{F[z_o]}/\|z_o\|^2$ ist. Die Eindeutigkeit von z folgt aus der Eigenschaft a) des Skalarproduktes. Die Gleichung $\|F\| = \|z\|$ erhält man aus $F[z]=\|z\|^2$. Q.E.D.

Oft steht man vor dem Problem, ein stetiges lineares Funktional, das auf einem Unterraum definiert ist, auf den gesamten Raum fortzusetzen. Die Existenz einer derartigen Fortsetzung liefert der Satz von Hahn-Banach (genauer: eine Variante dieses Satzes), den wir hier ohne Beweis angeben.

Satz 1.15 (Hahn-Banach). Es sei $\mathcal{R}_o$ *ein Unterraum eines normierten Vektorraumes* $\mathcal{R}$ *und* F_o *ein stetiges lineares Funktional, welches auf* $\mathcal{R}_o$

definiert ist. Dann gibt es ein stetiges lineares Funktional F, das auf $\mathcal{R}$ *definiert ist und* $F|\mathcal{R}_o = F_o$ *sowie* $\|F\| = \|F_o\|$ *erfüllt.*

Im folgenden beschränken wir uns auf *lineare* Operatoren F im *Hilbert*-Raum $\mathcal{R}$ für die $D_F \cup R_F \subset \mathcal{R}$ gilt. Dabei wollen wir voraussetzen, daß D_F *dicht* in $\mathcal{R}$ ist, d.h. jedes $z \in \mathcal{R}$ ist der Limes einer Folge von Elementen aus D_F. Hierbei ist die Konvergenz im Sinne der Norm von zu verstehen.

Gibt es zu jedem $z \in R_F$ genau ein $y \in D_F$ mit $F[y]=z$, so ist F invertierbar und man bezeichnet den *inversen* Operator mit $F^{-1} = (R_F \ni z \to y)$. Eine wichtige Klasse von Operatoren sind die symmetrischen Operatoren. Dabei heißt ein Operator F *symmetrisch*, wenn für alle $y,z \in D_F$

$$(F[y],z) = (y,F[z])$$

gilt. Er heißt *positiv* [bzw. *negativ*] , falls er symmetrisch ist und für alle $y \in D_F \setminus \{0\}$

$$(F[y],y) > 0 \qquad [\text{bzw. } < 0]$$

erfüllt ist. Der Operator wird *positiv definit* [bzw. *negativ definit*] genannt, wenn er symmetrisch ist und eine Konstante $K>0$ [bzw. <0] existiert, so daß für alle $y \in D_F$

$$(F[y],y) \geq K(y,y) \qquad [\leq K(y,y)]$$

gilt.

<u>Beispiel 1.13:</u> Wir untersuchen nun den Operator $F = \frac{d^2}{dx^2}$ im Hilbert-Raum $\mathcal{L}^2_{\mathbb{R}}[a;b]$ (siehe Aufgabe 31) mit dem Definitionsbereich $D_F = \{y \in C^2[a;b] : y(a)=y(b)=0\}$ (das ist die Menge aller $y \in C^2[a;b]$ mit $y(a)=y(b)=0$). Es gilt:

1°) F ist linear und $C^2[a;b] \cup C[a;b] \subset \mathcal{L}^2_{\mathbb{R}}[a;b]$. $C[a;b]$ (allgemein sogar $C^n[a;b]$ für jedes n, einschließlich $n=0$ und $n=+\infty$) ist dicht in $\mathcal{L}^2_{\mathbb{R}}[a;b]$. (vgl. z.B. [1.8]; für keinen der Räume $C^n[a;b]$ existiert ein Skalarprodukt, bezüglich dessen er ein Hilbert-Raum ist). Man hat also $D_F \cup R_F \subset \mathcal{R}$, wobei D_F dicht in $\mathcal{R}$ ist, da man in der Norm von $\mathcal{L}^2_{\mathbb{R}}[a;b]$ jedes $\hat{y} \in C^2[a;b]$ durch ein $y \in C^2[a;b]$ approximieren kann, für das $y(a)=y(b)=0$ gilt.

2°) Der Operator F ist unbeschränkt. Denn für die Folge $y_k(x) = e_{2k-1}(x-a)$ - mit e_{2k-1} aus Beispiel 1.12- gilt $\|F[y_k]\| = \frac{2\pi k}{(b-a)} \to \infty$ für $k \to \infty$.

3°) F ist nicht stetig, da er linear und nicht beschränkt ist.

4°) F ist invertierbar, da die Gleichung $F[y]=z$, also $y''=z$ mit $z\in R_F$, in D_F genau die folgende Lösung hat:

$$y(x)=\int_a^b [(x-a)\frac{1-a}{b-a} + \frac{1}{2}|x-t| - \frac{1}{2}(x+t)-2a]z(t)dt, \quad a\leq x\leq b.$$

5°) F ist symmetrisch, denn für alle $y,z\in D_F$ gilt $(F[y],z)-(y,F[z])$

$$= \int_a^b (y''z-yz'')dx = 0.$$

6°) F ist negativ, denn für alle $y\in D_F\setminus\{o\}$ folgt $(F[y],y)=$

$= \int_a^b yy''dx = - \int_a^b y'^2dx<0$ (ist $y\in D_F\setminus\{0\}$ so gibt es ein $x_o\in[a;b]$ mit $y'(x_o)\neq 0$. Also gibt es auch ein $x_1\in[a;b]$ mit $y'(x_1)\neq 0$. Damit gilt $y'(x)\neq 0$ in einem geeigneten Teilintervall $(x_1-\varepsilon;x_1]$ oder $[x_1;x_1+\varepsilon)$ mit $\varepsilon>0$).

7°) F ist negativ definit. Nach Lemma 1.5 und Aufgabe 31 läßt sich jedes $y\in D_F$ als

Fourier-Reihe $y(x)=2^{\frac{1}{2}}(b-a)^{-\frac{1}{2}}\Sigma a_k \sin[k\Pi(b-a)^{-1}x]$, $a\leq x\leq b$ (a_k-Konstante) darstellen.

Daher folgt $F[y](x)=-2^{\frac{1}{2}}\Pi^2(b-a)^{-\frac{5}{2}}\sum_{k=1}^{\infty} a_k \sin[k\Pi(b-a)^{-1}x]$ und somit

$$(F[y],y) = \frac{-\Pi^2}{(b-a)^2}\sum_{k=1}^{\infty} k^2a_k^2 < \frac{-\Pi^2}{(b-a)^2}\sum_{k=1}^{\infty} a_k^2 = \frac{-\Pi^2}{(b-a)^2}(y,y).$$

ÜBUNGEN

37. Man zeige, daß ein linearer Operator genau dann beschränkt ist, wenn er stetig ist.

38. Es sei F ein lineares Funktional, das auf einem normierten Vektorraum beschränkt ist. Man zeige, daß F=0 erfüllt ist.

39. Man beweise die Linearität der folgenden Operatoren:

    a) $F = \nabla^2 \equiv (\partial^2/\partial x_1^2)+(\partial^2/\partial x_2^2)+(\partial^2/\partial x_3^2)$ *(Laplace-Operator)*

    b) $F = \nabla(p\nabla) \equiv \operatorname{div}(p \operatorname{grad})$ *(Beltrami-Operator).*

    Dabei ist $D_F = C^2(\{(x_1,x_2,x_3)\in\mathbb{R}^3 : a_i\leq x_i\leq b_i, i=1,2,3\})$. a_i,b_i seien Konstanten und p sei eine reellwertige Funktion, die im betrachteten Quader stetige partielle Ableitungen besitze.

4o. Man gebe ein Beispiel für einen quadratischen Operator an.

41. Man zeige, daß ein linearer Operator F genau dann invertierbar ist, wenn die Gleichung $F[y]=0$, $y\in D_F$ nur für $y=o$ erfüllt ist.

42. Es sei F ein linearer invertierbarer Operator. Man zeige, daß F^{-1} genau dann beschränkt ist, wenn eine Konstante $K>0$ existiert, so daß für alle $y\in D_F$ $\|F[y]\| \geq K\|y\|$ gilt.

43. Man entscheide, ob der Laplace-Operator positiv oder negativ ist, sofern der Definitionsbereich D_F aus Aufgabe 39 durch die Menge aller $y\in D_F$ (D_F wie in Aufgabe 39) ersetzt wird, die auf dem Rand des Quaders $P=\{x\in\mathbb{R}^3 : a_i\leq x_i\leq b_i,\ i=1,2,3\}$ verschwinden. (Ohne Beweis bemerken wir, daß die Menge der $y\in D_F$ die $y(x)=0$ auf dem Rand von P erfüllen, dicht in $\mathcal{L}^2_{\mathbb{R}}(P)$ ist). Gilt für den n-dimensionalen Laplace-Operator eine analoge Aussage? Was kann man zur Positivität bzw. Negativität des Beltrami-Operators sagen?

44. Es sei F ein stetiger positiver Operator in einem C-Hilbert-Raum $\mathcal{R}$ mit Skalarprodukt $(\ ,\ )_F$. Man zeige, daß durch $(y,z)_F = (F[y],z)$ ein weiteres Skalarprodukt auf F definiert wird. Weiterhin zeige man, daß F in $\mathcal{R}$ bezüglich des Skalarproduktes $(\ ,\ )_F$ positiv definit ist.

1.8 DIE VERALLGEMEINERUNG DER EINFACHSTEN VARIATIONSAUFGABE AUF BANACH- UND HILBERT-RÄUME

Es sei F ein reellwertiges Funktional mit Definitionsbereich $D_F\subset\mathcal{R}$, wobei $\mathcal{R}$ ein Banach-Raum sei. Ferner sei $y\in D_F$ ein *innerer* Punkt von D_F. Es gibt also eine Kugel um y in $\mathcal{R}$, die ganz in D_F enthalten ist. Wir wollen nun die Aussagen von Paragraph 1.4 verallgemeinern:

Definition: Das Funktional F heißt im Element y *differenzierbar* [bzw. *zweimal differenzierbar*] *(im Sinne von Fréchet)*, wenn

$$F[y+h]-F[y]=\delta F[y][h]+o(\|h\|) \quad \text{für } y+h\in D_F$$

[bzw.

$$F[y+h]-F[y]=\delta F[y][h]+\delta^2F[y][h]+o(\|h\|^2) \quad \text{für } y+h\in D_F]$$

erfüllt ist und $\delta F[y]$ ein stetiges lineares Funktional bzw. $\delta^2 F[y]$ ein stetiges quadratisches Funktional ist. Die Funktionale $\delta F[y]$ und $\delta^2 F[y]$ heißen die *erste* und *zweite Variation (im Sinne von Fréchet)* von F im Element y.

Wie man leicht zeigt, sind die Funktionale $\delta F[y]$ und $\delta^2 F[y]$ eindeutig bestimmt und daher ist diese Definition sinnvoll. Weiterhin ist klar, daß jedes in D_F differenzierbare Funktional dort auch stetig ist.

Ist das Funktional F in y differenzierbar und $\delta F[y]=0$, so heißt y ein *stationärer Punkt* von F. Stattdessen ist auch der Ausdruck F ist in y *stationär* gebräuchlich. Sprechen wir im folgenden von Extrema, so verstehen wir darunter stets lokale Extrema. Ein stationärer Punkt soll stets ein innerer Punkt von D_F sein. Hat F in $y \in D_F$ ein Extremum und ist es in y differenzierbar, dann ist offensichtlich y ein stationärer Punkt. Lemma 1.1 und 1.2 lassen sich jetzt (bei analogem Beweis) wie folgt verallgemeinern:

Lemma 1.6: *Es sei F ein reellwertiges Funktional mit Definitionsbereich D_F, welches in $y \in D_F$ ein Minimum [bzw. Maximum] besitzt. Wenn F in y zweimal differenzierbar ist, dann gilt $\delta^2 F[y][h] \geq 0$ [bzw. ≤ 0] für $y+h \in D_F$.*

Lemma 1.7: *Es sei F ein reellwertiges Funktional mit Definitionsbereich D_F, das in $y \in D_F$ zweimal differenzierbar ist. Ferner sei y ein stationärer Punkt von F und es existiere ein $K>0$ [bzw. <0] mit $\delta^2 F[y][h] \geq K \|h\|^2$ [bzw. $\leq K \cdot \|h\|^2$] für $y+h \in D_F$. Dann besitzt F in y ein Minimum [bzw. Maximum].*

Es existiert ein allgemeiner Zusammenhang zwischen Variationsaufgaben und Randwertproblemen für Operatorengleichungen (in Analogie zu Satz 2.6) und umgekehrt. Dieser Zusammenhang ist für die numerische Analysis besonders wichtig. Oft sind nämlich die Variationsmethoden wesentlich bequemer als die numerischen Verfahren zur Lösung von Randwertproblemen von (vorwiegend partiellen) Differentialgleichungen. Ein Beispiel für diesen Zusammenhang ist der folgende Satz:

Satz 1.16 *(Äquivalenz von Randwertaufgaben mit Variationsproblemen).*

Es sei F ein positiver [bzw. negativer] linearer Operator, der auf einer dichten Teilmenge D_F eines C-Hilbert-Raumes $\mathcal{R}$ definiert ist. Weiterhin sei $R_F \subset \mathcal{R}$. Dann gilt:

1°) Hat die Gleichung $F[\tilde{y}]=f$ eine Lösung $\tilde{y}=y$, so besitzt das Funktional $I=(D_F \ni y \rightarrow (F[\tilde{y}],\tilde{y})-2\mathrm{Re}(\tilde{y},f))$ in $\tilde{y}=y$ ein Minimum [bzw. Maximum]. Weiterhin ist für alle $y \neq \tilde{y} \in D_F$ $I[y]<I[\tilde{y}]$ (bzw. $I[y]>I[y]$).

2°) Hat das obige Funktional I in $\tilde{y}=y$ ein Minimum [bzw. Maximum], so ist $\tilde{y}=y$ eine Lösung der Gleichung $F[\tilde{y}]=f$.

Beweis: Zur Berechnung der ersten Variation $\delta I[y]$ (sofern sie existiert) benötigen wir folgende Vorbereitung:

Für $y+h \in D_F$ gilt

$$I[y+h]-I[y]=(F[y+h],y+h)-(F[y],y)-2\mathrm{Re}[(y+h,f)-(y,f)].$$

Da F linear und symmetrisch ist, folgt mit den Eigenschaften b)-c) des Skalarproduktes:

$$I[y+h]-I[y]=(F[y],h)+\overline{(F[y],h)}+(F[h],h)-2\mathrm{Re}(f,h)$$

$$= 2\mathrm{Re}(F[y]-f,h)+(F[h],h).$$

Benutzt man wieder die Linearität von F, so erhält man $(F[h],h)=o(\|h\|^2)$. Da das Funktional $G[y][h]= 2\mathrm{Re}(F[y]-f,h)$, $y+h \in D_F$ linear ist, folgt die Differenzierbarkeit von I sowie $\delta I[y]=G[y]$.

Hat man die Gleichung $F[\tilde{y}]=f$ die Lösung $\tilde{y}=y$, so erhalten wir $I[y+h]-I[y]=(F[h],h)$. Für positives [bzw.negatives] F folgt hieraus die Ungleichung $I[y+h]>I[y]$ [bzw. $<I[y]$] für $h \neq 0$ und $y+h \in D_F$. Also besitzt I in $\tilde{y}=y$ ein globales Minimum [bzw. Maximum].

Umgekehrt habe nun das Funktional I in $\tilde{y}=y$ ein (lokales) Minimum bzw. Maximum . Da I in $y \in D_F$ differenzierbar ist, ist y ein stationärer Punkt von I, also $\delta I[y]=0$. Dies heißt aber

$$\mathrm{Re}(F[y]-f,h)=0, \text{ für } y+h \in D_F. \tag{1.44}$$

Nun ist D_F dicht im C-Hilbert-Raum $\mathcal{R}$. Daher existiert zu jedem $\varepsilon>0$ ein Vektor $y+h_\varepsilon \in D_F$ mit

$$(g-h_\varepsilon,g-h_\varepsilon)<\varepsilon, \text{ wobei } g=F[y]-f. \tag{1.45}$$

Wegen der Eigenschaften a)-d) des Skalarproduktes erhält man

$$(g-h_\varepsilon,g-h_\varepsilon)=(g,g)-2\mathrm{Re}(g,h_\varepsilon)+(h_\varepsilon,h_\varepsilon)$$

mit $(g,g)\geqslant 0$ und $(h_\varepsilon,h_\varepsilon)\geqslant 0$.

Aus dieser Formel folgt mit (1.44) und (1.45), daß $0\leqslant (g,g)<\varepsilon$ für jedes $\varepsilon>0$ gilt. Daher folgt $(g,g)=0$ und wegen der Eigenschaft a) des

Skalarproduktes impliziert dies g=0. Dies ist gleichbedeutend zu F[y]=f. Q.E.D.

Beispiel 1.14: Das Potential V eines isotropen homogenen elektrischen Feldes in einem ebenen Gebiet D, das keine Raumladung aufweist, genügt der *Laplace-Gleichung* $\nabla^2 V=0$. Aufgrund gegebener Randbedingungen sei der Operator ∇^2 negativ (vgl. Aufgabe 39 und 43). Ferner genüge das Gebiet D den Voraussetzungen des Green'schen Satzes über die Vertauschung von Rand- und Flächenintegral. Dann ist nach Satz 1.16 und der Green'schen Integralformel $\tilde{V}=V$ eine Extremallösung des Funktionals

$$I[\tilde{V}]=\iint_D (\nabla\tilde{V})^2 dx_1 dx_2 \qquad \textit{(Dirichlet-Integral)}$$

in der Menge D_I aller zulässigen Funktionen (also insbesondere solcher, die die Randbedingungen erfüllen). Man kann diese Methode natürlich auch auf die Fälle anwenden, in denen der Laplace-Operator nicht negativ ist. Allerdings muß dann direkt gezeigt werden, daß die Lösung des Variationsproblems mit der Lösung des Randwertproblems übereinstimmt.

Wir wollen jetzt ein nichthomogenes elektrisches Feld mit der (relativen) elektrischen Permiabilität $\varepsilon \in C^1(\mathrm{cl}\ D)$ betrachten. Hierbei sei cl D der Abschluß von D. Unter den obigen Annahmen genügt das Potential der Gleichung $\mathrm{div}(\varepsilon\,\mathrm{grad} V)=0$. Die zugehörige Variationsaufgabe führt auf das Funktional

$$I_\varepsilon[\tilde{V}]=\iint_D \varepsilon(\nabla\tilde{V})^2 dx_1 dx_2$$

für $\tilde{V}\in D_{I_\varepsilon}=D_I$. Wir nehmen folgende Randbedingungen an: Seien Γ_0 und Γ_1 zwei zusammenhängende disjunkte Teilmengen des Randes D -wobei der Rest des Randes entweder leer sei oder aus zwei glatten Kurvenstücken besteht- längs denen die Normalenableitung von $\tilde{V}$ konstant Null sei. Weiterhin seien V_0 und V_1 zwei verschiedene Potentialkonstante mit $\tilde{V}(x)=V_0$ für $x\in\Gamma_0$ und $\tilde{V}(x)=V_1$ für $x\in\Gamma_1$. Dann ist das geordnete Tripel (D,Γ_0,Γ_1) ein *ebener Kondensator mit den Platten* Γ_0 *und* Γ_1. Bezeichne ε_0 die elektrische Permiabilität des Vakuums, so ist $(V_1-V_0)^{-2}\varepsilon_0 I_\varepsilon[V]$die *Kapazität* des Kondensators (im internationalen Einheitssystem SI).

ÜBUNGEN

45. Man forme das Randwertproblem

$$y''(x)-(x^4-4x^3+7x^2-8x+5)y(x)=1,\quad y\in C^2[a;b],y(a)=y(b)=0$$

in eine Variationsaufgabe um.

46. Man forme das Randwertproblem

$$y''(x)-P(x)y(x)=Q(x), y\in C^2[a;b], y(a)=y(b)=0$$

in eine Variationsaufgabe um. Dabei seien P und Q stetige Funktionen und die Werte von P seien nicht negativ.

47. Ein elektrischer Leiter mit festem Querschnitt D wird beim Durchfließen eines Stromes konstanter Stärke erwärmt. Wenn die Temperatur an den Enden des Leiters bekannt ist, wird das Temperaturfeld T im Querschnitt dieses Leiters aus der Randwertaufgabe in Form der *Poisson-Gleichung* $\nabla^2 T=f$ bestimmt. Dabei gilt für $x\in D$ die Gleichung $f(x)=\frac{-q}{x}$, wobei q die Leistung der Wärmequelle ist und λ die spezifische Wärmeleitfähigkeit des Leiters ist. Man formuliere dies als eine Variationsaufgabe und zeige, daß das zugehörige Funktional durch

$$I[\tilde{T}]=\iint_D [\nabla^2\tilde{T}-2(\tfrac{q}{\lambda})\tilde{T}]dx_1dx_2 \qquad (1.46)$$

gegeben ist.

2 Mehrdimensionale, von höheren Ableitungen abhängige Variationsprobleme oder Probleme mit variablen Gebieten

2.1 MEHRDIMENSIONALE VARIATIONSPROBLEME OHNE HÖHERE ABLEITUNGEN

Wir wiederholen zunächst Satz 1.6 in funktionalanalytischer Diktion. Im Banach-Raum $\mathcal{C}^1[a;b]$ (vgl. Beispiel 1.1o) bezeichnen wir mit $C^1(a\to A;b\to B)$ die Menge der Funktionen $\tilde{y}$, die den Bedingungen $\tilde{y}(a)=A$ und $\tilde{y}(b)=B$ genügen. $C^2([a;b]\times\mathbb{R}^2)$ sei der Träger des Vektorraums $\mathcal{C}^2([a;b]\times\mathbb{R}^2)$. Damit lautet Satz 1.6 wie folgt:

Lemma 2.1.

Es sei $F\in C^2([a;b]\times\mathbb{R}^2)$. Besitzt das Funktional

$$I = (C^1(a\to A;b\to B)\ni\tilde{y} \mapsto \int_a F(x,\tilde{y},\tilde{y}')dx) \tag{2.1}$$

in $\tilde{y}=y$ ein Extremum, so ist die Eulersche Gleichung (1.11) erfüllt.

Der in den Ingenieurwissenschaften geläufige Satz 1.16 legt den Hilbert-Raum der reell- bzw. komplexwertigen meßbaren, quadratintegrierbaren Funktionen auf einem Intervall zugrunde, wobei das Skalarprodukt durch das Integral definiert wird (vgl. Beispiel 1.12). Der Satz eignet sich besonders zur Analyse von mehrdimensionalen Funktionalen, die denjenigen der Form (2.1) entsprechen.

Wir beginnen diese Analyse für Funktionale der Form (2.1) und benutzen folgende Bezeichnungen: Es sei $R_{\tilde{y}}=\tilde{y}[D_{\tilde{y}}]\subset\mathbb{R}^m$ mit $\tilde{y}=(\tilde{y}_1,\dots,\tilde{y}_m)$, $\tilde{y}'=(\tilde{y}_1',\dots,\tilde{y}'_m)$. Das Symbol $C^1(a\to A;b\to B)$ interpretieren wir in Zukunft als m-faches kartesisches Produkt:

$$C^1(a \to A;b \to B) = \mathop{\times}_{i=1}^{m} C^1(a \to A_i;b \to B_i), \quad \begin{cases} A = (A_1,\dots,A_m) \\ B = (B_1,\dots,B_m) \end{cases}$$

Der Raum $\mathfrak{C}^1[a;b]$ besteht aus denjenigen stetigen Vektorfunktionen, die den Bedingungen $\tilde{y}(a)=A$ und $\tilde{y}(b)=B$ genügen. (Wie man leicht nachprüft, handelt es sich dabei ebenfalls um einen Banach-Raum: vgl. §1.7). Da die Funktionale $\delta I[\tilde{y}]$ linear sind, erhalten wir:

Satz 2.1. *Unter den obigen Voraussetzungen gilt: Besitzt das Funktional I der Form (2.1) mit $F \in C^2([a;b] \times \mathbb{R}^{2m})$ in $\tilde{y}=y=(y_1,\dots,y_m)$ ein Extremum, so gilt die Vektorgleichung (1.11), d.h. das Gleichungssystem*

$$F_{y_i} - \frac{d}{dx} F_{y'_i} = 0, \quad i=1,\dots,m \tag{2.2}$$

Bemerkung 2.1. Bei der Einführung des Vektorraumbegriffes haben wir bis jetzt stets zwischen dem Symbol 0 für die Null im Skalarenkörper und dem Symbol o für den Nullvektor (also insbesondere für die Nullfunktion) unterschieden. Wir wären daher verpflichtet in Gleichung (2.2) das Symbol o zu benutzen. Aus schreibtechnischen Gesichtspunkten heraus werden wir von jetzt ab in beiden Fällen das Symbol 0 benutzen. In den Fällen, in denen eine Verwechslungsgefahr gegeben ist, werden wir aber auch in Zukunft die alte Schreibweise beibehalten. (Analog behandeln wir die Funktion 1).

Bemerkung 2.2. Die Methode der Lagrange'schen Multiplikation (Satz 1.7) läßt sich analog in der obigen Schreibweise formulieren.

Beispiel 2.1. Wir betrachten den Fall der Bestimmung einer geodätischen Linie, welche zwei Punkte verbindet auf einen glatten Flächenstuck S (vgl. Beispiel 1.4 und [0.8]) im Raum $\mathbb{R}^3$, das durch die Parameterstellung $(u,v) \mapsto (\xi(u,v), \eta(u,v), \zeta(u,v))$ gegeben ist. Dabei versteht man unter einer *geodätischen Linie*, eine glatte Kurve in S kürzester Länge zwischen zwei Punkten. Zur Lösung der Aufgabe ist es nötig, aus der betrachteten Funktionenklasse $[t_0;t_*] \ni t \mapsto (\tilde{u}(t), \tilde{v}(t))$ (das sei die Parameterdarstellung einer Kurve, die die gegebenen Punkte verbindet) diejenige zu finden, die das Funktional

$$I[\tilde{u};\tilde{v}] = \int_{t_0}^{t_0} (E\tilde{u}'^2 + 2F\tilde{u}'\tilde{v}' + G\tilde{v}'^2)^{\frac{1}{2}} dt$$

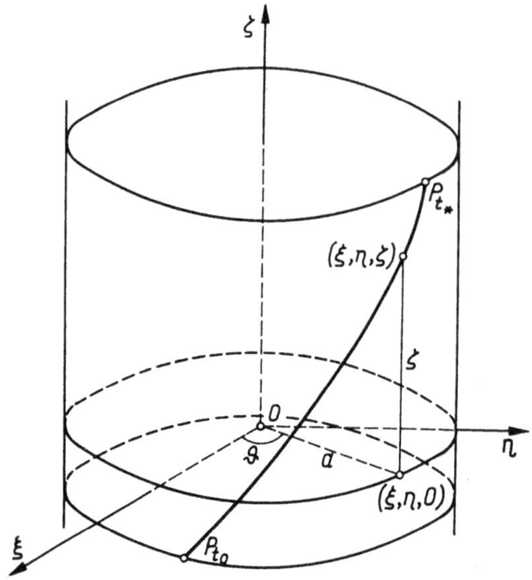

Abbildung 9

minimiert. Dabei ist $E=\xi_u^2+\eta_u^2+\zeta_u^2$, $F=\xi_u\xi_v+\eta_u\eta_v+\zeta_u\zeta_v$, $G=\xi_v^2+\eta_v^2+\zeta_v^2$. Betrachten wir nun das Problem für den Fall des Zylinders. S wird also durch $\xi^2+\eta^2=a^2$ gegeben. Dann hat der Integrand von I die Form $(a^2\partial^2+\xi'^2)^{\frac{1}{2}}$, wobei $\tilde{\theta}$ der Koordinatenwinkel in Zylinder-Koordinaten bezüglich der (ξ,η)-Ebene ist (siehe Abb.9). Die Eulerschen Gleichungen haben damit die Form

$$\frac{d}{dt}[a^2\ \theta'/(a^2\ \ {}'^2+\zeta'^2)^{\frac{1}{2}}] = 0, \qquad \frac{d}{dt}[\zeta'/(a^2\ \ {}'^2+\zeta'^2)^{\frac{1}{2}}] = 0,$$

also

$$\theta'/(a^2\ \theta'^2+\zeta'^2)^{\frac{1}{2}} = c_1^* \quad \text{(const.)}, \qquad \zeta'/(a^2\ \theta'^2+\zeta'^2)^{\frac{1}{2}} = c_2^* \quad \text{(const.)}.$$

Es folgt $\frac{\xi}{\theta'} = c_1$, $c_1 = \frac{c_2^*}{c_1^*}$ und somit ist $\xi=c_1\theta+c_2$, $\rho=a$. Hierbei ist c_2 eine Konstante und ρ ist der Abstand des Punktes auf der Kurve von der Achse des Zylinders. Man erhält als Lösung eine Schraubenlinie. Die Konstanten c_1,c_2 wählt man entsprechend der Randbedingungen.

Beispiel 2.2. Man bestimme in der Ebene unter allen glatten Kurven die Länge 2a, $a>\frac{1}{2}\Pi$, die die Punkte (-1,0) und (1,0) verbinden, diejenige, die zusammen mit dem Intervall (-1,+1) die größte Fläche einschliessen (der Fall $a\leq\frac{1}{2}\Pi$ ist bereits in Beispiel 1.5 besprochen worden). Wir wir uns erinnern, betrachten wir für $a<\frac{1}{2}\Pi$ das Funktional

$$C^1(-1\to 0;\ 1\to 0)\ni\tilde{y}\mapsto\int_{-1}^{1}[\tilde{y}-\lambda(1+\tilde{y}'^2)^{\frac{1}{2}}]\,dx$$

wobei die Konstante λ durch die Bedingung $\int_{-1}^{+1}(1+\tilde{y}'^2)dx=2a$ festgelegt war.

Jetzt müssen wir die entsprechende Variationsaufgabe in der p a r a m e t r i s c h e n F o r m formulieren, d.h. wir maximieren das Funktional

$$C^1(t_o\to(-1,0);\ t_*\to(1,0))\ni(\tilde{\xi},\tilde{\eta})\mapsto\int_{t_o}^{t_*}[\tilde{\xi}'\tilde{\eta}-\lambda(\tilde{\xi}'^2+\tilde{\eta}'^2)^{\frac{1}{2}}]dt$$

mit

$$\int_{t_o}^{t_*}(\tilde{\xi}'^2+\tilde{\eta}'^2)^{\frac{1}{2}}dt=2a,\quad \tilde{\xi}(t_o)=-1,\quad \tilde{\xi}(t_*)=1,\quad \tilde{\eta}(t_o)=\tilde{\eta}(t_*)=0 \qquad (2.3)$$

Nach Bemerkung 1.2 läßt sich die entsprechende Eulersche Gleichung in folgender Form schreiben:

$$\Phi_{\xi'}=c\ (\text{const})\quad \frac{d}{dt}\Phi_{\eta'}=\Phi_\eta\ \text{ mit }\ \Phi=\xi'\eta-\lambda(\xi'^2+\eta'^2)^{\frac{1}{2}}.$$

Sei nun $\xi'(t)\neq 0$. Dann folgt aus der ersten Gleichung $\eta-\lambda\xi'/(\xi'^2+\eta'^2)^{\frac{1}{2}}=c$. Setzen wir $\eta'(t)/\xi'(t)=\operatorname{tg} t$, $t_o\leq t\leq t_*$, so erhält man $\eta(t)=c+\lambda\cos t$. Weiterhin folgt aus den beiden letzten Beziehungen

$$\xi(t)=c^*+\int\frac{\eta'(t)}{\operatorname{tg} t}\,dt = c^*-\lambda\int\cos t\,dt = c^*-\lambda\sin t,\quad c^*\ \ (\text{const.})$$

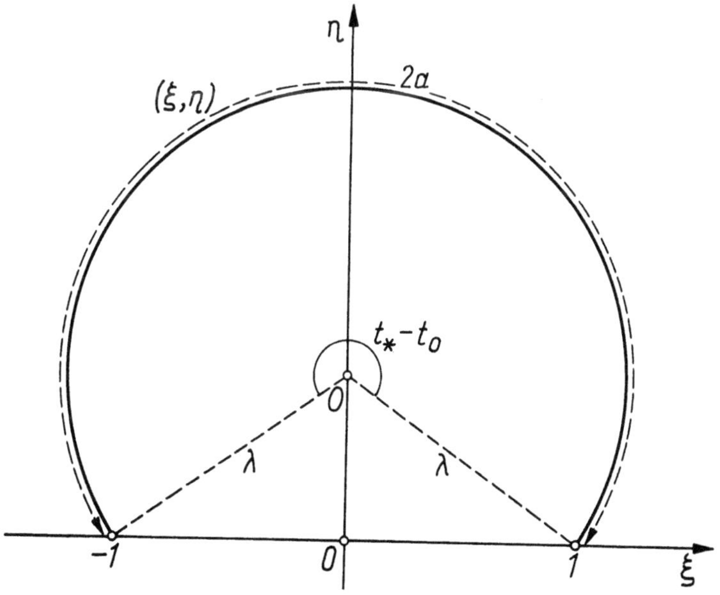

Abbildung 10

Wenn man jetzt noch die Punkte hinzunimmt, in denen $\xi'(t)=0$ gilt, erkennt man, daß die Extremale einen Kreisbogen der Form $(\xi-c^*)^2+(\eta-c)^2=\lambda^2$ (Abb.1o) bilden. Der Radius und der Mittelpunkt des zugehörigen Kreises bestimmt sich aus der Bedingung (2.3). Es fällt auf, daß die obige Ableitung eine Lücke enthält (und es sei bemerkt, daß die Behebung dieser Lücke recht aufwendig ist): gemäß der Aufgabenstellung ist es nämlich nötig, ein globales Minimum zu bestimmen. Nachgewiesen haben wir aber nur die Existenz eines lokalen Minimums und darauf wollen wir uns zunächst auch beschränken.

Im weiteren gehen wir zu Funktionalen der Form

$$I = (C^2(s\to f(s),\ s\in\partial D) \ni \tilde{y} \mapsto \int_D \cdots \int F(x,\tilde{y},\tilde{y}')dx_1\ldots dx_n) \qquad (2.4)$$

über, wobei $R_{\tilde{y}} \subset \mathbb{R}$, $D_{\tilde{y}} \subset \mathbb{R}^n$, $x=(x_1,\ldots,x_n)$ und $\tilde{y}'=\text{grad}\ \tilde{y}=(\tilde{y}_{|1},\ldots,\tilde{y}_{|n})$ sei (vgl. Formel (1.3)). Es sei $D=[a_1;b_1]\times\ldots\times[a_n;b_n]$. Mit $C^2(s\to f(s),$ $s\in\partial D)$ bezeichnen wir die Teilmenge der Funktionen von $\mathcal{C}^2(D)$, die der Bedingung $\tilde{y}(s)=f(s)$ für $s\in\partial D$ genügen, wobei ∂D den Rand der Menge D bezeichnet, und f gegeben sei. Aus der Linearität der Funktionale $\delta I[y]$ erhält man:

<u>Lemma 2.2:</u> *Unter den obigen Voraussetzungen gilt: Ist I von der Form (2.4) mit $F\in C^2(D\times\mathbb{R}^{n+1})$ und besitzt I für $\tilde{y}=y$ ein Extremum, dann gilt:*

$$F_y - \sum_{k=1}^{n} \frac{\partial}{\partial x_k} F_{y_{|k}} = 0 \qquad \textit{(Euler-Brunacci-Gleichung)}. \qquad (2.5)$$

Lemma 2.2 läßt sich auch auf den Fall einer kompakten Menge D mit orientierbarem Rand ∂D verallgemeinern: Sofern ∂D die Voraussetzung des Satzes von Gauß erfüllt (vgl. z.B. [0.6] bzw. für eine allgemeinere Darstellung vgl. das Lehrbuch [0.5] , erhält man:

$$\delta I[y][h] - \int_D\cdots\int\Big(F_y - \sum_{k=1}^{n}\frac{\partial}{\partial x_k}F_{y_{|k}}\Big)h\ dx_1\ldots dx_n =$$

$$= \int_D\cdots\int \sum_{k=1}^{n}\frac{\partial}{\partial x_k}(hF_{y_{|k}})\ dx_1\ldots dx_n =$$

$$= \int_{\partial D}\cdots\int \sum_{k=1}^{n} hF_{y_{|k}}\ dx_1\ldots dx_{k-1}dx_{k+1}\ldots dx_n = 0$$

für $y+h \in D_I$. Daraus folgt:

Lemma 2.3: *Sei D eine kompakte Teilmenge des* $\mathbb{R}^n$*, deren Rand* ∂D *die Voraussetzung des Satzes von Gauß erfülle. Seien* $C^2(s \to f(s),\ s \in \partial D)$ *diejenigen Elemente des Raumes* $\mathcal{C}^2(D)$*, die* $\tilde{y}|\partial D = f$ *bei vorgegebenem f erfüllen. Besitzt dann das Funktional I der Form (2.4) mit* $F \in C^2(D \times \mathbb{R}^{n+1})$ *in* $\tilde{y} = y$ *ein Extremum, so gilt die Gleichung (2.5).*

Diese bisherigen Überlegungen können nun wie folgt zusammengefaßt werden:

Satz 2.2: *Sei D ein kompaktes Gebiet des* $\mathbb{R}^n$*, dessen Rand die Voraussetzung des Satzes von Gauß erfüllt. Sei weiterhin*

$$C^2(s \to f(s),\ s \in \partial D) = \mathop{\times}_{i=1}^{m} C^2(s \to f_i(s),\ s \in \partial D)$$

die Teilmenge derjenigen Elemente $\tilde{y} = \tilde{y}_1, \ldots, \tilde{y}_m)$ *des m-fachen Kartesischen Produktes von* $\mathcal{C}^2(D)$*, die* $\tilde{y}|\partial D = f$ *erfüllen, wobei* $f = (f_1, \ldots, f_m)$ *ein gegebenes Funktionen-Tupel sei. Es sei I ein Funktional der Form (2.4) mit* $F \in C^2(D \times \mathbb{R}^{m(n+1)})$*, so daß gilt:*

$$\tilde{y}' = \begin{bmatrix} \tilde{y}_{1|1} \cdots \tilde{y}_{1|n} \\ \cdots\cdots\cdots\cdots \\ \tilde{y}_{m|1} \cdots \tilde{y}_{m|n} \end{bmatrix}. \qquad (2.6)$$

Besitzt dann I ein Extremum in $\tilde{y} = y = (y_1, \ldots y_m)$*, so ist die zu (2.5) gehörige Vektorgleichung erfüllt, d.h. es gilt folgendes Gleichungssystem:*

$$F_{y_i} - \sum_{k=1}^{n} \frac{\partial}{\partial x_k} F_{y_{i|k}} = 0, \qquad i = 1, \ldots, m. \qquad (2.7)$$

Bemerkung 2.3: Die Methode der Lagrange'schen Multiplikatoren (Satz 1.7) läßt sich in analoger Verallgemeinerung formulieren.

Beispiel 2.3 *(Plateau-Problem)*. Aus allen Flächenstücken der Klasse $C^2(D)$, deren Rand eine gegebene glatte Kurve $s \to f(s)$, $s \in \partial D$ ist und die in rechtwinkligen Koordinaten die Darstellung $x_3 = \tilde{y}(x_1, x_2)$, $x_1, x_2 \in D$ haben -hierbei sei D ein kompaktes Gebiet des $\mathbb{R}^2$ - bestimme man diejenigen Flächenstücke, die die kleinsten Oberflächen besitzen. Zur Lösung dieser Aufgabe ist das Funktional

$$I[\tilde{y}] = \iint_D (EG-F^2)^{\frac{1}{2}} dx_1 dx_2, \quad \tilde{y} \in C^2(s \to f(s),\ s \in \partial D)$$

zu minimieren. Dabei sind E,F und G wie im Beispiel 2.1 definiert mit $\xi(x_1,x_2)=x_1$, $\eta(x_1,x_2)=x_2$, $\zeta(x_1,x_2)=\tilde{y}(x_1,x_2)$ und $s=(s_1,s_2)\in\mathbb{R}^2$ (man kann hierbei Lemma 2.3 anwenden, wenn man sich auf die obige Klasse der Funktionen $\tilde{y}$ beschränkt). Wir erhalten

$$E=1+\tilde{y}_{|1}^2, \quad F=\tilde{y}_{|1}\,\tilde{y}_{|2}, \quad G=1+\tilde{y}_{|2}^2, \quad I[\tilde{y}]=\iint_D (1+\tilde{y}_{|1}^2+\tilde{y}_{|2}^2)dx_1 dx_2.$$

Die Euler-Brunacci-Gleichung hat damit die Form

$$[y_{|1}(1+y_{|1}^2+y_{|2}^2)^{-\frac{1}{2}}]_{|1} + [y_{|2}(1+y_{|1}^2+y_{|2}^2)^{-\frac{1}{2}}]_{|2} = 0,$$

und daraus folgt

$$\frac{y_{|11}+y_{|22}}{(1+y_{|1}^2+y_{|2}^2)^{\frac{1}{2}}} - \frac{y_{|1}(y_{|1}y_{|11}+y_{|2}y_{|12})+y_{|2}(y_{|1}y_{|12}+y_{|2}y_{|22})}{(1+y_1^2+y_{|2}^2)^{\frac{3}{2}}}$$

$$(y_{|11}+y_{|22})(1+y_{|1}^2+y_{|2}^2) - (y_{|11}y_{|1}^2+2y_{|12}y_{|1}y_{|2}+y_{|22}y_{|2}^2) = 0.$$

Wir erhalten

$$y_{|11}(1+y_{|2}^2)-2y_{|12}\, y_{|1}y_{|2}+y_{|22}(1+y_{|1}^2) = 0\,. \tag{2.8}$$

Da diese Gleichung schon recht kompliziert ist, sehen wir von der weiteren Ausarbeitung hier ab.

Beispiel 2.4: Für das Funktional I aus Beispiel 1.14 (Dirichlet-Integral) ist die Euler Brunacci-Gleichung gerade die 2-dim. Laplace-Gleichung. Ein analoges Ergebnis läßt sich für das n-dim. Dirichlet-Integral beweisen. Für das Funktional I_ε des Beispiels 1.14 ist die Euler-Brunacci Gleichung durch div(εgradV)=0 gegeben. Dieses Ergebnis gilt auch für den n-dim. Fall. Wenn man den Satz 1.16 zugrunde legt, kann man diese Gleichung nur in dem Fall erhalten, in dem der Laplace bzw. Beltrami-Operator negativ ist.

ÜBUNGEN

1. Man beweise, daß die Menge $C^1(a\to A;b\to B)$ denjenigen Funktionen des Banach-Raumes $\mathcal{C}^1[a;b]$, die der Bedingung $y(a)=A$, $y(b)=B$

genügen, genau dann der Träger eines linearen Unterraums von $\mathcal{C}^1[a;b]$ ist, wenn $A=B=0$.

2. Man bestimme die Extrema der Funktionale:

a) $C^1(0\to(0,0);\ \frac{1}{2}\pi\to(1,1))\ni(\tilde{y}_1,\tilde{y}_2)\mapsto\int_0^{\frac{1}{2}\pi}(\tilde{y}_1'^2+\tilde{y}_2'^2-2\tilde{y}_1\tilde{y}_2)dx$,

b) $C^2((s_1,s_2)\to s_1,s_1^2+s_2^2=1)\ni\tilde{y}\mapsto\iint_{x_1^2+x_2^2\leq 1}\exp\tilde{y}_{|1}\sin\tilde{y}_{|1}\,dx_1dx_2$.

3. In den rechtwinkligen Koordinaten des $\mathbb{R}^3$ sei eine glatte Fläche durch die Parameterdarstellung $x_3=\zeta(x_1,x_2)$ gegeben. Die Länge der geodätischen Verbindungslinie $x_2=y(x_1)$, $x_3=\zeta(x_1,x_2)$ auf dieser Fläche zwischen den Punkten $(a,A,\zeta(a,A))$ und $(b,B\zeta(b,B))$ sei durch die Formel

$$\rho((a,A),(b,B))=\int_a^b G(y)(1+y'^2)^{\frac{1}{2}}dx$$

gegeben. Man zeige, daß y der Gleichung

$$x-c\int_A^y[G^2(y)-c^2]^{-\frac{1}{2}}dx=c^*$$

genügt. Dabei sind c und c* Konstante, die sich aus den Bedingungen $y(a)=A$, $y(b)=B$ bestimmen (Liouville).

4. Man verallgemeinere Aufgabe 3 auf den Fall, wo sich der Abstand durch die Formel

$$\rho((a,A),(b,B))=\int_a^b[F^2(x)+G^2(y)]^{\frac{1}{2}}(1+y'^2)^{\frac{1}{2}}dx$$

schreiben läßt. (Ein Flächenstück mit dieser Eigenschaft heißt *Liouvill'sche Fläche.*)

5. Von allen geschlossenen glatten Kurven in der Ebene der Länge 2a bestimme man diejenige, die die größte Fläche einschließt (Dydon).

6. Aus allen glatten Flächenstücken des $\mathbb{R}^3$ mit Oberfläche 2a bestimme man dasjenige Flächenstück, das den größten Rauminhalt einschließt.

7. Man zeige, daß für jede geodätische Linie Γ auf einem glatten Flächenstück S des $\mathbb{R}^3$ die Richtung der Hauptnormale (vgl.z.B. [0.3]) dieser Kurve in jedem beliebigen Punkte mit der Richtung der Normalen der Fläche in diesem Punkte übereinstimmt.

8. Es sei Γ eine geodätische Linie auf einer glatten Rotationsfläche $S \subset \mathbb{R}^3$. Sei x ein Punkt auf Γ und sei r(x) der Radius des Breitenkreises von S durch x (vgl. z.B. [0.3]). Ferner sei $\alpha(x)$ der Winkel, den der Tangentenvektor von Γ in x mit dem Meridian durch x bildet (vgl. Abb.11). Man zeige, daß r(x) sin $\alpha(x)$ von x unabhängig ist (Clairaut).

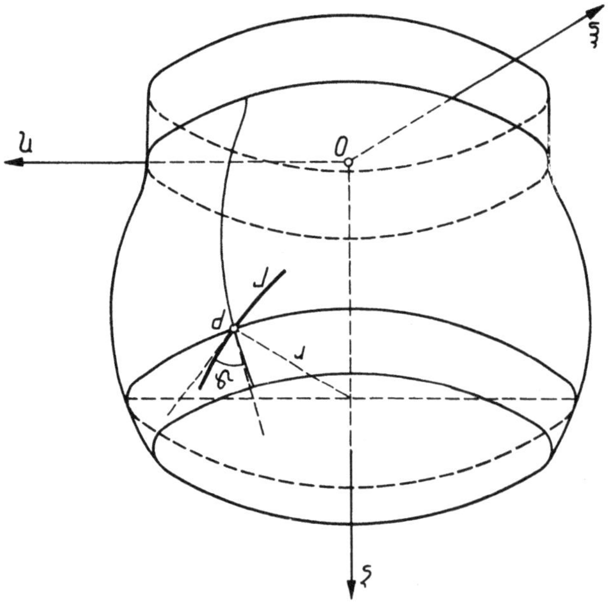

Abbildung 11

9. Es sei S, analog wie in Beispiel 2.3, eine Minimalfläche. Zusätzlich sei S auch eine Rotationsfläche. Man beweise, daß S in diesem Fall eine Katenoide ist, d.h. S entsteht durch die Rotation einer Kettenlinie $x_1 = c \cos h[(1/c)(x_3 + c^*)]$, $x_2 = 0$.

10. Man zeige, daß für das Funktional der Form (1.46) die Euler-Brunacci-Gleichung gerade die zweidimensionale Laplace-Gleichung $\nabla^2 T = -q/\lambda$ ist.

2.2 FUNKTIONALE, DIE ABLEITUNGEN HÖHERER ORDNUNG ENTHALTEN

Wir beginnen mit dem 1-dim. Fall: Dazu betrachten wir im Banach-Raum $\mathcal{C}^2[a;b]$ die Menge $C^2(a\to[{}^A_{A'}]; b\to[{}^B_{B'}])$ aller Funktionen $\tilde{y}$, die den Bedingungen

$$\tilde{y}(a)=A\ ,\quad \tilde{y}(b)=B\ ,\quad \tilde{y}'(a)=A',\quad \tilde{y}'(b)=B' \tag{2.9}$$

genügen. Dabei seien A,B,A',B' gegebene Konstante und $C^3([a,b]\times\mathbb{R}^3)$ bezeichne den Träger des Vektorraums $\mathcal{C}^3([a;b]\times\mathbb{R}^3)$. Offensichtlich gilt $D_{\tilde{y}}\subset\mathbb{R}$.

Lemma 2.4: *Besitzt das Funktional*

$$I = \left(C^2\left(a\to\begin{bmatrix}A\\A'\end{bmatrix};\ b\to\begin{bmatrix}B\\B'\end{bmatrix}\right)\ni\tilde{y}\mapsto\int_a^b F(x,\tilde{y},\tilde{y}',\tilde{y}'')dx\right) \tag{2.10}$$

mit $F\in C^3([a;b]\times\mathbb{R}^3)$ *für* $\tilde{y}=y$ *ein Extremum, so ist die Gleichung*

$$F_y-\frac{d}{dx}F_{y'}+\frac{d^2}{dx^2}F_{y''}=0\quad\text{(2-dim. Euler-Poisson Gleichung)} \tag{2.11}$$

erfüllt. Hierbei ist $F_y(x)=F_{\tilde{y}}(x,\tilde{y},\tilde{y}',\tilde{y}'')\big|_{\tilde{y}=y(x),\dots,\tilde{y}''=y''(x)}$ *und analog sind* $F_{y'}$, $F_{y''}$ *definiert.*

Beweis: (Der Beweis verläuft analog zu dem Beweis von Satz 1.6). Indem wir F gegebenenfalls durch -F ersetzen, können wir uns auf den Fall beschränken, in dem I in $\tilde{y}=y$ ein Minimum hat. Sei $\varepsilon>0$ derart gewählt, daß die Abschätzung (1.9) erfüllt ist. Dabei sei $B(y,\varepsilon)$ die Menge der Funktionen $\tilde{y}\in D_I$, die die Bedingung $\|h\|_2<\varepsilon$ mit $h=\tilde{y}-y$ erfüllen (vgl. Formel (1.36)). Aus der Definition von D_I und $B(y;\varepsilon)$ folgt, daß zu jedem $\tilde{y}\in D_I$ ein $T>0$ existiert, so daß für alle $0\leq t\leq T$, $y+th, B(y;\varepsilon)$ gilt. Benutzt man nun die bekannte hinreichende Bedingung für das Extremum einer differenzierbaren Funktion einer Veränderlichen, so erhält man

$$\frac{d}{dt}\int_a^b F(x,y+th,y'+th',y''+th'')dx\Big|_{t=0}=0,$$

d.h.

$$\int_a^b (F_y h+F_{y'}h'+F_{y''}h'')dx = 0. \tag{2.12}$$

Wir betrachten jetzt die Funktion

$$G(x) = \int_a^x [- \int_a^s F_y\,du + F_{y'}(s)]\,ds, \quad a \leq x \leq b. \tag{2.13}$$

Unter Benutzung von (2.12) und den Randbedingungen $h(a)=h(b)=0$, $h'(a)=h'(b)=0$ erhält man durch partielle Integration

$$\int_a^b (-G+F_{y''})h''dx = -G(b)h'(b)+G(a)h'(a) +$$

$$+ \int_a^b \{[- \int_a^x F_y\,du + F_{y'}(x)]\,h'(x)+F_{y''}(x)h''(x)\}\,dx$$

$$= - F_y(b)\,h(b) + F_y(a)\,h(a) + \int_a^b (F_y h+F_{y'}h'+F_{y''}h'')\,dx = 0.$$

Diese Gleichung gilt insbesondere für die Funktion

$$h(x) = \int_a^x \int_a^s [F_{y''}(s) - G(s)-cs-c^*]\,ds\,dt, \quad a \leqslant x \leqslant b,$$

wobei die Konstante c und c* aus den Bedingungen $h(b)=h'(b)=0$ bestimmt werden. Damit gilt:

$$\int_a^b [F_{y''}(x)-G(x)-cs-c^*]^2dx = \int_a^b [F_{y''}(x)-G(x)-cx-c^*]h''(x)dx$$

$$= \int_a^b F_{y''}-G)h''dx - \int_a^b (cx+c^*)h''(x)dx = - \int_a^b (cx+c^*)h''(x)dx$$

$$= - (cb+c^*)h'(b)+(ca+c^*)h'(a) + \int_a^b ch'dx$$

$$= c[h(b)-h(a)] = 0.$$

Da der Integrand stetig ist, folgt hieraus $F_{y''}-G=cx+c^*$ für $a \leqslant x \leqslant b$. Nach Formel (2.13) erhält man hieraus

$$\frac{d}{dx}[\frac{d}{dx} F_{y''} - F_{y'}] + F_y = 0,$$

so daß die Existenz von $\frac{d}{dx} F_{y''}$ gesichert und Formel (2.11) bewiesen ist. Q.E.D.

Die zweidimensionale Euler-Poisson-Gleichung ist im allgemeinen eine Differentialgleichung vierter Ordnung. Daher kann man annehmen, daß für deren Lösung die dritte und vierte Ableitung existiert. Unter Benutzung der Gleichung (2.11) folgt insbesondere, daß $(d^2/dx^2)F_{y''}$ existiert (und somit auch $d/dx\, F_{y''}$). Damit erhält man ein dem Korollar von Hilbert entsprechendes Ergebnis. Der Beweis verläuft analog.

Korollar 2.1: *Genügt für $F\in C^3([a;b]\times\mathbb{R}^3)$ die Funktion y der Gleichung (2.11), so existiert auf $E:=\{x:F_{y''y''}(x)\neq 0\}$ die vierte Ableitung y'''' (und natürlich auch y''') und es gilt*

$$y''''(x) = \frac{-G(x)}{F_{y''y''}(x)}, \qquad G = F_y - F_{y'x} - y'F_{y'y} + G^*,$$

$$\begin{aligned} G^* = {} & -y''(F_{y'y'} - F_{y''y}) + F_{y''xx} + y'(2F_{y;yx} + y'F_{y''yy}) + \\ & + y''(2F_{y''y'x} + 2y'F_{y''y'y} + y''F_{y''y'y'}) + \\ & + y'''(2F_{y''y''x} + 2y'F_{y''y''y} + 2y''F_{y''y''y'} + y'''F_{y''y''y''}). \end{aligned}$$

Damit ist y'''' *stetig, d.h.* $y|E\in C^4(E)$.

Im folgenden gehen wir zu Funktionalen der Form

$$I = \left(C^{r-1}(a\to A;b\to B)\ni\tilde{y} \mapsto \int_a^b F(x,\tilde{y},\tilde{y}',\ldots,\tilde{y}^{(r-1)})\,dx\right) \tag{2.14}$$

über. Dabei sei $R_{\tilde{y}}\subset\mathbb{R}^m$,

$$A = \begin{bmatrix} A_1^{(o)} & A_2^{(o)} & \ldots & A_m^{(o)} \\ A_1^{(1)} & A_2^{(1)} & \ldots & A_m^{(1)} \\ \ldots & \ldots & \ldots & \ldots \\ A_1^{(r-2)} & A_2^{(r-2)} & & A_m^{(r-2)} \end{bmatrix}, B = \begin{bmatrix} B_1^{(o)} & B_2^{(o)} & \ldots & B_m^{(o)} \\ B_1^{(1)} & B_2^{(1)} & \ldots & B_m^{(1)} \\ \ldots & \ldots & \ldots & \ldots \\ B_1^{(r-2)} & B_2^{(r-2)} & \ldots & B_m^{(r-2)} \end{bmatrix}.$$

Ferner sei

$$C^{r-1}(a\to A;b\to B) = \mathop{\times}_{i=1}^{m} C^{r-1}\left(a \to \begin{bmatrix} A_i^{(o)} \\ \ldots \\ A_i^{(r-2)} \end{bmatrix};\quad b \to \begin{bmatrix} B_i^{(o)} \\ \ldots \\ B_i^{(r-2)} \end{bmatrix} \right)$$

die Menge der Funktionen $\tilde{y}$ aus dem m-fachen kartesischen Produkt von

$\mathcal{C}^{r-1}[a;b]$, die den Bedingungen

$$\tilde{y}_i^{(l)}(a) = A_i^{(l)}, \quad \tilde{y}_i^{(l)}(b) = B_i^{(l)}, \quad i=1,\dots,m, \quad l=0,\dots,r-2 \tag{2.15}$$

genügen.

Da die Funktionale $\delta I[y]$ linear sind, erhält man

Satz 2.3: Unter den obigen Voraussetzungen gilt: Besitzt das Funktional der Form (2.14) mit $F\in C^r([a;b]\times \mathbb{R}^{mr})$ in $\tilde{y}=y$ ein Extremum, so gilt die Vektorgleichung:

$$\sum_{l=1}^{r} (-1)^l \frac{d^{l-1}}{dx^{l-1}} F_{y^{(l-1)}} = 0 \quad \textit{(Euler-Poisson Gleichung).} \tag{2.16}$$

Ähnlich wie im vorigen Paragraphen kann man auch diese Ergebnisse für den Fall verallgemeinern, daß $\tilde{y}$ auf einer kompakten Teilmenge $D\subset\mathbb{R}^n$ definiert ist, deren Rand den Voraussetzungen des Satzes von Gauß genügt. Da man in diesem Fall mit Matrizen arbeiten muß, deren Elemente über Multiindizes angeordnet sind, beschränken wir uns zunächst auf den Fall r=4 bei beliebigen natürlichen Zahlen m und n.

Vorab bemerken wir -in Übereinstimmung mit Definition (2.6) über die erste Ableitung der Vektorfunktion $\tilde{y}=(y_1,\dots,y_m)$ mit $\tilde{y}_i\in C^2(D)$- daß die zweite Ableitung $\tilde{y}''$ eine 3-fach indizierte Matrix ist. Mit anderen Worten, wir definieren

$$\tilde{y}'' = [\tilde{y}_{i|k_1k_2}]_{i\le m;k_1,k_2\le n}, \qquad \tilde{y}''_i = [\tilde{y}_{i|k_1k_2}]_{k_1,k_2\le n},$$

wobei $y_{|ik} = y_{|i,k}$, und analog dazu

$$\tilde{y}' = [\tilde{y}_{i|k}]_{i\le m;k\le n}, \qquad \tilde{y}'_i = [y_{i|k}]_{k\le n} = (y_{k|1},\dots,y_{i|n}).$$

Wir bilden nun die Matrizen

$$\begin{bmatrix} \tilde{y}_1 & \tilde{y}_2 & \cdots & \tilde{y}_m \\ \tilde{y}'_1 & \tilde{y}'_2 & \cdots & \tilde{y}'_m \\ \tilde{y}''_1 & \tilde{y}''_2 & \cdots & \tilde{y}''_m \end{bmatrix}, \qquad \begin{bmatrix} \tilde{y}_i \\ \tilde{y}'_i \\ \tilde{y}''_i \end{bmatrix}$$

und nehmen an, daß auf den Rand ∂D eine Funktion f der Klasse $[\mathcal{C}^3(\partial D)]^{m(1+n+n^2)}$ der Form

$$f = \left(\begin{bmatrix} f_{11} \\ f_{21} \\ f_{31} \end{bmatrix}, \dots, \begin{bmatrix} f_{1m} \\ f_{2m} \\ f_{3m} \end{bmatrix} \right)$$

gegeben ist, mit

$$f_{2i} = (f_{2i,1},\dots,f_{2in}), \qquad f_{3i} = \begin{bmatrix} f_{3i,11} & \dots & f_{3i,1n} \\ f_{3i,n1} & \dots & f_{3i,nn} \end{bmatrix}.$$

Dabei gilt $f_{3i,kl} = f_{3i,lk}$ und alle Funktionen f_{1i}, $f_{2i,1},\dots,f_{2i,n}$, $f_{3i,11},\dots,f_{3i,nn}$ sind reellwertig. Wir betrachten jetzt ein Funktional der Form

$$I = (C^r(s \to f(s),\ s \in \partial D) \ni \tilde{y} \to \int \underset{D}{\dots} \int F(x,\tilde{y}',\tilde{y}',\dots,\tilde{y}^{(r-1)} dx_1 \dots dx_n), \tag{2.17}$$

wobei r=3 und ferner

$$C^r(s \to f(s), s \in \partial D) = \underset{i=1}{\overset{m}{\times}} C^r(s \to f_i(s),\ s \in \partial D) \tag{2.18}$$

diejenigen Funktionen y des m-fachen kartesischen Produktes von $\mathcal{C}^r(D)$ seien, die den Bedingungen

$$\tilde{y}_i^{(l-1)} | \partial D = f_{|i}, \quad i=1,\dots,m, \quad l=1,\dots,r \tag{2.19}$$

mit r=3 genügen. Damit erhalten wir:

Lemma 2.5: *Unter den obigen Annahmen gilt: Besitzt das Funktional I der Form (2.17) mit r=3,* $F \in C^3([a;b] \times \mathbb{R}^a)$ *und* $a=m[1+n+\frac{1}{2}n(n+1)] = \frac{1}{2}m(n+1)(n+2)$ *in* $\tilde{y}=y$ *ein Extremum, dann ist die Vektorgleichung*

$$F_y - \sum_{k=1}^{n} \frac{\partial}{\partial x_k} F_{y|k} + \sum_{k_1,k_2=1}^{n} \frac{\partial^2}{\partial x_{k_1} \partial x_{k_2}} F_{y|k_1 k_2} = 0 \tag{2.20}$$

erfüllt.

Die obenstehenden Überlegungen lassen sich wie folgt zusammenfassen: Wir definieren für die Vektorfunktion $\tilde{y}=(\tilde{y}_1,\dots,\tilde{y}_m)$ als auch für deren i-te Komponentenfunktion $y_i \in C^r(D)$ unter der Voraussetzung, daß $r \geq 2$ eine natürliche Zahl und D eine kompakte Teilmenge des $\mathbb{R}^n$ ist, die l-te Ableitung mit $l\in\{1,\dots,r\}$ durch die Formeln

$$\tilde{y}^{(l)} = [\tilde{y}_{i|k_1\dots k_l}]_{i\leq m,k_1,\dots,k_l\leq n}, \tag{2.21}$$

$$\tilde{y}_i^{(l)} = [y_{i|k_1\dots k_l}]_{k_1,\dots,k_l\leq n}. \tag{2.22}$$

Wir bemerken weiterhin, daß der Bildbereich der Funktion $(\tilde{y},\tilde{y},\dots,\tilde{y}^{(r-2)})$ in $\mathbb{R}^a$ liegt, wobei a durch

$$a = m \sum_{i=1}^{r} \frac{(n+l-2)!}{(l-1)!(n-1)!} = m\,\frac{(n+r-1)!}{(r-1)!n!} = m\binom{n+r-1}{n}$$

bestimmt ist.

Damit erhält man also:

<u>Satz 2.4:</u> *Es sei D eine kompakte Teilmenge des $\mathbb{R}^n$, deren Rand die Voraussetzung des Satzes von Gauß erfülle. Weiterhin seien durch (2.18) die Funktionen $\tilde{y}$ im m-fachen kartesischen Produkt von $\mathcal{C}^r(D)$ festgelegt, die der Bedingung (2.19) genügen. Dabei sei $r\geq 2$ eine natürliche Zahl und*

$$f = \left(\begin{bmatrix} f_{11} \\ \dots \\ f_{r1}\end{bmatrix}, \dots, \begin{bmatrix} f_{1m} \\ \dots \\ f_{rm}\end{bmatrix}\right)$$

sei gegeben. Dann gilt: Besitzt das Funktional I der Form (2.17) mit $F\in C^r(D\times\mathbb{R}^a)$, $a=m\binom{n+r-1}{n}$ in $\mathcal{Y}=y$ ein Extremum, so ist die Vektorgleichung

$$\sum_{l=1}^{r} (-1)^l \sum_{k_1,\dots,k_l=1}^{n} \frac{\partial^{l-1}}{\partial x_{k_1}\dots\partial x_{k_{l-1}}} F_{y|k_1\dots k_{l-1}} = 0 \tag{2.23}$$

erfüllt, d.h. es gilt das Gleichungssystem

$$\sum_{l=1}^{r} (-1)^l \sum_{k_1,\dots,k_l=1}^{n} \frac{\partial^{l-1}}{\partial x_{k_1}\dots\partial x_{k_{l-1}}} F_{y_i|k_1\dots k_{l-1}} = 0, \quad i=1,\dots,n.$$

<u>Beispiel 2.5:</u> Für ein Funktional der Form (vgl. Beispiel 1.14)

$$J_\varepsilon[\tilde{V}] = \iint_D (\tilde{V}-V_*)\,\mathrm{div}\,(\varepsilon\,\mathrm{grad} V)\,dx_1 dx_2,\quad \tilde{y}\in D_{J_\varepsilon},\quad V_* = \text{festes Potential}$$

das den Voraussetzungen von Lemma 2.5 genügt, reduziert sich die Vektorgleichung (2.2o) auf eine skalare Gleichung der Form

$$F_V - \frac{\partial}{\partial x_1} F_{V_{|1}} - \frac{\partial}{\partial x_2} F_{V_{|2}} + \frac{\partial^2}{\partial x_1^2} F_{V_{|11}} + \frac{\partial^2}{\partial x_2^2} F_{V_{|22}} = 0,$$

d.h. $\mathrm{div}(\varepsilon\,\mathrm{grad} V)=0$. Damit ist die Extremalenschar des Funktionals J_ε sowie des Funktionals I_ε aus Beispiel 1.14 identisch. Dies wird sich im Paragraphen 2.7 besonders wesentlich erweisen, wenn durch die Variation von Kurvenintegralen die Berechnung der Kapazität eines ebenen Kondensators gelingt.

ÜBUNGEN

11. Man zeige, daß für eine stetige Funktion f auf [a;b], für die $\int_a^b fh''dx=0$ für jede zweimal stetig differenzierbare Funktion h mit $h(a)=h(b)=0$, $h'(a)=h'(b)=0$ erfüllt ist, eine Darstellung $f(x)=cx+c^*$ mit Konstanten c und c^* existiert.

12. Es seien f_1, f_2, g stetige Funktionen auf [a;b] und für jede zweimal stetig differenzierbare Funktion h mit $h(a)=h(b)=0$, $h'(a)=h'(b)=0$ sei $\int_a^n (f_1h+f_2h'+gh'')dx=0$. Man zeige, daß g zweimal stetig differenzierbar ist und daß $g''=f_2-f_1$ gilt.

13. Man bestimme die Extremalen von Funktionalen der Form (2.1o), wenn $F(x,y,y',y'')$ durch einen folgenden Ausdrücke gegeben ist:

    a) $\tilde{y}''^2+2c^2\tilde{y}'^2+c^4\tilde{y}^2$, c = konstant,

    b) $\tilde{y}''^2+2c^2\tilde{y}'^2+c^4\tilde{y}^2$, c = konstant,

    c) $\tilde{y}''^2+cx^3\tilde{y}'+c^*x^2\tilde{y}$, c, c^* = konstant.

14. Man bestimme die Extrema des Funktionals

$$C^3\left(0\to\begin{bmatrix}0\\0\\0\end{bmatrix};\quad 1\to\begin{bmatrix}\frac{1}{2}(e-1/3)\\ \frac{3}{2}(e+1/3)\\ \frac{1}{2}(e-1/3)\end{bmatrix}\right)\ni\tilde{y}\mapsto\int_0^1(\tilde{y}'''^2+\tilde{y}''^2)\,dx.$$

2.3 VARIATIONSAUFGABEN BEI VARIABLEN GEBIETEN

Wir beginnen wieder mit dem 1-dim. Fall, in dem in das betrachtete Funktional keine Ableitungen höherer Ordnung eingehen: Wir betrachten also die einfachste Variationsaufgabe ohne die Bedingungen $\tilde{y}(a)=A$, $\tilde{y}(b)=B$. Auch in diesem Fall muß die Relation (1.12) für $h\in C^1[a;b]$ erfüllt sein, da ihre linke Seite die erste Variation $\partial I[y]h$ darstellt. Diese Relation ist insbesondere auch für $h\in C^1[a\to 0\,;\,b\to 0]$ erfüllt. Nach Satz 1.6 erhält man daraus die Eulersche Gleichung (1.11). Damit kann man die Relation (1.12) für $h\in C^1[a;b]$ in der Form

$$\int_a^b (h\frac{d}{dx}F_{y'}+F_{y'}\frac{d}{dx}h)\,dx = 0$$

schreiben und durch Integration ergibt sich: $h(b)F_{y'}(b)-h(a)F_{y'}(a)=0$. Da h beliebig ist, folgt

$$F_{y'}(x) = 0, \quad \text{für } x=a,b \quad \text{(die sogenannten } \textit{natürlichen Randbedingungen}\text{)}. \tag{2.24}$$

Damit haben wir das folgende zu Lemma 2.1 entsprechende Ergebnis erhalten:

Lemma 2.6: *Hat das Funktional*

$$I = (C^1[a;b]\ni\tilde{y} \mapsto \int_a^b F(x,\tilde{y},\tilde{y}')dx) \tag{2.25}$$

mit $F\in C^2([a;b]\times\mathbb{R}^2)$ *in* $\tilde{y}=y$ *ein Extremum, so ist die Eulersche Gleichung (1.11) zusammen mit den natürlichen Randbedingungen (2.24) erfüllt.*

Bemerkung 2.4: Nimmt man in Lemma 2.6 zusätzlich an, daß $\tilde{y}(a)=A$ [bzw $\tilde{y}(b)=B$] erfüllt ist, so gilt die Gleichung (1.11) und die natürliche Randbedingung $F_{y'}(b)=0$ [bzw. $F_{y'}(a)=0$].

Beispiel 2.6: Wir betrachten noch einmal das Problem der Brachystochrone (vgl. Beispiel 1.4 und 1.6), diesmal allerdings ohne festen Endpunkt auf der vorgegebenen Gerade x=a. In dem so definierten Fall ist $F(x,y,y')=y^{-1/2}(1+y'^2)^{1/2}$. Damit lautet die natürliche Randbedingung $F_{y'}(a)=0$ und somit erhalten wir $y'(a)=0$. Wegen (1.16) gilt $x'(u) = c(1-\cos u)\neq 0$, also erhalten wir $u\neq 2k\pi$, wobei k eine ganze Zahl ist. Aus (1.15) folgert man, daß $(y\circ x)'(u) = c\sin u = 0$ für den Endpunkt der Brachistrone gilt. Also gilt $u=(2k+1)\pi$, $x(a)=a$ und somit $c=\frac{a}{(2k+1)\pi}$

Wegen $y \in C^1[a;b]$ folgt schließlich $c=\frac{a}{\pi}$.

In Analogie zu der Argumentation im Paragraph 2.1 verallgemeinern wir nun Lemma 2.6:

<u>Satz 2.5:</u> *Es sei D eine kompakte Teilmenge des $\mathbb{R}^n$, deren Rand den Voraussetzungen des Satzes von Gauß genüge. Weiterhin sei*

$$I = ([C^2(D)]^m \ni \tilde{y} \mapsto \int\limits_D \cdots \int F\,(x,\tilde{y},\tilde{y}')\,dx_1 \ldots dx_n) \tag{2.26}$$

bzw.

$$I = ((C^1[a;b])^m \ni \tilde{y} \mapsto \int_a^b F(x,\tilde{y},\tilde{y}')\,dx) \quad \text{(für } n=1) \tag{2.27}$$

mit $F \in C^2(D \times \mathbb{R}^{m(n+1)})$ -wobei die Ableitung y' durch Formel (2.26) gegeben ist- ein Funktional, das in $\tilde{y}=y=(y_1,\ldots,y_m)$ ein Extremum besitzt. Dann gilt die Vektorgleichung (2.5) bzw. das System (2.7) zusammen mit den natürlichen Randbedingungen

$$\sum_{k=1}^{n} F_{y|k}(x)\,n_k(x) = 0 \qquad \text{für } x=(s_1,\ldots,x_n) \in \partial D, \tag{2.28}$$

d.h.

$$\sum_{k=1}^{n} F_{y_i|k}(x)\,n_k(x) = 0 \quad \text{für } x \in \partial D, \qquad i=1,\ldots,m,$$

wobei n_k die Komponenten des normalisierten äußeren Normalenvektors auf ∂D sind.

<u>Bemerkung 2.5:</u> Sei $\Gamma \subset \partial D$ und f eine Funktion aus $[C^2(\Gamma)]^m$. Wird in Satz 2.5 zusätzlich $\tilde{y}|\Gamma=f$ gefordert, so muß in den natürlichen Randbedingungen (2.28) die Bedingung $x \in \partial D$ durch $x \in \partial D \setminus \Gamma$ ersetzt werden.

<u>Beispiel 2.7:</u> Für das 3-dim. Dirichlet-Integral (vgl. Beispiel 1.14) entspricht die Euler-Brunnacci Gleichung (2.5) gerade der Laplace-Gleichung $\nabla^2 V=0$. Ist D ein Zylinder mit $x_1^2+x_2^2 \leq a^2$, $0 \leq x_3 \leq b$, so schreibt sich das Dirichlet-Integral in Zylinderkoordinaten $x_1= r\cos$, $x_2= r\sin$, $x_3=z$: als

$$I[V] = \int_0^b \int_0^{2x} \int_0^a [(V \circ x)_r^2 + r^{-2}(V \circ x)^2 + (V \circ x)_z^2]\,r\,dr\,d\,dz.$$

Die natürlichen Randbedingungen haben dann die Form

$(V \circ x)_z(r,\theta,z)=0$ für $z=0,b$; $(V \circ x)_r(r,\theta,\dot{z})=0$ für $r=a$.

Kehren wir nochmals zu den Extrema unter Nebenbedingungen zurück. Es ist recht plausibel, daß sich die Methode der Lagrange'schen Multiplikatoren in natürlicher Art und Weise auf Extremalwertaufgaben übertragen laßt, deren Nebenbedingungen durch Gleichungen oder durch Ungleichungen gegeben sind. Derartige Probleme, in denen nur ein Teil der Nebenbedingungen Ungleichungen sind, heißten *Lagrange'sche Probleme*. Wie bereits im Paragraphen 1.3 angekündigt, besteht die Lagrange'sche Aufgabe also darin, eine Funktion $y\in(C^1[a;b])^m$ zu bestimmen, in der das Funktional der Form (2.27) ein Extremum in $(C^1[a;b])^m$ besitzt und die Nebenbedingungen eine gewisse Hyperfläche festlegen, auf der die Kurve y liegen muß. Wir erhalten also formelmäßig:

$$g(x,\tilde{y}) = (c_1,\ldots,c_n),\quad c_i = \text{konstant},\quad n<m \tag{2.29}$$

mit $g\in C^2([a;b]\times\mathbb{R}^m)$. Man zeigt dies leicht mit Hilfe des Satzes über implizite Funktionen. Wir verzichten auf den Beweis.

Satz 2.6: *Unter den obigen Voraussetzungen gilt: Besitzt das Funktional I unter den Nebenbedingungen (2.29) in $\tilde{y}=y$ ein Extremum und ist für jeden Index $k=1,\ldots,n$ und jeden Punkt $x\in[a;b]$ mindestens eine der Ableitungen $(\partial g_k/\partial y_i)_{\tilde{y}=y}$, ausgewertet im Punkte x ungleich Null, dann existieren Funktionen $\lambda_1,\ldots,\lambda_n$ (in der Variablen x) der Klasse $C^2[a;b]$, so daß*

$$\Psi_{y_i} - \frac{d}{dx}\Psi_{y'_i} = 0,\quad i=1,\ldots,m,\qquad \Psi=F+\sum_{k=1}^{n}\lambda_k g_k \tag{2.3o}$$

und

$$\Psi_{y'_i}(a) = 0,\quad \Psi_{y'_i}(b) = 0,\quad i=1,\ldots,m \tag{2.31}$$

erfüllt ist.

Bemerkung 2.6: Setzt man $\tilde{y}(a)=A$ [bzw. $\tilde{y}(b)=B$] voraus, so ist (2.3o) erfüllt und ebenso die zweite [bzw. erste] der Gleichungen (2.31) für $i=1,\ldots,m$ erfüllt. Falls man sowohl $\tilde{y}(a)=A$ als auch $\tilde{y}(b)=B$ annimmt, ist nur die Gleichung (2.3o) erfüllt.

Wenn das zu untersuchende Funktional I oder Funktionale, die die Nebenbedingungen definieren, von Werten der gesuchten Funktion auf den Rand des betrachteten Gebiets $D_{\tilde{y}}$ abhängen, spricht man von der

Mayer'schen Aufgabe. Ist weiterhin das Funktional I als Summe eines Funktionals der Form (2.26) und Funktionalen, die nur von den Randwerten der gesuchten Funktion abhängen, gegeben, so spricht man auch von der *Bolza'schen Aufgabe*. Alle diese Aufgaben sind Teil eines allgemeinen Problemkreises, bei dem man davon ausgeht, daß das betrachtete Funktional von einer weiteren Funktion u abhängt, von der man, neben einigen Regularitätsbedingungen, fordert, daß ihr Bildbereich R_u in einem vorgegebenen abgeschlossenen Gebiet des euklischen Raumes liegt. Die (im allgemeinen vektorwertige) Funktion u heißt *Steuerungsvektor* im Unterschied zu der Funktion y, die *Zustandsvektor* genannt wird. In vielen Fällen läßt sich die Mayer'sche Aufgabe auf die Lagrange'sche Aufgabe zurückführen und umgekehrt.

Beispiel 2.8: Die Extremalwertaufgabe, die zum Funktional (2.25) gehört, können wir auf die nun folgende Extremalwertaufgabe zurückführen. Man bestimme die Extrema des Funktionals $C^1[a;b]\ni y\mapsto f(b)$ mit $f'(x)=F(x,\tilde{y}(x),\tilde{y}'(x))$, $f(a)=0$. Umgekehrt läßt sich die Bestimmung der Extrema des Funktionals $C^1[a;b]\ni\tilde{y}\mapsto g(b,\tilde{y}(b))$ mit $g\in C^1([a;b]\times\mathbb{R})$, $g(a,\tilde{y}(a))=0$ für $\tilde{y}\in C^1[a;b]$ zurückführen auf die Bestimmung der Extrema des Funktionals (2.25) mit $F(x,\tilde{y},\tilde{y}')=g_x(x,\tilde{y})+\tilde{y}'g_{\tilde{y}}(x,\tilde{y})$.

Beispiel 2.9: Wir betrachten die einfachste Bolza-Aufgabe ohne Nebenbedingungen, bei der das zu untersuchende Funktional der Form

$$J = (C^1[a;b]\ni\tilde{y}\mapsto I[y] + f\circ\tilde{y}(a) + g\circ\tilde{y}(b)) \tag{2.32}$$

hat. Dabei ist das Funktional I durch Formel (2.25) gegeben, mit $F\in C^2([a;b]\times\mathbb{R}^2)$ und $f,g\in C^1(\mathbb{R})$. Man sieht sofort, daß für $y,h\in C^1[a;b]$

$$\delta J[y][h] = \delta I[y][h] + h(a)f'\circ y(a) + h(b)g'\circ y(b)$$

erfüllt ist. Hat (vgl. hierzu den Beweis zu Lemma 2.6) das Funktional (2.32) für $\tilde{y}=y$ ein Extremum, so ist die Eulersche Gleichung (1.11) mit den natürlichen Randbedingungen

$$F_{y'}(a) = f'\circ y(a), \qquad F_{y'}(b) = -g'\circ y(b) \tag{2.33}$$

erfüllt.

Auf die Mayer'sche und Bolza'sche Aufgabe kommen wir nochmals in den Paragraphen 5.3 und 5.6 zurück. Reichliches Informationsmaterial zu diesem Thema findet man in den Monographien[1.1],[1.5] und[2.6].

ÜBUNGEN

15. Man bestimme die natürlichen Randbedingungen des Funktionals der Form (2.25), wenn der Ausdruck $F(x,\tilde{y},\tilde{y}')$ durch

a) $(x^2+\tilde{y}^2)(1+\tilde{y}'^2)^{\frac{1}{2}}$, $a\neq 0$, $b\neq 0$

b) $(x^2+\tilde{y}^2)(1+\tilde{y}'^2)^{\frac{1}{2}}$ exp arc tg $\tilde{y}'$, $a\neq 0$, $b\neq 0$

gegeben ist.

16. Man bestimme die natürlichen Randbedingungen des Funktionals der Form (2.27), wenn der Ausdruck $F(x,\tilde{y},\tilde{y}')$ durch

a) $(x^2+\tilde{y}_1^2+\tilde{y}_2^2)(1+\tilde{y}_1'^2+\tilde{y}_2'^2)^{\frac{1}{2}}$, $a\neq 0$, $b\neq 0$,

b) $f(x,\tilde{y})(1+\tilde{y}_1'^2+\tilde{y}_2'^2)^{\frac{1}{2}}$, $f(x,\tilde{y}(x))\neq 0$ für $x=a,b, f\in C^2([a;b]\times\mathbb{R}^2)$

gegeben ist.

17. Man leite die Gleichung der geodätischen Linie ab, die zwei Punkte auf einem glatten Flächenstück S des $\mathbb{R}^3$ (vgl. Beispiel 2.1) verbindet, wenn S in impliziter Form durch $g(x,y_1,y_2)=0$ gegeben ist.

18. Man verallgemeinere Beispiel 2.8 für das Funktional 2.27.

19. Man bestimme die natürlichen Randbedingungen für das Funktional der Form (2.32), wenn I von der Form (2.25) durch Aufgabe 15, Teil 1) und b) gegeben wird und $f(s)=g(s)=s, s\in\mathbb{R}$ vorausgesetzt wird.

2.4 GEBROCHENE EXTREMALE UND VARIABLE ENDPUNKTE. DIE TRANSVERSALITÄTSBEDINGUNGEN

Wir beginnen mit folgender Verallgemeinerung der sogenannten einfachsten Variationsaufgabe. Im Banach-Raum $\mathcal{C}\,[a;b]$ bezeichnen wir mit $C_1^1(a\to A;b\to B)$ die Menge der Funktionen $\tilde{y}$, die $\tilde{y}(a)=A$, $\tilde{y}(b)=B$ erfüllen und für die ein Punkt $x[\tilde{y}]\in(a,b)$ existiert, so daß die Einschränkungen

$$\tilde{y}_- = \tilde{y}|[a;x[\tilde{y}]], \qquad \tilde{y}_+ = \tilde{y}|[x[\tilde{y}];b] \tag{2.34}$$

Elemente der entsprechenden Banach-Räume $\mathcal{C}^1[a;x[\tilde{y}]]$ und $\mathcal{C}^1[x[y];b]]$ sind.

Weiterhin bezeichnen wir mit $C^2([a;b]\times\mathbb{R}^2)$ den Träger des Vektorraumes $\mathfrak{C}^2([a;b]\times\mathbb{R}^2)$. Dann gilt:

Satz 2.7 *(Weierstraß-Erdmann). Besitzt das Funktional*

$$I = (C_1^1(a\to A;b\to B)\ni\tilde{y} \mapsto \int_a^b F(x,\tilde{y},\tilde{y}')\,dx) \tag{2.35}$$

mit $F\in C^2([a;b]\times\mathbb{R}^2)$, *in* $\tilde{y}=y$ *ein Extremum, dann sind die Eulerschen Gleichungen*

$$F_{y_-} - \frac{d}{dx}F_{y'_-} = 0, \qquad F_{y_+} - \frac{d}{dx}F_{y'_+} = 0 \tag{2.36}$$

sowie die Bedingungen (Weierstraß-Erdmann)

$$\lim_{x\to x[y]_-} [F(x)-y'(x)F_{y'}(x)] = \lim_{x\to x[y]_+} [F(x)-y'(x)F_{y'}(x)], \tag{2.37}$$

$$\lim_{x\to x[y]_-} F_{y'}(x) = \lim_{x\to x[y]_+} F_{y'}(x) \text{ erfüllt.} \tag{2.38}$$

Beweis: Wir nehmen an, daß I in $\tilde{y}=y$ ein Minimum besitzt. Dazu ersetzen wir, wenn nötig, F durch $-F$. Nun sei $\varepsilon>0$ derart gewählt, daß die Ungleichung (1.9) gilt. Dabei bezeichne $B(y;\varepsilon)$ die Menge der Funktionen $\tilde{y}\in D_I$, die der Bedingung $\|h\|_1<\varepsilon$ genügen, mit $h=\hat{y}-y$ (vgl. Formel (1.35)). Für $\hat{y}$ gelte $\hat{y}(x)=\tilde{y}(x)$ ausgenommen im offenen Intervall mit den Endpunkten $x[y]$, $x[\tilde{y}]$, in dem (ebenso in $x[y]$) $\hat{y}$ eine lineare Funktion sei, deren Steigung gleich der einseitigen Ableitung von $\tilde{y}$ im Punkt $x[\tilde{y}]$ ist (gleich der linksseitigen, falls $x[\tilde{y}]<x[y]$ und gleich der rechtsseitigen, falls $x[\tilde{y}]>x[y]$).

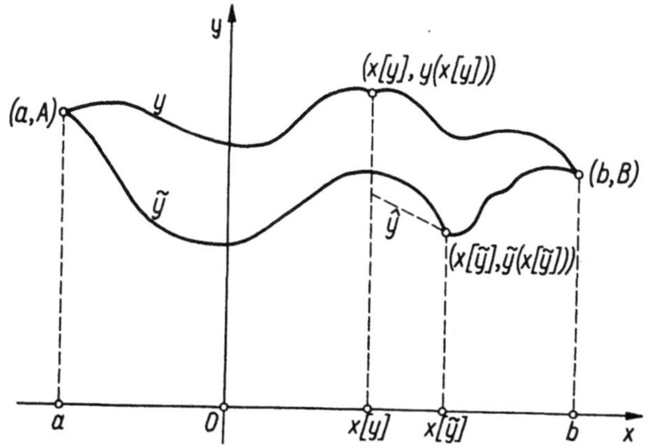

Abbildung 12

In Formel (1.35) definiert man nun $h'(x[y])$ als das Maximum der entsprechenden links- und rechtsseitigen Ableitungen. Nach Formel (2.35) und der Definition von $\hat{y}$ erhält man:

$$I[\tilde{y}]-I[y] = \left\{ \int_a^{x[y]} + \int_{x[y]}^{b} \right\} [F(x,\hat{y},\hat{y}') - F(x,y,y')]dx + $$

$$+ \int_{x[y]}^{x[\tilde{y}]} [F(x,\tilde{y},\tilde{y}') - F(x,\hat{y},\hat{y}')]dx$$

Geht man analog vor, wie im Beweis von Lemma 2.6, so erhält man, da h beliebig ist, die Gleichung (2.36) und z.B. für $x[\tilde{y}]>x[y]$ die Bedingung

$$h(x[y]_-)F_{y'}(x[y]_-)-h(x[y]_+)F_{y'}(x[y]_+)+o(y,\tilde{y}) +$$

$$+ \int_{x[y]}^{x[\tilde{y}]} [F(x,\tilde{y},\tilde{y}')-F(x,\hat{y},\hat{y}')]dx = 0 \tag{2.39}$$

mit $F_{y'}(x[y]_-) = \lim\limits_{x \to x[y]^-} F_{y'}(x)$ etc. und -wenn $\frac{1}{\hat{y}'}$ beschränkt ist-

$$o(y,\tilde{y})=o(\{(x[\tilde{y}]-x[y])^2+\tilde{y}(x[y])-y(x[y])]^2\}^{\frac{1}{2}}) = o(\|h\|_1).$$

Nun gilt:

$$\int_{x[y]}^{x[\tilde{y}]} [F(x,\tilde{y},\tilde{y}')-F(x,\hat{y},\hat{y}')]dx = -(x[\tilde{y}]-x[y])F(x)\Big|_{x[y]_-}^{x[y]_+} +o(y,\tilde{y}),$$

$$\begin{aligned} h(x[y]) &= \tilde{y}(x[y])-y(x[y]) \\ &= \tilde{y}(x[\tilde{y}])-y(x[y])-(x[\tilde{y}]-x[y])y'(x[y]_-)+o(y,\tilde{y}), \end{aligned}$$

$$\begin{aligned} h(x[\tilde{y}]) &= \tilde{y}(x[\tilde{y}])-y(x[\tilde{y}]) \\ &= \tilde{y}(x[\tilde{y}])-y(x[y])-(x[\tilde{y}]-x[y])y'(x[y]_+)+o(y,\tilde{y}). \end{aligned}$$

Also erhält man aus (2.39) die Formel:

$$-[\tilde{y}(x[\tilde{y}])-y(x[y])-(x[\tilde{y}]-x[y])y'(x)]F_{y'}(x)\Big|_{x[y]_-}^{x[y]_+} -$$

$$-(x[\tilde{y}]-x[y])F(x)\Big|_{x[y]_-}^{x[y]_+} +o(y,\tilde{y}) = 0$$

d.h.

$$(x[\tilde{y}]-x[y])[F(x)-y'(x)F_{y'}(x)]\Big|_{x[y]_-}^{x[y]_+} +$$

$$+[\tilde{y}(x[\tilde{y}])-y(x[y])]F_{y'}(x)\Big|_{x[y]_-}^{x[y]_+} + o(y,\tilde{y}) = 0. \tag{2.40}$$

Da $x[\tilde{y}]-x[y]$ und $y(x[\tilde{y}])-y(x[y])$ beliebig sind, erhält man die Bedingungen (2.37) und (2.38).

Q.E.D.

Bemerkung 2.7: Satz 2.7 kann man trivialerweise auch auf den Fall verallgemeinern, in dem die Ableitung n Unstetigkeitsstellen hat; die entsprechende Menge der zulässigen Funktionen wird dann mit $C_n^1(a\to A;b\to B)$ bezeichnet.

Beispiel 2.10: Wir betrachten das Funktional (2.35), wobei $F(x,\tilde{y},\tilde{y}')=(\tilde{y}'^2-c^2)^2$ und c eine reelle Konstante ungleich Null sei. Die Extremalen liegen hierbei in den zwei Intervallen

$$y(x) = \begin{cases} p(x-a)+A, & a\leq x\leq x[y], \\ q(x-b)+B, & x[y]<x\leq b. \end{cases}$$

Die Bedingungen (2.37) und (2.38) haben die Form

$$(p^2-c^2)^2-4p^2(p^2-c^2)=(q^2-c^2)^2-4q^2(q^2-c^2),$$
$$4p(p^2-c^2)+4q(q^2-c^2),$$

Also ist

$$y(x) = \begin{cases} c(x-a)+A, & a\leq x\leq \frac{1}{2}[a+b-(1/c)(A-B)], \\ -c(x-b)+B, & \frac{1}{2}[a+b+(1/c)(A-B)]<x\leq b, \end{cases}$$

oder

$$y(x) = \begin{cases} -c(x-a)+A, & a\leq x\leq \frac{1}{2}[a+b+(1/c)(A-B)], \\ c(x-b)+B, & \frac{1}{2}[a+b+(1/c)(A-B)]<x\leq b. \end{cases}$$

In beiden Fällen erhält man $I[y]=0$, d.h. es liegt ein Minimum vor.

Wir betrachten nun den Fall der variablen Endpunkte. Es seien

$$\tilde{a},\tilde{b}\in C^1[-T;T], \text{ mit } \hat{a}\leq\tilde{a}(t)<\tilde{b}(t)\leq\hat{b} \text{ für } t\in[-T;T]. \tag{2.41}$$

Weiterhin sei $F\in C^2([\hat{a};\hat{b}]\times\mathbb{R}^2)$ und

$$I = (C^2[\hat{a};\hat{b}]\ni\tilde{y}(t) \mapsto \int_{\tilde{a}(t)}^{\tilde{b}(t)} F(x,\tilde{y}(t),\tilde{y}(t)')dx), \tag{2.42}$$

wobei jede der Funktionen y^*, die durch

$$y^*(x,t) = \tilde{y}(t)(x), (x,t) \in [\hat{a};\hat{b}] \times [-T;T] \qquad (2.43)$$

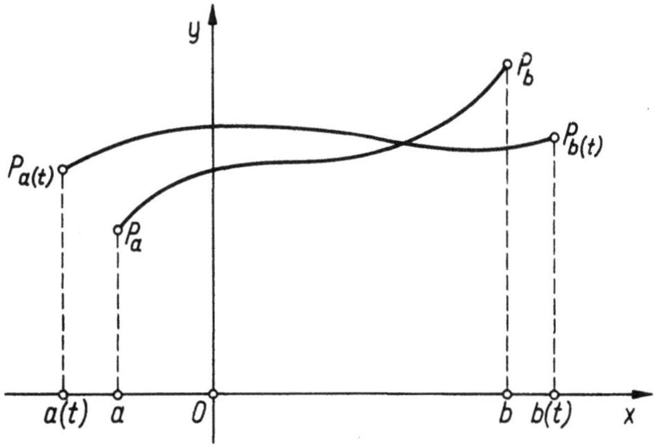

Abbildung 13

definiert sind, zu $C^1([\hat{a};\hat{b}] \times [-T;T])$ (Abbildung 13) gehört. Wir bemerken ausdrücklich, daß die Schreibweise $\tilde{y}(t)(x)$ folgendes bedeutet: $\tilde{y}(t)(x)$ ist der Wert, der vom Parameter t abhängenden Funktion y im Punkte x. Wir zeigen nun ($\cdot$ bezeichnet die Ableitung nach der Variablen t)

<u>Lemma 2.7:</u> *Unter den obigen Annahmen gilt*[1)]

$$\delta I[y][h,\xi] = \int_a^b [(F_y - \frac{d}{dx} F_{y'})h + (F_{y'}h)'] \, dx + F(x)\xi(x) \Big|_a^b \qquad (2.44)$$

mit $y=\tilde{y}(0)$, $a=\tilde{a}(0)$, $b=\tilde{b}(0)$, $h=h(t)$, $\xi=\xi(t)$ *und*

$$h(t)(x) = t\tilde{y}^{\cdot}(0)(x), \quad \xi(t)(a) = t\tilde{a}^{\cdot}(0), \quad \xi(t)(b) = t\tilde{b}^{\cdot}(0) \qquad (2.45)$$

oder -dazu gleichbedeutend-

$$\delta I[y][h,\xi] = \int_a^b (F_y - \frac{d}{dx} F_{y'})\tilde{h} \, dx + F_{y'}\tilde{h} + (F - y'F_{y'})\xi] \Big|_{x=a}^{x=b} \qquad (2.46)$$

mit $\tilde{h}=\tilde{h}(t)$ *und*

$$\tilde{h}(t)(x) = t[\tilde{y}(t)(\tilde{x}(t))]^{\cdot}_{t=0} = h(t)(x) + y'(x)\xi(t)(x), \quad x=a,b. \qquad (2.47)$$

---

1) $\delta I[y] = \delta I^*[\tilde{y}(0), \tilde{a}(0), \tilde{b}(0)]$, mit $I^*[\tilde{y}, \tilde{a}, \tilde{b}] = I^*\tilde{y}$, $I[t] = I$.

<u>Beweis:</u> Wir argumentieren analog zum Beweis von Satz 2.7 und erhalten -entsprechend der Formel (2.4o)-

$$\delta I[y][h,\xi]=\Phi[y][h]+\{[x(t)-x][F(x)-y'(x)F_{y'}(x)]\}\Big|_a^b +$$
$$+\{[\tilde{y}(x(t))-y(x)]F_{y'}x)\}\Big|_a^b + o(y,\tilde{y})$$

wobei man anstelle der Punkte $x[y], x[\tilde{y}]$ die Punkte $a, a(t)=\tilde{a}(t)$ bzw. $b, b(t)=\tilde{b}(t)$ betrachtet. Dabei ist

$$o(y,\tilde{y})=o(\{[a(t)-a]^2+[b(t)-b]^2+[\tilde{y}(a(t))-y(a)]^2 +$$
$$+[\tilde{y}(b(t))-y(b)]^2\}^{\frac{1}{2}})$$

$$\Phi[y][h] = \int_a^b (F_y h+F_{y'}h')\,dx - F_{y'}h\Big|_{x=a}^{x=b} = \int_a^b (F_y - \frac{d}{dx}F_{y'})\,h\,dx$$

Die obige partielle Integration ist gerechtfertigt, da $y^*\in C^1([\hat{a},\hat{b}]\times[-T,T]$

Benutzt man weiterhin, daß $\tilde{a},\tilde{b}\in C^1[-T,T]$, so erhält man $o(y,\tilde{y})=o(t)=$
$=o(\{\|h(t)\|_1^2+\|\xi(t)\|_o^2\}^{1/2})$ und

$$\tilde{a}(t)-a=t\tilde{a}\cdot(0)+o(t), \quad \tilde{b}(t)-b=t\tilde{b}\cdot(0)+o(t)$$

womit das Lemma bewiesen ist.

Q.E.D.

Nun sei $\hat{\tilde{a}}(t)=(\tilde{a}(t),\tilde{y}(t)(\tilde{a}(t)))$, und analog sei $\tilde{b}$ gegeben. Weiterhin nehmen wir an, daß die Formeln

$$[-T;T]\ni t \mapsto \hat{\tilde{a}}(t), \qquad [-T;T]\ni t \mapsto \hat{\tilde{b}}(t) \tag{2.48}$$

glatte Kurven in den Umgebungen von a und b darstellen, die durch die Gleichungen $x\to\varphi(x)$, $x\to\psi(x)$ gegeben seien und, daß somit

$$\tilde{h}(t)(a) = \varphi'(a)\xi(t)(a)+o(t), \quad \tilde{h}(t)(b) = \psi'(b)\xi(t)(b)+o(t)$$

Also erhält man für den Fall, daß das Funktional I ein Extremum besitzt,

$$\delta I[y][h,\xi] = -\{F(a)-F_{y'}(a)[y'(a)-\varphi'(a)]\xi(t)(a) +$$
$$+\{F(b)-F_{y'}(b)[y'(b)-\psi'(b)]\xi(t)(b) = 0.$$

Da die Änderungen $\xi(t)(a)$ und $\xi(t)(b)$ unabhängig sind, folgt:

Korollar 2.2: *Unter den Voraussetzungen von Lemma 2.7 gilt: Stellen die Formeln (2.48) glatte Kurven dar, die durch $x\mapsto\varphi(x)$, $x\mapsto\psi(x)$ in einer gewissen Umgebung der Punkte a und b gegeben werden, und hat das Funktional I für $\tilde{y}(o)=y$ ein Extremum, so ist die Eulersche Gleichung (1.11) erfüllt und es gilt*

$$F(a)+F_{y'}(a)[\varphi'(a)-y'(a)] = 0 \qquad (2.49)$$

und *(Transversalitätsbedingungen)*

$$F(b)+F_{y'}(b)[\psi'(b)-y'(b)] = 0 \qquad (2.5o)$$

Bemerkung 2.8: Reduziert sich in Korollar 2.2 die glatte Kurve $x\to\varphi(x)$ [bzw. $x\to\psi(x)$ auf einen Punkt A [bzw. B] , so ist die Gleichung (1.11) und die Transversalitätsbedingung (2.5o) [bzw. (2.49)]erfüllt.

Die Transversalitätsbedingungen (aus dem lat. transversalis: quer) stellen die Verallgemeinerung der natürlichen Randbedingungen (2.24) dar. Weiterhin lassen sich Lemma 2.7 und Korollar 2.2 auf natürliche Art bei analogen Annahmen auf Funktionale der Form

$$I = (\{C^2[\hat{a};\hat{b}]\}^m \ni \tilde{y}(t) \mapsto \int_{\tilde{a}(t)}^{\tilde{b}(t)} F(x,\tilde{y}(t),\tilde{y}(t)')dx \qquad (2.51)$$

übertragen. Man erhält dabei:

Satz 2.8: *Es genügen $\tilde{a},\tilde{b}$ und ebenso die Konstanten $\hat{a},\hat{b},T$ den Bedingungen (2.41) mit $F\in C^2([\hat{a};\hat{b}]\times\mathbb{R}^{2m})$. Ferner sei I ein Funktional der Form (2.51),wobei jede der Funktionen y^* , die durch (2.43) gegeben ist, zu$\{C^1[\hat{a};\hat{b}]\times[-T;T])\}^m$ gehöre. Dann gilt (vgl. [1]) S. 72)*

$$\delta I[y][h,\xi]= \int_a^b \sum_{i=1}^m [(F_{y_i} - \frac{d}{dx} F_{y'_i})h_i+(F_{y'_i}h_i)'] \, dx+F(x)\xi(x)\Big|_a^b \qquad (2.52)$$

wobei $y=\tilde{y}(0)$, $a=\tilde{a}(0)$, $b=\tilde{b}(0)$, $h=h(t)$, $\xi=\xi(t)$ und $h(t)$ als auch $\xi(t)$ durch (2.45) gegeben sind. Gleichbedeutend dazu ist

$$\delta I[y][h,\xi]= \int_a^b \sum_{i=1}^m (F_{y_i} - \frac{d}{dx} F_{y'_i})\tilde{h}_i dx +$$

$$+ \Big[\sum_{i=1}^m F_{y'_i}\tilde{h}_i + (F - \sum_{i=1}^m y'_i F_{y'_i})\xi\Big]\Big|_{x=a}^{x=b} \qquad (2.53)$$

wobei $\tilde{h}=\tilde{h}(t)$ und die Vektorfunktion $\tilde{h}(t)$ durch (2.47) gegeben ist.

Korollar 2.3: *Unter den Voraussetzungen von Satz 2.8 gilt: Stellt die Formel (2.48) glatte Kurven dar, die in Vektorform durch $x\mapsto\varphi(x)$, $x\mapsto\psi(x)$ in einer gewissen Umgebung der Punkte a,b definiert sind, und besitzt das Funktional I für $\tilde{y}(0)=y=(y_1,\ldots,y_m)$ ein Extremum, dann ist die Vektorgleichung (1.11) erfüllt und es gelten die Transversalitätsbedingungen*

$$F(a) + \sum_{i=1}^{m} F_{y'_i}(a)\,[\varphi'_i(a)-y'_i(a)] = 0, \tag{2.54}$$

$$F(b) + \sum_{i=1}^{m} F_{y'_i}(b)\,[\psi'_i(b)-y'_i(b)] = 0. \tag{2.55}$$

Bemerkung 2.9: Reduziert sich in Korollar 2.3 die glatte Kurve $x\mapsto\varphi(x)$ [bzw. $x\mapsto\psi(x)$] auf einen Punkt A [bzw. B], dann ist die Vektorgleichung (1.11) und die Transversalitätsbedingung (2.55) [bzw. (2.54)] erfüllt.

Beispiel 2.11: Die Aufgabe, den Abstand eines Punktes $P:=(a,A_1,A_2)\in\mathbb{R}^3$ von der Geraden $\mathbb{R}\ni x\to px+q\in\mathbb{R}^2$, d.h. $x\to p_ix+q_i, i=1,2$, zu berechnen, führt auf die Bestimmung des Minimums des Funktionals (2.51) wobei $F(x,\tilde{y},\tilde{y}')=(1+\tilde{y}_1'^2+\tilde{y}_2'^2)^{\frac{1}{2}}$, $\tilde{a}(t)=a$ und durch $[-T,T]\ni t\mapsto\tilde{b}(t)$ wiederum ein Geradenabschnitt $y=px+q$ dargestellt wird. Dabei nehmen wir an, daß das Minimum für $t=0$ angenommen wird.

Nach Bemerkung 2.9 genügt die Extremale der Vektorgleichung (1.11). Also ist sie eine Gerade $y(x)=cx+c^*\in\mathbb{R}^2$, d.h. $y_i(x)=c_ix+c^*$, $i=1,2$, die außerdem der Transversalitätsbedingung (2.55) genügt, d.h.

$$[1+y_1'^2(b)+y_2'^2(b)]^{\frac{1}{2}} + \sum_{i=1}^{2}[p_i-y_i'(b)]y_i'(b)[1+y_1'^2(b)+y_2'^2(b)]^{-1} = 0.$$

Da $y_i'(b)=c_i$ hat man $1+p_1c_1+p_2c_2=0$. Auf der anderen Seite ist $c_ia+c_i^*=A_i$ und $c_ib+c_i^*=p_ib+q_i$. Aus diesen fünf algebraischen Gleichungen in den unbekannten Konstanten b,c_i,c_i^* ergibt sich:

$$b = [a+p_1(A_1-q_1)+p_2(A_2-q_2)]/(1+p_1^2+p_2^2),$$

$$c_1 = \frac{p_1a+p_1p_2(A_2-q_2)-(1+p_2^2)(A_1-q_1)}{p_1(A_1-q_1)+p_2(A_2-q_2)+(p_1^2+p_2^2)a},$$

$$c_2 = \frac{p_2a+p_1p_2(A_1-q_1)+(1+p_1^2)(A_2-q_2)}{p_1(A_1-q_1)+p_2(A_2-q_2)-(p_1^2+p_2^2)a}$$

und damit als Konsequenz

$$I[y] = \{a^2+(A_1-q_1)^2+(A_2-q_2)^2+(1+p_1^2+p_2^2)^{-1}[a+p_1(A_1-q_1)+p_2(A_2-q_2)]^2\}^{\frac{1}{2}}.$$

Beispiel 2.12: Es gelten die Voraussetzungen von Satz 2.8. Ferner nehmen wir an, daß die Formeln (2.48) glatte Kurven liefern, die auf dem Flächenstück $(x,y_1)\mapsto\varphi(x,y_1)$, $(x,y_1)\mapsto\psi(x,y_1)$ liegen und in einer Umgebung der Punkte $(a,y_1(a)$ und $(b,y_1(b))$ definiert sind. Dann gilt für a:

$$\tilde{h}_2(t)(a) = \varphi_x(a,y_1(a))\xi(t)(a)+\varphi_{y_1}(a,y_1(a))\tilde{h}_1(t)(a)+o(t),$$

und die analoge Gleichung folgt für den Punkt $b(y_1(b))$. Als Konsequenz folgt für ein Extremum des Funktionals I nach Formel (2.53)

$$\delta I[y][h,\xi] = [F\xi(t)+F_{y_1'}\tilde{h}_1(t)-y_1'F_{y_1'}\xi(t)-y_2'F_{y_2'}\xi(t)]\Big|_{x=a}^{x=b}$$

$$- F_{y_2'}(a)[\varphi_x(a,y_1(a))\xi(t)(a)+\varphi_{y_1}(a,y_1(a))\tilde{h}_1(t)(a)] +$$

$$+ F_{y_2'}(b)[\psi_x(b,y_1(b))\xi(t)(b)+\psi_{y_1}(b,y_1(b))\tilde{h}_1(t)(b)] = 0.$$

Da die Änderungen $\xi(t)(a)$, $\xi(t)(b)$, $\tilde{h}_1(t)(a)$, $\tilde{h}_1(t)(b)$ unabhängig voneinander sind, erhält man als entsprechende Transversalitätsbedingung

$$F(a)-F_{y_1'}(a)y_1'(a)+F_{y_2'}(a)[\varphi_x(a,y_1(a))-y_2'(a)] = 0,$$

$$F_{y_1'}(a)+F_{y_2'}(a)\varphi_{y_1}(a,y_1(a)) = 0,$$

bzw. in analoger Form für den Punkt $(b,y_1(b))$.

ÜBUNGEN

2o. Man bestimme die Extrema des Funktionals

a) $C_1^1(-1\to 0;\ 1\to 1)\ni\tilde{y}\mapsto\int_{-1}^{1}\tilde{y}^2(\tilde{y}'^2-1)dx$

b) $C_1^1(-1\to 0;\ 1\to 1)\ni\tilde{y}\mapsto\int_{-1}^{1}(\tilde{y}'^2-1)^2dx$

c) $C_2^1(-1\to 0;\ 1\to 1)\ni\tilde{y}\mapsto\int_{-1}^{1}(\tilde{y}'^2-1)^2dx.$

21. Man zeige, daß für Funktionale der Form (2.51) -wobei $F(x,\tilde{y},\tilde{y}')=$ $=f(x,\tilde{y})(1+\tilde{y}_1'^2+\ldots+\tilde{y}_m'^2$, $f(\tilde{a}(t),\tilde{y}\ \ \tilde{a}(t))\neq 0$ in einer gewissen Umgebung von $t=0$ gelte- die Transversalitätsbedingungen bezüglich der Kurven φ und ψ, auf denen die Punkte $\tilde{a}(t)$ und $\tilde{b}(t)$ liegen, Orthogonalitätsbedingungen sind, die unabhängig von der Wahl dieser Kurven sind.

22. Man verallgemeinere Beispiel 2.12 auf beliebiges m und glatte Flächen der Form $(x,y_1,\ldots,y_{m-1})\mapsto\varphi(x,y_1,\ldots,y_{m-1}),(x,y_1,\ldots$ $\ldots,y_{m-1})\mapsto\psi(x,y_1,\ldots,y_{m-1})$.

23. Man zeige mit Hilfe von Aufgabe 22, daß für Funktionale der Form (2.51), wobei F wie in Aufgabe 21 definiert sei, die Transversalitätsbedingungen bezüglich der Flächenstücke φ und ψ von Aufgabe 22 Orthogonalitätsbedingungen sind, die nicht von der Wahl dieser Flächen abhängen.

Abbildung 14 siehe Lösungshinweise

2.5 EXTREMALWERTAUFGABEN MIT VARIABLEN GEBIETEN, DIE NUR VON ABLEITUNGEN 1. ORDNUNG ABHÄNGEN

Das Ziel des folgenden Paragraphen ist die Verallgemeinerung von Lemma 2.7 und Satz 2.8 auf variable abgeschlossene Gebiete $D(t)\subset\mathbb{R}^n$ unter geeigneten Regularitätsannahmen. Bevor wir das Problem spezifizieren, analysieren wir zunächst das folgende Beispiel:

Beispiel 2.13: Bezüglich des Ursprungs als Zentrum betrachten wir die Drehung einer Kurve $\mathbb{R}\supset[a;b]\ni x\mapsto y(x)\in\mathbb{R}$ mit $y\in C^1[a;b]$ um den Winkel $t\in[-T,+T]$ in Polarkoordinaten. Der Punkt $(x,y(x))$ geht bei der Drehung über in $(\tilde{x},(x),\ \tilde{y}(\tilde{x}(x)))=(\tilde{x}(t)(x),\tilde{y}(t)(\tilde{x}(t)(x)))$ (Abb.15), wobei

$$\tilde{x}(t)(x)=x\cos t-y(x)\sin t,\quad \tilde{y}(t)(\tilde{x}(t)(x))=y(x)+tx+o(t).$$

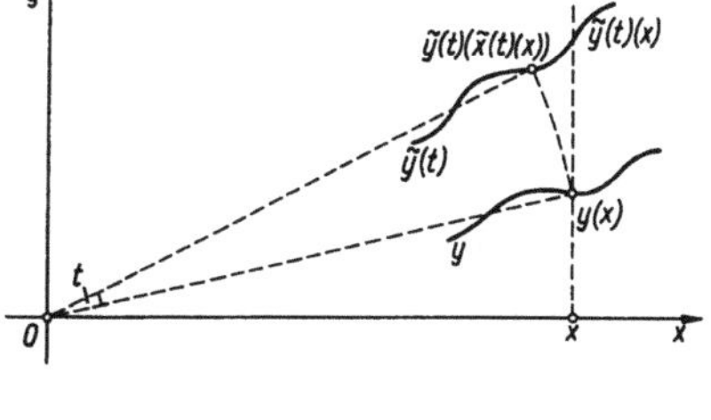

Abbildung 15

Wir definieren h wie in Lemma 2.7 und dehnen die Definition von ξ und $\tilde{h}$ auf beliebiges $x\in[a;b]$ aus durch

$$h(t)(x) = t\dot{\tilde{y}}(0)(x), \quad \xi(t)(x) = t\dot{\tilde{x}}(0)(x), \tag{2.56}$$

$$\tilde{h}(t)(x) = t[\tilde{y}(t)(\tilde{x}(t)(x))]^{\cdot}_{t=0} \; . \tag{2.57}$$

Damit hat man für die betrachtete Drehung

$$\xi(t)(x) = -ty(x), \quad \tilde{h}(t)(x) = tx,$$

$$h(t)(x) = t[\tilde{y}(t)(\tilde{x}(t)(x)+ty(x)+o(t))]^{\cdot}_{t=0} = ty'(x)y(x).$$

Die Größen drücken die Änderungen von $\tilde{x}(t)(x)-x$, $\tilde{y}(t)(\tilde{x}(t)(x)-y(x))$ und $\tilde{y}(t)x-y(x)$ mit der Genauigkeit $o(t)$ aus.

Wir benötigen zwei weitere Begriffe. Eine Abbildung[2)] x von einer offenen oder abgeschlossenen Menge $D\subset\mathbb{R}^n$ nach $D'\subset\mathbb{R}^n$ heißt "Homöomorphismus", falls sie bijektiv und stetig ist und die Umkehrabbildung ebenfalls stetig ist. (Wenn D kompakt ist, läßt sich zeigen, daß aus bijektiv und stetig bereits die Stetigkeit der Umkehrabbildung folgt). Gilt $\tilde{x}\in[C^1(D)]^n$ und ist die Determinante der Jacobi-Matrix von $\tilde{x}$ überall in D ungleich Null, dann heißt $\tilde{x}$ ein *Diffeomorphismus*.

<u>Lemma 2.8:</u> *Es sei $\{\tilde{D}(t):t\in[-T;T]\}$ eine einparametrige Familie abgeschlossener Gebiete $\tilde{D}(t)\subset\mathbb{R}^n$. Ferner wollen wir annehmen, daß für jedes t die Menge $D=\tilde{D}(0)$ auf $\tilde{D}(t)$ unter einem Diffeomorphismus $\tilde{x}(t)$ abgebildet wird und daß für diesen Diffeomorphismus gelte:*

$$\tilde{x}(\;)(x)\in(C^1[-T;T])^n, \quad \tilde{x}(0)(x)=x \text{ für } x\in D. \tag{2.58}$$

Sei $\hat{D}=\cup\tilde{D}(t)$, $F\in C^2(\hat{D}\times\mathbb{R}^{n+1})$ und

$$I = (C^2(\hat{D})\ni\tilde{y}(t) \mapsto \int\limits_{\tilde{D}(t)}\dots\int F(\tilde{x},\tilde{y}(t),\tilde{y}(t)')d\tilde{x}_1\dots d\tilde{x}_n\in\mathbb{R}. \tag{2.59}$$

Dabei sei $I=I(t)$ und jede der Funktionen y^*, die durch

$$y^*(x,t) = \tilde{y}(t)(x), \quad (x,t)\in\hat{D}\times[-T;T] \tag{2.60}$$

---

2) In diesem Buch werden die Begriffe "Abbildung" und "Funktion" synonym benutzt. Den Begriff "Abbildung" zieht man in der Regel dann vor, wenn $D'\subset\mathbb{R}^n$, $n>1$.

definiert sei liege in $C^1(\hat{D}\times[-T,T])$. *Dann gilt*[3]

$$\delta I[y][h,\xi] = \int_D \dots \int [(F_y - \sum_{k=1}^{n} \frac{\partial}{\partial x_k} F_{y|k})h + \sum_{k=1}^{n} \frac{\partial}{\partial x_k}(F_{y|k} h + F\xi_k)]dx_1 \dots dx_n, \tag{2.61}$$

wobei $y=\tilde{y}(o)$, $h=h(t)$, $\xi=\xi(t)$ *und* $h(t)$ *sowie* $\xi(t)$ *durch (2.56) gegeben sind.*

Beweis: Wir berechnen die Jacobi-Determinante der Transformation $D\ni x\to\tilde{x}(t)x$. Aus der zweiten Formel von (2.56) und der Relation (2.58) erhält man

$$\begin{vmatrix} 1+\xi_{1|1} & \xi_{1|2} & \dots & \xi_{1|n} \\ \xi_{2|1} & 1+\xi_{2|2} & & \xi_{2|n} \\ \dots & \dots & \dots & \dots \\ \xi_{n|1} & \xi_{n|2} & \dots & 1+\xi_{n|n} \end{vmatrix} = \prod_{k=1}^{n}(1+\xi_{k|k})+o(t) = 1+\sum_{k=1}^{n}\xi_{k|k}+o(t).$$

Da x ein Diffeomorphismus ist, kann man im Integral $I[\tilde{y}(t)]=I(t)[\tilde{y}(t)]$, das durch Formel (2.59) gegeben ist, die Variablensubstitution $\tilde{x}=\tilde{x}(t)(x)$ für $\tilde{x}\in\tilde{D}(t)$ vornehmen. Nach (2.56) und (2.57) folgt dann:

$$\delta I[y][h,\xi] = I(t)[\tilde{y}(t)] - I(0)[y] + o(t)$$

$$= \int_D \dots \int [F(\tilde{x}(t),\tilde{y}(t)\circ\tilde{x}(t),\tilde{y}(t)'\circ\tilde{x}(t))(1+\sum_{k=1}^{n}\xi_{k|k}) - F(x,y,y')\,dx_1,\dots dx_n + o(t),$$

d.h.

$$\delta I[y][h,\xi] = \int_D \dots \int \left(\sum_{k=1}^{n} F_{x_k}\xi_k + F_y\tilde{h} + \sum_{k=1}^{n} F_{y_k}\tilde{h}_k + F\sum_{k=1}^{n}\xi_{k|k}\right)dx_1 \dots dx_n \tag{2.62}$$

mit $\tilde{h}=\tilde{h}(t)$. Dabei ist $\tilde{h}(t)$ durch die Formel (2.57) gegeben und

---

[3] $\delta I[y] \underset{df}{=} \delta I^*[\tilde{y}(0),\tilde{x}(0)]$, mit $I^*[\tilde{y},\tilde{x}] = I[\tilde{y}], I(t) = I.$

$$\tilde{h}_k(x)=\tilde{h}_k(t)(x) = t[(\tilde{y}(t))_{|k}(\tilde{x}(t)(x))]^{\bullet}_{t=0}. \tag{2.63}$$

Man muß also nur noch $\tilde{h}$ und $\tilde{h}_k$ durch $h, h_{|1}, \ldots, h_{|n}, \xi_1, \ldots, \xi_n$ ausdrücken, wobei die erforderliche Formel für $\tilde{h}$ unmittelbar aus den Formeln (2.56) und (2.57) abgeleitet wird, also:

$$\tilde{h} = h + \sum_{k=1}^{n} y_{|k}\, \xi_k. \tag{2.64}$$

Führt man die Bezeichnungen $\tilde{x}=\tilde{x}(t)$ und $\tilde{y}=\tilde{y}(t)$ ein, so kann man die Formeln (2.57) und (2.63) auch in der Form

$$\tilde{h}(x)=t[\tilde{y}\circ\tilde{x}(x)]^{\bullet}_{t=0},\quad \tilde{h}_k(x)=t[\tilde{y}_{|k}\circ\tilde{x}(x)]^{\bullet}_{t=0}$$

für $x \in D$ schreiben -oder kurzgefaßt-

$$\tilde{h}=t(\tilde{y}\circ\tilde{x})^{\bullet}_{t=0},\quad \tilde{h}_k=t(\tilde{y}_{|k}\circ\tilde{x})^{\bullet}_{t=0}. \tag{2.65}$$

Wir bemerken noch, daß aus Formel (2.56) die Beziehung

$$\tilde{y}\circ\tilde{x} = y\circ\tilde{x} + h\circ\tilde{x} + o(t),\quad \tilde{x}_{i|k} = \delta_{i,k} + \xi_{i|k} + o(t) \tag{2.66}$$

folgt, wobei δ das Kronecker-Delta-Symbol mit $\delta_{i,k}=1$ für $i=k$ und $\delta_{i,k}=0$ für $i\neq k$. Um h_k, $k=1,\ldots,n$ zu erhalten, muß man noch mit der Genauigkeit $o(t)$ die einzelnen Summanden der Summe

$$\tilde{y}_{|k}\circ\tilde{x}-y_{|k} = (\tilde{y}-y)_{|k}\circ\tilde{x} + [y_{|k}\circ\tilde{x} - (y\circ\tilde{x})_{|k}] + (y\circ\tilde{x}-y)_{|k} \tag{2.67}$$

berechnen.

Zunächst ist

$$(y\circ\tilde{x})_{|k}-y_{|k}\circ\tilde{x} = \sum_{i=1}^{n}(y_{|i}\circ\tilde{x})\tilde{x}_{i|k}-y_{|k}\circ\tilde{x}.$$

Nach der zweiten Beziehung von (2.66) erhält man:

$$(y\circ\tilde{x})_{|k}-y_{|k}\circ\tilde{x} = \sum_{i=1}^{n}(y_{|i}\circ\tilde{x})(\delta_{i|k}+\xi_{i|k})-y_{|k}\circ\tilde{x}+o(t)$$

$$= y_{|k}\circ\tilde{x} + \sum_{i=1}^{n}(y_{|i}\circ\tilde{x})\xi_{i|k}-y_{|k}\circ\tilde{x}+o(t),$$

also

$$(y \circ \tilde{x})_{|k} - y_{|k} \circ \tilde{x} = \sum_{i=1}^{n} (y_{|i} \circ \tilde{x}) \xi_{i|k} + o(t). \tag{2.68}$$

Analog erhält man:

$$(\tilde{y} \circ \tilde{x})_{|k} - \tilde{y}_{|k} \circ x = \sum_{i=1}^{n} (y_{|i} \circ \tilde{x}) \xi_{i|k} + o(t) \tag{2.69}$$

und letztlich, indem man der Reihe nach die Relationen (2.69), (2.68) und (2.66) verwendet, folgt

$$(\tilde{y}-y)_{|k} \circ \tilde{x} = [(\tilde{y}-y) \circ \tilde{x}]_{|k} - \sum_{i=1}^{n} [(\tilde{y}-y)_{|i} \circ x] \xi_{i|k} + o(t)$$

$$= [(\tilde{y}-y) \circ \tilde{x}]_{|k} + o(t) = [h \circ \tilde{x} + o(t)]_{|k} + o(t),$$

also

$$(\tilde{y}-y)_{|k} \circ \tilde{x} = [h + o(t)]_{|k} + o(t) = h_{|k} + o(t). \tag{2.7o}$$

Weiterhin hat man nach (2.68) und der zweiten Formel von (2.56)

$$y_{|k} \circ \tilde{x} - (y \circ \tilde{x})_{|k} = - \sum_{i=1}^{n} \{y_{|i} \circ [id + \xi + o(t)]\} \xi_{i|k} + o(t)$$

mit $id(x)=x$, $x \in D$. Da der Quotient $\frac{\xi(t)}{t}$ beschränkt ist, gilt

$$y_{|k} \circ \tilde{x} - (y \circ \tilde{x})_{|k} = - \sum_{i=1}^{n} y_{|i} \xi_{i|k} + o(t). \tag{2.71}$$

Verwendet man zum Schluß von neuem die zweite Formel in (2.56), so erhält man

$$(y \circ \tilde{x} - y)_{|k} = \{\sum_{i=1}^{n} y_{|i} [\tilde{x}_{|i} - id_i + o(t)]\}_{|k} + o(t) = (\sum_{i=1}^{n} y_{|i} \xi_i)_{|k} + o(t). \tag{2.72}$$

Aus den Formeln (2.7o), (2.71) und (2.72) und der Identität (2.67) folgt

$$\tilde{y}_{|i} \circ \tilde{x} - y_{|k} = h_{|k} - \sum_{i=1}^{n} y_{|i} \xi_{i|k} + (\sum_{i=1}^{n} y_{|i} \xi_i)_{|k} + o(t)$$

$$= h_{|k} + \sum_{i=1}^{n} y_{|i,k} \xi_i + o(t)$$

und somit nach (2.63)

$$\tilde{h}_k = h_{|k} + \sum_{i=1}^{n} y_{|i,k} \xi_i . \tag{2.73}$$

Setzt man die für $\tilde{h}$ und $\tilde{h}_k$, $k=1,\dots,n$, erhaltenen Gleichungen (2.64) und (2.73) in Formel (2.62) ein, so erhält man die gesuchte Beziehung (2.61). Damit ist der Beweis beendet, da in diesem Fall $o(t)=o(\{\|h(t)\|_1^2+\|\xi(t)\|_1^2\}^{\frac{1}{2}})$.

Q.E.D.

Lemma 2.8 läßt sich auf den Fall $y\in[C^2(\hat{D})]^m$ verallgemeinern:

Satz 2.9: *Es sei $\{D(t):t\in[-T;T]\}$ eine einparametrige Familie abgeschlossener Gebiete $\tilde{D}(t)\subset\mathbb{R}^n$. Dabei setzen wir voraus, daß für jedes t die Menge $D=\tilde{D}(0)$ durch $\tilde{x}(t)$ auf $\tilde{D}(t)$ abgebildet wird und ferner, daß der Diffeomorphismus $\tilde{x}(t)$ der Bedingung (2.58) genügt. Sei weiter $\hat{D}=\cup\tilde{D}(t)$, $F\in C^2(\hat{D}\times\mathbb{R}^{m(n+1)})$ und*

$$I = ([C^2(\hat{D})]^m \ni \tilde{y}(t) \mapsto \int\limits_{\tilde{D}(t)}\dots\int F(\tilde{x},\tilde{y}(t),\tilde{y}(t)')\,d\tilde{x}_1\dots d\tilde{x}_n \in\mathbb{R}) \tag{2.74}$$

mit $I=I(t)$. Ferner liege jedes y^*, welches durch (2.60) definiert ist, in $\{C^1(\hat{D}\times[-T,+T])\}^m$ und die Ableitung $\tilde{y}'$ sei durch Formel (2.6) definiert. Dann gilt (vgl. [3] S. 79)

$$\delta I[y][h,\xi]= \int\limits_D\dots\int [\sum_{i=1}^m (F_{y_i} - \sum_{k=1}^n \frac{\partial}{\partial x_k} F_{y_{i|k}})h_i +$$

$$+ \sum_{k=1}^n \frac{\partial}{\partial x_k}(\sum_{i=1}^m F_{y_{i|k}} h_i+F\xi_k)]\, dx_1\dots dx_n \tag{2.75}$$

wobei $y=\tilde{y}(0)$, $h=h(t)$, $\xi=\xi(t)$ und $h(t)$ sowie $\xi(t)$ durch die Formeln (2.56) gegeben sind.

Bemerkung 2.10: Es ist zu beachten, daß man die beiden Bezeichnungen h_i und $\tilde{h}_i$ klar auseinanderhält: h_i, $i=1,\dots,m$ sind die Komponenten des Vektors h; dagegen ist $\tilde{h}_k$, $k=1,\dots,n$ durch Formel (2.63) definiert und tritt in der Formulierung von Satz 2.9 nicht auf.

ÜBUNGEN

24. Man interpretiere die Funktionen h, ξ und $\tilde{h}$, die durch (2.56) sowie (2.57) für $x\in D$ und $t\in[-T;T]$ definiert sind, als erste Variation (im Sinne von Fréchet) der entsprechenden (geeigneten) Funktionale.

25. Die Übung 24 führt zu einem Differenzierbarkeitsbegriff für Funktionale und in diesem Zusammenhang zur Definition der 1. und 2. Variation: Es sei F ein reellwertiges Funktional, dessen Definitionsbereich D_F in einem Banach-Raum R liege, wobei D_F eine gewisse Kugel mit Mittelpunkt y enthalte. (Man kann für das Folgende sogar annehmen, daß man lediglich einen topologischen Vektorraum betrachtet. Das Funktional F heißt "differenzierbar" [bzw. 2-mal differenzierbar] im Sinne von Gâteau im Element y, wenn für $y+h\in D_F$, $t\to 0+$ gilt $F[y+th]-F[y]=t\partial F[y][h]+o(t)$ [bzw. $F[y+th]-F[y]=t\partial F[y][h]+t^2\partial^2 F[y][h]+o(t^2)$]. Dabei ist gefordert, daß $\partial F[y]$ ein lineares und $\partial^2 F[y]$ ein quadratisches Funktional ist. Die Funktionale heißen die *erste Variation* (oder *Ableitung*) bzw. die *zweite Variation* (oder *zweite Ableitung*) *im Sinne von Gâteau* des Funktionals F im Element y [4].
Man drücke die Funktionen h, ξ und $\tilde{h}$, die in Aufgabe 24 definiert sind, als 1. Variation im Sinne von Gâteau von geeigneten Funktionalen aus.

26. Die Menge $D_F\subset R$ sei in einem Banach-Raum $\mathcal{R}$ enthalten. Es sei $F:D_F\to\mathbb{R}$ ein reellwertiges Funktional. Ferner enthalte D_F eine Kugel um $y\in D_F$. Man zeige: Wenn F in y im Sinne von Fréchet differenzierbar (bzw. zweimal differenzierbar) ist, dann ist es auch im Sinne von Gâteau differenzierbar (bzw. zweimal differenzierbar) in y und es gilt: $\delta F[y]=t\partial F[y]$ [$\delta F[y]=t\partial F[y]$ und $\delta^2 F[y]=t^2\partial^2 F[y]$].

27. Man gebe ein Beispiel für ein Funktional, das in $y\in\mathbb{R}^2$ Gâteau differenzierbar ist, das aber nicht im Sinne von Frechet differenziert werden kann.

28. Man berechne $\delta I[y][h,\xi]$ für das 2-dim. Dirichlet-Integral (vgl. Beispiel 1.14) unter den Annahmen

$$\tilde{D}(t) = \tilde{D}(0) = D, \quad \tilde{y}(t) = \tilde{y}(0) = y, \quad t\in[-T;T] \tag{2.76}$$

wobei der Diffeomorphismus $\tilde{x}$ für $(x,t)\in D$ $[-T,T]$ durch

$$\begin{aligned} \tilde{x}_1(t)(x) &= x_1 \cos t - x_2 \sin t, \\ \tilde{x}_2(t)(x) &= x_1 \sin t + x_2 \cos t \end{aligned} \tag{2.77}$$

gegeben ist.

---
[4] Oft verlangt man bei der Gâteau-Variation nicht, daß es ein lineares [bzw. quadratisches] Funktional ist.

29. Man verallgemeinere das Ergebnis von Aufgabe 28 auf das Funktional I_ε von Beispiel 1.14.

3o. Man berechne $\delta I_\varepsilon[y][h,\xi]$ für das Funktional I_ε aus Beispiel 1.14 unter den Annahmen (2.76) und der Voraussetzung, daß $\tilde{y}$, eingeschränkt auf ∂D, beschränkt ist. Dabei sei der Diffeomorphismus $\tilde{x}$ für $(x,t)\in D\times[-T,T]$ durch $\tilde{x}(t)(x)=x$ gegeben.

31. Man verallgemeinere Satz 2.9 auf den Fall, daß t ein r-dim. Vektor $t:=(t_1,\ldots,t_r)\in[-T+T]^r$ ist und untersuche als Konsequenz r-parametrige Familien abgeschlossener Gebiete $\{\tilde{D}(t):t\in[-T,T]^r\}$.

2.6. DER SATZ VON NOETHER UND SEINE IMPLIKATIONEN

Für das 2-dim. Dirichlet-Integral I[y] zeigt man leicht unter den Annahmen (2.76) bezüglich dem Diffeomorphismus $\tilde{x}=\tilde{x}(t)$, der für $(x,t)\in D\times[-T,+T]$ durch (2.77) definiert ist, daß $\partial I[\tilde{y}][h,\xi]=0$ (Aufgabe 38) und sogar $I[\tilde{y}(t)]-I[y]=0$ für $-T\leq t\leq T$ gilt. Der Fall, der bezüglich der Transformation

$$\left.\begin{aligned} &\tilde{x}(t)(x)=x+\xi(t)(x)+o(t),\ \xi(t)(x)=t\varphi(x)\\ &\tilde{y}(t)(\tilde{x}(t)(x))=y(x)+\tilde{h}(t)(x)+o(t),\tilde{h}(t)(x)=t\psi(x)\end{aligned}\right\}\ x\in D \qquad (2.78)$$

für $t\in[-T,T]$ invarianten Funktionale (2.74) ist, für die Anwendungen äußerst wichtig. Invariante Funktionale, d.h. also Integrale, die unter der Transformation (2.78) unverändert bleiben, treten insbesondere in der Physik auf, z.B. in der Elektrodynamik, wie es bei Bessel-Hagen [2.1] dargelegt ist. In diesem Buch beschränken wir uns darauf in den Paragraphen 3.3 und 3.4 aus den Prinzipien der Variationsrechnung die Maxwell'schen Gleichungen der klassischen Elektrodynamik herzuleiten und die Grundlagen der Variationsrechnung, angewandt auf Potentiale, zu besprechen. Wir geben ein einfaches Beispiel aus der Mechanik:

Beispiel 2.14: Die Bewegung eines Teilchens in der Ebene mit der Masse m, auf das die Gravitationskraft einer im Koordinatenursprung konzentrierten Masse wirkt, wird nach dem Hamilton-Prinzip durch

$$\delta\int_{t_o}^{t_*}(T-U)dt = 0$$

gegeben, wobei $T(\dot{r},\dot{\nu}) = \frac{1}{2}m(\dot{r}^2+\dot{r}^2\nu^2)$ die kinetische Energie und $U(r)=-\frac{k}{r}$ die potentielle Energie des Teilchens ist. Dabei sind r und ν ebene Polarkoordinaten und $\dot{r}$ und $\dot{\nu}$, deren Ableitungen nach der Zeit, also die Radial- und die Winkelgeschwindigkeit; k ist eine Konstante. Man sieht leicht, daß dieses Funktional, also das Wirkungsintegral, invariant bezüglich der Transformation

$$\tilde{t} = \mathrm{id}\,(\text{d.h.}\,\tilde{t}(t)=t),\ \tilde{r}=r,\ \tilde{\nu} = \nu+\varepsilon$$

für $\varepsilon\in\mathbb{R}$ ist. Dabei spielt t die Rolle von x, r und ν die Rolle von y_1 und y_2 und ε die Rolle von t. Wendet man nun Satz 2.8 also Formel (2.53) an, so folgt aus der Invarianz des Bewegungsintegrals unter der obigen Transformation

$$\varepsilon\{\varphi[T(\dot{r},\dot{\nu})-U(r)] + (\psi_1-\dot{r}\varphi)[T_{\dot{r}}(\dot{r},\dot{\nu})-U_{\dot{r}}(r)] + (\psi_2-\dot{\nu}\varphi)[T_{\dot{\nu}}(\dot{r},\dot{\nu}) - U_{\dot{\nu}}(r)]\}\Big|_{t=t_o}^{t=t_*} = 0$$

wobei $\varphi(t)=\psi_1(t)=0$, $\psi_2(t)=1$, $t_o\leq t\leq t_*$. Führt man die Rechnung weiter und beachtet man, daß $t_o t_*\in\mathbb{R}$ beliebig sind, so erhält man:

$$mr^2(t)\,\dot{\nu}(t) = \text{const.}$$

Dies entspricht der Aussage, daß der Radiusvektor in gleichen Zeitabschnitten gleich große Flächen überstreicht. Dieses Faktum ist aus der Planetenbewegung als das zweite Kepler'sche Gesetz bekannt.

Verallgemeinert man die Idee aus Beispiel 2.14, so erhält man aus den Sätzen 2.5 und 2.8 (für beliebiges T>O und $\hat{a}<\hat{b}$) unmittelbar

Korollar 2.4: *(Satz von Noether für Intervalle). Ist das Funktional I der Form (2.27) mit $F\in C^2(D\times\mathbb{R}^{2m})$ und $R_I\subset\mathbb{R}$ invariant gegenüber der Transformation (2.78) (d.h. $\tilde{x}(t)$ ist ein Diffeomorphismus von $D=[a;b]$ auf sich) für jedes $t\in[-T;T]$ und jedes $\hat{D}\subset D=[\hat{a};\hat{b}]$, dann gilt für jede beliebige Extremale $\tilde{y}=y=(y_1,\ldots,y_m)\in C^2(\hat{D})$ die Beziehung*

$$\sum_{i=1}^{m} F_{y_i'}\psi_i + (F-\sum_{i=1}^{m} y_i'F_{y_i'})\varphi = \text{const.} \tag{2.79}$$

Formel (2.79) liefert ein erstes Integral des Gleichungssystems (2.2), sofern das Funktional (2.27) invariant unter der Transformation

(2.78) ist. Diese Formel ist eine Verallgemeinerung von $yF_{y'}-F=\text{const.}$ für die Eulersche Gleichung (1.11), wenn F nicht von x abhängt.

Ähnlich erhält man als unmittelbare Konsequenz aus Satz 2.9 und Formel (2.64) (für beliebiges T>0 und beliebiges abgeschlossenes Gebiet $\hat{D}\subset\mathbb{R}^n$)

Korollar 2.5 *(Satz von Noether für Gebiete im $\mathbb{R}^n$). Es sei ein Funktional I der Form (2.26) mit $F\in C^2(D\times\mathbb{R}^{m(n+1)})$ gegeben, wobei D ein abgeschlossenes Gebiet des $\mathbb{R}^n$, $R_I\subset\mathbb{R}$ und die Ableitung $\tilde{y}'$ durch Formel (2.6) gegeben sei. Ist dann I invariant bezüglich der Transformation (2.78) (hierbei sei $\tilde{x}(t)$ ein Diffeomorphismus des abgeschlossenen Gebietes D auf sich) für jedes $t\in[-T,T]$ und jedes $\hat{D}\subset D$, so gilt für eine beliebige Funktion $y=(y_1,\ldots,y_m)\in[C^2(\hat{D})]^m$ die Beziehung*

$$\sum_{k=1}^{n}\frac{\partial}{\partial x_k}\left(\sum_{i=1}^{m}F_{y_{i|k}}\tilde{\psi}_i+F\varphi_k\right)=-\sum_{i=1}^{m}\left(F_{y_i}-\sum_{k=1}^{n}\frac{\partial}{\partial x_k}F_{y_{i\,k}}\right)\tilde{\psi}_i \qquad (2.80)$$

mit

$$\tilde{\psi}_i=\psi_i-\sum_{k=1}^{n}y_{i|k}\varphi_k,\quad i=1,\ldots,m.$$

Zum Schluß betonen wir nochmal, daß vom mathematischen Standpunkt aus der Satz von Noether die Existenz eines ersten Integrals für die Euler bzw. Euler-Brunacci-Gleichung liefert. Vom physikalischen Standpunkt ausgesehen liefert er die Erhaltungssätze, die wir der Reihe nach in den folgenden Abschnitten durchsprechen werden.

ÜBUNGEN

32. Man gebe eine nicht-triviale Transformation an, unter der das Funktional der Brachystochronen-Aufgabe invariant ist.

33. Man verallgemeinere Korollar 2.4 auf den Fall, daß t ein r-dim. Vektor ist, also $t=(t_1,\ldots,t_r)\in[-T,T]^r$.

34. Man verallgemeinere Korollar 2.5 analog.

35. Man gebe ein Funktional an, welches unter der Transformation

$$\tilde{x}_1(t)(x)=x_1+t_2,\quad \tilde{x}_2(t)(x)=x_2+t_1,\quad \tilde{y}(t)(x)=y(x)$$

invariant ist.

36. Man leite eine zu Formel (2.8o) entsprechende Gleichung für die Variationsaufgabe in parametrischer Form ab: Man erstelle notwendige Bedingungen für das Extremum $(\tilde{x},\tilde{y})=(x,y)$ des Funktionals ($^{\bullet}$ bedeuted die Ableitung nach t)

$$I = (\{C^1[t_o;t_*]\}^2 \ni (\tilde{x},\tilde{y}) \mapsto \int_{t_o}^{t_*} F(\tilde{x},\tilde{y},\tilde{x}^{\bullet},\tilde{y}^{\bullet})dt),$$

wobei $F\in C^2([t_o;t_*]^2 \times \mathbb{R}^2)$ sei und angenommen werde, daß F im dritten und vierten Argument positiv homogen ist, d.h. daß $F(\tilde{x},\tilde{y},c\tilde{x}^{\bullet},c\tilde{y}^{\bullet})=|c|F(\tilde{x},\tilde{y},\tilde{x}^{\bullet},\tilde{y}^{\bullet})$ für $c\in\mathbb{R}$ gilt.

37. Man verallgemeinere das in Aufgabe 36 erreichte Ergebnis auf den Fall, daß $\tilde{y}\in\{C^1[t_o;t_*]\}^m$ ist.

38. Man beweise: Die Werte des Funktionals I aus Übung 36 mit $F\in C^2([t_o,t_*]^2 \times \mathbb{R}^2)$ hängen nur von der Kurve $[t_o,t_*]\ni t \mapsto (\tilde{x}(t),\tilde{y}(t))$ nicht aber von der Parameterdarstellung ab genau dann, wenn F im 3. und 4. Argument positiv homogen ist.

39. Man verallgemeinere die Aussage von Übung 38 auf den Fall, daß $\tilde{y}\in\{C^1[t_o,t_*]\}^m$.

4o. Man wende die in Übung 36 gefundene Bedingung zur Lösung von Übung 13 in Kapitel 1 an.

41. Man benutze die Bedingung aus Aufgabe 37 um die kürzeste Kurve auf der Sphäre zu bestimmen, die zwei gegebene Punkte verbindet.

2.7 EXTREMALWERTAUFGABEN MIT VARIABLEM GEBIET UND ABLEITUNGEN HÖHERER ORDNUNG

Wir übertragen zunächst Lemma 2.8 auf den Fall, in dem das Funktional von der zweiten Ableitung abhängt. Die kanonische Verallgemeinerung auf den Fall, daß y eine Vektorfunktion ist, lassen wir zunächst außer Betracht (das entspricht Satz 2.9).

Satz 2.10: *Es sei $\{\tilde{D}(t):t\in[-T,T]\}$ eine einparametrige Familie abgeschlossener Gebiete $\tilde{D}(t)\subset\mathbb{R}^n$. Dabei nehmen wir an, daß für jedes t die Menge $D=\tilde{D}(0)$ unter dem Diffeomorphismus $\tilde{x}(t)$ der Klasse $C^2(D)$ auf $\tilde{D}(t)$ abgebildet wird und daß dieser Diffeomorphismus der Bedingung*

$$\tilde{x}(\ )(x) \in (C^2[-T;T])^n, \quad \tilde{x}(0)(x)=x \quad \textit{für} \quad x \in D \tag{2.81}$$

genügt. Sei weiterhin $\tilde{D}=\cup\tilde{D}(t)$, $F \in C^3(\hat{D} \times \mathbb{R}^{n+1})$ *und*

$$I=(C^3(\hat{D}) \ni \tilde{y}(t) \mapsto \int\limits_{\tilde{D}(t)}\cdots\int F(\tilde{x},\tilde{y}(t),\tilde{y}(t)',\tilde{y}(t)'')d\tilde{x}_1\ldots d\tilde{x}_n \in \mathbb{R} \tag{2.82}$$

mit $I=I(t)$. *Jede der Funktionen* y^*, *die durch (2.6o) definiert seien, liege in* $C^2(\hat{D} \times [-T,T])$. *Dann ist (vgl.* [3] *S. 79)*

$$\begin{aligned}\delta I[y][h,\xi] = \int\limits_D\cdots\int\{(F_y - \sum_{k=1}^n \frac{\partial}{\partial x_k} F_{y|k} + \sum_{i=1}^n \sum_{k=1}^n \frac{\partial^2}{\partial x_i \partial x_k} F_{y|k,i})h + \\ + \sum_{i=1}^n \frac{\partial}{\partial x_i}[(F_{y|i} - \sum_{k=1}^n \frac{\partial}{\partial x_k} F_{y|k,i})\ h + \\ + \sum_{k=1}^n F_{y|k,i} h_{|k} + F\xi_i]\}dx_1\ldots dx_n\end{aligned} \tag{2.83}$$

mit $y=\tilde{y}(0)$, $h=h(t)$, $\xi=\xi(t)$ *und* $h(t)$ *sowie* $\xi(t)$ *sind durch (2.56) gegeben.*

<u>Beweis:</u> Analog wie im Beweis von Lemma 2.8 berechnen wir:

$$\begin{aligned}\delta I[y][h,\xi]= \int\limits_D\cdots\int (\sum_{k=1}^n F_{x_k}\xi_k + F_y\tilde{h} + \sum_{k=1}^n F_{y|k}\tilde{h}_k + \\ + \sum_{i=1}^n \sum_{k=1}^n F_{y|k,1}\tilde{h}_{k,i} + F\sum_{k=1}^n \xi_{k|k})dx_1\ldots dx_n\end{aligned} \tag{2.84}$$

mit $h=h(t)$, $h_k=h_k(t)$. Ferner ist h als auch h_k durch (2.57) und (2.63) gegeben. Schließlich ist

$$\tilde{h}_{k,i}(x)=\tilde{h}_{k,i}(t)(x)=t[(\tilde{y}(t))_{|k,i}(\tilde{x}(t)(x))]_{t=0}. \tag{2.85}$$

Unter Beachtung von (2.64) und (2.73) ist nun noch $h_{k,i}$ durch $h_{|k,i}$, $\xi_1,\ldots,\xi_n$. auszudrücken. Um $h_{k,i}$, $i,k=1,\ldots,n$, zu berechnen, muß man mit der Genauigkeit $o(t)$ die einzelnen Summanden der folgenden Summe ausrechnen:

$$\begin{aligned}\tilde{y}_{|k,i}\circ\tilde{x}-y_{|k,i} = (\tilde{y}-y)_{|k,i}\circ\tilde{x}+[y_{|k,i}\circ\tilde{x}-(y_{|k}\circ\tilde{x})_{|i}] + \\ + (y_{|k}\circ\tilde{x}-y_{|k})_{|i}, \quad \tilde{x}=\tilde{x}(t),\ \tilde{y}=\tilde{y}(t).\end{aligned} \tag{2.86}$$

Wir berechnen zuerst:

$$(y_{|i}\circ\tilde{x})_{|i}-y_{|k,i}\circ\tilde{x} = \sum_{i=1}^{n}(y_{|k,l}\circ\tilde{x})\tilde{x}_{l|i}-y_{|k,i}\circ\tilde{x}.$$

Aus der zweiten Formel von (2.66) erhält man:

$$(y_{|k}\circ\tilde{x})_{|i}-y_{|k,i}\circ\tilde{x} = \sum_{l=1}^{n}(y_{|k,l}\circ\tilde{x})(\delta_{l,i}+\xi_{l|i})-y_{|k,i}\circ\tilde{x}+o(t)$$

$$= y_{|k,i}\circ\tilde{x}+\sum_{l=1}^{n}(y_{|k,l}\circ\tilde{x})\xi_{l|i}-y_{|k,i}\circ\tilde{x}+o(t),$$

also

$$(\tilde{y}_{|k}\circ\tilde{x})_{|i}-y_{|k,i}\circ\tilde{x} = \sum_{l=1}^{n}(y_{|k,l}\circ\tilde{x})\xi_{l|i}+o(t). \tag{2.87}$$

Analog erhält man:

$$(\tilde{y}_{|k}\circ\tilde{x})_{|i}-y_{|k,i}\circ\tilde{x} = \sum_{l=1}^{n}(\tilde{y}_{|k,l}\circ\tilde{x})\xi_{l|i}+o(t) \tag{2.88}$$

und letztlich, indem man der Reihe nach die Relationen (2.88), (2.87) und (2.66) benutzt, folgt

$$(\tilde{y}-y)_{|k,i}\circ\tilde{x} = [(\tilde{y}-y)_{|k}\circ\tilde{x}]_{|i} - \sum_{l=1}^{n}[(\tilde{y}-y)_{|k,l}\circ\tilde{x}]\xi_{l|i}+o(t)$$

$$= [(\tilde{y}-y)_{|k}\circ\tilde{x}]_{|i}+o(t) = [h_{|k}\circ\tilde{x}+o(t)]_{|i}+o(t)$$

d.h.

$$(\tilde{y}-y)_{|k,i}\circ\tilde{x} = [h_{|k}+o(t)]_{|i}+o(t) = h_{|k,i}+o(t). \tag{2.89}$$

Weiterhin erhält man aus der Relation (2.87) und der zweiten Formel in (2.56), daß

$$y_{|k,i}\circ\tilde{x}-(y_{|k}\circ\tilde{x})_{|i} = -\sum_{l=1}^{n}\{y_{|k,l}\circ[id+\xi+o(t)]\}\xi_{l|i}+o(t)$$

mit $id(x)=x$, $x\in D$ gilt. Wegen der Beschränktheit des Quotienten $\frac{\xi(t)}{t}$ folgt

$$y_{|k,i}\circ\tilde{x}-(y_{|k}\circ\tilde{x})_{|i} = -\sum_{l=1}^{n}y_{|k,l}\xi_{l|i}+o(t). \tag{2.90}$$

Zum Schluß verwenden wir nochmals die zweite Formel aus (2.56) und dies liefert

$$(y_{|k}\circ \tilde{x}-y_{|k})_{|i} =\{\sum_{l=1}^{n} y_{|k,l}[\tilde{x}_{|l}-id_l+o(t)]\}_{|i}+o(t)$$

$$= \sum_{l=1}^{n} y_{|k,l}\xi_l)_{|i} +o(t). \tag{2.91}$$

Aus den Formeln (2.89), (2.9o), (2.91) und der Identität (2.86) ergibt sich nun als Konsequenz, daß

$$\tilde{y}_{|k,i}\circ \tilde{x}-y_{|k,i} = h_{|k,i} - \sum_{l=1}^{n} y_{|k,l}\xi_{l|i} + (\sum_{l=1}^{n} y_{|k,l}\xi_l)_{|i} +o(t)$$

$$= h_{|k,i} + \sum_{l=1}^{n} y_{|k,l,i}\xi_l + o(t).$$

Wegen der Formel (2.58) und $y\in C^3(\hat{D})$ ist also

$$\tilde{h}_{k,i} = h_{|k,i} + \sum_{l=1}^{n} y_{|l,k,i}\xi_l. \tag{2.92}$$

Setzt man die erhaltenen Ergebnisse (2.64), (2.73) und (2.92) für $\tilde{h}$, $\tilde{h}_k$ und $\tilde{h}_{ki}$, i,k=1,...,n, in Formel (2.84) ein, so folgt wegen

$$o(t)=o(\{||h(t)||_2^2+||\xi(t)||_2^2\}^{\frac{1}{2}})$$

das gesuchte Ergebnis (2.83).

Q.E.D.

Beispiel 2.15: Es sei D ein Gebiet die $\mathbb{R}^2$, das den Voraussetzungen des Green'schen Satzes genüge, der die Vertauschung von Kurven- und Doppelintegral beschreibt. Weiterhin nehmen wir an, daß das (Potential) $V\in C^2(\text{cl } D)$ der Gleichung

$$\operatorname{div}(\varepsilon \operatorname{grad} V)=0 \tag{2.93}$$

(vgl. Beispiel 1.14) genüge, wobei die (relative) elektrische Permiabilität ε aus $C^1(\text{cl } D)$ sei. Die Randbedingungen seien von der Form $V(x)=V_0$ für $x\in\Gamma_0$ und $V(x)=V_1$ für $x\in\Gamma_1$, wobei V_0 und V_1 zwei verschiedene Konstante (Potentiale) und Γ_0 sowie Γ_1 zusammenhängende disjunkte Teilmengen des Randes von D seien. Der restliche Teil des Randes soll entweder leer sein oder aus zwei glatten zusammenhängenden Kurven bestehen, längs denen die Normalenableitung der Funktion V konstant Null ist. Dann **ist** das Tripel (D,Γ_o,Γ_1) ein ebener Kondensator (vgl. Beispiel 1.14).

Wir definieren die erste Variation des Kurvenintegrals, durch die als $(V_1-V_o)^{-1}\varepsilon_o I_\varepsilon^*[V]$ die Kapazität des ebenen Kondensator dargestellt wird, durch

$$I_\varepsilon^*[V] = \int_\Gamma \varepsilon(-V_{|2}dx_1+V_{|1}dx_2),$$

was im folgenden Beispiel die Variationscharakterisierung der Kapazität gestattet. Dazu nehmen wir an, daß sich Γ aus endlich vielen glatten Jordan-Bögen zusammensetzt (d.h. eine Jordan-Kurve, die sich in endlich viele glatte Jordan-Bögen zerlegen läßt). Die disjunkten Teile Γ_o und Γ_1 und ebenso die Kurven Γ,Γ_o und Γ_1 sind übereinstimmend mit der in der Physik üblichen Konvention orientierbar bezüglich D (Abb. 16). Eine genaue Definition der Orientierbarkeit findet sich im Lehrbuch [0.6], S. 363. Man kann zeigen (siehe Aufgabe 43), daß die hier gegebene Definition der Kapazität mit derjenigen von Beispiel 1.14 äquivalent ist.

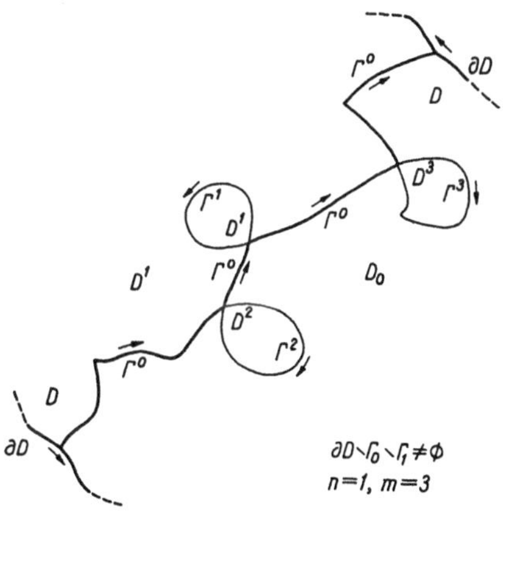

Abbildung 16

Wir stellen jetzt die Kurve Γ als Summe orientierbarer Bögen bzw. Jordan-Kurven $\Gamma^o,\ldots,\Gamma^m$ dar. Dabei seien $\Gamma^1,\ldots,\Gamma^n$ positiv orientiert und $\Gamma^{n+1},\ldots,\Gamma^m$ negativ orientiert bezüglich der von ihnen eingeschlossenen Gebiete $D_1\subset D,\ldots,D_m\subset D$. Wir schreiben nun

$$\int_{\Gamma} = \int_{\Gamma^o} + \sum_{k=1}^{n} \int_{\Gamma^k} + \sum_{k=n+1}^{m} \int_{\Gamma^k},$$

wobei die Integranden überall identisch sind. Wir bezeichnen mit D^o und D^1 die Gebiete, die sich durch die Zerlegung von D mittels Γ^o ergeben, wobei Γ^o ein Teil des Randes von D^o und Γ^1 ein Teil des Randes von D^1 ist. Nun sei

$$\iint_{D^i_\Gamma} = \iint_{D^i} + (-1)^i \Big(\sum_{k=1}^{n} \iint_{D_k} - \sum_{k=n+1}^{m} \iint_{D_k} \Big), \quad i=0,1. \tag{2.94}$$

Dies ist als eine symbolische Definition zu verstehen, worin die linke Seite durch (2.94) berechnet wird. D^i_Γ ist ein nicht explizit definiertes Symbol.

Nun betrachten wir die Klasse $\{V\}$ der Funktionen $\tilde{V} \in C^2(\text{cl } D)$, die der Bedingung $\tilde{V}(x)=V_o$ für $x \in \Gamma_o$ sowie $\tilde{V}(x)=V_1$ für $x \in \Gamma_1$ genügen und die die Eigenschaft haben, daß auf dem restlichen Teil die Normalenableitung von V verschwindet. Dann ist nach der Green'schen Formel:

$$V_i I^*_\varepsilon[\tilde{V}] = (-1)^i V_i \iint_{D^i_\Gamma} \text{div } (\varepsilon \,\text{grad } \tilde{V}) \, dx_1 dx_2 + \int_{\Gamma_i} \varepsilon \tilde{V}(-\tilde{V}_{|2} dx_1 + \tilde{V}_{|1} dx_2).$$

Wegen (2.94) und durch nochmalige Anwendung der Green'schen Formel erhält man:

$$(V_1 - V_o) I^*_\varepsilon[\tilde{V}] = I_\varepsilon[\tilde{V}] + \sum_{i=0}^{1} \iint_{D^i_\Gamma} F^i(x,\tilde{V},\tilde{V}',\tilde{V}'') dx_1 dx_2,$$

wobei das Integral $I_\varepsilon[\tilde{V}]$ in Beispiel 1.14 definiert ist und

$$F^i(x,\tilde{V},\tilde{V}',\tilde{V}'') = (\tilde{V} - \tilde{V}_i) \text{div}(\varepsilon \text{ grad } \tilde{V})$$

(erinnern wir uns, daß $V' = \text{grad } V$ gilt). Damit ist es natürlich für die erste Variation des Funktionals I^*_ε den folgenden Ausdruck zu nehmen:

$$(V_1 - V_o) \sigma I^*_\varepsilon[V] = \sigma I_\varepsilon[V] + \sum_{i=0}^{1} \sigma \iint_{D^i_\Gamma} F^i(x,V,V',V'') dx_1 dx_2 \tag{2.95}$$

für beliebige Funktionen $V \in \{V\}$, wobei D,m und n gegeben und D^i, i=0,1 sowie D_k, k=1,...,m frei sind. Hierbei setzt man voraus, daß ein entsprechender Diffeomorphismus $\tilde{x}(t)$ des Gebietes cl D auf sich der Bedingung $\tilde{x}(t)(x)=x$ für $x \in \partial D \setminus \Gamma_o \setminus \Gamma_1$ genügt.

Beispiel 2.16: Wir gehen von den Voraussetzungen sowie in der Bezeichnungsweise von Beispiel 2.15 aus. Unter der Voraussetzung (Ławrynowicz [2.8]), daß die Funktion $V \in \{V\}$ der Variationsbedingung

$$\delta I^*_\varepsilon[V] = 0 \tag{2.96}$$

genügt, zeigen wir für jede der oben beschriebenen Kurven Γ unter der Nebenbedingung, daß längs der Kurven Γ_o, Γ_1 und Γ die Normalenableitung der Funktion

$$h(x)=h(t)(x)=t\tilde{V}\cdot(0)(x), \quad x \in \mathrm{cl}\, D, \qquad -T<t\leqslant T$$

konstant 0 ist, daß V eine Lösung der Gleichung (2.93) ist. Ist umgekehrt V eine Lösung der Gleichung (2.93), so gilt für jede oben beschriebene Kurve Γ die Variationsbedingung (2.96) unter der oben formulierten Nebenbedingung.

Nehmen wir zunächst an, daß die Bedingung (2.96) erfüllt ist, und betrachten wir eine beliebige einparametrige Familie von Kurven der oben beschriebenen Art $\{\tilde{\Gamma}(t):t\in[-T;T]\},\tilde{\Gamma}(0)=\Gamma$. Für jedes t werde das abgeschlossene Gebiet cl D auf sich selbst unter dem Diffeomorphismus $\tilde{x}(t)$ der Klasse $C^2(\mathrm{cl}\, D)$ abgebildet und es sei $\tilde{x}(t)[\Gamma]=\tilde{\Gamma}(t)$ erfüllt. Ferner genüge der Diffeomorphismus der Bedingung (2.81) mit $n=2$. Um eine derartige Klasse zu konstruieren beschränken wir uns z.B. auf eine beliebige Funktion φ des abgeschlossenen Gebietes cl D der Klasse $C^2(\mathrm{cl}\, D)$, die auf dem Rande konstant 0 sind und der Lipschitzbedingung

$$|\varphi(x)-\varphi(x^*)|\leqslant\tau|x-x^*| \text{ mit } x,x^* \in \mathrm{cl}\, D$$

genügen.
Ist dann die Abbildung $\tilde{x}(t)$ für $x\in \mathrm{cl}\, D$ definiert durch $\tilde{x}(t)(x)=x+t\varphi(x)$, so gilt für $x^*\neq x$

$$|\tilde{x}(t)(x)-\tilde{x}(t)(x^*)|\geqslant ||x-x^*|-|t||\varphi(x)-\varphi(x^*)||>0.$$

Also ist $\tilde{x}$ injektiv. Weiterhin ist für genügend kleine Zahlen $T>0$ die Jacobi-Determinante der Abbildung $\tilde{x}(t)$ mit $t\in[-T;T]$ konstant positiv. Daher ist $\tilde{x}(t)$ nach dem Satz über implizite Funktionen ein Diffeomorphismus der Klasse $C^2(\mathrm{cl}\, D)$.

Wir bemerken, daß nach Formel (2.95) sowie der Bedingung (2.96) gilt:

$$\delta I_\varepsilon[V] + \sum_{i=0}^{1} \delta \iint_{D_\Gamma^i} F^i(x,V,V',V'')dx_1dx_2=0. \tag{2.97}$$

Aus Lemma 2.8, Satz 2.1o und der Gleichung $F^i_{V_{|12}}=0$, wobei $V_{|ik}=V_{|i,k}$ (vgl. Aufgabe 3o), folgt

$$\delta I_\varepsilon[V][h,\xi] = -2 \iint_D \operatorname{div}(\varepsilon \operatorname{grad} V)\, h\, dx_1dx_2,$$
$$\{\delta \iint_{D_\Gamma^i} F^i(x,V,V',V'')dx_1dx_2\}[h,\xi]= \tag{2.98}$$
$$= \iint_{D_\Gamma^i} \{(F^i_V - \frac{\partial}{\partial x_1} F^i_{V_{|1}} - \frac{\partial}{\partial x_2} F^i_{V_{|2}} + \frac{\partial^2}{\partial x_1^2} F^i_{V_{|11}} + \frac{\partial^2}{\partial x_2^2} F^i_{V_{|22}})\, h +$$
$$+ \frac{\partial}{\partial x_1}[(F^i_{V_{|1}} - \frac{\partial}{\partial x_1} F^i_{V_{|11}})h + F^i_{V_{|11}} \frac{\partial}{\partial x_1} h + F^i\xi_1] +$$
$$+ \frac{\partial}{\partial x_2}[(F^i_{V_{|2}} - \frac{\partial}{\partial x_2} F^i_{V_{|22}})h + F^i_{V_{|22}} \frac{\partial}{\partial x_2} h + F^i\xi_2]\}\, dx_1dx_2$$

mit

$$\xi(x)=\xi(t)(x)=t\tilde{x}\cdot(0)(x), x \in \text{cl } D, \ -T\leq t\leq T.$$

Eine naheliegende Rechnung (vgl. Beispiel 2.5) ergibt nun:

$$\sum_{i=0}^{1} \iint_{D_\Gamma^i} (F^i_V - \frac{\partial}{\partial x_1} F^i_{V_{|1}} - \frac{\partial}{\partial x_2} F^i_{V_{|2}} + \frac{\partial^2}{\partial x_1^2} F^i_{V_{|11}} + \frac{\partial^2}{\partial x_2^2} F^i_{V_{|22}})h\, dx_1dx_2=$$
$$= 2\iint_D \operatorname{div}(\varepsilon \operatorname{grad} V)h\, dx_1dx_2.$$

Andererseits wissen wir, daß nach Definition der Klasse $\{V\}$ sowie den angenommenen Nebenbedingungen über die Normalenableitung der Funktion h, daß diese Funktion h konstant 0 längs den Kurven Γ_0 und Γ_1 ist und daß längs diesen Kurven und der Kurve Γ die Normalenableitung der Funktion h verschwindet. Weiterhin ist als Konsequenz der Konstruktion von $\tilde{x}(t)$ die Funktion ξ auf dem Rand ∂D konstant 0. Daraus folgt nach dem Satz von Green:

$$\sum_{i=0}^{1} \iint_{D_\Gamma^i} \{\frac{\partial}{\partial x_1}[(F^i_{V_{|1}} - \frac{\partial}{\partial x_1} F^i_{V_{|11}})h + F^i_{V_{|11}} \frac{\partial}{\partial x_1} h+F^i\xi_1] +$$

$$+ \frac{\partial}{\partial x_2} [(F^i_{V|2} - \frac{\partial}{\partial x_2} F^i_{V|22})h + F^i_{V|22} \frac{\partial}{\partial x_2} h + F^i \xi_2\}] \, dx_1 dx_2 =$$

$$= \sum_{i=0}^{1} \int_{\partial D^i_\Gamma} [\varepsilon V_{|2} h - \varepsilon(V-V_i)h_{|2} - (V-V_i)\operatorname{div}(\varepsilon \operatorname{grad} V)\xi_2]dx_1 +$$

$$+ [-\varepsilon V_{|1} h + \varepsilon(V-V_i)h_{|1} - (V-V_i)\operatorname{div}(\varepsilon \operatorname{grad} V)\xi_1]dx_2 =$$

$$= (V_1 - V_o) \int_\Gamma \operatorname{div}(\varepsilon \operatorname{grad} V)(-\xi_2 dx_1 + \xi_1 dx_2).$$

Also erhalten wir

$$\{\delta \sum_{i=0}^{1} \iint_{D^i} F^i(x,V,V',V'')dx_1 dx_2\}[h,\xi] = 2 \iint_D \operatorname{div}(\varepsilon \operatorname{grad} V)h \, dx_1 dx_2 +$$

$$+ (V_1 - V_o) \int_\Gamma \operatorname{div}(\varepsilon \operatorname{grad} V)(-\xi_2 dx_1 + \xi_1 dx_2),$$

und letztlich erhält man nach (2.98) und (2.97) die Gleichung:

$$(V_1 - V_o) \int_\Gamma \operatorname{div}(\varepsilon \operatorname{grad} V)(-\xi_2 dx_1 + \xi_1 dx_2) = 0.$$

Da ξ_1, ξ_2 im Rahmen der betrachteten Klasse von Diffeomorphismen $\tilde{x}(t)$ beliebig sind und weiterhin $V_1 \neq V_o$ gilt, folgt (2.93)[5]. Dies zeigt, daß die Variationsbedingung (2.96) hinreichend ist.

Gleichzeitig erhalten wir damit eine weitere Formel für die Variation (2.95), die als gleichwertiger Ersatz für die Nebenbedingungen, daß längs der Kurven Γ_o, Γ_1 und Γ die Normalenableitung von h konstant Null ist, dienen kann.

$$\delta I^*_\varepsilon[V][h,\xi] = \int_\Gamma \operatorname{div}(\varepsilon \operatorname{grad} V)(-\xi_2 dx_1 + \xi_1 dx_2). \qquad (2.99)$$

Nun beweisen wir noch die Umkehrung. Gehen wir also von der dementsprechenden Annahme aus: Wir weisen entsprechend (2.95) nach, daß Formel (2.99) für beliebige (im obigen Sinne konstruierten) Funktionen h und ξ gilt. Verwendet man Bedingung (2.93), so erhält man die Variationsbedingung, womit die Notwendigkeit nachgewiesen ist.

---

5) Dazu muß noch ein entsprechendes Du Bois-Reymond Lemma (Aufgabe 7, Kapitel 1) nachgewiesen werden.

Beispiel 2.17: Die im Beispiel 2.16 gegebene Variationscharakterisierung der Kapazität eines Kondensators kann man wie folgt verallgemeinern (J. Kalin):

Sei D ein beschränktes Gebiet im $\mathbb{R}^n$, dessen Rand ein orientierbares Hyperflächenstück ist. Der Rand gehöre zur Klasse C^2 und bestehe aus zwei Komponenten ∂D_o und ∂D_1. Wir bezeichnen durch S^* die Familie der (n-1)-dimensionalen kompakten und orientierbaren C^2-Unterhyperflächenstücken, die in D liegen sowie ∂D_o und ∂D_1 trennen. Sei F die Klasse der reellen C^2-Funktionen $\tilde{V}$ auf cl D, so daß

$$\tilde{V}|\partial D_o = V_o, \quad \tilde{V}|\partial D_1 = V_1$$

gilt, wobei V_o und V_1 zwei verschiedene aber fest gegebene Zahlen seien. Die Familie F nennen wie die *zulässige Familie*. Es sei weiter $A=[A_{i,k}]_{i,k\leq n}$ eine willkürliche symmetrische Matrix, wobei $A_{i,k}$ reelle C^1-Funktionen auf cl D seien. Wir betrachten das folgende Funktional

$$F\ni\tilde{V} \mapsto C_S[\tilde{V}] = \frac{1}{V_1-V_o}\int_S \sum_{i=1}^{n}\sum_{k=1}^{n}(-1)^{i-1}A_{i,k}\frac{\partial\tilde{V}}{\partial x_k}\,dx_1\ldots dx_{i-1}dx_{i+1}\ldots dx_n,$$

$$S\in S^*; \tag{2.100}$$

Der Wert des Funktionals C_S im Punkt $V=V_o$ bei den Nebenbedingungen

$$\sum_{i=1}^{n}\sum_{k=1}^{n}\frac{\partial}{\partial x_i}(A_{i,k}V_{|k}) = 0 \tag{2.101}$$

ist unabhängig von S. Wir nennen ihn die *Kapazität des Kondensators* (D,F,A) und bezeichnen ihn mit cap(D,F,A).

Eine einparametrige Familie der Diffeomorphismen Φ_ε, $\varepsilon\in(-a;a)$, des Gebietes D auf sich nennen wir *eine Variation des Gebietes* D, wenn die folgenden Bedingungen erfüllt sind:

1°) Die Abbildung $\Phi:(-a;a)\ D\to D$ gehört zur Klasse C^2.

2°) $\Phi_o=id_D$.

3°) Es existiert ein Intervall $(b;b)\subset(-a;a)$, so daß für jedes $\varepsilon\in(-b;b)$ und $x_o\in D$ die folgende Gleichung

$$x_i^*(x)=[\Phi_\varepsilon(x)]_i=x_i+\varepsilon h_i(x)+o(\varepsilon) \tag{2.102}$$

erfüllt ist, wobei h_i die Funktionen der Klasse C^2 mit Träger in D sind. Die eckige Klammer mit Index i bezeichnet die i-te

Koordinate der Abbildung $\Phi_\varepsilon(x)$.

Eine Abbildung $\Psi:(-a;a)\times\{F\}\times D\to\mathbb{R}$ nennen wir eine *Variation der Klasse* F *des Gebietes* D, wenn

1°) Für jedes $n\in F$ gehört die Funktion $\Psi(\ ,\tilde{V},\ )=\Psi[\tilde{V}]:(-a;a)\times D\to\mathbb{R}$ zur Klasse C^2 auf $(-a;a)\times D$.

2°) Für jedes $\tilde{V}\in F,\varepsilon\in(-a;a)$ ist $\Psi(\varepsilon,\tilde{V},\ )=\Psi_\varepsilon[\tilde{V}]\in F$.

3°) $\Psi[\tilde{V}]=\tilde{V}$ für jedes $\tilde{V}\in F$.

4°) Es existiert ein Intervall $(-c;c)$ $(-a;a)$, so daß $V^*_\varepsilon=\Psi_\varepsilon[\tilde{V}]=\tilde{V}+\varepsilon g+O(\varepsilon)$ ist, wobei g eine Funktion der Klasse C^2, deren Träger in G liegt, d.h. $\mathrm{cl}\{x\in D_g:g(x)\neq 0\}\subset G$.

Wir haben nun den folgenden Sachverhalt:

Jeder C^∞*-Funktion* $h\neq 0$ *auf* D *mit Träger in* D *können wir eine Variation* Φ *des Gebietes* D *zuordnen, so daß*

(i) $\Phi_\varepsilon=\mathrm{id}$ *auf* $D\setminus$ Träger h *für jedes* $\varepsilon\in(-a;a)$.

(ii) *Das System von* $h_1,\ldots,h_n$ *in* (2.102) *reduziert sich um die einzige Funktion:* $h_1=0,\ldots,h_{i-1}=0,\ h_i=h,\ h_{i+1}=0,\ldots,h_n=0$.

In der Tat, betrachten wir z.B. $i=1$. Wir setzen $M=\max|(\partial/\partial x_1)h|$. Wir wählen eine Zahl a, so daß $M<1/a$ gilt. Weiter betrachten wir die Abbildung $\Phi_\varepsilon:D\overset{\text{auf}}{\to}D$ der Gestalt

$$x_1=x_1^*+\varepsilon h(x),\ x_2^*=x_2,\ldots,x_n^*=x_n,\varepsilon\in(-a;a).$$

Wir erhalten dann

$$\det\Phi'_\varepsilon(x)=1+\varepsilon(\partial/\partial x_1)h(x).$$

Wegen $|\varepsilon(\partial/\partial x_1)\tilde{V}|<a|(\partial/\partial x_1)\tilde{V}|<aM<1$ für jedes $\varepsilon\in(-a;a)$ ist folglich $\det\Phi'_\varepsilon(x)\neq 0$ for $x\in D$. Die Abbildung Φ_ε ist daher ein lokaler Diffeomorphismus für jedes $\varepsilon\in(-a;a)$ und damit ein globaler Diffeomorphismus, denn seine Restriktion ist auf jeder Geraden

$$x_2=x_2^0,\ldots,x_n=x_n^0$$

umkehrbar. Est ist leicht zu sehen, daß die Familie Φ_ε mit $\varepsilon\in(-a;a)$ die Bedingungen (i) und (ii) erfüllt. Die Klasse der Variationen, die durch eine einzige Funktion h bestimmt ist, deren Träger in G liegt, bezeichnen wir durch K.

Wir betrachten jetzt ein Funktional

$$F\ni V \mapsto I[V] = \int\limits_D \dots \int J(x,V,V',V'')\,dx_1,\dots,dx_n,$$

wobei die Funktion J ein Polynom mit Koeffizienten der Klasse $C^2(\text{cl } D)$ ist.

Unter einer (Φ,Ψ)-*Variation* des Funktionals I im Punkt $V\in P$ verstehen wir den Grenzwert

$$\delta I[V][g,h] = \lim_{\varepsilon\to 0} \frac{1}{\varepsilon} \Big[\int\limits_{D^*}\dots\int J(x^*,V^*,V^{*\prime},V^{*\prime\prime})\,dx_1\dots dx_n$$

$$-\int\limits_D\dots\int J(x,V,V',V'')\,dx_1\dots dx_n\Big],$$

mit $D^* = \Phi_\varepsilon[D]$, $V^* = V^*_\varepsilon(x^*)$, $x^*\in D^*=D$. Es ist nicht schwer einzusehen, daß

$$\delta I[V][g,h] = \int\limits_D\dots\int\Big\{\Big(J_V - \sum_{i=1}^n \frac{\partial}{\partial x_i} J_{V_{|i}} + \sum_{i=1}^n \sum_{k=1}^n \frac{\partial^2}{\partial x_i \partial x_k} J_{V_{|ik}}\Big)g$$

$$+ \sum_{i=1}^n \frac{\partial}{\partial x_i} \Big[\Big(J_{V_i} - \sum_{k=1}^n \frac{\partial}{\partial x_k} J_{V_{|ki}}\Big)g + \sum_{k=1}^n J_{V_{|ki}}\, g_{|k} + J h_i\Big]\Big\}\,dx_1\dots dx_n.$$

Es sei $S\subset S^*$ ein Hyperflächenstück und D_{0_S}, D_{1_S} seien zwei Gebiete mit

$$D=D^0_S\cup D^1_S,\quad \partial D^0_S=\partial D_0\cup S,\quad \partial D^1_S=\partial D_1\cup S.$$

Wir betrachten jetzt das Funktional (2.100). Mit Hilfe des Satzes von Stokes, angewandt auf die Gebiete D^0_S und D^1_S folgt leicht

$$\overset{(n-1)\text{-mal}}{\int\limits_S\dots\int} \sum_{i=1}^n \sum_{k=1}^n (-1)^{i-1} A_{i,k} V_{|k}\,dx_1\dots dx_{i-1}\,dx_{i+1}\dots dx_n$$

$$= \frac{1}{V_1-V_0} \overset{(n\text{-mal})}{\int\limits_D\dots\int} \sum_{i=1}^n \sum_{k=1}^n A_{i,k} V_{|i} V_{|k}\,dx_1\dots dx_n$$

$$+ \frac{1}{V_1-V_0} \sum_{i=0}^1 \int\limits_{D^1_S}\dots\int (V-V_1) \sum_{i=1}^n \sum_{k=1}^n \frac{\partial}{\partial x_i}(A_{i,k} V_{|k})\,dx_1\dots dx_n.$$

Ähnlich wie im Beispiel 2.15 definieren wir die Variation des Funktionals (2.100):

$$\delta C_S[V] = \frac{1}{(V_1-V_0)^2}\, \delta\int\limits_D\dots\int \sum_{i=1}^n \sum_{k=1}^n A_{i,k} V_{|i} V_{|k}\,dx_1\dots dx_n +$$

$$+ \frac{1}{(V_1-V_o)^2} \sum_{l=0}^{1} \delta\int_{D_S^l}\ldots\int (V-V_1) \sum_{i=1}^{n} \sum_{k=1}^{n} \frac{\partial}{\partial x_i} (A_{i,k}V|_k)\, dx_1 \ldots dx_n .$$

Es ist nun nicht schwer, den folgenden Sachverhalt abzuleiten:

Ist Ψ eine Variation der Klasse F, sodaß auf S die Normalenableitung $(\partial/\partial\mathfrak{n})$ verschwindet (g tritt in der Definition der Variation Ψ auf), dann hat die (Φ,Ψ)-Variation des Funktionals (2.100) *die folgende Gestalt:*

$$\delta C_S[V] = \frac{1}{V_1-V_o} \underbrace{\int\ldots\int}_{(n-1)\text{-mal}} \sum_{i=1}^{n} \sum_{k=1}^{n} \frac{\partial}{\partial x_i} (A_{i,k}V|_k) \sum_{-=1}^{n} (-1)^{l-1} h_l\, dx_1 \ldots$$

$$\ldots dx_{l-1}\, dx_{l+1} \ldots dx_n ,$$

wobei $h_1,\ldots,h_n$ ein System des Generators der Variation ist (vgl. [2.11]).

Es sei endlich $\Psi_o(S)$ die Familie der Variationen Ψ der Klasse F die die Bedingung $(\partial/\partial\mathfrak{n})g|S$ erfüllt. Wir haben dann das folgende Resultat:

Eine Funktion $V\in F$ erfüllt in D die Gleichung (2.101) *dann und nur dann, wenn für jedes Hyperflächenstück $S\in S^*$ und jede Variation $\Phi\in K$ und $\Psi\in\Psi_o(S)$ die (Φ,Ψ)-Variation des Funktionals* (2.100) *im Punkt V verschwindet.*

Wenn die Gleichung (2.101) erfüllt ist, dann verschwindet jede (Φ,Ψ)-Variation des Funktionals (2.100) in V. Andererseits existiert ein Punkt $x^o\in D$ mit

$$\sum_{i=1}^{n} \sum_{k=1}^{n} \frac{\partial}{\partial x_i} (A_{i,k}V|_k)(x^o) \neq 0,$$

so können wir eine nicht verschwindende (Φ,Ψ)-Variation des Funktionals (2.100) konstruieren, so daß $\Psi\in\Psi_o(S)$ und $\Phi\in K$ gilt. Dies widerspricht den Voraussetzungen.

Zum Schluß dieses Abschnitts wollen wir noch einige Literaturstellen angeben, in denen das vorgestellte Thema ausführlicher behandelt wird: [1.2], [2.3], [2.5] und [2.10].

ÜBUNGEN

42. Man verallgemeinere Satz 2.1o auf den Fall, daß $\tilde{y}(t) \in [C^3(\hat{D})]^m$ gilt.

43. Man zeige, daß die Definitionen der Kapazität ebener Kondensatoren, die in den Beispielen 2.15 und 1.14 gegeben wurden, äquivalent sind.

44. Man leite eine zu (2.96) entsprechende Variationscharakterisierung für die Kapazität des ebenen Kondensators ab analog wie das in Beispiel 2.15 getan wurde, für die in Beispiel 1.14 gegebene Definition.

45. Man finde die zu (2.99) entsprechende dreidim. Formel (im 3-dim. Raum) für die Variation der Kapazität eines Kondensators. Man leite eine entsprechende Formel für die Variation der Kapazität des Raumkondensators ab.

3 Spezielle Anwendungen in Physik und Elektrotechnik

3.1. DAS HAMILTON-PRINZIP UND STETIGE MECHANISCHE SYSTEME

Wir betrachten ein mechanisches System mit m Freiheitsgraden. Dabei ordnen wir jedem Zeitpunkt t einen Vektor $q(t)\in\mathbb{R}^m$ zu, dessen Komponenten die verallgemeinerten Koordinaten des Systems sind. Wir nehmen an, daß die verallgemeinerten Orts- und Geschwindigkeitskoordinaten im Zeitpunkt t_o bekannt sind, d.h. die Vektoren $q(t_o)$ und $\dot{q}$ mit $q\in C^1[t_o;t_*]$. Dann weiß man aus Erfahrung (durch Experimente), daß man die Bewegung im Zeitpunkt t_* über das Hamilton-Prinzip erhält; daß also für die tatsächlich eintretende Bewegung gilt:

$$\delta S[q] = 0, \text{ mit } S = \left(C^1[t_o;t_*]\ni\tilde{q} \mapsto \int_{t_o}^{t_*}(T-U)\,dt\right) \tag{3.1}$$

Den Ausdruck S nennt man das *Wirkungsintegral* (oder *Wirkung*), und T bzw. U sind die kinetische bzw. die potentielle Energie des Systems. Wir nehmen an, daß sie von der Form[6)]

$$\frac{1}{2}\sum_{i=1}^{m}\sum_{k=1}^{m} a_{i,k}(t,q)\dot{q}_i\dot{q}_k \text{ und } U(t,q)$$

sind mit $a_{i,k}$, $U\in C^2([t_o;t_*]\times\mathbb{R}^m)$. Wenn T und U nicht (explizit) von t abhängen, heißt das System *konservativ*. Betrachten wir einen Gleichgewichtspunkt Q. Wenn für beliebige vorgegebene Zahlen $R>0$ sowie $\varepsilon>0$ ein $R_o>0$ und ein $\varepsilon_o>0$ gewählt werden kann, so daß für $q(t_o)\in B(Q;R_o)$ (die offene Kugel im $\mathbb{R}^m$ mit Mittelpunkt Q und Radius R_o) und $T(q(t_o),\dot{q}(t_o))<$ $<\varepsilon_o$ stets $q(t)\in B(Q;R)$ und

---

6) Erinnern wir uns: $U(t)=U(t,q(t))$ etc.

für $t>t_o$ erfüllt ist (die Bezeichnung "Zeit" ist weggelassen), dann heißt Q ein *stabiler Gleichgewichtspunkt* (oder *stabil*).

Wendet man jetzt den Satz 2.1 an, so erhält man für diesen Fall:

$$(T-U)_{q_i} - \frac{d}{dt} T_{\dot{q}_i} = 0,\ i=1,\dots,m \quad \textit{(Lagrange'sche Gleichungen)}. \tag{3.2}$$

Auf den ersten Blick sieht es hiernach so aus, als ob das Hamilton-Prinzip eine einheitliche Begründung für die Lagrange'schen Gleichungen liefert. In der Tat, dieses Prinzip gilt in natürlicher Weise auf mechanische, elektrodynamische Systeme etc. anzuwenden, während eine allgemeine Übertragung der Lagrange'schen Gleichungen nicht offensichtlich ist.

Wegen ihrer physikalischen Bedeutung ist die Determinante der Matrix $[a_{i,k}(t)]$ konstant positiv. Also kann man, ähnlich wie im Paragraphen 1.5, nach dem Satz über implizite Funktionen die Gleichung

$$\sum_{k=1}^{m} a_{i,k}\dot{q}_k = p_i \qquad (p_i \text{ - verallgemeinerter Impuls})$$

bezüglich $\dot{q}_1,\dots,\dot{q}_m$ lokal auflösen und erhält die sogenannte Hamilton-Funktion, die durch

$$\begin{aligned} H(t,q,p) &= -T(t,q,\dot{q}(t,q,p))+U(t,q)+\sum_{i=1}^{m}\dot{q}_i(t,q,p)p_i \\ &= \frac{1}{2}\sum_{i=1}^{m}\sum_{k=1}^{m} a_{i,k}(t,q)\dot{q}_i(t,q,p)\dot{q}_k(t,q,p)+U(t,q) \\ &= T(t,q,\dot{q}(t,q,p))+U(t,q) \end{aligned} \tag{3.3}$$

gegeben ist. Die Lagrange-Gleichungen (3.2) schreiben sich nun in der Form

$$\dot{q}_i = H_{p_i},\ \dot{p}_i = -H_{q_i},\ i=1,\dots,m \quad \textit{(kanonische Hamilton-Gleichungen)}. \tag{3.4}$$

Die Hamilton-Funktion ist für konservative Systeme nach Korollar 2.4 ein erstes Integral des Systems (3.4). Damit ist die Summe aus potentieller und kinetischer Energie konstant und diese Konstante E heißt *Gesamtenergie des Systems*. Beschränkt man sich weiterhin bei der Variationsaufgabe (3.1) auf zulässige Bewegungen q, die der Gleichung $H(t,q,p)=E$ genügen, so erhält man als Bedingung für das Verschwinden der ersten Variation des analogen Integrals bezüglich der kinetischen

Energie das *Prinzip von Maupertuis*[7]. Dieses Prinzip formuliert man allgemein als Ausdruck der Variation über die Zeit (vgl. Satz 2.8 und 2.9), also

$$\delta \int_{t_o}^{t_*} T\,dt = \int_{t_o}^{t_*} \Big[\sum_{i=1}^{m} \Big(T_{q_i} - \frac{d}{dt} T_{\dot q_i}\Big)h_i - \frac{d}{dt}\Big(\sum_{i=1}^{m} T_{\dot q_i} h_i + T\xi\Big)\Big]dt$$

(' bedeutet die Ableitung nach der Variablen τ), wo

$$h(t)=h(\tau)(t)=\tau\tilde{q}'(0)(t), \quad \xi(t)=\xi(\tau)(t)=\tau\tilde{t}'(0)(t).$$

Dabei sind $\tilde{q}(\tau)$, $-\tau_o \leq \tau \leq \tau_o$ die Vergleichsbewegungen, wobei jede der Funktionen q^*, die durch

$$q^*(t,\tau)=\tilde{q}(\tau)(t), \quad (t,\tau) \in G=[t_o;t_*]\times[-\tau_o;\tau_o]$$

gegeben sind, in $C^1(G)$ liegt. Es sind $\tilde{t}(\tau)$ Diffeomorphismen von $[t_o;t_*]$ auf sich, die den Bedingungen

$$\tilde{t}(\ )(t) \in C^1[-\tau_o;\tau_o], \quad \tilde{t}(0)(t)=t \text{ für } t\in[t_o;t_*]$$

genügen. Wenn also das Hamilton-Prinzip sich darauf bezieht, die tatsächliche Bewegung mit Bewegungen zu den selben Zeitpunkten zu vergleichen, so werden beim Maupertuis-Prinzip die tatsächliche Bewegung und Bewegungen bezüglich verschiedener Zeiten (Zeittransformationen) verglichen. Eine allgemeine Formulierung des Maupertuis-Prinzips (für $T+V \neq const$) findet man z.B. im Lehrbuch von Banach [3.1] S.530.

Beispiel 3.1. Für das Teilchen aus Beispiel 2.14 erhalten wir

$$\delta \int_{t_o}^{t_*} \dot{s}^2 dt=0 \quad \text{mit} \quad \frac{1}{2}m\dot{s}^2-kr^{-1}=E,$$

wobei s den zurückgelegten Weg bezeichnet. Also ist

$$\delta \int_{s(t_o)}^{s(t_*)} (1/\tfrac{dt}{ds})ds=0 \quad \text{mit} \quad \frac{dt}{ds}=\Big[\frac{2}{m}\Big(E+\frac{k}{r}\Big)\Big]^{-\frac{1}{2}}, \tag{3.5}$$

d.h. es ist

---

7) Ist T=0, so stellt die entsprechende Lösung q nicht die tatsächliche Bewegung dar.

$$\delta \int_{s(t_o)}^{s(t_*)} (E+\frac{k}{r})^{\frac{1}{2}} ds = 0. \tag{3.6}$$

Die so erhaltene Variationsbedingung erlaubt z.B. die Beschreibung der Planetenbahnen. (vgl. Aufgabe 11, Kap.1).

Die zweite Formel in (3.5) besagt, daß die Variation im Maupertuis-Prinzip eine Variation über die Zeit ist. Die Funktion r hängt von h ab (vgl. Aufgabe 24, Kap.2) d.h. r ist die tatsächliche Bewegung in der Klasse aller vergleichbaren Bewegungen $\tilde{r}=r+h+o(\|h\|_1)$. Führt man also eine Variation über die Zeit mit Diffeomorphismen $\tilde{t}=t+\xi+o(\|\xi\|_1)$ durch, so sind die vergleichbaren Bewegungen von der Form $\tilde{r}=r+h+o(\{\|h\|_1^2+\|\xi\|_1^2\}^{\frac{1}{2}})$. Dies gestattet es die Methode der Lagrange'schen Multiplikatoren zu vermeiden, die oft zu ziemlich heiklen "ad hoc" Überlegungen führt (vgl. [3.1] S. 519-522).

In der Gleichgewichtslage eines konservativen Systems, d.h. wenn die kinetische Energie Null ist, liefert die Lagrange'sche Gleichung $U_{q_i}=0$, $i=1,\dots,m$. Dieser Zustand entspricht einem stationären Zustand der potentiellen Energie. In der Nähe der Gleichgewichtslage kann man annehmen -nach einer eventuellen Verrückung des Koordinatenursprungs derart, daß die Gleichgewichtslage mit dem Koordinatenursprung zusammenfällt, sowie durch die eventuelle Addition einer Konstanten zur potentiellen Energie- daß die potentielle Energie im Koordinatenursprung gleich Null ist. Unter diesen Annahmen erhält man dann für ein konservatives System

$$T(q,\dot{q}) = \frac{1}{2} \sum_{i=1}^{m} \sum_{k=1}^{m} a_{i,k}(q)\dot{q}_i\dot{q}_k+o(\|q\|),$$

$$U(q) = \frac{1}{2} \sum_{i=1}^{m} \sum_{k=1}^{m} b_{i,k}q_i q_k+o(\|q\|).$$

Nehmen wir weiterhin an, daß alle Koeffizienten $a_{i,k}(q)$ nicht von q abhängen. Vom physikalischen Inhalt der Aufgabe her ist bekannt, daß die kinetische Energie positiv ist für $\dot{q}\neq 0$ -nach eventueller linearer Koordinatentransformation mit $a_{i,k}=\delta_{i,k}$ (δ bezeichnet das Kronecker-Delta). Also haben die Lagrange'schen Gleichungen die Form:

$$\ddot{q}_i + \sum_{k=1}^{m} b_{i,k}q_k=0,\ i=1,\dots,m, \tag{3.7}$$

und ihre Lösungen sind Linearkombinationen der Ausdrücke $e^{j\omega_k t}$, wobei j die imaginäre Einheit ist und die Koeffizienten ω_k^2 die Eigenwerte (vgl. etwa [0.6]) der Matrix $[b_{i,k}]$ sind. Im Falle des stabilen Gleichgewichts sind dies Oszillationen, also sind die Werte ω_k reell. Als Konsequenz ist also die zur Matrix $[b_{i,k}]$ gehörende quadratische Form positiv und somit ist in der Umgebung der Gleichgewichtslage die (feste) potentielle Energie nicht negativ. Hat umgekehrt für ein konservatives mechanisches System mit endlich vielen Freiheitsgraden die potentielle Energie im betrachteten Punkt O ein eigentliches Minimum, d.h. $U(g)>U(O)=0$ für $q\neq O$, dann ist das ein stabiler Gleichgewichtspunkt (*Satz von Dirichlet*).

Tatsächlich läßt sich zeigen, daß für beliebige Zahlen $R>0$ und $\varepsilon>0$ Zahlen $R_o>0$ und $\varepsilon_o>0$ existieren, so daß für $q(t_o)\in B(O;R_o)$, $T(q(t_o),\dot q(t_o))<\varepsilon_o$ jeweils $q(t)\in B(O;R)$ und $T(q(t),\dot q(t))<\varepsilon$ für $t<t_o$ erfüllt ist. Ohne Beschränkung der Allgemeinheit kann man annehmen, daß $U(Q)>0$ für $Q\in B(O;R)$. Wir bezeichnen mit U_o das Minimum der Funktion $U|\partial B(O;R)$. Sei ε_o eine beliebige Zahl mit $0<\varepsilon_o\leq\frac{1}{2}\min(\varepsilon, U_o)$ und sei R_o wiederum eine beliebige Zahl mit $0<R_o<R$ und $U(Q)<\varepsilon_o$ für $Q\in B(O;R_o)$. Da das System konservativ ist, folgt:

$$T(q(t),\dot q(t))+U(q(t)) = T(q(t_o),\dot q(t_o))+U(q(t_o)). \tag{3.8}$$

Damit folgt, daß $T(q(t_o),\dot q(t_o))\geq 0$, $T(q(t_o),\dot q(t_o))<\varepsilon_o$, $U(q(t_o))<\varepsilon_o$ und somit gilt $U(q(t))<2\varepsilon_o\leq U_o<U(Q)$ für $Q\in\partial B(O;R)$. Daher muß die durchzuführende Bewegung notwendigerweise im Inneren der Kugel $B(O;R)$ verlaufen, d.h. es gilt $q(t)\in B(O;R)$ für $t>t_o$. Da überdies $U(Q)>0$ für $Q\in B(O;R)$ gilt, erhält man aus Gleichung (3.8) sowie den Abschätzungen $T(q(t_o),\dot q(t_o))<\varepsilon$, $U(t_o)<\varepsilon$, daß $T(q(t),\dot q(t))<2\varepsilon_o\leq\varepsilon$ erfüllt ist, womit alles bewiesen ist.

Das Hamilton-Prinzip läßt sich auch auf kontinuierliche mechanische Systeme $q:[t_o,t_*]\to\mathcal{R}$ übertragen [3.9]. Dabei ist $\mathcal{R}$ ein C-Hilbert-Raum, und die Koeffizienten $q_i(t)$ bilden einen Vektor $q(t)$ bezüglich der vollständigen Folge (e_i) dieses Raumes $\mathcal{R}$. Die erste Variation $q_i\in C^1[t_o;t_*]$, $i=1,2,\ldots$, (im Sinne von Fréchet) des Integrals über die Differenz von kinetischer T und potentieller Energie U ist dann die tatsächliche Bewegung O. Für die kinetische bzw. potentielle Energie wollen wir wieder annehmen, daß sie von der Form

$$\frac{1}{2}\sum_{i=1}^{+\infty}\sum_{k=1}^{+\infty} a_{i,k}(t,q)\dot q_i\dot q_k \text{ und } U(t,q)$$

sind, wobei die Funktionen $a_{i,k}$ und U reelle Werte annehmen und die zweiten partiellen Ableitungen stetig sind. Ferner sei vorausgesetzt, daß die betrachtete Reihe unbedingt und fast überall gleichmäßig konvergiere. Analog wie oben definieren wir die Begriffe konservatives System, Gleichgewichtslage und stabiles Gleichgewicht (oder stabil).

Für $h:[t_o;t_*]\to\mathcal{R}, h(t_o)=h(t_*)=0\in\mathcal{R}$, $h_i\in C^1[t_o;t_*]$, $i=1,2,\ldots$ ist (vgl. Aufgabe 24, Kap.2):

$$\delta T(\ )[h] = (h,\partial T)+(\dot{h},\partial' T),\quad \partial U(\ )[h] = (h,\partial U),$$

wobei

$$\partial T = \sum_{i=1}^{+\infty} T_{q_i} e_i,\quad \partial' T = \sum_{i=1}^{+\infty} T_{\dot{q}_i} e_i,\quad \partial U = \sum_{i=1}^{+\infty} U_{q_i} e_i$$

gilt.
Aus dem Hamilton-Prinzip erhalten wir also

$$\int_{t_o}^{t_*}[(h,\partial T-\partial U)+(\dot{h},\partial' T)]dt=0 \text{ mit } \partial U(t) = \partial U(t,\tilde{q})\,|_{\tilde{q}=q(t)} \quad \text{etc.}$$

Man kann beweisen, daß sich die Lagrange'schen Gleichungen wie folgt verallgemeinern lassen:

$$\partial(T-U)-(\frac{d}{dt})\,\partial' T = 0. \tag{3.9}$$

In der Gleichgewichtslage bei einem konservativen System ergibt Gleichung (3.9) $\partial U=0$; dieser Zustand entspricht also der stationären potentiellen Energie. In der Umgebung der Gleichgewichtslage gilt ähnlich wie oben

$$T(q,\dot{q}) = (\hat{A}[q][\dot{q}],\dot{q})+o(\|\dot{q}\|),\qquad U(q) = (B[q],q)+o(\|q\|). \tag{3.10}$$

wobei $\hat{A}[q]$ und B symmetrische lineare Operatoren sind. Nimmt man weiterhin an, daß der Operator $\hat{A}[q]$ nicht von q abhängt, so folgt aus der physikalischen Bedeutung, daß $A=\hat{A}[q]$ positiv und stetig ist. Als Konsequenz geht die Bewegungsgleichung (3.9) in die Form $\frac{d}{dt}A[\dot{q}]+B[q]=0$ über. Man kann nachweisen (vgl. Übung 41, Kap.1), daß der Operator A genau dann invertierbar ist, falls die Gleichung $A[\dot{q}]=0$ $\dot{q}\in D_A$ genau die triviale Lösung besitzt. Da A positiv ist (und somit nach Definition symmetrisch), ist die einzige Lösung der Gleichung $A[\dot{q}]=0$ $\dot{q}\in D_A$ die triviale Lösung. Da damit der Operator A invertierbar ist, kann man die Bewegungsgleichung in der zu (3.7) analogen Form schreiben:

$$\ddot{q} + A^{-1} \circ B[\dot{q}] = 0. \qquad (3.11)$$

Wir ersetzen nun den C-Hilbertraum $\mathcal{R}$ durch den C-Hilbertraum $\mathcal{R}_A$, der sich von $\mathcal{R}$ nur durch das Skalarprodukt $(q,r)_A = (A[q],r)$ für $q,r \in \mathcal{R}$ unterscheidet; $(\ ;\ )_A$ heißt das *energetische Skalarprodukt*. Dieses Skalarprodukt hat den großen Vorzug, daß der Operator $A^{-1} \circ B$ in $\mathcal{R}_A$ symmetrisch ist, selbst wenn er in $\mathcal{R}$ nicht symmetrisch ist (Übung 4). Ist B positiv definit in $\mathcal{R}$, so ist auch $A^{-1} \circ B$ positiv definit in $\mathcal{R}_A$ (Übung 5). Dagegen müssen wir uns im Fall des stabilen Gleichgewichts versichern, ob der Operator $A^{-1} \circ B$ (Übung 6) positiv definit ist. Der entsprechende Satz von Dirichlet läßt sich nun wie folgt formulieren: Wenn für ein konservatives mechanisches System im C-Hilbertraum $\mathcal{R}_A$ der Operator $A^{-1} \circ B$ positiv definit ist, dann ist der Punkt $o \in \mathcal{R}$ ein stabiles Gleichgewicht (Übung 8).

ÜBUNGEN

1) Man leite die Hamiltonschen Gleichungen für das mathematische Pendel mit der Masse m, der Fadenlänge l und dem max. Auslenkwinkel φ_o her. Man bestimme die Schwingungsperiode und zeige, daß sie nicht von m und l abhängt.

2) Man zeige: Auf einem glatten Flächenstück ohne Schwerkrafteinwirkung bewegt sich ein Massenpunkt stets längs einer geodätischen Linie.

3) Man verallgemeinere Formel (3.6) auf den Fall konservativer Systeme, wobei

$$T(q,\dot{q}) = \frac{1}{2} \sum_{i=1}^{m} \sum_{k=1}^{m} a_{i,k}(q)\dot{q}_i\dot{q}_k > 0$$

ist.

4) Man zeige: Für den Fall, daß A ein linearer invertierbarer Operator ist und B wiederum ein linearer symmetrischer Operator im C-Hilbertraum $\mathcal{R}$ ist, ist $A^{-1} \circ B$ ein linearer symmetrischer Operator in $\mathcal{R}_A$.

5) Man zeige: Ist A ein invertierbarer Operator und ist B ein positiv [bzw. negativ] definiter Operator im C-Hilbertraum $\mathcal{R}$ dann ist $A^{-1} \circ B$ ein linearer positiv [negativ] definiter Operator in $\mathcal{R}_A$.

6) Man zeige: Ist für ein konservatives mechanisches System im C-Hilbertraum der Punkt O ein stabiles Gleichgewicht, dann ist der durch (3.1o) definierte Operator $A^{-1} \circ B$ (wobei $A=A[q]$ nicht von q abhängt und T bzw. U die kinetische bzw. potentielle Energie des Systems bezeichnen) wiederum positiv.

7) Man finde ein erstes Integral für die Gleichung (3.11) unter der Annahme, daß $A^{-1} \circ B$ ein linearer positiv definiter Operator in $\mathcal{R}_A$ ist.

8) Man beweise eine zum Satz von Dirichlet entsprechende Aussage für C-Hilberträume.

3.2 DIE SCHWINGUNGSGLEICHUNG FÜR EINGESPANNTE SAITEN, MEMBRANE, STÄBE UND PLATTEN

In diesem Abschnitt geben wir einige Anwendungen des Hamilton-Prinzips auf stetige mechanische Systeme an.

Beispiel 3.2: Unter einer *Saite* versteht man einen gespannten elastischen Faden, bei dem die Spannkräfte in jedem Zeitpunkt tangential zu seiner Achse wirken. Nehmen wir an, daß seine Enden, die wir mit 0 und a bezeichnen derartig befestigt sind, daß kleine Auslenkungen Kräfte erzeugen, die proportional zu diesen Auslenkungen sind. Diese Befestigung der Enden kann zum Beispiel durch 2 Stifte geschehen, die an zwei senkrechten Stäben wandern. Die Stifte halten die nicht ausgelenkte Saite in der Gleichgewichtslage und nehmen die Auslenkungskräfte durch zwei Federn auf, die an ihnen angebracht sind (siehe Abb. 17).

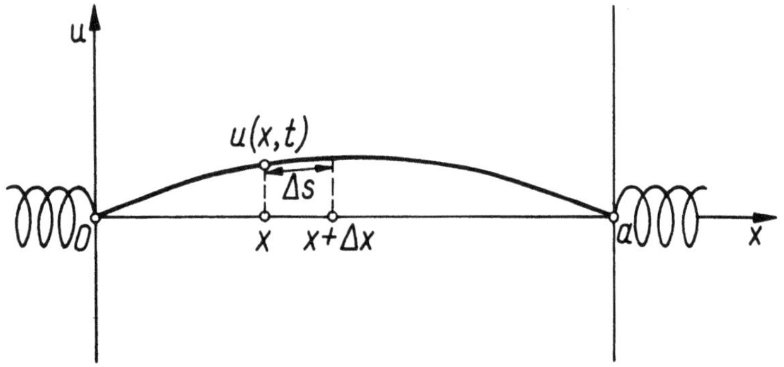

Abbildung 17

Nun bezeichne $\tau(x)$, $0 \leq x \leq a$ die Spannung der Saite, d.h. $\tau(x)$ ist die im Punkte x wirkende Kraft. Wenn $u(x,t)$ die senkrechte Auslenkung der Saite im Punkte x zur Zeit t bezeichnet, $x \in [0;a]$, so nehmen wir $u(x,t)$ und $u_x(x,t)$ als so klein an, daß gilt:

$$U = \int_0^a \tau(s'-1)dx = \int_0^a \tau[(1+u_x^2)^{\frac{1}{2}}-1]dx \approx \frac{1}{2}\int_0^a \tau u_x^2 dx.$$

Dabei stellt s die Parametrisierung der Saite bezüglich der Bogenlänge dar. Berücksichtigt man bei der potentiellen Energie noch eine äußere Kraft $f(x,t)$, so folgt

$$U = \frac{1}{2}\int_0^a \tau u_x^2 dx - \int_0^a fu\, dx.$$

Dabei vernachlässigt man die Arbeit, die auf die Befestigung wirkt und die aufgebracht wird, um die eingespannten Enden zu verlagern. Weiterhin hat man für die kinetische Energie

$$T = \frac{1}{2}\int_0^a \rho u_t^2\, dx,$$

wobei $\rho(x)$, $0 \leq x \leq a$ die (lineare) Massendichte der Saite bezeichnet.

Nun liefert das Hamilton-Prinzip (unter Annahme $\rho \in C[0,a]$, $\tau \in C^1[0;a]$, $u \in C^1([0;a] \times [t_o;t_*])$) die Bedingung

$$\delta \int_{t_o}^{t_*} \int_0^a (\rho u_t^2 - \tau u_x^2 + 2fu)dx\, dt = 0,$$

und die Lagrange'sche Gleichung hat damit die Form $(\tau u_x)_x = \rho u_{tt} - f$. Falls $f=0$ ist, setzt man in der Terminologie des Hilbert-Raumes

$$(u,v) = \frac{1}{2}\int_0^a \rho uv\, dx, \quad A[u] = u, \quad B[u] = -\frac{1}{\rho}(\tau u_x)_x$$

und erhält Gleichung (3.11). Der Operator B ist positiv definit, also bestimmen sich die freien Schwingungen aus den Eigenwerten dieses Operators. Nun sei Φ eine Eigenfunktion des Operators B, die zum Eigenwert λ gehört, d.h. es sei $B[\Phi] = \lambda\Phi$. Dann folgt

$$u(x,t) = \Phi(x) \sin [\lambda^{\frac{1}{2}}(t-t_o)], \quad 0 \leq x \leq a, \quad t_o \leq t \leq t_*.$$

Sind die Enden der Saite fest — d.h. im obigen realisierten Schema für die Befestigung der Saite: fehlen die Federn und Stifte und sind die Enden der Saite fest — so können sie sich längs dem Stab nicht mehr verschieben. Nach Satz 2.5 lauten die natürlichen Randbedingungen für die Lagrange'sche Gleichung dann $u_x(0,t)=0$, $u_x(a,t)=0$, $t_o \le t \le t_*$. Ist die Saite nur an einem der beiden Endpunkte befestigt etwa in 0 [bzw. a] so ist nach Bemerkung 2.5 auch nur die erste [bzw. zweite] der gegebenen Bedingungen zu erfüllen.

Beispiel 3.3: Unter einer Membran versteht man eine ebene gespannte Haut D bei der man die Druck- und Schubkräfte vernachlässigt. Wir nehmen an, daß sie am Rand befestigt ist. Geht man so wie im obigen Beispiel vor und vernachlässigt die aus der äußeren Kraft entstandene Energie sowie die Arbeit, die auf die Befestigung wirkt, so erhält man, analog wie im Falle der eingespannten Saite:

$$U = \frac{1}{2} \int_D\int \tau(u_x^2+u_y^2)\,dx\,dy, \quad T = \frac{1}{2} \int_D\int \rho\, u_t^2\,dx\,dy.$$

Das Hamilton-Prinzip lautet somit:

$\delta \int_{t_o}^{t_*} \iint_D (\rho u_t^2-\tau u_x^2-\tau u_y^2)\,dx\,dy\,d\tau= 0$, und die Lagrange'sche Gleichung

ist durch $(\tau u_x)_x+(\tau u_y)_y = \rho u_{tt}$ gegeben.

Dabei haben wir natürlich angenommen, daß die Voraussetzungen von Satz 2.2 erfüllt sind. Ist der Rand ∂D frei, so erhält man nach Satz 2.5 die natürlichen Randbedingungen

$$u_x(X)n_1(X)+u_y(X)n_2(X)=0 \text{ für } (x,y)\in\partial D, \quad t\in[t_o;t_*],$$

wobei $X=(x,y,t)$ und n_k die Koordinaten der äußeren Normalen auf ∂D sind. Ist der Rand der Membran nur auf dem Bogen Γ befestigt, dann gilt diese Bedingung nach Bemerkung 2.5 nur für $x\in\partial D\setminus\Gamma$ und für $x\in\Gamma$ hat man $u(x,t)=0$, $t\in[t_o;t_*]$.

Beispiel 3.4: Im Fall des dünnen Stabes mir transversaler Schwingung um feste Enden 0 und a ergibt sich die potentielle Energie aus dem Widerstand der Biegung, die durch

$$U = \frac{1}{2} \int_0^a \mu\, u_{xx}^2\,dx$$

gegeben ist, wobei $\mu\in C^2[0;a]$ die Elastizitätskonstante des Materials angibt. Dabei hat man erneut die Enerdie, die durch äußere Kraft sowie durch das Drehmoment hinzukommt, wie auch die Arbeit, die auf den befestigten

Endpunkt wirkt, vernachlässigt.

Die kinetische Energie wird durch dieselbe Formel geliefert, die bei der schwingenden Saite benutzt wurde. Also hat man wieder

$$\partial \int_{t_0}^{t_*} \int_0^a (\rho u_t^2 - \mu u_{xx}^2)dx\ dt, \quad (\mu u_{xx})_{xx} + \rho u_{tt} = 0,$$

wobei $\rho \in C[0;a]$ ist. Da dieses Funktional explizit von Ableitungen zweiter Ordnung abhängt, wendet man zur Herleitung der Lagrange'schen Gleichungen Lemma 2.5 an Stelle von Satz 2.2 an.

Wenn der Stab an beiden Enden befestigt ist, erhält man als Randbedingungen

$$u(0,t) = u(a,t) = 0, \quad t_0 \leq t \leq t_*. \tag{3.12}$$

Dazu kommt -genau wie bei der eingespannten Saite bzw. der Membran - die Bedingung

$$u_x(0,t) = u_x(a,t) = 0, \quad t_0 \leq t \leq t_*. \tag{3.13}$$

Wenn der Stab an den Enden lediglich gestützt ist, bleibt die Bedingung (3.12) unverändert und Bedingung (3.13) ist durch die natürliche Randbedingung zu ersetzen:

$$u_{xx}(0,t) = u_{xx}(a,t) = 0, \quad t_0 \leq t \leq t_*. \tag{3.14}$$

Die Modifikation für den Fall, daß der Stab nur an einem Ende gestützt ist, ist offensichtlich. Diese Bedingungen erhält man durch analoge Überlegungen wie im Falle des Funktionals (2.27) mit Satz 2.5. Geht man nun zu einem Stab mit freien Enden über, dann muß man die Bedingungen (3.12) und (3.13) durch die natürliche Randbedingung (3.14) ersetzen und erhält:

$$u_{xxx}(0,t) = u_{xxx}(a,t) = 0, \quad t_0 \leq t \leq t_*. \tag{3.15}$$

Beispiel 3.5: Analog ergibt sich im Falle der schwingenden dünnen elastischen Platte D, die am Rande befestigt ist, die potentielle Energie aus dem Widerstand gegen Verbiegungen. Man erhält die Formel:

$$U = \frac{1}{2} \int_D \int \lambda [(u_{xx} + u_{yy})^2 - 2(1-\mu)(u_{xx}u_{yy} - u_{xy}^2)]dx\ dy,$$

wobei λ,μ Elastizitäten des Materials ausdrücken. Bei der Herleitung dieser Formel gehen folgende physikalische Bedingungen ein:

1°) Die potentielle Energie der Platte ergibt sich aus der Verbiegung, wenn man die Zugkräfte vernachlässigt und sollte daher nur die zweiten Ableitungen von u nach x und y enthalten.

2°) Der Integrand sollte eine quadratische Form bezüglich der Ableitungen darstellen um sicherzustellen, daß man eine lineare Schwingungsgleichung erhält (vgl. Kapitel 3.1).

3°) Der Ausdruck für die potentielle Energie muß unabhängig von der Wahl des kartesischen Koordinatensystems sein.

Wir vernachlässigen dabei erneut die aus einer äußeren Kraft entstehende Energie, das Drehmoment am Rande der Platte und die Arbeit, die auf die Einspannung am Rande wirkt.

Für die kinetische Energie erhält man die selbe Formel wie bei der Membran und damit hat man letztlich:

$$\delta \int_{t_0}^{t_*} \int_0^a \{\rho u_t^2 - \lambda[(u_{xx}+u_{yy})^2 - 2(1-\mu)(u_{xx}u_{yy}-u_{xy}^2)]\}dx\, dy\, dt = 0$$

$$(\lambda u_{xx})_{xx} + 2(\lambda u_{xy})_{xy} + (\lambda u_{yy})_{yy} -$$

$$-[\lambda(1-\mu)u_{yy}]_{xx} + 2[\lambda(1-\mu)u_{xy}]_{xy} - [\lambda(1-\mu)u_{xx}]_{yy} = \rho u_{tt} \quad .$$

Wir nehmen natürlich wieder an, daß die Voraussetzungen von Lemma 2.5 erfüllt sind. Die Diskussion der Randbedingungen kann man analog durchführen wie beim Stab.

ÜBUNGEN

9. Man leite die natürlichen Randbedingungen für die schwingende Saite mit festen Enden ab, wobei man die durch die Befestigung geleistete Arbeit berücksichtige.

10. Man leite die natürlichen Randbedingungen für eine dünne schwingende Platte mit $\lambda=1$, μ=const her, die am Rande gestützt ist. Dabei vernachlässige man die Energie, die durch äußere Kräfte einwirkt, sowie das Drehmoment am Rande und die Arbeit, die durch die Befestigung ausgeführt wird.

3.3 DIE HERLEITUNG DER MAXWELLSCHEN GLEICHUNGEN DER KLASSISCHEN ELEKTRODYNAMIK AUS DEM VARIATIONSPRINZIP

Das Hamilton-Prinzip ist in entsprechender Form auch in der Elektrodynamik gültig. Betrachten wir dazu den einfachen Fall eines geladenen Teilchens (den wir als Materiepunkt (Massepunkt) auffassen wollen) mit Masse m und Ladung e. Dazu gehen wir in das Einheitssystem SI und bezeichnen mit $\underline{v}$ die Geschwindigkeit des Teilchens sowie mit V bzw. $\underline{A}$ das skalare Potential bzw. das Vektorpotential in dem Punkte, in dem sich das Teilchen befindet. Die Energie setzt sich wie folgt zusammen: aus der potentiellen Energie U, der kinetischen Energie T und der Wechselwirkung S des Teilchens mit dem Felde. Diese lassen sich wie folgt berechnen:

$$U = eV, \quad T = \frac{1}{2}mv^2, \quad S=e\underline{A}\underline{v}, \quad \text{wobei } v^2 = \underline{v}\cdot\underline{v}.$$

Faßt man das Feld als gegeben auf, und nimmt man eine Variation der Trajektorie des Teilchens vor, so erhält das Variationsprinzip die Form

$$\delta \int_{t_o}^{t_*} (\frac{1}{2}mv^2+e\underline{A}\underline{v}-eV)\,dt = 0,$$

wobei wir annehmen, daß die Voraussetzungen von Satz 2.1 erfüllt sind.

Aus diesem Satz leitet man für die Bewegungsgleichungen die folgende Form ab:

$$\frac{d}{dt}\frac{\partial}{\partial v_i}(\frac{1}{2}mv^2+e\underline{A}\underline{v}-eV) = \frac{\partial}{\partial x_i}(\frac{1}{2}mv^2+e\underline{A}\underline{v}-eV), \quad i=1,2,3,$$

d.h.

$$\frac{d}{dt}(m\underline{v}+e\underline{A}) = e\nabla(\underline{A}\underline{v})-e\nabla V, \quad \text{wobei } \nabla= \frac{\partial}{\partial x_1}, \frac{\partial}{\partial x_2}, \frac{\partial}{\partial x_3} \quad . \tag{3.16}$$

Differenziert man nach x_i und läßt v_i konstant, dann folgt aus der Identität

$$\nabla(\underline{A}\underline{v})=(\underline{A}\nabla)\underline{v}+(\underline{v}\nabla)\underline{A}+\underline{A}\times(\nabla\times\underline{v})+\underline{v}\times(\nabla\times\underline{A}),$$

daß

$\nabla(\underline{A}\underline{v}) = (\underline{v}\nabla)\underline{A}+\underline{v}\times(\nabla\times\underline{A})$ gilt. Andererseits ist

$$\frac{d}{dt}(m\underline{v}+e\underline{A}) = \frac{d}{dt}(m\underline{v})+e\frac{\partial\underline{A}}{\partial t} + e\sum_{i=1}^{3}\frac{\partial\underline{A}}{\partial x_i}v_i ,$$

d.h.

$$\frac{d}{dt}(m\underline{v}+e\underline{A}) = \frac{d}{dt}(m\underline{v})+e\frac{\partial\underline{A}}{\partial t} + e(\underline{v}\nabla)\underline{A}.$$

Damit geht also die Bewegungsgleichung (3.16) in die Form

$$(\frac{d}{dt})\underline{p} = e\underline{E}+e\underline{v}\times\underline{B} \tag{3.17}$$

über, wobei wir die folgenden Bezeichnungen benutzen:

$$\underline{p} = m\underline{v} \quad (\textit{Impuls}) \tag{3.18}$$

$$\underline{E} = -(\frac{\partial}{\partial t})\underline{A}-\nabla V \quad (\textit{elektrische Feldstärke}) \tag{3.19}$$

$$\underline{B} = \nabla\times\underline{A} \quad (\textit{magnetische Induktion}). \tag{3.2o}$$

Die Größe $\frac{d}{dt}\,\underline{p}$ heißt *Lorentz-Kraft*. Somit sagt Gleichung (3.17) aus, daß die Lorentz-Kraft sich aus der Kraft des auf die Ladung wirkenden elektrischen Feldes und der Kraft des dabei entstehenden magnetischen Feldes zusammensetzt. Eliminiert man $\underline{A}$ und V aus (3.19) und (3.2o) dann erhält man:

$$\nabla\times\underline{E} = -(\frac{\partial}{\partial t})\underline{B}, \quad \text{d.h. rot } \underline{E} = -(\frac{\partial}{\partial t})\underline{B} \tag{3.21}$$

und

$$\nabla\cdot\underline{B} = 0, \quad \text{d.h. div } \underline{B} = 0. \tag{3.22}$$

Die obigen Überlegungen lassen sich ohne Abänderung auf den Fall von n geladenen Teilchen mit Masse m_k und Ladung e_k, $k=1,\dots,n$, übertragen. Sind v_k, V_k, $\underline{A}_k$ die entsprechende Geschwindigkeit, das Skalarpotential und das Vektorpotential in dem Punkte, in dem sich das Teilchen gerade befindet, so gilt für das Wirkungsintegral eine analoge Gleichung. Diese lautet

$$\int_{t_o}^{t_*}\sum_{k=1}^{n}(\frac{1}{2}m_k v_k^2+e_k\underline{A}_k\underline{v}_k-e_kV_k)\,dt, \tag{3.23}$$

und man erhält analog die Bewegungsgleichung als

$$\frac{d}{dt}\,\underline{p} = \sum_{k=1}^{n} e_k(\underline{E}_k+\underline{v}_k\times\underline{B}_k), \tag{3.24}$$

wobei

$$\underline{p} = \sum_{k=1}^{n} m_k\underline{v}_k, \quad \underline{E}_k = -\frac{\partial}{\partial t}\underline{A}_k-\nabla V_k, \quad \underline{B}_k = \nabla\times\underline{A}_k. \tag{3.25}$$

Jetzt wollen wir annehmen, daß die Bewegungen der Ladungen vorgegeben sind und daß wir eine Variation des Feldes, d.h. des Potentials vornehmen. Offensichtlich kann man vom formalen Standpunkt aus das Variationsprinzip wieder durch die Veränderungen der Trajektorien der Teilchen formulieren, d.h. durch die Vektorfunktion die dem betrachteten Zeitpunkt die Lage der Teilchen im Raum zuordnet. Gleichzeitig kann man variable Potentiale einführen. Wir nehmen nun an, daß die Ladung im Raum stetig verteilt ist und ferner, daß die Massendichte $\tilde{\rho}$ sowie die Ladungsdichte ρ Funktionen der Klasse $C^2(D)$ sind. Weiterhin wollen wir $D \times [t_o;t_*]$ als eine kompakte Teilmenge im $\mathbb{R}^4$ auffassen und annehmen, daß die Voraussetzungen von Satz 2.2 erfüllt sind (d.h. die Menge $D \times [t_o;t_*]$ entspricht der Menge D im Satz 2.2). Zur Beschreibung dieses Falles eignet sich besonders die (schon früher) eingeführte Theorie der Distribution insbesondere die Dirac'sche Delta-Distribution (vgl. z.B. [0.11]).

Unter diesen Voraussetzungen wird dann das oben betrachtete Wirkungsintegral durch

$$\int_{t_o}^{t_*} \int\int_D \int \left(\frac{1}{2}\tilde{\rho}v^2 + \rho \underline{A}\underline{v} - \rho V\right) dx_1 dx_2 dx_3 dt \tag{3.26}$$

gegeben. Wir haben uns aber vorgenommen, ein Variationsprinzip für variable Potentiale zu formulieren, um als Konsequenz zu erreichen, daß man einen Gleichungstyp für alle Felder erhält.

Dazu muß man die Komponenten des Wirkungsintegrals berücksichtigen, die eindeutig von den Eigenschaften des Feldes abhängen und in denen die Ladung nicht auftritt. Die Komponenten kann man nun nicht mehr wie bisher als Konstante ohne physikalische Bedeutung zusammenfassen.

Für das aufgestellte Ziel, die Komponenten des Bewegungsintegrals aufzufinden, bedienen wir uns des *Superpositionsprinzips*, das auf den Ergebnissen der Erfahrung beruht. Dieses Prinzip besagt, daß für den Fall, daß zwei Ladungen zwei Felder erzeugen, das von beiden Ladungen erzeugte Feld approximativ gleich der Zusammensetzung der beiden einzelnen Felder ist, d.h. die Feldstärke in jedem Punkt des von beiden Polen erzeugten Feldes ist die Vektorsumme in diesem Punkt. Nach dem Superpositionsprinzip muß die Summe von Feldern, die in der Natur realisiert sind, d.h. den Feldgleichungen genügen, wieder ein Feld ergeben, das in der Natur auftreten kann. Da die Feldgleichung sich als Differentialgleichung schreiben läßt, folgt nach dieser Argumentation, daß sie linear ist.

Damit erhält der Integrand L einen Summanden, der aus einer quadratischen Form besteht, die nur von Funktionen des Feldes abhängt. Dieser Summand trägt zur Feldgleichung unter Variation des Wirkungsintegrals bei. Dieser Teil von L kann keine Potentiale enthalten, da sie nicht eindeutig bestimmt sind. Also lassen wir sie in den Komponenten von (3.26) unberücksichtigt, und nach der Bewegungsgleichung (3.24) ist L also die Summe von 2 quadratischen Formen in den Vektoren $\underline{E}$ und $\underline{B}$, d.h.

$$L = \sum_{i=1}^{3} \sum_{k=1}^{3} a_{i,k} E_i E_k + \sum_{i=1}^{3} \sum_{k=1}^{3} b_{i,k} B_i B_k ,$$

wobei $(E_1,E_2,E_3)=\underline{E}$, $(B_1,B_2,B_3)=\underline{B}$ und $a_{k,i}=a_{i,k}$, $b_{k,i}=b_{i,k}$ für $i,k=1,2,3$ (hierbei ist der Hysteresis-Effekt nicht berücksichtigt). Weiterhin sind die Determinanten der Matrizen $[a_{i,k}]$ und $[b_{i,k}]$ ungleich Null. Wir führen nun die Bezeichnungen ein:

$$\underline{\varepsilon} = [\varepsilon_{i,k}] = [2\varepsilon_o^{-1} a_{i,k}] \quad \textit{(Tensor der elektrischen Permeabilität)},$$

$$\underline{\mu} = [\mu_{k,i}^{-1}]^{-1} = [-2\mu_o b_{i,k}]^{-1} \quad \textit{(Tensor der magnetischen Permeabilität)},$$

wobei ε_o und μ_o die entsprechende elektrische und magnetische Permeabilität im Vakuum bezeichnen. Also erhalten wir:

$$\underline{\varepsilon}\underline{E}^2 = \sum_{i=1}^{3} \sum_{k=1}^{3} \varepsilon_{i,k} E_i E_k , \quad \underline{\mu}^{-1}\underline{B}^2 = \sum_{i=1}^{3} \sum_{k=1}^{3} \mu_{i,k}^{-1} B_i B_k , \tag{3.27}$$

wobei $\underline{E}^2=[E_i E_k]$, $\underline{B}^2=[B_i B_k]$ und

$$\varepsilon_{k,i} = \varepsilon_{i,k} , \quad \mu_{k,i}^{-1}=\mu_{i,k}^{-1} \quad \text{für } i,k=1,2,3. \tag{3.28}$$

Damit ergibt sich

$$L = \frac{1}{2}\varepsilon_o \underline{\varepsilon}\underline{E}^2 - \frac{1}{2}\mu_o^{-1} \underline{\mu}^{-1}\underline{B}^2 , \tag{3.29}$$

und das Variationsprinzip hat nun folgende Form

$$\delta \int_t^{t^*}\iiint_D \left(\frac{1}{2}\rho \tilde{v}^2+\rho \underline{A}\underline{v}-\rho V+\frac{1}{2}\varepsilon_o \underline{\varepsilon}\underline{E}^2 - \frac{1}{2}\mu_o^{-1} \underline{\mu}^{-1}\underline{B}^2\right)dx_1 dx_2 dx_3 dt = 0, \tag{3.3o}$$

wobei wir annehmen, daß die Voraussetzungen von Satz 2.2 erfüllt sind.

Wir bezeichnen jetzt den Integrand von (3.3o) mit L^*. Nach Satz 2.2 haben dann die gesuchten Feldgleichungen (Gleichungen, die das Feld definieren) die Form

$$\sum_{k=1}^{3} \frac{\partial}{\partial x_k} [\partial/\partial(\frac{\partial A_i}{\partial x_k})]L^* + \frac{\partial}{\partial t} [\partial/\partial(\frac{\partial A_i}{\partial t})]L^* = \frac{\partial L^*}{\partial A_i}, \quad i=1,2,3,$$

$$\sum_{k=1}^{3} \frac{\partial}{\partial x_k} [\partial/\partial(\frac{\partial V}{\partial x_k})]L^* + \frac{\partial}{\partial t} [\partial/\partial(\frac{\partial V}{\partial t})]\, L^* = \frac{\partial L^*}{\partial V},$$

d.h. aus den Formeln (3.27), (3.28), (3.19) und (3.2o) erhält man:

$$\frac{\partial}{\partial x_2} \sum_{k=1}^{3} \mu_o^{-1}\mu_{3,k}^{-1}B_k - \frac{\partial}{\partial x_3} \sum_{k=1}^{3} \mu_o^{-1}\mu_{2,k}^{-1}B_k - \frac{\partial}{\partial t} \sum_{k=1}^{3} \varepsilon_o\varepsilon_{1,k}E_k = \rho v_1,$$

$$-\frac{\partial}{\partial x_1} \sum_{k=1}^{3} \mu_o^{-1}\mu_{3,k}^{-1}B_k + \frac{\partial}{\partial x_3} \sum_{k=1}^{3} \mu_o^{-1}\mu_{1,k}^{-1}B_k - \frac{\partial}{\partial t} \sum_{k=1}^{3} \varepsilon_o\varepsilon_{2,k}E_k = \rho v_2,$$

$$\frac{\partial}{\partial x_1} \sum_{k=1}^{3} \mu_o^{-1}\mu_{2,k}^{-1} B_k + \frac{\partial}{\partial x_2} \sum_{k=1}^{3} \mu_o^{-1}\mu_{1,k}^{-1}B_k - \frac{\partial}{\partial t} \sum_{k=1}^{3} \varepsilon_o\varepsilon_{3,k}E_k = \rho v_3,$$

$$-\sum_{k=1}^{3} \frac{\partial}{\partial x_k} \sum_{i=1}^{3} \varepsilon_o\varepsilon_{i,k}E_i = -\rho .$$

Diese obenstehenden Gleichungen kann man in Vektorform schreiben

$$\nabla \times \underline{H} = \frac{\partial}{\partial t} \underline{D}+\underline{j} \quad \text{d.h. rot } \underline{H} = \frac{\partial}{\partial t} \underline{D}+\underline{j}, \tag{3.31}$$

$$\nabla \cdot \underline{D} = \rho \ , \quad \text{d.h. div } \underline{D} = \rho, \tag{3.32}$$

wobei man die folgenden Bezeichnungen einführt

$$\underline{H} = \mu_o^{-1}\underline{\mu}^{-1}\underline{B} \quad \textit{(magnetische Feldstärke)}, \tag{3.33}$$

$$\underline{D} = \varepsilon_o\underline{\varepsilon}\underline{E} \quad \textit{(Dielektrische Erregung)}, \tag{3.34}$$

$$\underline{j} = \rho\underline{v} \quad \textit{(Stromdichtevektor)}. \tag{3.35}$$

Die Gleichungen (3.21), (3.22), (3.31), (3.32), (3.34) zusammen mit $\underline{B} = \mu_o\underline{\mu}\underline{H}$ heißen die *Maxwellschen Gleichungen*.

Der Unterschied zwischen den Vektoren $\underline{D}$ und $\underline{H}$ sowie zwischen $\underline{E}$ und $\underline{B}$ hat einen tiefliegenden physikalischen Grund, sogar im Falle isotroper Medien, in dem $\varepsilon_{i,k}=\mu_{i,k}=0$ für $i\neq k, \varepsilon_{k,k}=\varepsilon, \mu_{k,k}=\mu$ gilt, wie auch im Falle homogener Medien, wo $\varepsilon_{i,k}, \mu_{i,k}$ konstant sind. Die Vektoren $\underline{D}$ und $\underline{H}$ beschreiben die Feldstärke, die ursprünglich von Quellen erzeugt wird, während die Vektoren $\underline{E}$ und $\underline{B}$ Feldeffekte beschreiben, die aus der Wechselwirkung entstehen. Die Wechselwirkung kann man auch dadurch erklären, daß man eine nicht lineare Feldstruktur annimmt (vgl. z.B. [3.17-3.18]). Mathematischer Hinweis: Die Sprechweise "Vektor" $\underline{D}$, $\underline{H}$, etc. bedeutet ausführlich formuliert "Vektorfelder", also Funktionen, die jedem Punkt $(x_1,x_2,x_3,t) \in D \times [t_o;t_*]$ einen Vektor (im engeren Sinne) $\underline{D}(x_1,x_2,x_3,t)$, $\underline{H}(x_1,x_2,x_3,t)$ etc. zuordnen. Die erste Ableitung eines Vektorfeldes ist (vgl. Formel (2.6)) eine doppelt indizierte Matrix und die l-te Ableitung entsprechend eine durch (l+1)-Tupel indizierte Matrix (vgl. Formel (2.21) und (2.22)).

Wie aus den in Paragraph 2.6 durchgeführten Überlegungen hervorgeht, kann man zur Lösung der Maxwellschen Gleichung die Ergebnisse aus dem Satz von Noether verwenden. Diese Beziehungen liefern sieben nicht verschwindende skalare elektromagnetische Felder, also sieben Erhaltungssätze. Sei etwa (x_1,x_2,x_3) ein Punkt, der das Gebiet D durchlaufe mit $t \in [t_o;t_*]$, $\tau \in \mathbb{R}$ und seien $\varphi_1,\ldots,\varphi_7$ reelle Parameter. Dann folgen drei skalare Beziehungen aus der Invarianz des Integrals

$$\int_{t_o}^{t_*} \iiint_D L \, dx_1 dx_2 dx_3 dt \tag{3.36}$$

bezüglich der Translationen

$$\left.\begin{aligned} \tilde{x}_i(\tau)(x_1,x_2,x_3,t) &= x_i+\tau\varphi_i, \quad i=1,2,3, \\ \tilde{t}(\tau)(x_1,x_2,x_3,t) &= t \end{aligned}\right\} \tag{3.37}$$

in der Menge $D \times [t_o;t_*]$ sowie eine weitere aus der Invarianz bezüglich der Translation

$$\left.\begin{aligned} \tilde{x}_i(\tau)(x_1,x_2,x_3,t) &= x_i, \quad i=1,2,3, \\ \tilde{t}(\tau)(x_1,x_2,x_3,t) &= t+\tau\varphi_4 . \end{aligned}\right\} \tag{3.38}$$

Die restlichen drei folgen aus der Invarianz gegenüber der Drehung

$$\left.\begin{aligned} \tilde{x}_1(\tau)(x_1,x_2,x_3,t) &= x_1-\tau\varphi_5 x_2-\tau\varphi_o x_3, \\ \tilde{x}_2(\tau)(x_1,x_2,x_3,t) &= \tau\varphi_5 x_1+x_2-\tau\varphi_7 x_3, \\ \tilde{x}_3(\tau)(x_1,x_2,x_3,t) &= \tau\varphi_6 x_1+\tau\varphi_7 x_2+x_3, \\ \tilde{t}(\tau)(x_1,x_2,x_3,t) &= t . \end{aligned}\right\} \tag{3.39}$$

Zusätzlich sind die Vektoren D und E wie auch L invariant gegenüber der Potentialtransformation

$$\tilde{\underline{A}}[f] = \underline{A}+\nabla f, \quad \tilde{V}[f] = V-(\frac{\partial}{\partial t})f \tag{3.4o}$$

mit $f\in C^2(D\times[t_o;t_*])$. d.h. es liegt die sogenannte *Eichinvarianz* vor, welche es gestattet, die Potentiale $\underline{A}$ und V ohne Veränderung von $\underline{D}$ und $\underline{E}$ durch geeignete Wahl einer entsprechenden Funktion f zu spezifizieren.

Eine ausführliche Darstellung zu diesem Thema findet man in den Monographien [3.17 - 3.18].

Beispiel 3.6: Bestimmt und interpretiert werden sollen die physikalischen Invarianten eines elektromagnetischen Feldes, die sich aus der Invarianz des Integrals (3.36) bezüglich der Translation (3.38) in der Menge $D\times[t_o;t_*]$ ergeben, wobei $(x_1,x_2,x_3)\in D$, $t\in[t_o;t_*]$, $\tau\in\mathbb{R}$ und φ_4 ein reeller Parameter ist.

Ohne Einschränkung der Allgemeinheit kann man offensichtlich annehmen, daß $\varphi_4=1$ ist. Da die Transformation die Trajektorien der Teilchen nicht verändert, führen wir lediglich eine Variation der Potentiale durch. Dazu betrachten wir das System der Potentiale (A_1,A_2,A_3,V), das die Extremale der Variationsaufgabe (3.3o) ist. Nach Satz 2.5 und Korollar 2.5 (Satz von Noether für das abgeschlossene Gebiet $D\times[t_o;t_*]$) erhalten wir:

$$\sum_{k=1}^{3}\frac{\partial}{\partial x_k}\{\sum_{i=1}^{3}[\partial/\partial(\frac{\partial A_i}{\partial x_k})]L\tilde{\psi}_i + [\partial/\partial(\frac{\partial V}{\partial x_k})]L\tilde{\psi}_4+L\cdot O\} +$$
$$+\frac{\partial}{\partial t}\{\sum_{i=1}^{3}[\partial/\partial(\frac{\partial A_i}{\partial t})]L\tilde{\psi}_i +[\partial/\partial(\frac{\partial V}{\partial t})]L\tilde{\psi}_4+L\cdot 1\} =$$
$$= -\sum_{i=1}^{3}\{\frac{\partial\Delta L}{\partial A_i} - \sum_{k=1}^{3}\frac{\partial}{\partial x_k}[\partial/\partial(\frac{\partial A_i}{\partial x_k})]\Delta L - \frac{\partial}{\partial t}[\partial/\partial(\frac{\partial A_i}{\partial t})]\Delta L\}\tilde{\psi}_i -$$
$$-\{\frac{\partial\Delta L}{\partial V} - \sum_{k=1}^{3}\frac{\partial}{\partial x_k}[\partial/\partial(\frac{\partial V}{\partial x_k})]\Delta L - \frac{\partial}{\partial t}[\partial/\partial(\frac{\partial V}{\partial t})]\Delta L\}\tilde{\psi}_4, \tag{3.41}$$

wobei (' bezeichne die Ableitung nach der Variablen τ):

$$\tilde{\psi}_i(x_1,x_2,x_3,t) = \tilde{A}_i'(O)(x_1,x_2,x_3,t),\ i=1,2,3,$$
$$\tilde{\psi}_4(x_1,x_2,x_3,t) = \tilde{V}'(O)(x_1,x_2,x_3,t),$$
$$\tilde{A}(\tau)(x_1,x_2,x_3,t) = A(x_1,x_2,x_3,t-\tau),$$
$$\tilde{V}(\tau)(x_1,x_2,x_3,t) = V(x_1,x_2,x_3,t-\tau),$$
$$\Delta L = L-L^* = -\frac{1}{2}\tilde{\rho}v^2-\rho\underline{Av}+\rho V$$

(siehe Abbildung 18). Also ist

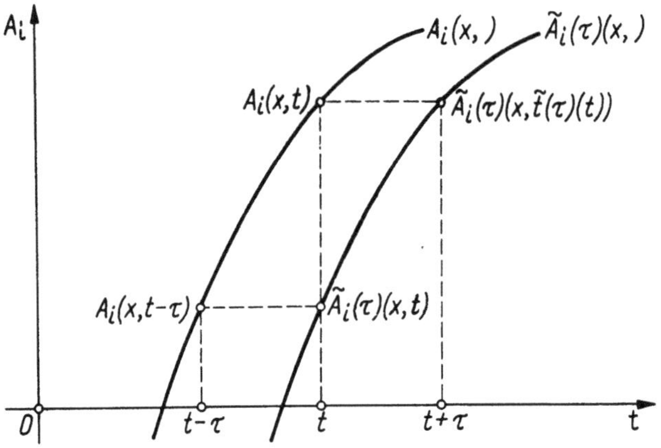

Abbildung 18

$$\psi_i = -\frac{\partial}{\partial t} A_i, \quad i=1,2,3; \quad \psi_4 = -\frac{\partial}{\partial t} V.$$

Nach den Formeln (3.29), (3.27), (3.28), (3.19) sowie (3.2o) kann man (3.41) in der Form

$$\frac{\partial}{\partial x_1} \sum_{k=1}^{3} \mu_o^{-1} (\mu_{3,k}^{-1} B_k \frac{\partial A_2}{\partial t} - \mu_{2,k}^{-1} B_k \frac{\partial A_3}{\partial t}) + \frac{\partial}{\partial x_2} \sum_{k=1}^{3} \mu_o^{-1} (-\mu_{3,k}^{-1} B_k \frac{\partial A_1}{\partial t} +$$

$$+ \mu_{1,k}^{-1} B_k \frac{\partial A_3}{\partial t}) + \frac{\partial}{\partial x_3} \sum_{k=1}^{3} \mu_o^{-1} (\mu_{2,k}^{-1} B_k \frac{\partial A_1}{\partial t} - \mu_{1,k}^{-1} B_k \frac{\partial A_2}{\partial t}) +$$

$$+ \sum_{k=1}^{3} \frac{\partial}{\partial x_k} (\sum_{i=1}^{3} \varepsilon_o \varepsilon_{i,k} E_i \frac{\partial V}{\partial t}) + \frac{\partial}{\partial t}[\sum_{i=1}^{3} \sum_{k=1}^{3} \varepsilon_o \varepsilon_{i,k} E_k \frac{\partial A_i}{\partial t} +$$

$$+ \frac{1}{2} \sum_{i=1}^{3} \sum_{k=1}^{3} (\varepsilon_o \varepsilon_{i,k} E_i E_k - \mu_o^{-1} \mu_{i,k}^{-1} B_i B_k)] = -\rho(\sum_{i=1}^{3} v_i \frac{\partial A_i}{\partial t} - \frac{\partial V}{\partial t})$$

schreiben. Aus (3.33) und (3.34) folgt:

$$\nabla\cdot(\frac{\partial \underline{A}}{\partial t} \times \underline{H}) + \nabla\cdot(\underline{D}\frac{\partial V}{\partial t}) + \frac{\partial}{\partial t}[\underline{D}\frac{\partial \underline{A}}{\partial t} + \frac{1}{2}(\underline{DE}-\underline{BH})] = -\rho(\underline{v}\frac{\partial \underline{A}}{\partial t} - \frac{\partial V}{\partial t}).$$

Um diesen Ausdruck noch weiter zu vereinfachen, eliminieren wir noch das Potential $\underline{A}$. Da nach (3.19) $\frac{\partial}{\partial t}\underline{A} = -\underline{E}-\nabla V$ gilt, erhält man

$$-\nabla\cdot(\underline{E} \times \underline{H}) = -\nabla\cdot(\nabla V \times \underline{H}) + \nabla\cdot(\underline{D}\frac{\partial}{\partial t} V) -$$
$$- \frac{1}{2}\frac{\partial}{\partial t}[2(\underline{DE}+\underline{D}\nabla V) - (\underline{DE}-\underline{BH})] = \rho(\underline{vE}+\underline{v}\nabla V + \frac{\partial}{\partial t} V).$$

Und wegen der Identität $\nabla(\nabla V \times \underline{H})=\underline{H}(\nabla \times \nabla V)-\nabla V(\nabla \times \underline{H})=-\nabla V(\nabla \times \underline{H})$ läßt sich der Ausdruck vereinfachen zu

$$\frac{1}{2}\frac{\partial}{\partial t}(\underline{D}\underline{E}+\underline{B}\underline{H})+\rho\underline{v}\underline{E}-\nabla V(\underline{D}\times\underline{H}-\frac{\partial}{\partial t}\underline{D}-\rho\underline{v})-\frac{\partial}{\partial t}V(\nabla\cdot\underline{D}-\rho)=-\nabla\cdot(\underline{E}\times\underline{H}).$$

Nach (3.35), (3.31) und (3.32) erhält man

$$\frac{1}{2}\frac{\partial}{\partial t}(\underline{D}\underline{E}+\underline{B}\underline{H})+\underline{j}\underline{E} = -\nabla(\underline{E}\times\underline{H}),$$

also

$$W(t)+\int_{t_o}^{t}\iiint_D \underline{j}\underline{E}dx_1dx_2dx_3dt'=c_4, \tag{3.42}$$

wobei

$$W=\frac{1}{2}\iiint_D(\underline{D}\underline{E}+\underline{B}\underline{H})dx_1dx_2dx_3 \quad \textit{(Feldenergie)}, \tag{3.43}$$

und c_4 ist gleich dem über der orientierten Oberfläche ∂D genommenen Integral des *Poyntingschen Vektors* $\underline{E}\times\underline{H}$.

Die Beziehung (3.42)kann man wie folgt interpretieren: In einem Feld mit Energie W befinde sich ein Materie-Körper in Ruhelage. Die Energie erhält man aus dem elektrischen Feld mit Feldstärke $\underline{E}$ und Stromdichtevektor $\underline{j}$. Eliminiert man den Vektor $\underline{E}$ aus der Gleichung $\underline{j}=\lambda(\underline{E}+\underline{E}^*)$ wobei λ eine Konstante und E^* eine äußere elektromotorische Kraft ist, so erhält man

$$\frac{\partial}{\partial t}W = P-Q, \text{ wobei } P=\iiint_D \underline{j}\underline{E}^*dx_1dx_2dx_3,\ Q=\iiint_D \frac{1}{\lambda}\underline{j}\times\underline{j}\,dx_1dx_2dx_3,$$

d.h. den *Energieerhaltungssatz:* Betrachten wir ein elektromagnetisches System in einer geschlossenen Hülle,durch die Strahlung eindringt, so muß die Energie innerhalb der Hülle um den Betrag der Strahlungsenergie zunehmen. Bemerkt sei allerdings, daß die eintretenden Strahlungsenergie auch in Joule'sche Wärme umgewandelt werden kann.

ÜBUNGEN

11. Man zeige, daß das Integral (3.36) invariant ist gegenüber den Transformationen (3.36)-(3.40) ,definiert auf der Menge $D\times[t_o;t_*]$, wobei $(x_1,x_2,x_3)\in D$, $t\in[t_o;t_*]$, mit reellen Parametern $\varphi_1,\ldots,\varphi_7$, für jede Zahl τ eines gewissen Intervalles $[-\tau_o;\tau_o]$, jede Funktion $f\in C^2(D\times[t_o;t_*])$ und jedes abgeschlossene Gebiet $D\subset\mathbb{R}^3$.

12. Abzuleiten und zu interpretieren sind die physikalischen Invarianten eines elektromagnetischen Feldes, die sich aus der Invarianz des Integrals (3.36) bezüglich der Translation (3.37) auf der Menge $D \times [t_o; t_*]$ herleiten lassen, wobei $t \in [t_o; t_*]$, $\tau \in \mathbb{R}$ und $\varphi_1, \ldots, \varphi_3$ reelle Parameter sind.

13. Abzuleiten und zu interpretieren sind die physikalischen Invarianten eines elektromagnetischen Feldes, die sich aus der Invarianz des Integrals (3.36) bezüglich der Drehung (3.39) auf der Menge $D \times [t_o; t_*]$ergeben, wobei $t \in [t_o; t_*]$, $\tau \in \mathbb{R}$ $\varphi_5, \varphi_6, \varphi_7$ reelle Parameter sind.

14. Man zeige, daß die charakteristische Invariante für die Vektoren $\underline{D}$ und $\underline{E}$ nicht zu neuen physikalischen Invarianten führt.

15. Man bezeichne mit c die elektrodynamische Konstante $(\varepsilon_o \mu_o)^{\frac{1}{2}}$ (das ist gerade die Lichtgeschwindigkeit im Vakuum) und nehme an, daß das betrachtete Medium isotrop und homogen ist. Sei

$$\square^2 = \nabla^2 - \frac{1}{c^2} \varepsilon\mu \frac{\partial^2}{\partial t^2} \quad \textit{(d'Alembert-Operator)}$$

($\square^2 = \square \cdot \square$, wobei $\square = (\nabla_1, \nabla_2, \nabla_3, \frac{1}{c^2} |\varepsilon\mu|^{\frac{1}{2}} \frac{\partial}{\partial t})$. Dieses $(\square^2 A_1, \square^2 A_2, \square^2 A_3)$ bezeichnet man symbolisch als $\square^2 \underline{A}$. Man zeige, daß die Charakterisierung der Potentiale $\underline{A}$ und V durch die *Lorentz-Bedingung* $\nabla \cdot \underline{A} = -\frac{1}{c^2} \varepsilon\mu \frac{\partial}{\partial t} V$ zur Einführung der Maxwellschen Gleichung in der Form

$$\square^2 \underline{A} = -\mu_o \mu \underline{j}, \quad \square^2 V = -\varepsilon_o^{-1} \varepsilon^{-1} \rho$$

führt.

3.4 DIE GRUNDLAGEN DER VARIATION VON POTENTIALEN. DIE PRINZIPIEN VON DIRICHLET UND THOMSON

Aus den Relationen (3.43), (3.34) und (3.19) folgt unmittelbar, daß die Energie eines konstanten elektrischen Feldes durch

$$W = \frac{1}{2}\varepsilon_o \iiint_D (\underline{\varepsilon} \operatorname{grad} V) \operatorname{grad} V \, dx_1 dx_2 dx_3$$

gegeben ist. Wir beschränken uns für das Folgende auf den einfachen Fall des ebenen Feldes (den 3-dim. Fall findet man in der Monographie [3.15] und der Arbeit [3.6]). Setzen wir (vgl. [3.5], Teil II, S.62)

$$V^*_{|1} = \varepsilon_*(V_{|1} \cos u - V_{|2} \sin u), \quad V^*_{|2} = \frac{1}{\varepsilon_*} (V_{|1} \sin u + V_{|2} \cos u),$$

wobei

$$\varepsilon_* \cos^2 u + \frac{1}{\varepsilon_*} \sin^2 u = \frac{1}{\varepsilon^*} \varepsilon_{1,1}, \quad \varepsilon_* \sin^2 u + \frac{1}{\varepsilon_*} \cos^2 u = \frac{1}{\varepsilon^*} \varepsilon_{2,2},$$

$$(\varepsilon_* - \frac{1}{\varepsilon_*}) \cos u \sin u = \frac{1}{\varepsilon^*} \varepsilon_{1,2}, \quad \varepsilon^* = (\varepsilon_{1,1}\varepsilon_{2,2} - \varepsilon_{1,2}^2)^{\frac{1}{2}}$$

(aus dem physikalischen Inhalt ergibt sich $\varepsilon_{1,1}\varepsilon_{2,2}-\varepsilon_{1,2}^2>0, \varepsilon_*>0$). Damit ist

$$W = \frac{1}{2}\varepsilon_o \iint_D \varepsilon^* (\text{grad } V^*)^2 dx_1 dx_2. \tag{3.44}$$

Wir betrachten nun den isotropen Fall. Dazu nehmen wir der Einfachheit halber an, daß $\varepsilon^*=\varepsilon$ und $V^*=V$ gilt. Die Energie des isotropen konstanten elektrischen Feldes wird durch das Integral über dem Produkt der elektrischen Permeabilität mit dem Quadrat des Gradienten des (skalaren) Potentials bestimmt. Dies folgt aus dem Energieerhaltungsgesetz (3.42), das in diesem Fall die Form $W(t)=c_4$, $t_o \le t \le t_*$ hat. Es ist der Ausgangspunkt für die Variationstheorie bei konstanten elektrischen Feldern.

Nun wenden wir uns noch einem zweiten wesentlichen Teil zu. Erinnern wir uns an zwei äquivalente (Übung 43, Kapitel 2) Charakterisierungen der Kapazität eines ebenen Kondensators (D,Γ_o,Γ_1). Wir erhalten (unter den Annahmen und Bezeichnungen von Beispiel 2.15):

$$C = \frac{\varepsilon_o}{(V_1-V_o)^2} \iint_D \varepsilon (\text{grad } V)^2 dx_1 dx_2, \tag{3.45}$$

$$C = \frac{\varepsilon_o}{V_1-V_o} \int_\Gamma \varepsilon \, (-V_{|2} dx_1 + V_{|1} dx_2). \tag{3.46}$$

Dabei setzen wir voraus, daß die Annahmen (2.93) aus Beispiel 2.15 hier als eine Konsequenz aus den Maxwellgleichungen (3.32), (3.34), der Relation (3.19) und der Konstanz des elektrischen Feldes aufgefaßt werden. Aus (3.45) und (3.44) mit $\varepsilon^*=\varepsilon$, $V^*=V$ erhält man dann

$$W = \frac{1}{2}C(V_1-V_o)^2. \tag{3.47}$$

Im folgenden definieren wir die *Ladung der Kondensatorplatten* Γ_o und Γ_1 durch

$$q_i=(-1)^{i-1}\varepsilon_o \int_{\Gamma_i} \varepsilon(-V_{|2}dx_1+V_{|1}dx_2),\ i=0,1.$$

Aus der Formel (3.46) erhält man leicht $q_1=-q_o=(V_1-V_o)C$. Setzt man $q_1=q$ so ergibt sich

$$\frac{1}{C}=\frac{V_1-V_o}{q}=\frac{1}{q}\int_{\Gamma^*} V_{|1}dx_1+V_{|2}dx_2, \tag{3.48}$$

wobei Γ^* eine beliebige Kraftlinie für das Potential V ist, deren Anfangspunkt auf Γ_o und deren Endpunkt auf Γ_1 liegt. Nach (3.45) und (3.44) erhalten wir mit $\varepsilon^*=\varepsilon$, $V^*=V$ die Gleichungen:

$$\frac{1}{C}=\frac{\varepsilon_o}{q^2}\int_D\int\varepsilon(\text{grad } V)^2dx_1dx_2 \tag{3.49}$$

und

$$W=\tfrac{1}{2}q^2/C. \tag{3.5o}$$

Hierbei haben wir den Satz von Green benutzt. Ferner haben wir angenommen, daß man über $\Gamma^*,\Gamma_o,\Gamma_1$ sowie den Rest von Γ die Integration durchführen kann; also etwa, daß sich dieser Weg stückweise aus Jordan-Bögen zusammensetzt. Dies führt dann zu einer zu (3.46) analogen Formel.

Die Formeln (3.47) und (3.45) sind der Ausgangspunkt für die Anwendung des Dirichlet-Prinzips. Dieses besagt: Die Energie eines konstanten elektrischen Feldes im Gebiet D ist gleich dem Infimum der Energien über alle winkelfreien elektrischen Felder $\underline{\tilde{E}}\in\{\underline{E}\}$, wobei $\{\underline{E}\}$ die Klasse der Funktionen $\underline{\tilde{E}}=-\text{grad } \tilde{V}$, $\tilde{V}\in\{V\}$ ist (und $\{V\}$ bereits in Beispiel 2.15 definiert wurde), d.h.

$$W=\frac{1}{2}\inf_{\underline{\tilde{E}}\in\{\underline{E}\}}\int_D\int\varepsilon_o\varepsilon\tilde{E}^2dx_1dx_2,\ \text{mit } \tilde{E}^2=\underline{\tilde{E}}\cdot\underline{\tilde{E}}. \tag{3.51}$$

Die Formeln (3.5o) und (3.49) bilden den Ausgangspunkt für die Anwendung des *Thomson-Prinzips*. Die Energie eines konstanten elektrischen Feldes im Gebiet D ist der kleinste Wert bezogen auf die Energien aller quellfreien Felder $\underline{\tilde{D}}\in\{\underline{D}\}$ der Energiedichte $\frac{1}{2}\,\underline{\tilde{E}}\cdot\underline{\tilde{D}}=\frac{1}{2}\,(\frac{1}{\varepsilon_o\varepsilon})\underline{\tilde{D}}\cdot\underline{\tilde{D}}$. Hierbei ist $\{\underline{D}\}$ die Klasse der Funktionen $\underline{\tilde{D}}\in[C^2(\text{cl } D)]^2$, deren Integrale über die orientierten Kurven Γ_o und Γ_1 den Wert q ergeben. Damit erhalten wir

$$W=\frac{1}{2}\inf_{\underline{\tilde{D}}\in\{\underline{D}\}}\int_D\int\frac{1}{\varepsilon_o\varepsilon}\tilde{D}^2dx_1dx_2\ \text{mit } \tilde{D}^2=\underline{\tilde{D}}\cdot\underline{\tilde{D}}. \tag{3.52}$$

Also folgt das Dirichlet-Prinzip aus einer Variation des elektrischen Feldes und das Thomson-Prinzip aus einer Variation des Vektors der elektrischen Induktion.

Wir beweisen zuerst das Dirichlet-Prinzip. Sei $\tilde{V}=V+h$. Damit gilt nach (3.47) und (3.45)

$$\iint_D \varepsilon\,(\text{grad}\,\tilde{V})^2 dx_1 dx_2 = \frac{2}{\varepsilon_o} W + 2\iint_D \varepsilon\,\text{grad}\,V\,\text{grad}\,h\,dx_1 dx_2 + \\ + \iint_D \varepsilon(\text{grad}\,h)^2 dx_1 dx_2.$$

Benutzt man nun den Satz von Green, die Randbedingungen sowie Formel (2.93), so erhält man

$$\iint_D \varepsilon\,\text{grad}\,V\,\text{grad}\,h\,dx_1 dx_2 = -\int_{\partial D} \varepsilon h(-V_{|2}dx_1 + V_{|1}dx_2) - \\ - \iint_D \text{div}\,(\varepsilon\,\text{grad}\,V)h dx_1 dx_2 = 0.$$

Aus physikalischen Gründen ist $\varepsilon>0$ gesichert, und somit ist der Beweis erbracht.

Wir beweisen nun das Thomson-Prinzip. Sei $\tilde{\underline{D}}=-\varepsilon_o\varepsilon\,\text{grad}\,V+\underline{h}$, $h^2=\underline{h}\cdot\underline{h}$. Dann gilt nach (3.5o) und (3.49)

$$\iint_D \frac{1}{\varepsilon}\tilde{D}^2 dx_1 dx_2 = 2\varepsilon_o W - 2\varepsilon_o \iint_D \text{grad}\,V\cdot\underline{h}\,dx_1 dx_2 + \iint_D \frac{1}{\varepsilon} h^2 dx_1 dx_2.$$

Benutzt man wieder den Green'schen Satz, die Randbedingung und die Tatsache, daß das Feld $\tilde{\underline{D}}$ quellenfrei ist, (d.h. div $\underline{h}=0$), so folgt

$$\iint_D \text{grad}\,V\cdot\underline{h}\,dx_1 dx_2 = -\int_{\partial D} V(-h_2 dx_1 + h_1 dx_2) - \iint_D V\,\text{div}\,\underline{h}\,dx_1 dx_2 = 0.$$

Wegen $\varepsilon>0$ folgt die Behauptung.

Das Dirichlet- ebenso wie das Thomson-Prinzip kann auch unter Benutzung der Kapazität ausgedrückt werden. Nach (3.47) und (3.5o) haben wir entsprechend $C=2W/(V_1-V_o)^2$ sowie $C=\frac{1}{2}q^2/W$. Also erhält man analog zu (3.45) und (3.49) die Ausdrücke

$$C = \frac{\varepsilon_o}{(V_1-V_o)^2} \inf_{\tilde{\underline{E}}\in\{\underline{E}\}} \iint_D \varepsilon\tilde{E}^2 dx_1 dx_2 \qquad \textit{(Dirichlet-Prinzip)}, \qquad (3.53)$$

$$C = \frac{q^2}{\varepsilon_o^{-1}} \sup_{\tilde{\underline{D}}\in\{\underline{D}\}} \left[1/\iint_D \frac{1}{\varepsilon} D^2 dx_1 dx_2\right] \qquad \textit{(Thomson-Prinzip)}. \qquad (3.54)$$

Wir kommen zu einem weiteren erwähnenswerten Fall. Wir können uns beim Dirichlet-Prinzip (in der Form (3.51) oder (3.53)) auf den exemplarischen Fall elektrischer Felder der Form $\tilde{\underline{E}}=-\text{grad}\ \tilde{V}$ mit $\tilde{V}\in\{V\}$ beschränken und analog können wir uns beim Thomson-Prinzip (in der Form (3.52) oder (3.54)) exemplarisch auf Vektoren der elektrischen Induktion der Form $\tilde{\underline{D}}=-\varepsilon_o\varepsilon\ \text{grad}\ \tilde{V}$ mit $\tilde{V}\in\{V\}$ beschränken. Der oben gegebene Beweis gilt dann ohne Abänderung. Diese spezielle Form des Thomson-Prinzips, ausgedrückt als entsprechendes Randintegral (für den Fall ε=const), war schon bei Gauß bekannt. Wir nennen es (auch für den Fall $\varepsilon\neq$const) *Gauß'sches Prinzip.*

Im folgenden wollen wir uns von den etwas unbequemen Randbedingungen dadurch lösen, daß wir die Formeln für die Ladung q und den Potentialunterschied V_1-V_o ausnutzen.

$$q = \varepsilon_o \int_\Gamma \varepsilon(-V_{|2}\, dx_1+V_{|1}dx_2)\,, \quad V_1-V_o = \int_{\Gamma^*} V_{|1}dx_1+V_{|2}dx_2.$$

Der Einfachheit halber beschränken wir uns auf Kurven $\Gamma\in\{\Gamma\},\Gamma^*\in\{\Gamma^*\}$ mit folgenden Eigenschaften: $\{\Gamma\}$ sei die Familie aller glatten Kurven, die Γ_o und Γ_1 in Jordan-Bögen zerlegen, die im Gebiet D verlaufen und die mit der Orientierung im physikalischen Sinne versehen sind. $\{\Gamma^*\}$ sei die Familie aller glatten Jordan-Bögen, die in D die Platten verbinden, wobei der Anfangspunkt der orientierten Kurve Γ^* auf Γ_o liegt und der Endpunkt auf Γ_1.

Weiterhin bezeichnen wir mit $\{\tilde{V}\}$ die Klasse aller Funktionen $V\in C^2(\text{cl}\ D)$, die (1) konstante, aber verschiedene Werte auf den Kondensatorplatten haben (diese Konstanten können für verschiedene Funktionen verschieden sein), die (2) der Bedingung genügen, daß ihre Normalenableitung längs dem restlichen Teil des Randes ∂D identisch null ist und (3) deren Niveauflächen zu den Gradientenlinien transversal verlaufen. (Also sind Γ und Γ^* bezüglich einer vorgegebenen Potentialbelegung aufzufassen als die entsprechenden Equipotentiale und Kraftlinien. $\tilde{V}$ ist ein Testpotential). Damit gehen das Dirichlet und Thomson-Prinzip in die entsprechenden Formen

$$C=\varepsilon_o \inf_{\tilde{V}\in\{V\}} \Big[\iint_D \varepsilon(\text{grad}\ \tilde{V})^2 dx_1dx_2 / (\inf_{\Gamma^*\in\{\Gamma^*\}} \Big|\int_{\Gamma^*} \tilde{V}_{|1}dx_1+\tilde{V}_{|2}dx_2\Big|)^2\Big], \quad (3.55)$$

$$C=\varepsilon_o \sup_{\tilde{V}\in\{\tilde{V}\}} \Big[(\inf_{\Gamma\in\{\Gamma\}} \Big|\int_\Gamma -\varepsilon\tilde{V}_{|2}dx_1+\varepsilon\tilde{V}_{|1}dx_2\Big|)^2 / \iint_D \frac{1}{\varepsilon}(\text{grad}\ \tilde{V})^2 dx_1dx_2\Big]. \quad (3.56)$$

über.

Um die Formel (3.55) zu beweisen, bemerken wir zunächst, daß das Infimum des absoluten Betrages über das Kurvenintegral, das in dieser Formel auftritt, angenommen wird. Γ^* ist nämlich eine Gradientenlinie (also eine Kraftlinie) für die Funktion (bzw. für das Testpotential) $\tilde{V}: -\tilde{V}_{|2}(\tilde{x}_1,\tilde{x}_2)\tilde{x}_1' + \tilde{V}_{|1}(\tilde{x}_1,\tilde{x}_2,)\tilde{x}_2' = 0$, wobei $[0;r(\Gamma^*)]\ni r \mapsto (\tilde{x}_1(r),\tilde{x}_2(r))$ die Vektorgleichung der Kurve Γ^* darstellt. Angenommen es sei dr das Bogenelement, d.h. es gelte $x_1'^2 + x_2'^2 = 1$. Damit ist $|\tilde{V}_{|1}\tilde{x}_1' + \tilde{V}_{|2}\tilde{x}_2'| = |\text{grad } \tilde{V}|$ und da (nach Definition) die Funktion $\tilde{V}$ ein konstantes Vorzeichen auf Γ^* hat, ist also Formel (3.55) äquivalent zu der Formel

$$C = \varepsilon_0 \inf_{\tilde{V}\in\{\tilde{V}\}} \left[\iint_D \varepsilon(\text{grad } \tilde{V})^2 dx_1 dx_2 / \left(\int_0^{r(\Gamma^*)} |\text{grad } \tilde{V}(\tilde{x}_1,\tilde{x}_2)| dr \right)^2 \right]. \quad (3.57)$$

Hierbei ist Γ^* eine beliebige Gradientenlinie für $\tilde{V}$.

Wir wenden nun die Schwarz'sche Ungleichung auf das Integral an.

$$\int_0^{r(\Gamma^*)} |\text{grad } \tilde{V}(\tilde{x}_1,\tilde{x}_2)| dr \leq \left\{ \int_0^{r(\Gamma^*)} \varepsilon(\tilde{x}_1,\tilde{x}_2)[\text{grad } \tilde{V}(\tilde{x}_1,\tilde{x}_2)]^2 a(\tilde{x}_1,\tilde{x}_2) dr \right\}^{\frac{1}{2}}$$
$$\cdot \left\{ \int_0^{r(\Gamma^*)} [1/\varepsilon(\tilde{x}_1,\tilde{x}_2) a(\tilde{x}_1,\tilde{x}_2)] dr \right\}^{\frac{1}{2}}, \quad (3.58)$$

wobei a eine stetige nirgends verschwindende Funktion sei, die wir im folgenden noch spezifizieren werden. Auf der anderen Seite folgt aus der Definition der Klasse $\{\tilde{V}\}$, daß für jede Funktion $\tilde{V}\in\{\tilde{V}\}$ Konstanten s_o und s_* existieren, so daß die Familie der Kurven $\{\Gamma^*(s): s_o \leq s \leq s_*\}$, wobei $\Gamma^*(s)$ die Kurve mit $\tilde{V}(\tilde{x}_1,\tilde{x}_2) = s$ sei, das Gebiet D *ausfegen:* Durch jeden Punkt des abgeschlossenen Gebietes cl D verläuft genau eine Kurve der betrachteten Familie. Daher kann man den Satz über die Variablentransformation für Doppelintegrale anwenden und erhält:

$$\iint_D \varepsilon\, (\text{grad } \tilde{V})^2 dx_1 dx_2 = \int_{s_o}^{s_*} \int_0^{r(s)} \varepsilon(\tilde{x}_1,\tilde{x}_2)[\text{grad } \tilde{V}(x_1,x_2)]^2 \cdot |J_{\tilde{x}}(\tilde{x}_1,\tilde{x}_2)| dr ds \quad (3.59)$$

Hierbei bezeichnet $J_{\tilde{x}}$ die Jacobi-Determinante der Abbildung $(r,s) \mapsto (\tilde{x}_1,\tilde{x}_2)$.

Setzt man nun $a = |J_{\tilde{x}}|$ dann folgt aus (3.58) und (3.59), daß

$$\frac{\iint_D \varepsilon(\text{grad } \tilde{V})^2 dx_1 dx_2}{\left(\int_0^{r(\Gamma^*)} |\text{grad } \tilde{V}(\tilde{x}_1,\tilde{x}_2)| dr \right)^2} \geq \int_{s_o}^{s_*} \frac{ds}{\int_0^{r(s)} [1/\varepsilon(\tilde{x}_1,\tilde{x}_2) |J_{\tilde{x}}(\tilde{x}_1,\tilde{x}_2)|] dr}$$

gilt.

In der obigen Abschätzung gilt das Gleichheitszeichen genau dann, wenn es auch in (3.58) gilt, also wenn

$$\frac{|\operatorname{grad} \tilde{V}(x_1,x_2)|}{\int\limits_0^{r(s(x_1,x_2))} |\operatorname{grad} \tilde{V}(\tilde{x}_1,\tilde{x}_2)|dr} = \frac{1/\varepsilon(x_1,x_2)|J_{\tilde{x}}(x_1,x_2)|}{\int\limits_0^{r(s(x_1,x_2))} [1/\varepsilon(\tilde{x}_1,\tilde{x}_2)|J_{\tilde{x}}(\tilde{x}_1,\tilde{x}_2)|]dr} \tag{3.6o}$$

erfüllt ist. Hierbei ist $s(x_1,x_2)$ die Lösung des Gleichungssystems $\tilde{x}_1(r,s)=x_1$, $\tilde{x}_2(r,s)=x_2$. Da das Potential V der Gleichung (2.93) genügt, ist die Beziehung (3.6o) insbesondere für $\tilde{V}=V$ (man muß nachweisen, daß dies die einzige Lösung ist) erfüllt. Damit haben wir die Formel (3.57) ebenso wie die Formel (3.55) abgeleitet. Die führt uns zu der folgenden neuen Beziehung:

$$C = \varepsilon_o \inf_{\tilde{V}\in\{\tilde{V}\}} \int\limits_{s_o}^{s_*}\{1/\int\limits_o^{r(s)} [1/\varepsilon(\tilde{x}_1,\tilde{x}_2)|J_{\tilde{x}}(\tilde{x}_1,\tilde{x}_2)|]dr\}ds. \tag{3.61}$$

Hierbei ist $-\tilde{V}_{|2}(\tilde{x}_1,\tilde{x}_2)\tilde{x}_1'+\tilde{V}_{|1}(\tilde{x}_1,\tilde{x}_2)\tilde{x}_2'=0$, $\tilde{x}_1'^2+\tilde{x}_2'^2=1$ und das Infimum wird für $\tilde{V}=V$ angenommen.

Analog beweist man die Formel (3.56), wobei die den Formeln (3.57) (3,6o) sowie (3.61) entsprechenden Ausdrücke durch

$$C = \varepsilon_o \sup_{\tilde{V}\in\{\tilde{V}\}} [(\int\limits_0^{s(\Gamma)} \varepsilon(\tilde{x}_1^*,\tilde{x}_2^*)|\operatorname{grad} \tilde{V}(\tilde{x}_1^*,\tilde{x}_2^*)|ds)^2/\iint\limits_D \frac{1}{\varepsilon}(\operatorname{grad} \tilde{V})^2dx_1dx_2] \tag{3.62}$$

ersetzt wird. Γ stellt eine Niveaulinie für $\tilde{V}$ dar bezüglich der Vektorfunktion $[s(\Gamma);0]\ni s\mapsto(\tilde{x}_1^*(s),\tilde{x}_2^*(s))$

$$\frac{\varepsilon(x_1,x_2)|\operatorname{grad} \tilde{V}(x_1,x_2)|}{\int\limits_0^{s(r(x_1,x_2))} \varepsilon(\tilde{x}_1^*,\tilde{x}_2^*)|\operatorname{grad} \tilde{V}(\tilde{x}_1^*,\tilde{x}_2^*)|ds} =$$

$$= \frac{\varepsilon(x_1,x_2)/|J_{\tilde{x}^*}(x_1,x_2)|}{\int\limits_0^{s(r(x_1,x_2))} [\varepsilon(\tilde{x}_1^*,\tilde{x}_2^*)/|J_{\tilde{x}^*}(\tilde{x}_1^*,\tilde{x}_2^*)|]ds}, \tag{3.63}$$

wobei $r(x_1,x_2)$ die Lösung des Gleichungssystems $\tilde{x}_1^*(r,s)=x_1$, $\tilde{x}_2^*(r,s)=x_2$ ist und

$$C = \varepsilon_o \sup_{\tilde{V}\in\{\tilde{V}\}} \int\limits_{r_o}^{r_*} \{1/\int\limits_0^{s(r)} [\varepsilon(\tilde{x}_1^*,\tilde{x}_2^*)/|J_{\tilde{x}^*}(\tilde{x}_1^*,\tilde{x}_2^*)|]ds\}dr \tag{3.64}$$

gilt mit $\tilde{V}_{|1}(\tilde{x}_1^*,\tilde{x}_2^*)\tilde{x}_1^{*\prime}+\tilde{V}_{|2}(\tilde{x}_1^*,\tilde{x}_2^*)\tilde{x}_2^{*\prime}=0$, $\tilde{x}_1^{*\prime 2}+\tilde{x}_2^{*\prime 2}=1$. Dabei ist $\{\Gamma(r):r_o\le r\le r_*\}$ die Familie der Niveaulinien und die Familie der dazu orthogonalen Kurven $\{\Gamma^*(s):s_o\le s\le s_*\}$, wobei das Supremum angenommen wird für $\tilde{V}=V$.

Wir gehen nun zur Interpretation der Formeln (3.53) und (3.54) bzw. (3.55) und (3.56) über. Zunächst liefern sie uns eine Variationscharakterisierung der Kapazität (und damit der Energie) in Ausdrücken der ersten Variation der entsprechenden Integrale (3.45) und (3.49): Die Gleichung (2.93) kann man durch die Bedingung ersetzen, daß die erste Variation der entsprechenden Integrale (3.45) und (3.49) verschwindet. Dies führt, wie schon in den Beispielen 1.14 und 2.4 nachgewiesen wurde, zu einer Illustration von Satz 1.16. Die analoge Variationscharakterisierung (2.96) in Ausdrücken der ersten Variation des Integrals (3.46) haben wir im Beispiel 2.16 erreicht und eine entsprechende Charakterisierung läßt sich auch für das Integral (3.48) durchführen. Als zweiten Punkt bemerken wir Folgendes: Die Formeln (3.53) und (3.54) bzw. (3.55) und (3.56) und auch die Variationscharakterisierung (2.96) geben uns eine Methode in die Hand, durch die die Kapazität (also auch die Energie) und sogar die optimale Kapazität für ein gegebenes Problem numerisch berechnet werden kann. Zum Schluß bemerken wir noch, daß *alle hier für die Kapazität diskutierten Formeln richtig bleiben, sofern man nicht die Kapazität eines Kondensators, sondern einen isolierten aufgeladenen Leiter* Γ_1 *betrachtet*, der in einem Dielektrikum der relativen Permeabilität ε verläuft. Dazu faßt man die zweite (Kondensator)Platte Γ_0 als einen Punkt im Unendlichen mit $V_0=0$ auf.

Beispiel 3.7: Für die praktische Berechnung der Kapazität sind die Formeln (3.61) und (3.64) von wesentlicher Bedeutung. Sie gestatten es nämlich auf einfache Art die Kapazität nach oben und unten abzuschätzen, sofern das Potential näherungsweise bekannt ist, d.h. wenn man es durch ein angenähertes Testpotential ersetzen kann. Genauso wie bei der Herleitung der Formel (3.61) läßt man die Äquipotentiallinien fest und führt die Variation bezüglich der approximierten Kraftlinien durch. Im Fall der Formel (3.64) hält man die Kraftlinien fest und variiert bezüglich der approximativen Äquipotentiallinien.

Dies fällt in das allgemeine Schema der Variationsmethode von Rayleigh-Ritz, die wir im Paragraphen 4.7 besprechen werden. Man beschränkt sich auf eine zulässige Klasse von Funktionen, die nicht mehr von zwei, sondern nur noch von einer reellen Variablen abhängen. Offensichtlich hängt dann die Genauigkeit der Approximation von der Wahl der Testäquipotentiallinien ab, d.h. bei Formel (3.61) und bei Formel (3.64) von der Wahl der approximativen Testkraftlinien.

Bei der numerischen Berechnung ist auch noch die Interpretation der Absolutbeträge der Jacobi-Determinante $|J_{\tilde{x}}(\tilde{x}_1,\tilde{x}_2)|$ bzw. $|J_{\tilde{x}}(\tilde{x}_1^*,\tilde{x}_2^*)|$ im Punkte (r,s) von Bedeutung. Im Falle von Formel (3.61) ist es der

Grenzwert des Abstandes zwischen der Kurve $\Gamma^*(s+\Delta s)$ und dem Punkt $(r,s)\in\Gamma^*(s)$, der bezüglich Δs für $\Delta s\to 0$ genommen wird. Im Fall der Formel (3.64) ist es der Grenzwert des Abstandes zwischen der Kurve $\Gamma(r+\Delta r)$ und dem Punkt $(r,s)\in\Gamma(r)$, der bezüglich Δr für $\Delta r\to 0$ eingesetzt wird.

Für den Fall eines isotropen und homogenen Mediums sind in der Monographie [3.15] mehrere konkrete Rechnungen vorgeführt worden. Dabei wurden als Kondensatorplatten etwa Kreisscheiben, Quadrate, Würfeloberflächen, Rotationsoberflächen, Parallelogramme und ähnliches behandelt. Für ein inhomogenes nicht isotropes Medium führt diese Methode, falls man sie unverändert anwendet, auf Berechnungsschwierigkeiten. Ein bequemer Rechenalgorithmus wurde von Hirsch, Pfluger und Schopf [3.4] erarbeitet.

Beispiel 3.8: Ein weiteres wichtiges Problem ist das Auffinden der optimalen Kapazität für ein gegebenes Problem. Die Tatsache, daß in einem isotropen und homogenen Medium unter allen isolierten, geladenen, ebenen Platten konstanter Flächen die Kreisscheibe die größte Kapazität besitzt, wurde zuerst 1918 von T. Carleman gezeigt. Das analoge Faktum, daß unter allen isolierten, geladenen Körpern festen Volumens (eine Definition des Volumens eines Körpers findet man in [0.6] S.353), die sich in einem homogenen und isotropen Medium befinden, die Kugel die größte Kapazität hat, wurde zuerst von G. Szego im Jahre 193o gezeigt. Die Beweise zu diesen Ergebnissen, die mit Symmetrieargumenten hergeleitet werden, findet man in der schon zitierten Monographie [3.15].

Zum Schluß verweisen wir noch auf einige andere Interpretation der besprochenen Ergebnisse, die ebenfalls möglich sind (vgl. [3.5] und [3.10]). Die bisherige Interpretation der Ergebnisse kann man wie folgt stichpunktartig zusammenfassen:

(a) V-konstantes elektrisches Potential im Dielektrikum D zwischen den Platten Γ_0 und Γ_1, ε-elektrische Permeabilität, $-\varepsilon$ grad V = Dielektrische Erregung, C-Kapazität des Kondensators (D,Γ_0,Γ_1).

Als weitere mögliche Interpretationen existieren (die entsprechende Kapazität ist bis auf eine multiplikative Konstante angegeben):

(b) V wie oben, ε-Suszeptibilität, ε grad V die elektrische Polarisation, C-Gesamtsuszeptibilität des Mediums (D,Γ_0,Γ_1).

(c) V-Potential eines konstanten elektrischen Feldes im Leiter D, der am Rande $D\partial\setminus\Gamma_o\setminus\Gamma_1$ isoliert ist. ε-elektrische Leitfähigkeit $-\varepsilon$ grad V = Stromdichtevektor (Ohmsches Gesetz), C-elektrische Strom stärke, die durch das Medium (D,Γ_o,Γ_1) fließt, bestimmt von der Spannungsdifferenz V_1-V_o.

(d) V-Potential eines konstanten magnetischen Feldes im Medium (D,Γ_o,Γ_1), ε-magnetische Permeabilität, ε grad V magnetische Induktion, C-Gesamtmagnetische Induktion des Mediums (D,Γ_o,Γ_1), die von der Potentialdifferenz herrührt.

(e) V wie oben, ε-magnetische Suszeptibilität, ε grad V = Magnetisierung, C-Gesamtmagnetisierung des Mediums (D,Γ_o,Γ_1).

Weitere Anwendungen des behandelten Formalismus findet man auch in der Mechanik, in der Hydrodynamik, der Thermodynamik und der Quantenmechanik (vgl. dazu die Übungen).

ÜBUNGEN

16. Welches Prinzip entspricht dem von Dirichlet und Thomson?

17. Man gebe einen direkten Beweis für das Gauß-Prinzip.

18. Man beweise das Thomson-Prinzip in der durch Formel (3.56) ausgedrückten Version.

19. Zu den Kapazitätsformeln (3.61) und (3.64) leite man analoge Formeln für ein Feld im $\mathbb{R}^3$ her, welches symmetrisch bezüglich der Achse $x_1=x_3=0$ ist (Kühnau [3.5]).

2o. Zu den Formeln für die Berechnung der Kapazität (3.61) und (3.64) leite man analoge Formeln her für ein bezüglich der Achse $x_1=x_2=0$ schraubensymmetrisches Feld im $\mathbb{R}^3$ mit der Ganghöhe $\frac{2\Pi}{\lambda}$. (Kühnau [3.7]).

21. Man interpretiere die Sätze über die Kapazitäten in der Hydrodynamik.

22. Man interpretiere die Sätze über die Kapazitäten in der Thermodynamik.

3.5 DIE ZUSTANDSANALYSE EINES SYSTEMS MIT ZWEI ODER MEHREREN ENERGIEARTEN

Viele elektrische Einrichtungen, insbesondere solche, die elektrische Energie in mechanische Arbeit verwandeln, enthalten sowohl mechanische als auch elektrische Funktionsteile. Man sagt, daß sie *mehrfache Eingänge* (bzw. *Ausgänge*) haben. Dabei versteht man unter einem *Eingang* (bzw. *Ausgang*) diejenige Stelle eines elektromagnetischen Systems, in der mechanische oder elektrische Energie erzeugt (oder verbraucht) wird. Wir nehmen an, daß sie völlig getrennt voneinander sind. Man sagt in einem solchen Fall, daß sich das betrachtete System aus *konzentrierten Elementen* zusammensetzt. Der elektrische Teil der Einrichtung bezieht seine Energie vom elektrischen wie vom magnetischen Feld. Allerdings überwiegt bei vielen Einrichtungen eine dieser Energiearten und wir vernachlässigen dann die zweite.

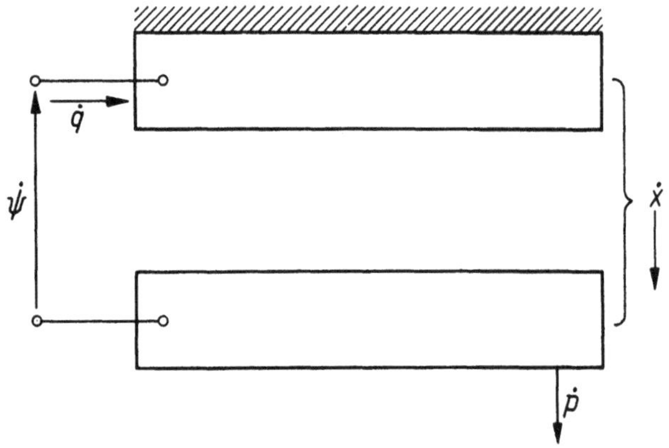

Abbildung 19

Betrachten wir zuerst ein elektromechanisches System mit m mechanischen Eingängen, mit n elektrischen Eingängen und mit *gekoppelten Kapazitäten*; d.h. der elektrische Teil bezieht (fast ausschließlich) seine Energie aus dem elektrischen Feld (vgl. das einfache Schema eines Zwei-Eingangssystems in Abb. 19). Wir wählen als allgemeine Koordinaten die Ortskoordinaten x_i, $i=1,\ldots,m$ der mechanischen beweglichen Teile sowie die elektrischen Ladungen q_k, $k=1,\ldots,n$ der elektrischen (unbeweglichen) Teile. Weiterhin seien diese Koordinaten unabhängig. Also sind entsprechend $\dot{x}_i$ bzw. $\dot{q}_k$ die Geschwindigkeit des mechanischen Teilchens bzw. die Stromstärke in den elektrischen Teilen. Mit p_i bezeichnen wir den Impuls der konzentrierten Masse im i-ten Eingang (also ist $\dot{p}_i$ die einwirkende Kraft auf die i-te mechanische Koordinate) und mit $\dot{\psi}_k$ bezeichnen wir das elektrische Spannungsgefälle im k-ten elektrischen Eingang, der eine M a s c h e (ein elementarer geschlossener Kreis) des elektrischen Kreises oder Netzes ist.

Um im folgenden auch die Dämpfung durch die Viskosität zu berücksichtigen, bezeichnen wir mit $\dot{p}_i^*$ die Übertragungskraft bezüglich der Dämpfung im i-ten Element. Mit dem Ziel, den Widerstand (Resistenz) zu berücksichtigen, bezeichnen wir mit $\dot{\psi}_k^*$ das Spannungsgefälle bei allen Widerständen der k-ten Schleife. Sei Q_i die Resultante aller nichtkonservativen äußeren Kräfte, die zum i-ten mechanischen Eingang beitragen und sei Q_k^* die algebraische Summe aller Spannungsquellen (d.h. aller äußeren elektromotorischen Kräfte) in der k-ten Masche.

Nehmen wir noch an, daß der Endzustand des Systems erreicht wird, indem zuerst alle mechanischen Koordinaten festgelegt werden und man dann die angespeicherte Ladung in den einzelnen elektrischen Eingängen vergrößert, ausgehend von ihrem Anfangswert $q_k(t_o)=0$ bis hin zu ihrem Endwert $q_k(t_*)$, $k=1,2,\ldots,n$.

Dann bestimme man die potentielle sowie die kinetische Energie der mechanischen Teile des Systems durch

$$U(t,x(t)) = \sum_{k=1}^{m} \int_{t_o}^{t} {}'\dot{p}_i \dot{x}_i dt',$$

$$T(t,x(t),\dot{x}(t)) = \sum_{k=1}^{m} \int_{t_o}^{t} {}'p_i \ddot{x}_i dt', \tag{3.65}$$

wobei $x=(x_1,\ldots,x_m)$ und

$${}'\dot{p}_i(t')=\hat{\dot{p}}_i(x(t')),\ \hat{\dot{p}}_i(x)=\dot{p}_i,\ {}'p_i(t')=\hat{p}_i(x(t')),\ \hat{p}_i(\dot{x})=p_i .$$

Zur potentiellen Energie der mechanischen Teilchen gehört weiterhin noch die vom elektrischen Teil bezogene Energie aus dem elektrischen Feld, also

$$W(x(t),q(t)) = \sum_{k=1}^{n} \int_{t_o}^{t} {}'\dot{\psi}_k \dot{q}_k dt', \tag{3.66}$$

wobei $q=(q_1,\ldots,q_n)$ und

$${}'\dot{\psi}_k(t')=\hat{\dot{\psi}}_k(x,q_1,\ldots,q_{k-1},q_k(t'),0,\ldots,0),\ \hat{\dot{\psi}}_k(x,q)=\dot{\psi}_k .$$

Weiterhin muß man noch den Energieverlust berücksichtigen, der sich aus der Dämpfung (Reibung) sowie dem Widerstand ergibt (vgl. [6] S. 81):

$$S(t,\dot{x}(t)) = \int_{t_o}^{t} F\,dt', \text{wobei } F(t,\dot{x}(t)) = \sum_{i=1}^{m} \int_{t_o}^{t} \dot{p}_i^* \ddot{x}_i dt', \tag{3.67}$$

$$S^*(t,\dot{q}(t)) = \int_{t_o}^{t} F^* dt', \text{ wobei } F^*(\dot{q}(t)) = \sum_{i=1}^{n} \int_{t_o}^{t} \dot{\psi}_k^* \ddot{q}_k dt' \tag{3.68}$$

mit $'\dot{p}_i^*(t') = \hat{\dot{p}}_i^*(\dot{x}(t'))$, $\hat{\dot{p}}_i^*(x) = \dot{p}_i^*$ und

$$'\dot{\psi}_k^*(t') = \hat{\dot{\psi}}_k^*(\dot{q}_1,\ldots,\dot{q}_{k-1},\dot{q}_k(t'),0,\ldots,0),\ \hat{\dot{\psi}}_k^*(q) = \dot{\psi}_k^*.$$

Die Funktion F heißt die *mechanische Dispersions-Funktion von Rayleigh* und F* die *elektrische Dispersions-Funktion von Rayleigh*. Die Formel (3.67) berücksichtigt das wechselseitige Auftreten von Dämpfungen (Reibung) und die Formel (3.68) das wechselseitige Auftreten von Widerständen. Falls Reibung und Widerstand *im kleinen linear* sind, d.h. es gilt $\hat{\dot{p}}_i^*(\dot{x}) = D_i \dot{x}_i$, $\hat{\dot{\psi}}_k^*(\dot{q}) = R_k \dot{q}_k$, wobei D_i und R_k Konstante sind, dann erhalten wir

$$F(t,\dot{x}) = \frac{1}{2} \sum_{i=1}^{m} D_i \dot{x}_i^2 , \quad F^*(\dot{q}) = \frac{1}{2} \sum_{k=1}^{n} R_k \dot{q}_k^2. \tag{3.69}$$

Also hat das Variationsprinzip die Form:

$$\delta \int_{t_o}^{t_*} (T-U-W+S+S^* + \sum_{i=1}^{m} Q_i x_i + \sum_{k=1}^{n} Q_k^* q_k)\,dt = 0, \tag{3.7o}$$

wobei wir annehmen, daß die Voraussetzungen von Satz 2.1 erfüllt sind. Nach diesem Satz gilt für die mechanische Bewegung und für den Fluß des elektrischen Stroms

$$\frac{d}{dt} (T+S+S^*)_{\dot{x}_i} = (T-U-W)_{x_i} + Q_i, \quad i=1,\ldots,m,$$

$$\frac{d}{dt} S^*_{\dot{q}_k} = -W_{q_k} + Q_k^*, \ k=1,\ldots,n,$$

d.h.

$$\frac{d}{dt} T_{\dot{x}_i} - T_{x_i} + U_{x_i} + W_{x_i} + F_{\dot{x}_i} + Q_i = 0, \ i=1,\ldots,m, \tag{3.71}$$

$$W_{q_k} + F^*_{\dot{q}_k} - Q_k^* = 0, \quad k=1,\ldots,n. \tag{3.72}$$

Diese so erhaltene Gleichung (3.72) heißt *Maschenregel*. Aus ihr folgt das *zweite Kirchhoff'sche Gesetz:* In jedem Zeitpunkt ist innerhalb einer geschlossenen Masche oder entlang des ganzen Netzes die Summe aller Spannungsgefälle gleich Null. Die Ausdrücke W_{q_k}, $F^*_{\dot{q}_k}$ und

Q_k^* bedeuten dabei die Spannung an den Kondensatoren, an den Widerständen sowie die Spannung der Stromquelle.

Nehmen wir an, daß die Gleichungen $\hat{\dot{\psi}}_k(x,q)=\dot{\psi}_k$ und $\hat{\dot{\psi}}_k^*(\dot{q})=\dot{\psi}_k^*$ die Spannungen ausdrücken in Abhängigkeit von den Ladungen $q_1,\ldots,q_n$ und der Stromstärken $\dot{q}_1,\ldots,\dot{q}_n$ und daß man diese als lokale Lösungen in geeigneten Umgebungen eines jeden Punktes (x,q) bzw. $\dot{q}$ des betrachteten Gebietes ausdrücken kann. Sei also $q_k=\hat{q}_k(x,\dot{\psi})$ und $\dot{q}_k^*=\hat{\dot{q}}_k^*(\dot{\psi})$, wobei $\dot{q}_k^*$ als die algebraische Summe der Stromstärken interpretiert wird, die vom k-ten Knoten durch den Widerstand fließen. Wir betonen nochmals, daß wir den Index k zur Nummerierung der K n o t e n des Netzes benutzen.

Wir führen also die sogenannte *Koenergie* der elektrischen Teile der zu betrachtenden Einrichtung ein, die aus dem elektrischen Feld bezogen wird.

$$'W(x(t),\dot{\psi}(t)) = \sum_{k=1}^{n} \int_{t_0}^{t} {'q_k}\ddot{\psi}_k dt' = \sum_{k=1}^{n} q_k(t)\dot{\psi}_k(t)-W(x(t),q(t)), \tag{3.73}$$

wobei $'q_k(t')=\hat{q}_k(x,\dot{\psi}_1,\ldots,\dot{\psi}_{k-1},\dot{\psi}_k(t'),0,\ldots,0)$. Die sogenannten *elektrische Dispersions-Kofunktion von Rayleigh* ist

$$'F^*(\dot{\psi}(t)) = \sum_{k=1}^{n} \int_{t_0}^{t} {'\dot{q}_k^*}\ddot{\psi}_k dt' = \sum_{k=1}^{n} \dot{q}_k(t)\dot{\psi}_k(t)-F^*(\dot{x}(t),\dot{q}(t)), \tag{3.74}$$

wobei $'\dot{q}_k^*(t')=\hat{\dot{q}}_k^*(\dot{\psi}_1,\ldots,\dot{\psi}_{k-1},\dot{\psi}_k(t'),0,\ldots,0)$, und es sei

$$'S^*(t,\dot{\psi}(t)) = \int_{t_0}^{t} {'F^*}dt'. \tag{3.75}$$

$'Q_k^*$ bezeichnet wiederum die algebraische Summe aller Stromstärken, die zum k-ten Netzknoten von allen zu diesen Knoten in Beziehung stehenden Quellen fließen.

Also haben die Bewegungsgleichungen eine zu (3.71) und (3.72) analoge Form

$$\frac{d}{dt} T_{\dot{x}_i} - T_{x_i} - {'W}_{x_i} + U_{x_i} + F_{\dot{x}_i} - Q_i = 0, \quad i=1,\ldots,m, \tag{3.76}$$

$$\frac{d}{dt}\, {'W}_{\dot{\psi}_k} + {'F}^*_{\dot{\psi}_k} - {'Q}_k^* = 0, \quad k=1,\ldots,n, \tag{3.77}$$

die wir noch abzuleiten haben, wenn die charakteristischen Gleichungen des elektromechanischen Systems in der unmittelbaren Form $q_k=\hat{q}_k(x,\dot{\psi})$ und $\dot{q}_k^*=\hat{\dot{q}}_k^*(\dot{\psi})$ gegeben sind und nicht in der bezüglich der Variablen $\dot{\psi}_1,\ldots,\dot{\psi}_n$ lokalen Auflösung in einer entsprechenden Umgebung eines jeden Punktes $(x,\dot{\psi})$ bzw. $\dot{\psi}$ des betrachteten Gebietes.

Diese so erhaltene Gleichung (3.77)' nennen wir die *Knotenregel*. Sie entspricht dem *ersten Kirchhoff'schen Gesetz:* Die algebraische Summe aller durch einen Knoten gehenden Ströme ist Null. Die Ausdrücke $(\frac{d}{dt})'W_{\dot{\psi}_k}$, $'F^*_{\dot{\psi}_k}$ und $'Q^*_k$ entsprechen hier den Stromstärken, die durch Kondensatoren und Widerstände fließen sowie den Stromstärken, die von den Quellen kommen. Um die Analogie zur Maschenregel zu verdeutlichen, bemerken wir noch, daß, wenn die betrachteten Größen im "kleinen Sinne" linear sind, man auch einfach von *Leitfähigkeiten* sprechen kann, die reziprok zum Widerstand sind:

$$'F^*(\dot{\psi}) = \frac{1}{2}\sum_{k=1}^{n} G_k\dot{\psi}_k^2 \text{ ,wobei } \dot{q}^*_k=G_k\dot{\psi}_k \quad \text{d.h. } G_k=\frac{1}{R_k}. \tag{3.78}$$

Nun betrachten wir noch ein elektromagnetisches System mit m mechanischen Eingängen und n elektrischen Eingängen, das auf *magnetischer Basis* arbeitet, d.h. der elektrische Teil bezieht (fast ausschließlich) seine Energie aus dem magnetischen Feld (vgl. das einfache Schema eines 2-Eingangssystems in Abb. 2o).

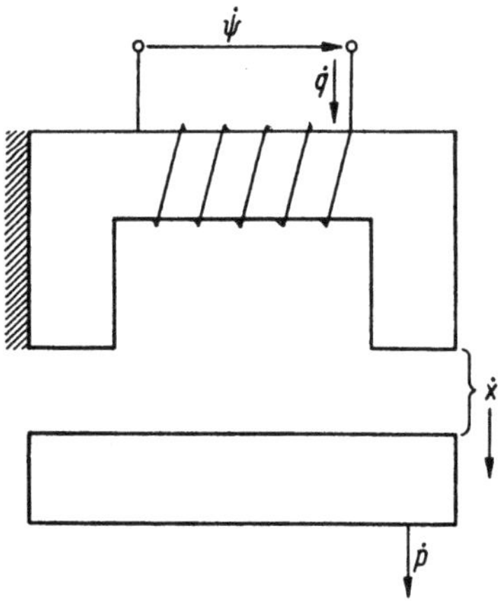

Abbildung 2o

Als allgemeine Koordinaten wählen wir die Lage-Koordinaten x_i, i=1,...,m der (beweglichen) mechanischen Teile und den Fluß ψ_k der assoziierten magnetischen Induktion k=1,...,n der unbeweglichen elektrischen Teile. Weiterhin seien diese Koordinaten unabhängig. Also ist hier der k-te elektrische Eingang ein Knoten des Netzes.

Wir übernehmen für $\dot{x}_i, \dot{\psi}_k, p_i, \dot{p}_i, q_k, \dot{q}_k, p^*_i, Q_i$ die Bezeichnung von oben und bezeichnen mit $\dot{q}^*_k$ die algebraische Summe der Ströme, die vom k-ten Knoten des Netzes durch die Widerstände fließen. Weiterhin sei $'Q^*_k$ die algebraische Summe aller Ströme, die von allen mit ihm verbundenen Quellen zu ihm hinfließen.

Damit entsprechen $\dot{q}_k^*$ und $'Q_k^*$ den gleichen physikalischen Größen wie oben.

Wir nehmen an, daß der Endzustand des Systems dadurch entsteht, daß zuerst alle mechanischen Koordinaten fixiert werden und anschließend der Strom der einzelnen elektrischen Eingänge von ihrem Anfangswert $\psi_k(t_o)$ zum Endwert $\psi_k(t_*)$, $k=1,\ldots,n$ vergrößert wird.

Die potentielle und die kinetische Energie des Systems bestimmen sich aus den Formeln (3.65), wobei x, $'\dot{p}_i$ und $'p_i$ wie oben definiert sind. Zur potentiellen Energie des mechanischen Teils muß man noch die Energie des elektrischen Teils hinzufügen, die vom magnetischen Feld stammt,

$$W^*(x(t),\psi(t)) = \sum_{k=1}^{n} \int_{t_o}^{t} '\dot{q}_k\dot{\psi}_k dt', \tag{3.79}$$

wobei $\psi=(\psi_1,\ldots,\psi_n)$ und

$$'\dot{q}_k(t')=\hat{\dot{q}}_k(x,\psi_1,\ldots,\psi_{k-1},\psi_k(t'),0,\ldots,0),\quad \hat{\dot{q}}_k(x,\psi)=\dot{q}_k.$$

Ferner muß noch die Energie berücksichtigt werden, die aus dem Widerstand sowie der Reibung entsteht, d.h. die Ausdrücke $S(t,x(t))$ und $'S^*(t,\psi(t))$ werden durch die Formeln (3.67) und (3.75) definiert, wobei wie oben $'F^*$ als Kofunktion der elektrischen Dispersion bestimmt ist, die durch (3.74) für $t\in[t_o;t_*]$ und

$$'\dot{q}_k^*(t')=\hat{\dot{q}}_k^*(\dot{\psi}_1,\ldots,\dot{\psi}_{k-1},\dot{\psi}_k(t'),0,\ldots,0),\hat{\dot{q}}_k^*(\psi)=\dot{q}_k^*$$

gegeben ist.

Letztlich hat also das Variationsprinzip die Form

$$\delta\int_{t_o}^{t_*} (T-U-W^*+S+'S^*+\sum_{i=1}^{m} Q_i x_i + \sum_{k=1}^{n} 'Q_k^*\psi_k)dt = 0, \tag{3.80}$$

wobei wir annehmen, daß die Voraussetzungen von Satz 2.1 erfüllt sind. Aus diesem Satz folgt, daß die Gleichungen für die mechanische Bewegung sowie den Stromfluß die Form

$$\frac{d}{dt}(T+S+'S^*)_{\dot{x}_i}=(T-U-W^*)_{x_i}+Q_i,\quad i=1,\ldots,m,$$

$$\frac{d}{dt}\,'S^*_{\dot{\psi}_k} = -W^*_{\psi_k}+'Q_k^*,\quad k=1,\ldots,n,$$

haben, d.h.

$$\frac{d}{dt} T_{\dot{x}_i} - T_{x_i} + U_{x_i} + W^*_{x_i} + F_{\dot{x}_i} - Q_i = 0, \quad i=1,\dots,m, \tag{3.81}$$

$$W^*_{\psi_k} + {}'F^*_{\dot{\psi}_k} - {}'Q^*_k = 0, \quad k=1,\dots,n. \tag{3.82}$$

Die Gleichung (3.83) ist gerade die Knotenregel: aus ihr folgt das erste Kirchhoff'sche Gesetz. Die Ausdrücke $W^*_{\psi_k}$, $'F^*_{\dot{\psi}_k}$ und $'Q^*_k$ repräsentieren die entsprechende Stromstärke, die durch Spule und Widerstand fließt sowie die Stromstärke, die von den Quellen kommt.

Nun nehmen wir noch an, daß die Gleichungen $\hat{q}(x,\psi)=\dot{q}_k$ und $\hat{q}^*_k(\dot{\psi})=\dot{q}^*_k$, die die Stärke definieren- in Abhängigkeit vom Fluß $\psi_1,\dots,\psi_1$ und den Spannungsgefällen $\dot{\psi}_1,\dots,\dot{\psi}_n$- sich in der Umgebung eines jeden Punktes (x,ψ) und $\dot{\psi}$ lokal auflösen lassen. Sei also $\psi_k=\hat{\psi}_k(x,\dot{q})$ und $\dot{\psi}^*_k=\hat{\psi}^*_k(\dot{q})$, wobei $\dot{\psi}^*_k$ wie oben interpretiert wird als Spannungsgefälle an allen Widerständen der k-ten elektrischen Masche oder des Netzes. Wir weisen darauf hin, daß der Index die Masche des elektrischen Kreises bzw. Netzes numeriert.

Führen wir nun die sogenannte *Koenergie* des betrachteten elektrischen Systems ein, die sich auf das magnetische Feld bezieht

$$'W^*(x(t),\dot{q}(t)) = \sum_{k=1}^{n} \int_{t_o}^{t} {}'\psi_k \ddot{q}_k dt' = \sum_{k=1}^{n} \psi_k(t)\dot{q}_k(t) - W^*(x(t),\psi(t)), \tag{3.83}$$

wobei $'\psi_k(t')=\hat{\psi}_k(x,\dot{q}_1,\dots,\dot{q}_{k-1}, \dot{q}_k(t'),0,\dots,0)$. Dann haben die Bewegungsgleichungen die zu (3.81) und (3.83) analoge Form

$$\frac{d}{dt} T_{\dot{x}_i} - T_{x_i} - W^*_{x_i} + U_{x_i} + F_{\dot{x}_i} - Q_i = 0, \quad i=1,\dots,m, \tag{3.84}$$

$$\frac{d}{dt}\, {}'W^*_{\dot{q}_k} + F^*_{\dot{q}_k} - Q^*_k = 0, \quad k=1,\dots,n. \tag{3.85}$$

Zu zeigen bleibt der Fall, in dem die charakteristischen Gleichungen des betrachteten elektromechanischen Systems durch $\psi_k=\hat{\psi}_k(x,\dot{q})$ und $\dot{\psi}^*_k=\hat{\psi}^*_k(\dot{q})$ gegeben sind und nicht in der lokalen Auflösung nach den Variablen $q_1,\dots,q_n$ in der Umgebung des Punktes (x,q) bzw. q des betrachteten Gebietes.

Die Gleichung (3.85) ist gerade die Maschenregel. Aus ihr folgt das zweite Kirchhoff'sche Gesetz. Die Ausdrücke $\frac{d}{dt}{}'W^*_{\dot{q}_k}$, $F^*_{\dot{q}_k}$ und Q^*_k repräsentieren entsprechend die Spannung an den Spulen, den Widerständen und an den Quellen.

Eine weitere Diskussion dieses Themas findet man in [3.12].

Beispiel 3.9: Wir betrachten ein elektromechanisches bewegliches System. In diesem fließt ein Wechselstrom der Spannung U über einen inneren Widerstand R_s sowie über eine Spule mit N Schleifen und dem Widerstand R_C. Durch die Spule kann ein mechanischer Stahlblock mit Masse M und Oberfläche A verlagert werden. Der Stahlblock hat eine Reibung mit Reibungskoeffizient D und Federelastizität K. Diese Feder ist frei, falls sich der Block (Stahlkolben) im Abstand d von der Messingschicht (Stirn) mit Dichte d befindet, die den Pol der Spule bedeckt und an der Seite des Kolbens ist.

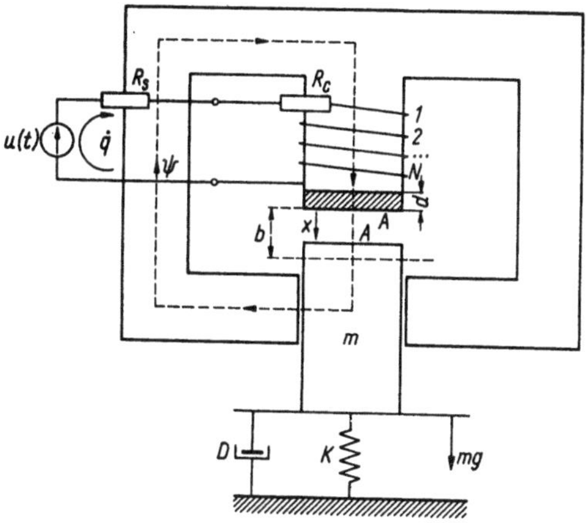

Abbildung 21

Die Oberfläche dieses Messingringes an dem Pol der Spule ist ebenfalls A, und sie ist senkrecht zur Bewegungsrichtung des mechanischen Kolbens, die mit der Hauptachse der Spule zusammenfällt. Weiterhin nehmen wir an, daß der Stahlkolben symmetrisch bezüglich dieser gedachten Achse ist und daß die Dicke d des Messingringes sowie der Spalt zwischen Messingring und Kolben -also insbesondere der Abstand b- klein sind im Vergleich zur Fläche A. Wir bestimmen nun die Gleichgewichtsbeziehungen für das System.

Die beschriebene Anordnung ist ein elektromechanisches System mit einem mechanischen und einem elektrischen Eingang, der auf magnetischer Basis arbeitet. Wenden wir also auf den elektrischen Teil die Methode der Maschenregel an, so erhalten wir die Gleichungen (3.84) und (3.85). Die potentielle und die kinetische Energie des mechanischen Teils sind $\frac{1}{2}K^{-1}(x-b)^2$ und $\frac{1}{2}m\dot{x}^2$, wobei x die Breite des Spaltes zwischen dem Messingring und dem mechanischen Kolben ist. Nach dem Gesetz von

Ampère bestimmt sich die zugehörige magnetische Induktion zu $\mu_o N^2 A\dot{q}(x+d)^{-1}$ (wobei wir angenommen haben, daß die relative magnetische Permeabilität sowohl bei Luft wie auch bei Messing 1 ist). Also folgt nach der Formel (3.83), daß die Koenergie der elektrischen Teile des betrachteten Systems, die sich auf das magnetische Feld beziehen, gleich $\frac{1}{2}\mu_o N^2 A q^2 (x+d)^{-1}$ ist.

Die mechanische und elektrische Dispersionsfunktion von Rayleigh bestimmen sich aus (3.69) in $(\dot{x},\dot{q})$ als $\frac{1}{2}D\dot{x}^2$ und $\frac{1}{2}(R_s+R_c)\dot{q}^2$. Zum Schluß sind dann noch die konservativen äußeren Kräfte zu berücksichtigen, also die Gravitationskraft am mechanischen Eingang und die Spannung u beim elektrischen Eingang. Damit haben die Gleichungen (3.84) und (3.85) die Form

$$m\ddot{x} + \frac{1}{2}\mu_o N^2 A\dot{q}^2 (x+d)^{-2} + K^{-1}(x-b) + D\dot{x} - mg = 0,$$

$$\mu_o N^2 A\ddot{q}(x+d)^{-1} - \mu_o N^2 A\dot{q}(x+d)^{-2} + (R_s+R_c)\dot{q} - u = 0.$$

Der Ausdruck $\mu_o N^2 A\ddot{q}(x+d)^{-1}$ stellt das Gefälle der magnetischen Induktion in der Spule bei einer zeitlichen Änderung des Stromes im Netz dar und $\mu N^2 A\dot{q}(x+d)^{-2}$ ist die induzierte Spannung in der Spulenwicklung aufgrund der Geschwindigkeit $\dot{x}$ des Stahlkolbens.

ÜBUNGEN

23. Man leite aus dem Dirichlet-Prinzip für ein konstantes elektrisches Feld in einem Leiter das erste Kirchhoff'sche Gesetz für ein konstantes elektrisches Feld her.

24. Man leite aus dem Thompson-Prinzip für ein konstantes elektrisches Feld in einem Leiter das zweite Kirchhoff'sche Gesetz im Fall eines konstanten elektrischen Feldes her.

25. Man bestimme die elektrische Kofunktion der Dispersion von Rayleigh für eine Diode bei gesättigtem Strom und absoluter Temperatur T, wobei die Spannung an den Klemmen beschränkt sei, so daß der Strom in den Zener Bereich nicht durchschlägt.

26. Der in Abbildung 22 schematisch dargestellte Elektromotor mit gekoppelter Kapazität wird durch die charakteristische Gleichung $q=a\psi^{\frac{1}{3}}+b(x-c)^4\dot{\psi}$ beschrieben, wobei q die Ladung, $\dot{\psi}$ die Spannung an den Klemmen, x die Lagekoordinate der beweglichen

Teile und a,b,c Konstante sind. Dabei ist die Länge x=c des mechanischen Blocks die mittlere Lage zwischen den Platten, in der die Feder mit Elastizität K frei ist. Man bestimme die Gleichungen für die Gleichgewichtslage (Gleichgewichtsbedingung).

27. Man zeige, daß die Gleichungen für das Gleichgewicht eines elektrischen Netzes mit Energie W, die aus dem elektrischen Feld bezogen wird und Koenergie $'W^*$, die aus dem magnetischen Feld bezogen wird, erzeugt durch die Ladung q_k und Ströme $\dot{q}_k$ im k-ten Netz (k=1,...,n) die Form

$$\frac{d}{dt}\, 'W^*_{\dot{q}_k} + W_{a_k} = Q^*_k, \quad k=1,\dots,n \tag{3.86}$$

haben, wobei Q^*_k die algebraische Summe aller Spannungen von Quellen des k-ten Netzes ist. Die Gleichungen (3.86) drücken für das Netz das zweite Kirchhoff'sche Gesetz aus.

28. Man zeige, daß die Gleichungen für das Gleichgewicht eines elektrischen Netzes mit Energie W^*, bezogen vom magnetischen Feld, und Koenergie 'W bezogen, aus dem elektrischen Feld hervorgerufen vom Strom ψ_k und Spannungsabfall $\dot{\psi}_k$ im k-ten Knoten, die Form

$$\frac{d}{dt}\, 'W_{\dot{\psi}_k} + W^*_{\psi_k} = 'Q^*_k, \quad k=1,\dots,n \tag{3.87}$$

haben. Dabei ist $'Q^*_k$ die algebraische Summe der Stromstärken aller zum k-ten Knoten von den mit ihm verbundenen Quellen fließenden Ströme. Die Gleichungen (3.87) drücken das erste Kirchhoff'sche Gesetz für Netze aus.

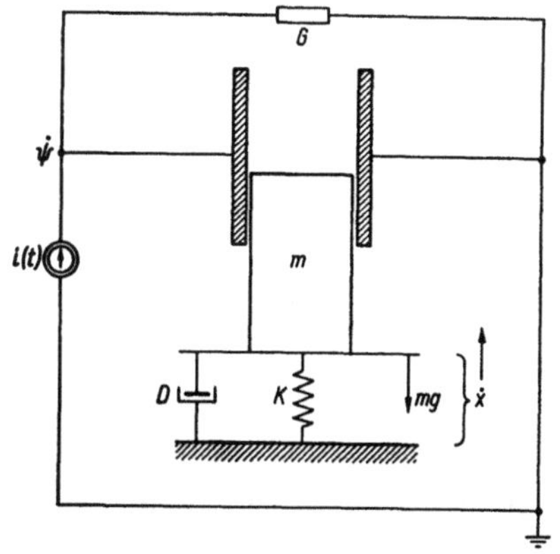

Abbildung 22

3.6 DIE BERECHNUNG DER KAPAZITÄT UND DER INDUKTIVITÄT DES SYSTEMS

Im Paragraphen 3.4 haben wir uns auf die Berechnung der Kapazität eines Kondensators im konstanten ebenen elektrischen Feld konzentriert und eine Reihe von Formeln für die Kapazität angegeben. Insbesondere die Formeln (3.45), (3.46), (3.48), (3.49), (3.53), (3.54), (3.55), 3.56), (3.57), (3.61), (3.62) und (3.64), die unterschiedliche Eigenschaften für die Berechnung aufweisen in Abhängigkeit von der Gestalt des Kondensators. Danach hat man zu entscheiden, ob man z.B. eine Randwertaufgabe (2.93) oder das entsprechende Variationsproblem löst.

Im Fall eines Kondensators, der an einen linearen Wechselstromkreis angeschlossen ist, ordnet man diesem ein *diskretes Kapazitätselement* $(C,\dot{\psi},\dot{q})$ (Abbildung 23) zu. In der Maschenfassung drückt $\dot{\psi}$ die Spannung aus, die von der Stromstärke $\dot{q}$ über die Formel

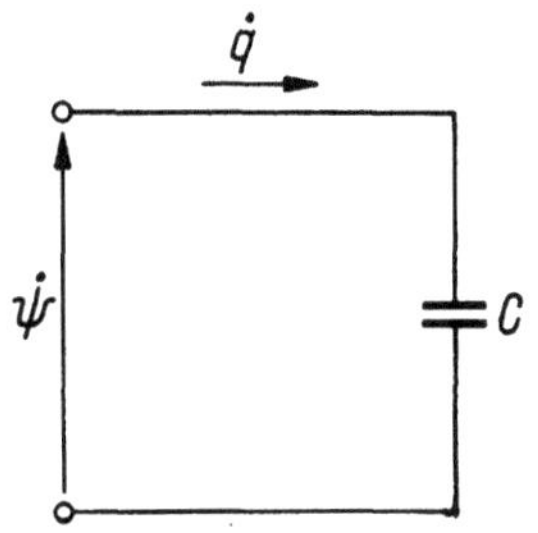

Abbildung 23

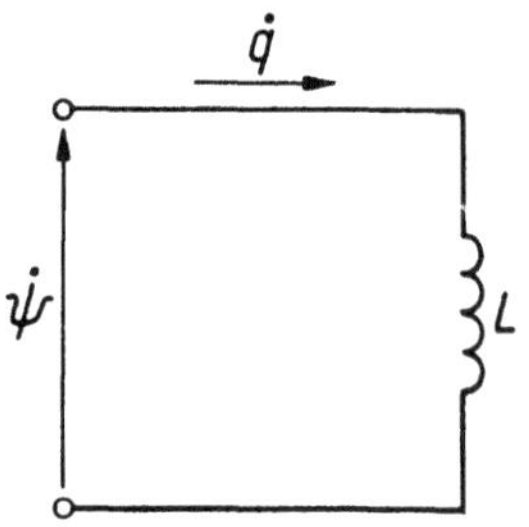

Abbildung 24

$$\dot{\psi}(t)=\hat{\psi}\Big(\int_{t_o}^{t} \dot{q}\, dt'\Big) \quad , \quad t_o \leq t \leq t_*$$

abhängt. Im Netzknoten wird die Stromstärke über die Spannung mit Hilfe der folgenden Formel ausgedrückt:

$$\dot{q}(t)=\hat{\dot{q}}(\dot{\psi}(t)), \quad t_o \leq t \leq t_*.$$

Dabei nehmen wir an, daß die Funktionen $\hat{\psi}$ und $\dot{q}$ linear sind und ferner, daß die Funktion $\hat{\psi}$ für $t=t_o$ verschwindet (im allgemeinen nimmt man an, daß $t_o=-\infty$). Man erhält entsprechend

$$\dot{\psi}(t)= \frac{1}{C} \int_{t_o}^{t} \dot{q}\, dt', \quad \dot{q}(t)='C\ddot{\psi}(t),$$

wobei 'C=C eine Konstante ist, die die *Kapazität* des betrachteten Elementes genannt wird. Dies ist eine Verallgemeinerung der Kapazität des

Kondensators, die durch Formel (3.48) definiert ist (für diskrete Elemente).

Analog verfährt man im Falle einer im linearen Wechselstromkreis gelegenen eingeschalteten Spule. Dieser ordnet man ein *diskretes Induktivitätselement* $(L,\dot{q},\dot{\psi})$ (Abbildung 24) zu. In den Knoten bestimmt sich die Stärke $\dot{q}$ in Abhängigkeit von der Spannung $\dot{\psi}$ an den Klemmen durch

$$\dot{q}(t)=\hat{\dot{q}}\left(\int_{t_o}^{t} \dot{\psi}\, dt'\right),\quad t_o \leq t \leq t_* .$$

In der Masche drückt sich die Spannung $\dot{\psi}$ in Abhängigkeit von der Stromstärke (Intensität) $\dot{q}$ durch

$$\dot{\psi}(t)=\hat{\dot{\psi}}(\dot{q}(t)),\quad t_o \leq t \leq t_*$$

aus. Dabei nehmen wir an, daß die Funktionen $\hat{\dot{q}}$ und $\hat{\dot{\psi}}$ linear sind und die Funktion $\hat{\dot{q}}$ für $t=t_o$ verschwindet (im allgemeinen wird $t_o=-\infty$ sein). Damit erhält man entsprechend

$$\dot{q}(t) = \frac{1}{L} \int_{t_o}^{t} \dot{\psi}\, dt',\quad \dot{\psi}(t)='L\ddot{q}(t),$$

wobei $'L=L$ eine Konstante ist, die die *Induktivität* des betrachteten Elementes genannt wird.

Wir betrachten nun ein lineares elektrisches Netz mit der Energie W, die aus dem elektrischen Feld und der Koenergie $'W^*$ bezogen wird. Das elektrische Feld bzw. das magnetische Feld wird durch die Ladungen q_k und die Stromstärken (Intensitäten) $\dot{q}_k$ in der k-ten Schleife (k=1,...,n) entsprechend den Formeln (3.66) und (3.83) bestimmt. Die Linearität ist in dem Sinne zu verstehen, daß die Formeln

$$\hat{\psi}_k(q) = \sum_{i=1}^{n} \frac{1}{C_{ik}} q_i,\quad \hat{\psi}_k(\dot{q}) = \sum_{i=1}^{n} L_{ik}\, \ddot{q}_i,\ \text{mit } C_{ik}=C_{i,k} \text{ etc.}$$

benutzbar sind.

Es sei a_{ik} die Anzahl der diskreten Kapazitätselemente, die kapazitätsmässig gleichzeitig von der i-ten und der k-ten Masche ($i\neq k$) abhängen und sei a_{kk} die Anzahl der analogen Elemente, die von der k-ten Masche abhängen, aber von keiner weiteren Masche. Offensichtlich ist $a_{ki}=a_{ik}$. Wir bezeichnen die Kapazität dieser entsprechenden Elemente mit C_{ikl}, $l=1,...,a_{ik}$. Nach Definition ist $C_{kil}=C_{ikl}$. Entsprechend bezeichne b_{ik} die Anzahl der diskreten Induktivitätselemente, die gleichzeitig von der i-ten und der k-ten Masche ($i\neq k$) abhängen. Es sei b_{kk} wiederum die Zahl der analogen Elemente, die vom k-ten Netz aber von keinem weiteren Netz abhängen. Offensichtlich ist $b_{ki}=b_{ik}$. Wir bezeichnen die Induktivität dieser entsprechenden Elemente durch L_{ikl}, $l=1,\dots,b_{ik}$. Per definitionem gilt $L_{kil}=L_{ikl}$.

Da die Stromstärken $\dot{q}_i$ in allen zur k-ten Masche benachbarten Maschen entgegengesetztes Vorzeichen zu q_k haben (wir nehmen an, daß die Umlaufrichtung in allen Maschen gleich ist), folgt übereinstimmend mit dem zweiten Kirchhoff'schen Gesetz

$$\hat{\psi}_k(q) = \sum_{i=1}^{n} \sum_{l=1}^{a_{ik}} \frac{1}{C_{ikl}} (q_k - q_i + \delta_{ik} q_i),$$

$$\dot{\hat{\psi}}_k(\dot{q}) = \sum_{i=1}^{n} \sum_{l=1}^{b_{ik}} [L_{ikl}(\ddot{q}_k - \ddot{q}_i + \delta_{ik}\ddot{q}_i) - \Delta_{ikl}(\ddot{q})] .$$

Dabei bezeichnet δ das Kronecker-Delta, und $\Delta_{ikl}(\ddot{q})$ sind die Korrekturterme, die vom sekundären Induktionsstrom erzeugt wurden durch das magnetische Feld der Spule. Da das Netz als linear angenommen wurde, müssen sie sich in der Form

$$\Delta_{ikl}(\ddot{q}) = \sum_{r=1}^{n} [\sum_{s=1}^{b_{ik}} M_{ikl}^{rks}(\ddot{q}_k - q_r + \delta_{rk}\ddot{q}_r) + \sum_{s=1}^{b_{ir}} M_{ikl}^{irs}(\ddot{q}_r - \ddot{q}_i + \delta_{ir}\ddot{q}_i)]$$

darstellen lassen. Dabei nennt man die Koeffizienten $M_{ikl}^{i'k'l'}$ die *wechselseitige Induktivität* der Elemente (i,k,l) und (i',k',l') (dabei nehmen wir an, daß $M_{i,k,l}^{i',k',l'} = 0$ falls (i,k,l) und (i',k',l') nicht von den angrenzenden Maschen abhängen, d.h. wenn die Indizes i,k,i',k' alle voneinander verschieden sind) .

Das Minuszeichen vor dem Glied Δ_{ikl} der wechselseitigen Induktivität in der Formel für ψ soll daran erinnern, daß der Strom, der durch die wechselseitige Induktion in jeder der beiden Spulen entsteht, die entgegengesetzte Richtung zum eigentlichen Induktionsstrom hat. Per definitionem erhält man also

$$M_{k\,i\,l}^{k'i'l'} = M_{k\,i\,l}^{i'k'l'} = M_{i\,k\,l}^{k'i'l'} = M_{i\,k\,l}^{i'k'l'} = M_{i'k'l'}^{i\,k\,l}. \tag{3.88}$$

Aufgrund der Formeln (3.66) und (3.83) sind die Gleichungen für das elektrische Gleichgewicht Relationen für die Kapazität und Induktivität des elektrischen Netzes und können somit zu ihrer Berechnung und Optimierung herangezogen werden.

Betrachten wir den Fall eines linearen elektrischen Netzes mit der Energie W*, die aus dem magnetischen Feld bezogen wird und der Koenergie 'W im elektrischen Feld, wobei dies durch Ströme ψ_k und Spannungsgefälle $\dot{\psi}_k$ im k-ten Knoten (k=1,...,n) ausgedrückt sei. Die entsprechenden Formeln (3.78) und (3.73) sowie die Linearität lauten dann

$$q_k(\psi) = \sum_{i=1}^{n} C_{ik}\psi_i, \quad \dot{\hat{q}}_k(\dot{\psi}) = \sum_{i=1}^{n} (\frac{1}{L_{ik}})\ddot{\psi}_i, \text{ mit } C_{ik}=C_{i,k} \text{ etc.}$$

Führen wir analoge Bezeichnungen ein, d.h. ersetzen wir überall formal das Wort "Masche" durch "Knoten" und stützen wir uns auf das erste Kirchhoff'sche Gesetz an Stelle des zweiten, so erhalten wir:

$$\hat{q}_k(\psi) = \sum_{i=1}^{n} \sum_{l=1}^{a_{ik}} C_{ikl}(\psi_k-\psi_i+\delta_{ik}\psi_i),$$

$$\dot{\hat{q}}_k(\dot{\psi}) = \sum_{i=1}^{n} \sum_{l=1}^{b_{ik}} \frac{1}{L_{ikl}} (\ddot{\psi}_k-\ddot{\psi}_i+\delta_{ik}\ddot{\psi}_i)-\Delta^*_{ikl}(\ddot{\psi}),$$

$$\Delta^*_{ikl}(\ddot{\psi}) = \sum_{r=1}^{n} [\sum_{s=1}^{b_{rk}} \frac{1}{M^{rks}_{ikl}} (\ddot{\psi}_k-\ddot{\psi}_r+\delta_{rk}\ddot{\psi}_r) + \sum_{s=1}^{b_{ir}} \frac{1}{M^{irs}_{ikl}} (\ddot{\psi}_r-\ddot{\psi}_i+\delta_{ir}\ddot{\psi}_i)],$$

wobei wir wie oben wieder die Beziehungen $C_{kil}=C_{ikl}$, $L_{kil}=L_{ikl}$ und (3.88) benutzen.

Auf diese Art kann man, in Bezug auf die Gleichung zum elektrischen Gleichgewicht (3.72) oder (3.77), ein elektromechanisches System auf Kapazitätsbasis behandeln. In Bezug auf die Gleichungen (3.82) und (3.85) gelingt dies für ein elektromechanisches System auf magnetischer Basis. Dabei sind die Kapazität und die Induktivität Funktionen der Variablen $x=(x_1,...,x_m)$.

Beispiel 3.10: Wir geben jetzt die Gleichgewichtsgleichung für ein lineares elektrisches Netz an, das schematisch in Abb. 25 dargestellt ist. Wir benutzen die Netzmethode, d.h. wir benutzen die Gleichung (3.86). Dann erhalten wir:

$a_{11}=1$, $C_{111}=C_1$; $b_{11}=0$,

$a_{12}=2$, $C_{121}=C_3$; $b_{12}=0$,

$C_{122}=C_4$,

$a_{13}=0$, $b_{13}=1$, $L_{131}=L_1$,

$a_{22}=1$, $C_{221}=C_2$; $b_{22}=0$,

$a_{23}=0$, $b_{23}=1$, $L_{231}=L_2$, $M^{131}_{231}=M$,

$a_{33}=0$, $b_{33}=0$;

$$\hat{\psi}_1(q)=C_1^{-1}q_1+(C_3^{-1}+C_4^{-1})(q_1-q_2), \quad \dot{\hat{\psi}}_1(\dot{q})=L_1(\ddot{q}_1-\ddot{q}_3)-M(\ddot{q}_2-\ddot{q}_3),$$

$$\hat{\psi}_2(q)=C_2^{-1}q_2+(C_3^{-1}+C_4^{-1})(q_2-q_1), \quad \dot{\hat{\psi}}_2(\dot{q})=L_2(\ddot{q}_2-\ddot{q}_3)-M(\ddot{q}_1-\ddot{q}_3),$$

$$\hat{\psi}_3(q)=0, \quad \dot{\hat{\psi}}_3(\dot{q})=L_1(\ddot{q}_3-\ddot{q}_1)+L_2(\ddot{q}_3-\ddot{q}_2)-M(\ddot{q}_3-\ddot{q}_2)-M(\ddot{q}_3-\ddot{q}_1);$$

$$W(q(t))=\int_{t_0}^{t}\{[C_1^{-1}q_1+(C_3^{-1}+C_4^{-1})(q_1-q_2)]\dot{q}_1+[C_2^{-1}q_2+(C_3^{-1}+C_4^{-1})(q_2-q_1)]\dot{q}_2\}dt,$$

$$'W^*(q(t))=\int_{t_0}^{t}[L_1(\dot{q}_1-\dot{q}_3)-M(\dot{q}_2-\dot{q}_3)]\ddot{q}_1+[L_2(\dot{q}_2-\dot{q}_3)-M(\dot{q}_1-\dot{q}_3)]\ddot{q}_2 +$$

$$+[L_1(\dot{q}_3-\dot{q}_1)+L_2(\dot{q}_3-\dot{q}_2)-M(\dot{q}_3-\dot{q}_2)-M(\dot{q}_3-\dot{q}_1)]\ddot{q}_3\}dt,$$

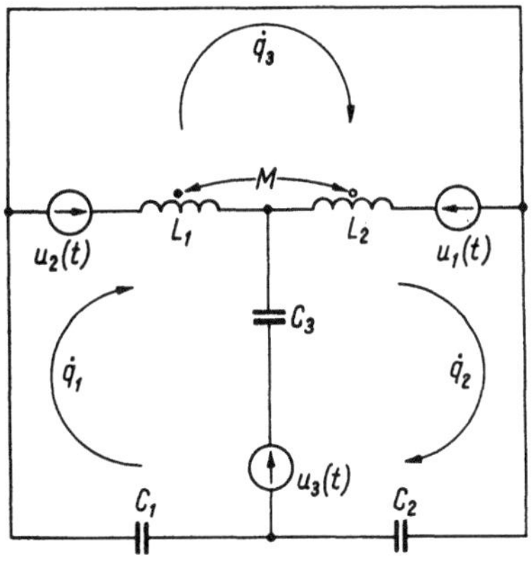

Abbildung 25

also entsprechend

$$W(q) = \frac{1}{2}[C_1^{-1}q_1^2+C_2^{-1}q_2^2+(C_3^{-1}+C_4^{-1})(q_1-q_2)^2]+c,$$

$$'W^*(q) = \frac{1}{2}[L_1(\dot{q}_1-\dot{q}_3)^2+L_2(\dot{q}_2-\dot{q}_3)^2-2M(\dot{q}_1-\dot{q}_3)(\dot{q}_2-\dot{q}_3)]+c^*,$$

wobei c, c* Konstante sind. Aus (3.86) ergeben sich die folgenden Beziehungen:

$$L_1(\ddot{q}_1-\ddot{q}_3)-M(\ddot{q}_2-\ddot{q}_3)+C_1^{-1}q_1+(C_3^{-1}+C_4^{-1})(q_1-q_2)=u_2-u_3,$$

$$L_2(\ddot{q}_2-\ddot{q}_3)-M(\ddot{q}_1-\ddot{q}_3)+C_2^{-1}q_2+(C_3^{-1}+C_4^{-1})(q_2-q_1)=u_3-u_1,$$

$$L_1(\ddot{q}_3-\ddot{q}_1)+L_2(\ddot{q}_3-\ddot{q}_1)-M(2\ddot{q}_3-\ddot{q}_1-\ddot{q}_2)=u_1-u_2.$$

ÜBUNGEN

29. Man bestimme die Gleichung des elektrischen Gleichgewichts für das lineare elektrische Netz aus Beispiel 3.1o unter Berücksichtigung der elektrischen Dispersionsfunktion von Rayleigh bei gegebenen Widerständen R_{ik} auf den gemeinsamen Leitern des i-ten und des k-ten Netzes:

$$R_{11}=R_4, \quad R_{12}=R_3, \quad R_{13}=R_2, \quad R_{22}=R_5, \quad R_{23}=R_1, \quad R_{33}=R_6.$$

Man zeichne das entsprechende Netzschema.

3o. Man bestimme die Gleichung des elektrischen Gleichgewichts für das lineare elektrische Netz, das in Abb. 26 dargestellt ist.

31. Man bestimme die Induktivität der Spule des in Abb. 27 dargestellten elektromechanischen Systems, wenn die Stromstärke i, die Spannung u und der Widerstand R gegeben ist.

32. Man bestimme die Differentialgleichung für die Induktivität, als Funktion des Winkels θ im elektromechanischen System, das schematisch in Abb. 28 dargestellt ist. Dabei sei gegeben: die Stromstärke i, das Kräftemoment $\mathcal{M}$, das Trägheitsmoment Θ, die Elastizität der Spirale K und die Winkelgeschwindigkeit $\dot{\theta}$.

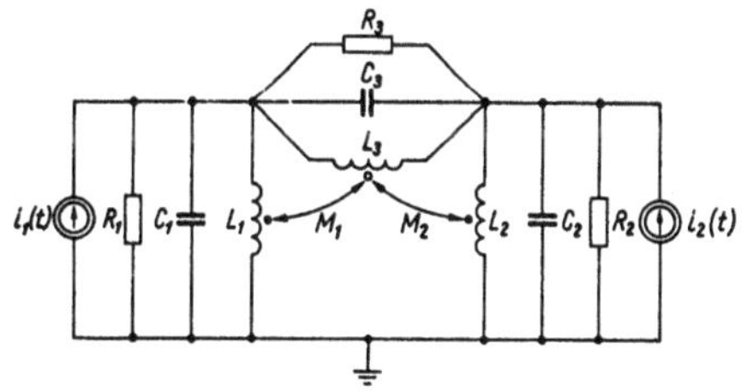

Abbildung 26

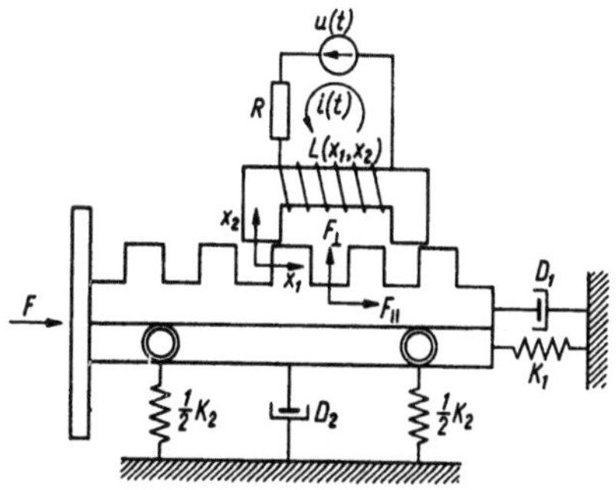

Abbildung 27

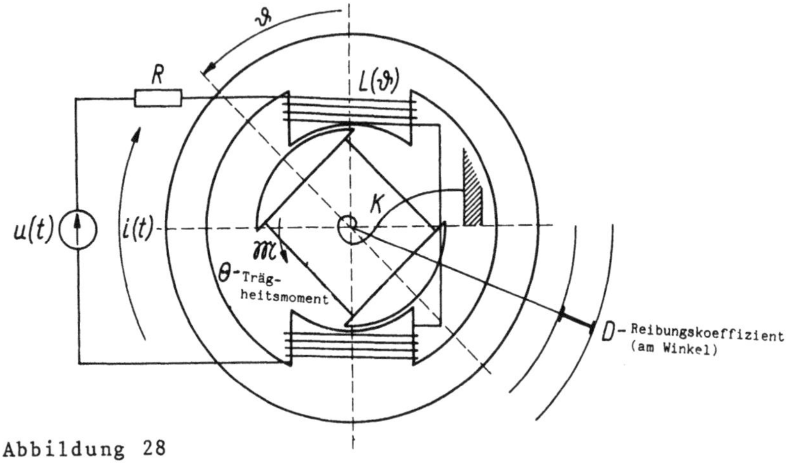

Abbildung 28

3.7 VARIATIONSMETHODEN IN DER MODERNEN PHYSIK. DIE VARIATIONSHERLEITUNG DER SCHRÖDINGER, KLEIN-GORDON UND DIRAC-GLEICHUNG MIT VARIATIONSMETHODEN

Der grundlegende mathematische Apparat der Quantenmechanik besagt, daß man den Systemzustand in jedem Zeitpunkt durch eine im allgemeinen komplexe Koordinatenfunktion ψ beschreiben kann. Das Quadrat des Absolutbetrages dieser Funktion definiert die Wahrscheinlichkeitsverteilung der Koordinaten

$$\int_{\Delta\Omega}\!\!\cdots\!\int |\psi|^2 dq_1 \dots dq_n, \quad q=(q_1,\dots,q_n)\in\Omega$$

als die Wahrscheinlichkeit dafür, daß bei einer Messung der Koordinaten, diese in dem Element $\Delta\Omega$ des Phasenraumes aufgefunden werden (offensichtlich hat hier q eine andere Bedeutung als in den Paragraphen 3.4, 3.5 und 3.6, analog wie im Paragraphen 3.1). Die Funktion ψ heißt "Wellenfunktion" (oder Amplitude der Wahrscheinlichkeit). Sie wurde 1926 von E. Schrödinger eingeführt. Offensichtlich gilt

$$\int_{\Omega}\!\!\cdots\!\int |\psi|^2 dq_1 \dots dq_n = 1.$$

Ähnlich wie im Fall der klassischen Physik sind auch in der modernen Physik Variationsmethoden die grundlegenden, tragenden Überlegungen und dies insbesondere in der Quantenmechanik.

Betrachten wir also ein einzelnes Teilchen mit Masse m im Potentialfeld V, von dem wir annehmen, daß es nicht von der Zeit, sondern nur von der Lage (x_1,x_2,x_3) abhängt. Das Variationsprinzip hat dann die Form

$$\delta \int_{t_o}^{t_*} \iiint_{\Omega} [- \frac{\hbar^2}{2m} \nabla\psi\nabla\overline{\psi} - \frac{\hbar}{2j} (\overline{\psi}\frac{\partial}{\partial t}\psi - \psi\frac{\partial}{\partial t}\overline{\psi}) - \overline{\psi}V\psi]\, dx_1\, dx_2\, dx_3\, dt = 0,$$

wobei $\hbar = \frac{h}{2\Pi}$, $h \approx 6.65 \cdot 10^{-34}$ J·s die Planck'sche Konstante, j die imaginäre Einheit und $\overline{\psi}$ die zu ψ konjugiert komplexe Funktion ist. Wenn man annimmt, daß die Voraussetzungen von Satz 2.1 erfüllt sind, so haben die Bewegungsgleichungen die Form:

$$-\frac{\hbar^2}{2m}\nabla^2\psi + \frac{\hbar}{j}\frac{\partial}{\partial t}\psi = -V\psi, \quad -\frac{\hbar^2}{2m}\nabla^2\overline{\psi} - \frac{\hbar}{j}\frac{\partial}{\partial t}\overline{\psi} = -V\overline{\psi}.$$

Man sieht leicht, daß die zweite dieser Gleichungen eine Konsequenz der ersten ist, welche die *Schrödinger-Gleichung* für ein Teilchen mit Masse m im Potentialfeld V genannt wird.

Der Ausgangspunkt für das Folgende sei das relativistische Analogon zur Schrödinger-Gleichung. Wir betrachten ein einzelnes geladenes Teilchen mit der Masse m und der Ladung e im Vakuum. Die Trajektorie des Teilchens werde im Raum-Zeit Kontinuum mit der Pseudometrik $ds^2=c^2dt^2-dx_1^2-dx_2^2-dx_3^2$ betrachtet, wobei c die Lichtgeschwindigkeit im Vakuum bezeichnet. Nehmen wir an, daß auf das Teilchen das 4-dimensionale Potential $(\underline{A},V)=(A_1,A_2,A_3,V)$ einwirke, durch welches das elektromagnetische Feld charakterisiert wird und das im allgemeinen von der Zeit abhängt. Das Variationsprinzip erhält jetzt die Form

$$\partial\iiiint_{\Omega^*} [-\frac{\hbar^2}{2m}(\nabla\psi - \frac{je}{\hbar}A\psi)(\nabla\overline{\psi} + \frac{je}{\hbar}A\overline{\psi}) + \frac{2m}{\hbar^2c^2}(\frac{\partial}{\partial t}\psi + \frac{je}{\hbar}V\psi)(\frac{\partial}{\partial t}\overline{\psi} - \frac{je}{\hbar}V\overline{\psi}) - \frac{1}{2}mc^2\psi\overline{\psi}]\, dx_1\, dx_2\, dx_3\, dt = 0,$$

wobei Ω^* ein Raum-Zeit-Gebiet ist. Unter der Annahme, daß die Voraussetzungen von Satz 2.1 erfüllt sind, haben die Bewegungsgleichungen die Form

$$-\frac{\hbar^2}{2m}\sum_{i=1}^{3}(\frac{\partial}{\partial x_i} - \frac{je}{\hbar}A_i)^2\psi + \frac{\hbar^2}{2mc^2}(\frac{\partial}{\partial t} + \frac{je}{\hbar}V)^2\psi = -\frac{1}{2}mc^2\psi$$

(die konjugierte Gleichung wurde weggelassen). Führt man die Operatoren $\Box = (\nabla_1,\nabla_2,\nabla_3,\frac{1}{c^2}\frac{\partial}{\partial t})$ sowie $\Box^2$ (vgl. Aufgabe 15) ein, so folgt

$$-\frac{\hbar^2}{2m}\,\Box^2\psi + \frac{j\hbar e}{m}\,(A,V)\,\Box\,\psi + \frac{e^2}{mc^2}\,(A,V)^2 = -\frac{1}{2}mc^2 V,$$

wobei offensichtlich $(A,V)\Box\,\psi = A\nabla\psi + (\frac{1}{c})V(\frac{\partial}{\partial t})\,\psi$ und $(A,V)^2 = A^2 - V^2$ gilt. Dies ist gerade die *Klein-Gordon-Gleichung*, die für das relativistische Teilchen mit der Masse m und der Ladung e im elektromagnetischen Feld $(\underline{A},V)$ gilt. Sie wurde von O. Klein und W. Gordon im Jahre 1926 aufgestellt.

Die Klein-Gordon Gleichung berücksichtigt nicht den *Spin*, also den Eigenimpuls $\underline{p}_s$ des Teilchens und das damit verbundene magnetische Moment $-(\frac{e}{m})\underline{p}_s$. Weiterhin ist sie im Gegensatz zur Schrödinger-Gleichung keine Differentialgleichung erster Ordnung, sondern eine Differentialgleichung zweiter Ordnung in der Zeit. Diese Problematik hat P.A.M. Dirac im Jahre 1928 bewältigt, als er Teilchen mit Spin untersuchte.

Wir führen für diesen Problemkreis eine Wellenfunktion der Form $\underline{\psi} = \psi_1\underline{e}_1 + \ldots + \psi_4\underline{e}_4$ ein, die sich aus im allgemeinen komplexen Funktionen $\psi_1, \ldots, \psi_4$ zusammensetzt (auf ihre Diskussion verzichten wir hier, vgl. [3.13] und [3.17]) und in der $(\underline{e}_1, \ldots, \underline{e}_4)$ eine Basis im Spin-Raum bedeute. Offensichtlich gilt $\underline{\overline{\psi}} = \overline{\psi}_1\underline{e}_1^* + \ldots + \overline{\psi}_4\underline{e}_4^*$ mit $\underline{e}_i^*\underline{e}_k = \delta_{ik}$, wobei δ das Kronecker-Delta sei. Nun führen wir die linearen Operatoren $\underline{\alpha} = (\alpha_1, \ldots, \alpha_3)$ und ß ein, die durch die folgenden Bedingungen definiert sind:

$$\alpha_1(\underline{e}_1) = \underline{e}_4,\quad \alpha_1(\underline{e}_2) = \underline{e}_3,\quad \alpha_1(\underline{e}_3) = \underline{e}_2,\quad \alpha_1(\underline{e}_4) = \underline{e}_1,$$

$$\alpha_2(\underline{e}_1) = j\underline{e}_4,\quad \alpha_2(\underline{e}_2) = -j\underline{e}_3,\quad \alpha_2(\underline{e}_3) = j\underline{e}_2,\quad \alpha_2(\underline{e}_4) = -j\underline{e}_1,$$

$$\alpha_3(\underline{e}_1) = \underline{e}_3,\quad \alpha_3(\underline{e}_2) = -\underline{e}_4,\quad \alpha_3(\underline{e}_3) = \underline{e}_1,\quad \alpha_3(\underline{e}_4) = -\underline{e}_2,$$

$$\beta(\underline{e}_1) = \underline{e}_1,\quad \beta(\underline{e}_2) = \underline{e}_2,\quad \beta(\underline{e}_3) = -\underline{e}_3,\quad \beta(\underline{e}_4) = -\underline{e}_4$$

(die physikalische Motivation dieser Bedingungen und das nachstehende Variationsprinzip findet man z.B. in den Büchern [3.14] sowie [3.18]). Schließlich nehmen wir wie oben an, daß auf das betrachtete Teilchen das elektromagnetische Feld $(\underline{A},V)$ wirke.

Das Variationsprinzip erhält jetzt die Form

$$\delta \iiiint\limits_{\Omega^*} \{-\frac{\hbar^2}{2m}\,[\underline{\overline{\psi}}\cdot(\underline{\alpha}\underline{\nabla})\,\underline{\psi} - \underline{\psi}\cdot(\underline{\alpha}\underline{\nabla})\,\underline{\overline{\psi}}] + \frac{\hbar^2}{2mc}\,(\underline{\psi}\,\frac{\partial}{\partial t}\,\underline{\overline{\psi}} - \underline{\overline{\psi}}\,\frac{\partial}{\partial t}\underline{\psi}) -$$

$$-\frac{j\hbar e}{m}[\underline{\overline{\psi}}\cdot(\underline{\alpha}\underline{A})\,\underline{\psi} - \underline{\overline{\psi}}V\underline{\psi}] - j\hbar c\;\underline{\overline{\psi}}\beta\underline{\psi}\}\;dx_1\;dx_2\;dx_2\;dt = 0.$$

Nimmt man an, daß die Voraussetzungen aus Satz 2.1 erfüllt sind, so lautet die Vektorgleichung für die Bewegung:

$$-\frac{\hbar^2}{2m}\left(\underline{\alpha}\nabla - \frac{je}{\hbar}\,\underline{\underline{\alpha A}}\right)\underline{\psi} - \frac{\hbar^2}{2m}\left(\frac{1}{c}\frac{\partial}{\partial t} - \frac{je}{\hbar}\,V\right)\underline{\psi} = \frac{1}{2}j\hbar c \beta \underline{\psi}$$

(die konjugierte Gleichung ist explizit angegeben). Dies ist die *Dirac-Gleichung* für das betrachtete relativistische Teilchen mit Spin, mit Masse m und mit der Ladung e im elektromagnetischen Feld ($\underline{A}$,V).

ÜBUNGEN

33. Man gebe ein Interpretationsbeispiel für die Kapazitätssätze des Paragraphen 3.4 (in der Version für den $\mathbb{R}^n$) für die Quantenmechanik an.

34. Man löse die Schrödinger-Gleichung für ein einzelnes freies Teilchen mit dem Impuls $\underline{p}$ und der Energie E.

35. Wenn man den in der Dirac-Gleichung auftretenden Operatoren α und ß die sogenannten *α-Matrizen von Dirac* zuordnet mit

$$\alpha_1 = \begin{bmatrix} 0 & 0 & 0 & 1 \\ 0 & 0 & 1 & 0 \\ 0 & 1 & 0 & 0 \\ 1 & 0 & 0 & 0 \end{bmatrix}, \quad \alpha_2 = \begin{bmatrix} 0 & 0 & 0 & -i \\ 0 & 0 & i & 0 \\ 0 & -i & 0 & 0 \\ i & 0 & 0 & 0 \end{bmatrix}, \quad \alpha_3 = \begin{bmatrix} 0 & 0 & 1 & 0 \\ 0 & 0 & 0 & -1 \\ 1 & 0 & 0 & 0 \\ 0 & -1 & 0 & 0 \end{bmatrix},$$

$$\beta = \begin{bmatrix} 1 & 0 & 0 & 0 \\ 0 & 1 & 0 & 0 \\ 0 & 0 & -1 & 0 \\ 0 & 0 & 0 & -1 \end{bmatrix},$$

so kann man sie in der Form

$$\underline{\alpha} = \begin{bmatrix} \underline{0} & \underline{\sigma} \\ \underline{\sigma} & \underline{0} \end{bmatrix}, \qquad \beta = \begin{bmatrix} \underset{\sim}{1} & \underset{\sim}{0} \\ \underset{\sim}{0} & -\underset{\sim}{1} \end{bmatrix}$$

schreiben. Dabei ist $\underline{\sigma}$ ein Vektor, dessen Komponenten (2,2)-Matrizen sind(also drei (2,2)-Matrizen $\sigma_1,\sigma_2,\sigma_3$). Ferner ist $\underset{\sim}{0}$ bzw. $\underset{\sim}{1}$ die (2,2)-Null- bzw. die (2,2)-Einheitsmatrix. Man bestimme die Matrizen $\sigma_1,\sigma_2,\sigma_3$, die *Pauli-Matrizen* genannt werden.

4 Einführung in die Variationsmethoden der komplexen Analysis und in die geometrischen und direkten Methoden

4.1 ÜBERBLICK ÜBER DIE NOTWENDIGEN VORAUSSETZUNGEN AUS DER KOMPLEXEN ANALYSIS

Wir geben jetzt einen Überblick über die wesentlichen Ergebnisse aus der komplexen Analysis, die in diesem Kapitel und im folgenden restlichen Teil des Buches verwendet werden. Dabei halten wir uns an das Lehrbuch [0.4]. Für weiterführende Ergebnisse verweisen wir auf die Lehrbücher [4.3o] und [4.14].

Mit $\hat{\mathbb{C}}$ bezeichnen wir die Einpunktkompaktifizierung der komplexen Zahlenebene, die durch die Hinzufügung eines Punktes entsteht, den wir symbolisch mit ∞ bezeichnen. Eine Abbildung $f:D_f\to\hat{\mathbb{C}}$, deren Definitionsbereich D_f ein offenes oder abgeschlossenes Jordan-Gebiet ist (d.h. ein Gebiet, dessen Rand aus einer Jordan-Kurve besteht) und deren Bildbereich $\hat{\mathbb{C}}$ sei, heißt *differenzierbar* im Punkte $z_o \in \operatorname{int} D_f (z_o, f(z_o)\neq\infty)$, wenn

$$f(z)=f(z_o)+f_z(z_o)(z-z_o)+f_{\bar{z}}(z_o)(\bar{z}-\bar{z}_o)+o(z-z_o) \tag{4.1}$$

erfüllt ist. Dabei bezeichne int D das Innere von D und es sei

$$f_z = \frac{1}{2}(f_x-if_y),\quad f_{\bar{z}} = \frac{1}{2}(f_x+if_y),\quad x=\operatorname{re} z,\ y=\operatorname{im} z.$$

Man verifiziert die folgenden Gleichungen

$$\overline{f_z}=\bar{f}_{\bar{z}},\quad \overline{f_{\bar{z}}}=\bar{f}_z\,. \tag{4.2}$$

Wir nennen eine Abbildung f *differenzierbar* in ∞, wenn die Abbildung f^* die durch $f^*(z)=f(\frac{1}{z})$ definiert ist, in 0 differenzierbar ist. f ist in z_o mit $f(z_o)=\infty$ *differenzierbar*, wenn die Abbildung f^{**} mit $f^{**}(z) = \frac{1}{f(z)}$

in z_o differenzierbar ist. Eine Abbildung heißt *differenzierbar*, wenn sie in jedem Punkte $z \in \operatorname{int} D_f$ differenzierbar ist.

Für eine differenzierbare Abbildung $f: D_f \to \mathbb{R}$, $f^*: D_{f^*} \to \mathbb{C}^m \times \mathbb{R}^{\tilde{m}}$, wobei $D_{f^*} = D_f \subset \mathbb{C}^n \times \mathbb{R}^{\tilde{n}}$ eine offene Menge sei, gilt der Satz (1.5)(Lagrange) analog, sofern folgende Bedingungen erfüllt sind:

1°) Die ersten partiellen Ableitungen existieren und sind stetig.

2°) Für jedes $(z,x) = (z_1,\ldots,z_n,\ x_1,\ldots,x_{\tilde{n}})$ ist mindestens eine der Jacobi-Matrizen

$$\frac{\partial(f_1^*,\ldots,f_m^*,\bar{f}_1^*,\ldots,\bar{f}_m^*,f_{\hat{1}}^*,\ldots,f_{\tilde{m}}^*)}{\partial(z_{k_1},\ldots,z_{k_m},\bar{z}_{k_1},\ldots,\bar{z}_{k_m},x_{\tilde{k}_1},\ldots,x_{\tilde{k}_{\tilde{m}}})}, \qquad \begin{array}{l} 1 \le k_1 < \ldots < k_m \le n, \\ 1 \le k_1 < \ldots < k_{\tilde{m}} \le \tilde{n}, \\ f_{\hat{1}}^* = f_{m+1}^*,\ldots,f_{\tilde{m}}^* = f_{m+\tilde{m}}^*, \end{array}$$

ungleich Null (in diesem Kontext ist die Jacobi-Determinante analog wie im Paragraph 1.1 geschrieben, d.h. in der Form $\partial(y_1^*,\ldots,y_m^*)/\partial(x_{k_1},\ldots,x_{k_m})$.

3°) Die Menge E der Lösungen für die Gleichung

$$f^*(z,x) = (c_1,\ldots,c_m,\tilde{c}_1,\ldots,\tilde{c}_{\tilde{m}}),\ c_i,\tilde{c}_i \text{ - konstant}$$

ist nicht leer.

Wir führen schließlich noch, in Analogie zu (1.3), die folgende Bezeichnung ein:

$$f_{||i} = f_{z_i},\quad f_{||\bar{i}} = f_{\bar{z}_i}.$$

Dann gilt (Charzyński [4.4]):

<u>Satz 4.1:</u> *Unter den obigen Voraussetzungen ist $(z_o,x_o) \in E$ ein stationärer Punkt von $f|E$ genau dann, wenn komplexe Zahlen $\lambda_1,\ldots,\lambda_m$ und reelle Zahlen $\tilde{\lambda}_1,\ldots,\tilde{\lambda}_m$ existieren, so daß*

$$f_{||k}(z_o,x_o) + \overline{f_{||\bar{k}}(z_o,x_o)} = \sum_{i=1}^{m}[\lambda_i f^*_{i||k}(z_o,x_o) + \overline{\lambda_i f^*_{i||\bar{k}}(z_o,x_o)}] +$$
$$+ \sum_{i=1}^{\tilde{m}} \tilde{\lambda}_i [f^*_{\hat{i}||k}(z_o,x_o) + \overline{f^*_{\hat{i}||\bar{k}}(z_o,x_o)}],\quad k=1,\ldots,n,$$

$$f_{|\tilde{k}}(z_o,x_o) + \overline{f_{|\tilde{k}}(z_o,x_o)} = \sum_{i=1}^{m}[\lambda_i f^*_{i|\tilde{k}}(z_o,x_o) + \overline{\lambda_i f^*_{i|\tilde{k}}(z_o,x_o)}] +$$
$$+ \sum_{i=1}^{\tilde{m}} \tilde{\lambda}_i [f^*_{\hat{i}|k}(z_o,x_o) + \overline{f^*_{\hat{i}|\tilde{k}}(z_o,x_o)}],\quad \tilde{k}=1,\ldots,\tilde{n}.$$

Wenn die Abbildung f in jedem Punkt einer gewissen Umgebung z_o differenzierbar ist und wenn sie dort die Gleichungen

$$f_{\bar{z}} = 0,\ \text{d.h.}\ u_x = v_y,\quad u_y = -v_x \quad \textit{(Cauchy-Riemann-Gleichungen)} \tag{4.3}$$

erfüllt, dann heißt die Funktion im Punkte z_o *holomorph*. Dabei sei $u=\mathrm{re}\, f$, $v=\mathrm{im}\, f$ und $f_z=f'$, wobei $f'(z_o)$ der Grenzwert des Ausdruckes $(z-z_o)^{-1}\cdot$ $\cdot[f(z)-f(z_o)]$ für $z\to z_o$ ist. (Für $z_o=\infty$ ersetzt man in der Gleichung (4.3) $f(z)$ durch $f^*(z) = f(\frac{1}{z})$). Die Funktion f heißt *holomorph*, wenn sie in jedem $z\in D_f$ holomorph ist.

Nun sei D_f ein Gebiet. Eine holomorphe, bijektive Funktion f heißt *konforme Abbildung*, weil sie den Winkel zwischen zwei Strahlen erhält, die in einem beliebigen Punkt $z\in D_f$ ihren Ursprung haben [O.4]. Diese Definition wird wie folgt vervollständigt. Sei D_f ein abgeschlossenes beschränktes Gebiet, das von Jordan-Kurven begrenzt wird (insbesondere ein abgeschlossenes Jordan-Gebiet). Dann heißt ein Homöomorphismus f eine *konforme Abbildung*, wenn $f|\mathrm{int}\, D_f$ eine konforme Abbildung ist.

Beispiel 4.1: Im Falle eines ebenen isotropen homogenen elektrischen Feldes im Gebiet D, das keine Raumladung besitzt, ist die *Kraftfunktion* U des elektrischen Feldes die Lösung der Cauchy-Riemann'schen Differentialgleichung $U_x=V_y, U_y=-V_x$. Dabei erhält man das Potential V durch die Laplace-Gleichung $\nabla^2 V=0$ (vgl. Beispiel 1.14), wie aus den Maxwell-Gleichungen (3.32), (3.34) und Relation (3.19) folgt. Die Funktion U erfüllt die Laplace-Gleichung ebenfalls. Im Fall, daß D ein einfach zusammenhängendes Gebiet ist, ist ferner die Forderung erfüllt, daß die Niveaulinien (Äquipotentiallinien) zu den Gradientenlinien des Potentials V transversal verlaufen. Dies führt zu einer konformen Abbildung $U+jV$, die das *komplexe Potential* genannt wird. Für ein gegebenes Gebiet $(U+jV)[D]$ ist die Existenz eines derartigen Potentials durch den Riemannschen Abbildungssatz [O.9] garantiert, sofern der Rand jedes der Gebiete D und $(U+jV)[D]$ aus mindestens zwei Punkten besteht.

Wir gehen jetzt zur Integration in komplexen Gebieten über. Sei $f:[a;b]\to\mathbb{C}$ oder $\mathbb{R}$, $z:[a;b]\to\mathbb{C}$ oder $\mathbb{R}$ eine Abbildung und $[a;b]\subset\mathbb{R}$. Die Funktion f heißt *integrierbar im Sinne von Stieltjes* bezüglich z längs dem Intervall $[a;b]$, falls der Limes der Summen

$$\sum_{i=1}^{m} f(t_i^*)[z(t_i)-z(t_{i-1})], \quad a=t_o<t_1<\ldots<t_m=b,$$

$$t_{i-1}\le t_i^*\le t_i \quad \text{für } i=1,\ldots,m,$$

existiert. Dabei sei

$$\max_{i=1,\ldots,m} (t_i-t_{i-1})\to 0 \text{ für } m\to+\infty \text{ unabhängig von der Wahl von } t_i \text{ und } t_i^*$$

erfüllt. Dieser Grenzwert heißt das *Stieltjes-Integral* von f bezüglich z in [a;b] und wird mit

$$\int_a^b f(t)\,dz(t) \tag{4.4}$$

bezeichnet oder wenn die Funktionen f und z stetig in [a;b] sind und wenn sich das Intervall [a;b] in endlich viele Teilintervalle zerlegen läßt, in denen die Funktion z eine stetige Ableitung besitzt, dann existiert das Integral (4.4) und sein Wert ist gleich dem Riemann-Integral

$$\int_a^b f(t)z'(t)dt=\int_a^b \operatorname{re} f(t)z'(t)dt + j\int_a^b \operatorname{im} f(t)z'(t)dt. \tag{4.5}$$

Das (gerichtete) Kurvenintegral $\int_\Gamma f\,dz$ längs der Kurve Γ, die durch die Gleichungen

$$(-\infty;+\infty) \supset [a;b]\ni t \mapsto z(t) \tag{4.6}$$

gegeben sei, definieren wir durch die Formel:

$$\int_\Gamma f\,dz \equiv \int_\Gamma f(z)dz = \int_a^b f(z(t))dz(t). \tag{4.7}$$

Ist die Funktion endlich sowie stetig auf einer *regulären* Kurve (d.h. einer Kurve, die bezüglich einer Parameterdarstellung bis auf endlich viele Punkte differenzierbar ist und überall eine Ableitung ungleich Null besitzt), dann existiert das Integral (4.7) und ist gleich dem Integral (4.5). Das Kurvenintegral über eine geschlossene Kurve bezeichnen wir mit dem Symbol $\oint$.

Der Begriff des Kurvenintegrals läßt sich unmittelbar auf *Ketten* übertragen, d.h. auf lineare Formen $\Gamma=k_1\Gamma_1+\ldots+k_m\Gamma_m$, in denen Γ_i reguläre Kurven und k_i ganze Zahlen sind. Dies geschieht durch die Definition

$$\int_\Gamma f\,dz = \sum_{i=1}^{m} k_i \int_{\Gamma_i} f\,dz .$$

Wenn alle Kurven Γ_i geschlossen sind, so wird die Kette Γ ein *Zykel* genannt.

Beispiel 4.2: Wir berechnen das Integral $\int_\Gamma \bar{z}dz$ längs der Halbkreise a) $|z| = 1$ und im $z\geq 0$, b) $|z| = 1$ und im $z\leq 0$.

a) $\int\limits_{\Gamma a} \bar{z}dz = \int\limits_{\pi}^{0} e^{-jt}\, de^{jt} = j \int\limits_{\pi}^{0} e^{-jt}e^{jt}dt = -j \int\limits_{0}^{\pi} dt = -\pi j.$

b) $\int\limits_{\Gamma b} \bar{z}dz = \int\limits_{-\pi}^{0} e^{-jt}\, de^{jt} = j \int\limits_{-\pi}^{0} e^{-jt}e^{jt}dt = j \int\limits_{0}^{\pi} dt = \pi j.$

Das uneigentliche Kurvenintegral 1. Art definieren wir als Grenzwert

$$\int\limits_{a}^{+\infty} f(z(t))dz(t) = \lim_{b\to+\infty} \int\limits_{a}^{b} f(z(t))dz(t), \tag{4.8}$$

sofern er existiert. Gilt für die Funktion $f(z(b))=\infty$ oder ist f in z(b) nicht definiert, so definieren wir *das uneigentliche Kurvenintegral 2. Art* als

$$\int\limits_{a}^{b} f(z(t))dz(t) = \lim_{\delta\to 0+} \int\limits_{a}^{b-\delta} f(z(t))dz(t), \tag{4.9}$$

sofern dieser Grenzwert existiert. Gilt $f(z(c))=\infty$ oder ist f in z(c) nicht definiert mit $a<c<b$, dann heißt der Grenzwert

$$⨍_{a}^{b} f(z(t))dz(t) = \lim_{\delta\to 0+} \{\int\limits_{a}^{c-\delta} + \int\limits_{c+\delta}^{b}\} f(z(t))dz(t), \tag{4.10}$$

sofern er existiert, der *(Cauchy-)Hauptwert des uneigentlichen Kurvenintegrals* (4.9) *2. Art.*

Beispiel 4.3: Wir berechnen $⨍_{-\infty}^{+\infty} (x-a)^{-1}(x-b)^{-1}dx$ mit im a>0, im b=0.

Dazu setzt man $(x-a)^{-1}(x-b)^{-1}=(a-b)^{-1}[(x-a)^{-1}-(x-b)^{-1}]$ und erhält nach der Definition des Hauptwertes:

$$⨍_{-\infty}^{+\infty} \frac{dx}{(x-a)(x-b)} = (a-b)^{-1} \lim_{\substack{\delta\to 0+\\ M_1,M_2\to+\infty}} \left(\int\limits_{-M_1}^{M_2} \frac{dx}{x-a} \int\limits_{-M_1}^{b-\delta} \frac{dx}{x-b} - \int\limits_{b+\delta}^{M_1} \frac{dx}{x-b} \right).$$

Um diese Gleichung weiter aufzulösen, muß man die Logarithmus-Funktion für komplexe Argumente einführen. Unter dem (natürlichen) *Logarithmus* einer Zahl z verstehen wir jede komplexe Zahl w, für die $e^w=z$ gilt. Für $z\neq 0$ existieren unendlich viele Logarithmen, die man durch sukzessive Addition von $2\pi j$ erhält. Es existiert also genau einer, dessen Imaginärteil im Intervall $(-\pi;\pi]$ liegt und dieser heißt der *Hauptwert des Logarithmus* von z. Den Logarithmus, bzw. den Hauptwert des Logarithmus von z bezeichnen wir mit Ln z bzw. ln z. Damit erhalten wir:

$$\operatorname{Ln} z = \ln|z| + j \operatorname{Arg} z = \ln|z| + j \arg z + 2k\pi j, \quad k=0,\pm 1,\ldots,$$
$$\ln z = \ln|z| + j \arg z, \quad \ln|z| = \log_e|z|.$$

Verschwindet die Funktion f nirgends im Gebiet D_f, so heißt jede stetige Funktion auf D_f, deren Wert in jedem Punkte $z\in D_f$ gleich Ln f(z) ist, ein (eindeutiger) *Zweig des Logarithmus* der Funktion f auf D_f. (Für f=id erhält man die Zweige von Ln).
Da jeder in einer offenen Menge D definierte Zweig von Ln die Ableitung $D\ni z \to \frac{1}{z}$ besitzt, erhält man für beliebige ganze Zahlen k_1, k_2, k_3

$$\begin{aligned}\int_{-M_1}^{M_2} (x-a)^{-1}dx &= \ln(M_2-a)+2k_1\pi j-\ln(-M_1-a)-2k_1\pi j\\ &= \ln|M_2-a|+j\arg(M_2-a)-\ln|M_1+a|-j\arg(-M_1-a),\end{aligned}$$

$$\begin{aligned}\int_{-M_1}^{b-\delta} (x-b)^{-1}dx &= \ln(b-\delta-b)+2k_2\pi j-\ln(-M_1-b)-2k_2\pi j\\ &= \ln\delta+\pi j-\ln|M_1+b|-j\arg(-M_1-b),\end{aligned}$$

$$\begin{aligned}\int_{b+\delta}^{M_2} (x-b)^{-1}dx &= \ln(M_2-b)+2k_3\pi j-\ln(b+\delta-b)-2k_3\pi j\\ &= \ln|M_2-b|-j\arg(M_2-b)-\ln\delta,\end{aligned}$$

also

$$\begin{aligned}\int_{-\infty}^{+\infty} \frac{dx}{(x-a)(x-b)} &= \frac{-\pi j}{a-b} + \frac{1}{a-b}\lim_{M_1\to+\infty} [\ln|M_1+b|-\ln|M_1+a|+\\ &+j\arg(-M_1-b)-j\arg(-M_1-a)] + \frac{1}{a-b}\lim_{M_2\to+\infty} [\ln|M_2-a|-\ln|M_2-b|+\\ &+j\arg(M_2-a)-j\arg(M_2-b)] = \frac{\pi j}{a-b},\end{aligned}$$

da

$$\ln|M_1+b|-\ln|M_1+a|\to 0, \quad \arg(-M_1-b)\to\pi, \arg(-M_1-a)\to-\pi$$
für $M_1\to+\infty$

und

$$\ln|M_2-a|-\ln|M_2-b|\to 0, \quad \arg(M_2-a)\to 0, \quad \arg(M_2-b)\to 0 \text{ für } M_2\to+\infty.$$

Einer der fundamentalen Sätze aus der komplexen Analysis lautet wie folgt:

Satz 4.2 (Das Cauchy-Integral in Homologie-Version).
Wenn die Funktion f im Gebiet D holomorph ist und Γ ein nullhomogener Zykel bezüglich D ist, d.h. wenn $\Gamma\subset D$ und $\int_\Gamma (z-a)^{-1}dz=0$ für $a\bar{\in} D$ gilt, dann ist

$$\int_\Gamma f(z)dz = 0. \tag{4.11}$$

Auf den Beweis können wir hier nicht eingehen. Insbesondere ist jede reguläre geschlossene Kurve Γ, die in einem einfach zusammenhängenden Gebiet liegt, ein nullhomologer Zykel. Damit folgt:

Korollar 4.1 (Cauchy'scher Integralsatz für einfach zusammenhängende Gebiete).

Wenn die Funktion f in einem einfach zusammenhängenden Gebiet D holomorph ist, dann gilt Formel (4.11) für jede in D verlaufende reguläre geschlossene Kurve.

Aus Satz 4.2 kann man auch noch das folgende Ergebnis ableiten:

Korollar 4.2: *Wenn die Funktion f im Gebiet D und Γ ein nullhomologer Zykel in D ist, dann gilt für jeden Punkt $a\in D$ mit $a\notin\Gamma$:*

$$n(\Gamma,a)f(a)=(2\pi j)^{-1}\int_\Gamma f(z)(z-a)^{-1}dz \quad \textit{(Cauchy-Integral-Formel)}, \quad (4.12)$$

wobei $n(\Gamma,a) = (2\pi j)^{-1}\int_\Gamma (z-a)^{-1}dz$ *gilt.*

Schließlich kann man noch für eine reguläre geschlossene Kurve Γ, die nicht durch einen Punkt $a\in\mathbb{C}$ verläuft, beweisen, daß $n(\Gamma,a)$ eine ganze Zahl ist. Diese nennt man den *Index* des Punktes a bezüglich Γ (in der Literatur findet man auch oft die Bezeichnung: Index der Kurve Γ bezüglich des Punktes a). Ist die Kurve Γ eine *Kontur*, d.h. eine regular geschlossene Kurve, die keine Mehrfachpunkte enthält und liegt a im Inneren von Γ, so folgt bei entsprechender Orientierung der Kurve, daß $n(\Gamma,a)=1$ gilt. Die Formel (4.12) hat in dem Fall die Gestalt:

$$f(a)=(2\pi j)^{-1}\int_\Gamma f(z)(z-a)^{-1}dz .$$

Insbesondere folgt hieraus, daß die Funktion f beliebig oft (komplex)-differenzierbar ist. Man erhält als Cauchy'sche Formel für die n-te Ableitung:

$$f^{(n)}(a)=n!(2\pi j)^{-1}\int_\Gamma f(z)(z-a)^{-n-1}dz .$$

Beispiel 4.4: $$\int_0^{2\pi}\frac{dx}{(5+4\cos x)^2} = \int_0^{2\pi}\frac{(1/je^{jt})de^{jt}}{(5+2e^{jt}+2e^{-jt})^2} =$$

$$= \frac{1}{j}\int_{|z|=1}\frac{z\,dz}{(2z^2+5z+2)^2} = \frac{1}{4j}\int_{|z|=1}(z+\tfrac{1}{2})^{-2}\frac{z}{(z+2)^2}dz =$$

$$= \frac{1}{2}\pi\,\frac{d}{dz}\left[\frac{z}{(z+2)^2}\right]\Bigg|_{z=-\frac{1}{2}} = \frac{1}{2}\pi[(2-z)/(2+z)^3]\Bigg|_{z=-\frac{1}{2}} = \frac{10}{27}\pi .$$

Damit haben wir schon eine Methode zur Berechnung von Integralen erhalten. Um diese zu verallgemeinern, führen wir eine weitere Definition ein. Sei f holomorph in der Umgebung eines jeden benachbarten Punktes von a aber in keiner Umgebung von a holomorph (d.h. a ist nicht *regulär*). Dann heißt a eine *isolierte Singularität* von f. Gilt insbesondere $f(z)\to\infty$ für $z\to a$, so heißt a ein *Pol* von f. Existiert außerdem eine komplexe Zahl $A\neq 0$ sowie eine natürliche Zahl k, so daß $(z-a)^k f(z)\to A$ für $z\to a\neq\infty$ und $z^k f(\frac{1}{z})\to A$ für $z\to a=\infty$, dann heißt k die *Ordnung* des Poles a bzw. a heißt ein k-*Pol*.

Formulieren wir dies allgemeiner: Wenn f in der Umgebung eines jeden benachbarten Punktes von a holomorph ist, dann existiert genau eine komplexe Zahl R, so daß für jede geschlossene reguläre Kurve in einer Umgebung von a gilt:

$$\int_\Gamma [f(z)-R(z-a)^{-1}]dz=0 \text{ für } a\neq\infty, \int_\Gamma [f(z)+Rz^{-1}]dz=0 \text{ für } a=\infty.$$

R heißt das *Residuum* der Funktion f im Punkte a und wird mit res(a;f) oder res[a;f(z)] bezeichnet. Die *Residuenmethode* eignet sich zur Berechnung von bestimmten Integralen und beruht auf dem folgenden Satz:

Satz 4.3 (Residuensatz). *Wenn die Funktion f in einem Gebiet D holomorph ist bis auf höchstens abzählbar viele isolierte Singularitäten* $a_1, a_2, \ldots$, *dann gilt für jeden nullhomologen Zykel in D, der nicht durch die Punkte* a_k *läuft:*

$$\int_\Gamma f(z)dz = 2\pi j \sum_k n(\Gamma,a_k)\operatorname{res}(a_k;f). \tag{4.13}$$

Ist außerdem $n(\Gamma,a_k)\neq 0$ *für höchstens endlich viele Indizes k, so ist die Summe auf der rechten Seite der Formel (4.13) endlich.*

Ist Γ eine positiv orientierte Kontur, so ist $n(\Gamma,a_k)=0$, wenn a_k außerhalb des Zykles Γ liegt, und es ist $n(\Gamma,a_k)=1$, wenn a im Inneren von Γ liegt.

Beispiel 4.5: $\displaystyle\int_0^{2\pi} \frac{dx}{(5+4\cos x)^2} = \frac{1}{j}\int_{|z|=1} \frac{z\,dz}{(2z^2+5z+2)^2} =$

$$= 2\pi \operatorname{res}\left[-\frac{1}{2}; \frac{z}{(2z^2+5z+2)^2}\right] = 2\pi \lim_{z\to-\frac{1}{2}} \frac{d}{dz}\left[(z+\tfrac{1}{2})^2 \frac{z}{(2z^2+5z+2)^2}\right] =$$

$$= \frac{1}{2}\pi[(2-z)/(2+z)^3]\Big|_{z=-\frac{1}{2}} = \frac{10}{27}\pi \text{ (vgl. Aufgabe 4).}$$

Ist f holomorph für $\operatorname{im} z\geq 0$, $z\neq a_k$, $\operatorname{im} a_k>0$, $k=1,\ldots,n$, dann erhält man nach Satz 4.3

$$\int_{-R}^{R} f(x)dx + \int_{\Gamma(R)} f(z)dz=2\pi j \sum_{k=1}^{n} \operatorname{res}(a_k,f), \; \Gamma(R)=re^{j\varphi}, \; 0\le\varphi\le\pi$$

mit $R > \max_{k=1,\ldots,n} |a_k|$. Gilt $\lim_{R\to+\infty} \int_{\Gamma(R)} f\,dz=0$, so folgt

$$\int_{-\infty}^{+\infty} f(x)dx = 2\pi j \sum_{k=1}^{n} \operatorname{res}(a_k;f).$$

Beispiel 4.6: $\int_{-\infty}^{+\infty} (1+x^2)^{-1}dx=\pi$, $\int_{-\infty}^{+\infty} (1+x^2)^{-n-1}dx=\pi(2n)!/2^{2n}(n!)^2$.

Bei der Theorie der Laplace-Transformation, die wir in den Paragraphen 4.2 und 5.9 durchsprechen, ist das folgende Kriterium entscheidend:

$$\lim_{R\to+\infty} \int_{\Gamma(R)} f\,dz=0, \; \Gamma(R)=\sigma-Re^{j\varphi}, \; -\tfrac{1}{2}\pi\le\varphi\le\tfrac{1}{2}\pi. \tag{4.14}$$

Satz 4.4 ([4.21], S.45-47). *Die Formel (4.14) kann angewendet werden, wenn f die endliche Summe von Ausdrücken der Form $f_k(z)\exp(\tau_k z)$ is wobei f_k rationale Funktionen seien (d.h. Quotienten zweier Polynome) und wobei für jedes k $\operatorname{re}\tau_k\ge 0$ sei mit*

$z^2 f_k(z)\to\delta_k$ *(konstant) für $z\to\infty$, falls re $\tau_k=0$,*

$zf_k(z)\to\tilde{\delta}_k$ *(konstant) für $z\to\infty$, falls re $\tau_k>0$.*

ÜBUNGEN

1. Gilt $\int_{-\infty}^{+\infty} f(x)e^{-jxy}dx=g(y)$, im $y=0$, dann folgt

   $$\int_{-\infty}^{+\infty} f(x)x^n e^{-jxy}dx=j^n g^{(n)}(y), \; \int_{-\infty}^{+\infty} f^{(n)}(x)e^{-jxy}dx=j^n y^n g(y) \text{ für } n=0,1,$$

   (dabei nehme man an, daß f beliebig oft differenzierbar ist).

2. Ist $f=\frac{g}{h}$ und sind g sowie h holomorph in einer Umgebung von a und gilt ferner $h(a)=0$, $h'(a)\neq 0$, dann folgt $\operatorname{res}(a,f)=\frac{g(a)}{h'(a)}$.

3. Man zeige: Ist a ein einfacher Pol einer holomorphen Funktion g und außerdem ein regulärer Punkt einer holomorphen Funktion h, dann gilt für $f=g\cdot h$ stets $\operatorname{res}(a,f)=h(a)\operatorname{res}(a;g)$. Allgemeiner: Ist $h(z)=c_k(z-a)^{-k}+\ldots+c_1(z-a)^{-1}+h^*(z)$, wobei h^* in einer Umgebung von a holomorph ist, dann ist

$$\mathrm{res}(a;f)=h(a)c_1+h'(a)c_2/1!+\ldots+h^{(k-1)}(a)c_k/(k-1)!.$$

4. Man zeige: Ist a ein einfacher Pol einer holomorphen Funktion f, dann ist $\mathrm{res}(a;f)=\lim_{z\to a}[(z-a)f(z)]$. Allgemeiner: Ist a ein Pol der Ordnung k von f, dann gilt:

$$\mathrm{res}(a;f) = \frac{1}{(k-1)!}\lim_{z\to a}\frac{d^{k-1}}{dz^{k-1}}[(z-a)^k f(z)].$$

5. Man zeige: Ist f in jeder Umgebung von Punkten, die zu a benachbart sind, holomorph, dann läßt sich f in einem Kreisring um a in eine Laurent-Reihe der Form

$$f(z) = \sum_{k=-\infty}^{+\infty} A_k(z-a)^k \text{ für } a\neq\infty,\quad f(z) = \sum_{k=-\infty}^{+\infty} A_k z^k \text{ für } a=\infty$$

entwickeln. Folglich ist $\mathrm{res}(a;f)=A_{-1}$ für $a\neq\infty$ und $\mathrm{res}(a;f)=-A_{-1}$ für $a=\infty$.

6. Unter der Voraussetzung $a>0$, $b>0$ berechne man die Integrale

$$\text{a) } ⨍_{-\infty}^{+\infty} \frac{|a-x|^{\frac{1}{2}}-|b-x|^{\frac{1}{2}}}{x-y}\,dx \quad (a,b\neq y\in\mathbb{C}),\quad \text{b) } \int_{-\infty}^{+\infty}\frac{dx}{(x^2-a^2)(x^2+b^2)^2}\,.$$

4.2 EIN ÜBERBLICK ÜBER DIE GRUNDLEGENDEN ERGEBNISSE DER INTEGRATIONSTHEORIE

Im Folgenden behandeln wir Funktionen von endlicher Variation, absolut stetige Funktionen, distributionelle Ableitungen und gewisse Integraltransformationen.

Man sagt, daß die Funktion

$$f = (\mathbb{R}\supset[a;b]\ni x\mapsto f(x)\in\mathbb{C}) \tag{4.15}$$

von *endlicher Variation (*oder *beschränker Variation)* ist, wenn

$$W_a^b[f] = \sup\{\sum_{i=1}^{m}|f(t_i)-f(t_{i-1})|: a=t_o<t_1<\ldots<t_m=b\}<+\infty$$

erfüllt ist (dabei wird das Supremum über alle Zerlegungen $(t_o,\ldots,t_m)$ der obigen Form genommen). Es gelten die folgenden Sätze (die Beweise findet man z.B. im Lehrbuch [1.3]):

Satz 4.5 (*Jordan*). *Dafür, daß eine reellwertige Funktion (4.15) von beschränkter Variation ist, ist es notwendig und hinreichend, daß sie sich als Differenz zweier nicht fallender Funktionen darstellen läßt.*

Satz 4.6 (*Lebesgue*). *Jede Funktion (4.15), die von beschränkter Variation ist (also insbesondere jede Funktion (4.15), die der Lipschitz-Bedingung genügt), ist fast überall differenzierbar.*

Satz 4.7 (*Rademacher*). *Jede Funktion* $f:[a_1;b_1]\times[a_2;b_2]\to C$, *die der Lipschitz-Bedingung genügt, ist fast überall differenzierbar.*

Die Funktion (4.15) heißt *absolut stetig,* wenn es zu jedem $\varepsilon>0$ ein $\delta>0$ gibt, so daß für beliebige Teilintervalle $(a_i;b_i), i=1,\ldots,m$ von $[a;b]$ mit $\Sigma(b_i-a_i)<\delta$ stets $\Sigma|f(b_i)-f(a_i)|<\varepsilon$ erfüllt ist. Insbesondere ist jede Funktion (4.15), die der Lipschitz-Bedingung genügt, absolut stetig. Jede absolut stetige Funktion ist natürlich auch stetig. Es gilt (vgl. [1.3]):

Satz 4.8: *Jede absolut stetige Funktion (4.15) ist eine Funktion von beschränkter Variation. Dafür, daß eine Funktion (4.15) von beschränkter Variation absolut stetig ist, ist es notwendig und hinreichend, daß die Funktion* $[a;b]\ni x\mapsto W_a^*[f]$ *absolut stetig ist. Jede reellwertige absolut stetige Funktion läßt sich als Differenz zweier nicht fallenden absolut stetigen Funktionen darstellen.*

Korollar 4.3: *Jede absolut stetige Funktion (4.15) besitzt fast überall eine Ableitung, deren Integral existiert und endlich ist.*

Satz 4.9: *Ist (4.15) absolut stetig, dann ist das Integral der Ableitung über* $[a;b]$ *gleich* $f(b)-f(a)$.

Im folgenden betrachten wir Funktionen der Form

$$f=(\mathbb{C}\supset D\ni z\mapsto f(z)\in\mathbb{C}). \tag{4.16}$$

Es sei D ein Gebiet und eine Funktion der Form (4.16) gegeben. Wir nennen diese *absolut stetig auf Geraden,* wenn bezüglich jedes Rechtecks E mit $cl(E)\subset D$, dessen Seiten parallel zu den Achsen eines rechtwinkligen Koordinatensystem liegen, die Funktion absolut stetig auf allen Intervallen ist, die zu einer Seite parallel verlaufen (dadurch ist das Intervall nicht festgelegt). Unter einer *offenen Abbildung* versteht man eine Abbildung (4.16) mit der Eigenschaft, daß das Bild einer offenen Menge $E\subset D$ stets wieder eine offene Menge ist. Es gilt (den Beweis kann man z.B. bei [4.17] S. 8-11 nachlesen):

Lemma 4.1 (*Gehring-Lehto*). *Wenn die Abbildung (4.16) definiert auf einem Gebiet D stetig und offen ist, sowie fast überall in D eine endliche partielle Ableitung besitzt, dann ist sie fast überall in D differenzierbar.*

Wir sagen, daß eine meßbare Funktion der Form (4.16) *zur Klasse* $L^p(D)$ *gehört* für $1\leq p<+\infty$, falls

$$\|f\|_p = \Big(\iint_D |f|^p dx\, dy\Big)^{\frac{1}{p}} <+\infty \quad \text{mit } x = \operatorname{re} z,\ y = \operatorname{im} z. \tag{4.17}$$

Bequem ist auch die folgende Bezeichnung:

$$\|f\|_\infty = \begin{cases} 0 & \text{für } |D|=0, \\ \inf\limits_{D'} \sup\limits_{z\in D\setminus D'} |f(z)| & \text{für } |D|>0, \end{cases} \tag{4.18}$$

wobei das Infimum über alle Mengen D' mit dem Flächenmaß 0 genommen wird. Weiterhin wird die Funktion (4.16) als *lokal zur Klasse* $L^p(D)$, $1\leq p<+\infty$ *gehörend* bezeichnet, wenn für jede kompakte Teilmenge E von D f zu $L^p(E)$ gehört. D ist dabei wieder ein Gebiet in C.

Wir betrachten nun eine Funktion f (4.16) der Klasse $L^1(D)$ im Gebiet D. Wir nennen die Funktionen $f'_z, f'_{\bar z}: D\to C$, die lokal zur Klasse $L^p(D)$ gehören, die *distributionellen Ableitungen der Klasse* L^p (von f), wenn gilt:

$$\iint_D f'_z h\, dx\, dy = -\iint_D f h_z dx\, dy,\ \iint_D f'_{\bar z} h\, dx\, dy = -\iint_D f h_{\bar z}\, dx\, dy. \tag{4.19}$$

Dabei ist $h: D\to\mathbb{C}$ eine beliebige Funktion aus der Funktionenklasse $C^1(D)$ mit kompaktem Träger (unter dem *Träger der Funktion f* versteht man die Menge $\operatorname{cl}\{z\in D_f = f(z)\neq 0\}$). Die Definition läßt sich auch unmittelbar auf den Fall verallgemeinern, daß $f[D]\subset\hat{C}$ gilt, wobei D den angegebenen Bedingungen genüge: Man betrachtet dann $D\setminus\{\infty\}\setminus f^{-1}[\{\infty\}]$ an Stelle von D. Man erkennt leicht, daß sich die Idee der distributionellen Ableitung in der Klasse L^p mit Hilfe von (4.19) aus den Green'schen Formeln herleiten läßt. Aus deren klassischer Version folgt

$$\iint_{D^*} h^*_z\, dx\, dy = \frac{1}{2}j \int_{\partial D^*} h^* d\bar z,\ \iint_{D^*} h^*_{\bar z}\, dx\, dy = -\frac{1}{2}j \int_{\partial D^*} h^* dz, \tag{4.2o}$$

wobei D* ein Gebiet in C ist, das einen orientierten Rand besitzt, der sich aus Jordan-Kurven zusammensetzt. Weiterhin ist $h^*: \mathrm{cl}\, D^* \to C$ eine Funktionenklasse $C^1[\mathrm{cl}\, D^*]$.

Wir führen jetzt den Begriff der Orientierung für einen Homöomorphismus ein. Bekanntlich (vgl. z.B. [0.3]) ist eine geschlossene Jordankurve das Bild des Einheitskreises unter einem Homöomorphismus. Wir nennen einen Homöomorphismus f *positiv orientiert*, wenn er die folgende Eigenschaft hat: Ist D eine Kurve und $E=f(D)$ ihr Bild unter f, so soll bei einem Durchlaufen von D entgegen dem Uhrzeigersinn auch das Bild $E=f(D)$ entgegen dem Uhrzeigersinn durchlaufen werden. Wir sagen in solch einem Fall auch, daß f die *Orientierung erhält*. Bemerkt sei, daß die inverse Abbildung eines orientierungserhaltenden Homöomorphismus ebenfalls orientierungserhaltend ist. Sind f_1 und f_2 orientierungserhaltende Homöomorphismen, so gilt dies auch für die Hintereinanderschaltung $f_1 \circ f_2$. Ganz analog kann man natürlich die obige Begriffsbildung für Homöomorphismen einführen, die nicht auf der gesamten Ebene sondern nur auf einem Jordangebiet definiert sind.

Unter Benutzung von Lemma 4.1 erhält man (vgl. z.B. [4.17] S.11-12):

<u>Satz 4.10:</u> *Sei die Funktion (4.16) ein auf Geraden absolut stetiger, orientierungserhaltender Homöomorphismus. Sei ferner D ein Gebiet und fast überall in D gelte die Abschätzung* $|f_z|+|f_{\bar z}| \le Q(|f_z|-|f_{\bar z}|)$, *wobei* $Q \ge 1$ *eine Konstante sei. Dann besitzt f distributionelle Ableitungen* $f'_z, f'_{\bar z}$ *in einer gewissen Klasse* L^p, *wobei man* $p=2$ *annehmen kann. Außerdem gilt* $f'_z=f_z$ *und* $f'_{\bar z}=f_{\bar z}$ *fast überall in D.*

<u>Beispiel 4.7:</u> Sei D ein Gebiet in C und sei $g: D \to C$ eine Funktion, die lokal zu $L^p(D)$ gehört. Unter der Voraussetzung, daß $f: D \to C$ fast überall die Gleichung $f'_{\bar z}=g$ erfüllt, gilt die Gleichung:

$$f=\Phi+T[g], \quad T[g](z)= -\frac{1}{\pi} \iint_D \frac{g(w)}{w-z}\, du\, dv \equiv -\frac{1}{\pi} \lim_{\varepsilon\to 0^+} \iint_{D(z;\varepsilon)} \frac{g(w)}{w-z}\, du\, dv. \tag{4.21}$$

Dabei ist Φ eine holomorphe Funktion. Für $u=\mathrm{re}\, w$, $v=\mathrm{im}\, w$ ist $D(z;\varepsilon)$ die Menge, die aus D minus dem Kreis $|x-z| \le \varepsilon$ entsteht.

Wir beginnen mit dem Nachweis, daß

$$(T[g])'_{\bar z} = [g] \text{ fast überall gilt,} \tag{4.22}$$

d.h. $$\iint_D gh\,dxdy = -\iint_D (T[g])h_{\bar z}\,dxdy \tag{4.23}$$

gilt für eine beliebige Funktion $h:D\to C$ der Klasse $C^1[D]$ mit kompaktem Träger. Zu diesem Zweck betrachten wir für gegebenes $s\in D$ ein Gebiet D_0 mit $D_0\supset cl\{z\in D:h(z)\neq 0\}$, $cl\ D_0\subset D$. Der Rand von D_0 sei orientiert und setze sich aus Jordan-Kurven zusammen. Aufgrund der zweiten der Green'schen Formel (4.2o), angewandt auf das Gebiet $D^*=D_0(z;\varepsilon)$ sowie auf die Funktion $h^*(z) = \frac{h(z)}{z-s}$, erhält man

$$\iint_{D_0(z;\varepsilon)} h_{\bar z}(z)\frac{dxdy}{z-s} + \frac{1}{2j}\int_{|z-s|=\varepsilon} h(z)\frac{dz}{z-s} = \frac{1}{2j}\int_{\partial D_0} h(z)\frac{dz}{z-s}\ .$$

Durch den Grenzübergang $\varepsilon\to 0+$ folgt unter Benutzung von $h|\partial D_0=0$ die Gleichung $T[h_{\bar z}]=h$. Benutzt man nun auf der rechten Seite von (4.23) die Definition von T, so folgt hieraus, unter Vertauschung der Integrale, die gewünschte Formel (4.23).

Nehmen wir nun an, daß f fast überall die Gleichung $f_{\bar z}=g$ erfülle. Dann erhält man nach (4.22)

$$(f-T[g])_{\bar z}=0 \text{ fast überall.} \tag{4.24}$$

Daraus folgern wir, daß $\Phi^*=f-T[g]$ fast überall mit einer geeigneten holomorphen Funktion zusammenfällt. Offensichtlich genügt es, dies für einen gewissen Kreis $|z|<r$ (der eventuell noch verschoben wird) zu zeigen. Dazu sei

$$Z(z,s)=2|z-s|^2\ln\frac{|r^2-z\bar s|}{r|z-s|} - (r^2-|z|^2)\left(1-\frac{|s|^2}{r^2}\right);\ |z|\le r, s\in D,\ z\neq s.$$

Man zeigt leicht, daß jede der Funktionen $Z(\ ,s)$ eine Lösung der Gleichung $\nabla^2\nabla^2 Z=0$ ist bezüglich der Randbedingungen $Z=Z_x=Z_y=0$ auf dem Rand $|z|=r$. Man kann sie also als Funktion konstant 0 fortsetzen, als $Z(\ ,s):D\to C$ in der Klasse $C^1(D)$ mit kompaktem Träger. Also folgt wegen (4.24)

$$\iint_{|z|\le r} \Phi^* Z_{\bar z}\,dxdy = \iint_D \Phi^* Z_{\bar z}\,dxdy = -\iint_D \Phi^*_{\bar z} Z\,dxdy=0$$

und mit der Formel

$$Z_{\bar z s\bar s}(z,s) = \frac{1}{\bar s-\bar z} + \frac{r^2 z-2r^2 s+\bar z s^2}{(r^2-\bar z s)^2} + \frac{z^2\bar s}{r^2(r^2-\bar z s)}$$

erhält man nach Vertauschen der Operation $\frac{\partial^2}{\partial s\partial\bar s}$ mit $\iint_{|z|\le r}$

$$\overline{T[\bar{\Phi}^*](s)} = -\frac{1}{\pi} \iint_{|z|\leq r} \Phi^*(z) \frac{r^2 z - 2r^2 s + \bar{z} s^2}{(r^2-\bar{z}s)^2} dxdy -$$

$$- \frac{1}{\pi r^2} \iint_{|z|\leq r} \Phi^*(z) \frac{z^2 \bar{s}}{r^2 - z\bar{s}} dxdy.$$

Als Konsequenz von (4.2) und (4.22) folgt hieraus, daß

$$\Phi^*(s) = -\frac{1}{\pi}\frac{\partial}{\partial s} \iint_{|z|\leq r} \Phi^*(z) \frac{r^2 z - 2r^2 s + \bar{z} s^2}{(r^2-\bar{z}s)^2} dxdy \text{ fast überall in } |z|\leq r$$

gilt, d.h. die Beschränkung der Funktion Φ^* auf den Kreis $|z|\leq r$ deckt sich fast überall mit einer holomorphen Funktion. Dies war nachzuweisen.

Die umgekehrte Richtung ist eine unmittelbare Konsequenz aus der Formel (4.22).

Ähnlich kann man Folgendes zeigen (siehe Übung 12). Ist D ein Gebiet in C und $g:D\to C$ eine Funktion der Klasse $C^1(D)$ mit kompaktem Träger, dann folgt aus Formel (4.21) überall in D

$$f'_z = \Phi' + S[g], \quad S[g](z) = -\frac{1}{\pi} \iint_D \frac{g(w)}{(w-z)^2} dudv \tag{4.25}$$

wobei S eindeutig definiert ist.

Das obige Ergebnis wird nun für Funktionen gezeigt, die lokal zur Klasse $L^p(D)$ mit $p>1$ gehören. Es gilt:

Lemma 4.2 *(Calderón-Zygmund). Es sei D ein Gebiet in C und $g:D\to C$ sei eine Funktion, die lokal zur Klasse $L^p(D)$ gehört, mit $1<p<+\infty$. Dann impliziert (4.21), daß die Formel (4.25) fast überall in D gilt. Dabei ist Φ eine holomorphe Funktion und $u=\mathrm{re}\, w$, $v=\mathrm{im}\, w$. S ist eindeutig definiert und genügt den Bedingungen*

$$\|S\|_p<+\infty,\ 1<p<+\infty;\ \|S\|_p\to 1 \text{ für } p\to 2.$$

Das eindimensionale Analogon zu Lemma 4.2 ist das

Lemma 4.3 *(M. Riesz). Für jede Funktion $f:\mathbb{R}\to\mathbb{R}$ der Klasse $C^1(\mathbb{R})$ mit kompaktem Träger gilt $\|H\|_p<+\infty$, $1<p<+\infty$, wobei $\|H\|_2=1$ und*

$$H[f](y) = \left(\frac{1}{\pi}\right) \int_{-\infty}^{+\infty} f(x)(x-y)^{-1} dx,\ y\in\mathbb{R}.$$

Die Operatoren H und S (und auch T) sind Beispiele für Integraltransformationen, die auf den entsprechenden ein- und zweidimensionalen *Hilbert-Transformationen* beruhen (die Beweise der Lemmata findet man z.B. in dem Lehrbuch [4.17], S. 16-31). Die mit Hilfe der Integraltransformationen erhaltenen Funktionen heißen die zugehörigen *Transformierten*. Wir stellen nun die wichtigsten *Integraltransformationen* zusammen (wobei wir annehmen, daß die Funktionen f,g und F integrierbar sind):

a) *Fourier, sinus:* $g(y) = \int_0^{+\infty} f(x) \sin (xy)dx,\ y>0;$

b) *Fourier, kosinus:* $g(y) = \int_0^{+\infty} f(x) \cos (xy)dx,\ y>0;$

c) *Fourier, exponentiell:* $g(y) = \int_{-\infty}^{+\infty} f(x)e^{-jxy}dx,\ y\in\mathbb{R};$

d) *Laplace, einseitig:* $F(s) = \int_0^{+\infty} f(t)e^{-st}dt,\ s\in\mathbb{C};$

e) *inverser Laplace, einseitig:* $g(t) = \frac{1}{2\pi j}\int_{\sigma-j\infty}^{\sigma+j\infty} F(s)e^{ts}dx,\ t>0;$

f) *Laplace, zweiseitig:* $F(s) = \int_{-\infty}^{+\infty} f(t)e^{-st}dt,\ s\in\mathbb{C};$

g) *inverser Laplace, zweiseitig:* $g(t) = \frac{1}{2\pi j}\int_{\sigma-j\infty}^{\sigma+j\infty} F(s)e^{ts}ds,\ t\in\mathbb{R};$

h) *Mellin:* $F(s) = \int_0^{+\infty} f(x)x^{s-1}dx,\ s\in\mathbb{C};$

i) *inverser Mellin:* $g(x) = \frac{1}{2\pi j}\int_{\sigma-j\infty}^{\sigma+j\infty} F(x)x^{-s}dx,\ t>0;$

j) *Meyer:* $F(s) = \int_0^{+\infty} f(t)e^{-\frac{1}{2}st} W_{k+\frac{1}{2},m}(st)(st)^{-k-\frac{1}{2}}dt,\ s\in\mathbb{C},\ k\leq m\leq -k,$

$$W_{k,m}(z) = \frac{\Gamma(-2m)}{\Gamma(\frac{1}{2}-k+m)} z^{\frac{1}{2}+m} e^{-\frac{1}{2}z} {}_1F_1(\tfrac{1}{2}-k+m;1+2m;z)$$

$$+ \frac{\Gamma(2m)}{\Gamma(\frac{1}{2}-k+m)} z^{\frac{1}{2}-m} e^{-\frac{1}{2}z} {}_1F_1(\tfrac{1}{2}-k-m;1-2m;z),$$

$\Gamma(z) = \int_0^{+\infty} e^{-t}t^{z-1}dt$ für $\operatorname{re} z>0;$ insbesondere $\Gamma(n)=(n-1)!$ für

$n=1,2,\ldots,$

$\frac{1}{\Gamma(z)} = \frac{\sin \pi z}{\pi}\Gamma(1-z)$ für $\operatorname{re} z\leq 0$ im allgemeinen für $z\in\mathbb{C},\ z\neq 1,2,\ldots,$

$$ {}_1F_1(a;b;z) = 1 + \frac{a}{b}\frac{z}{1!} + \frac{a(a+1)}{b(b+1)}\frac{z^2}{2!} + \frac{a(a+1)(a+2)}{b(b+1)(b+2)}\frac{z^3}{3!} + \ldots; $$

k) inverser Meyer: $g(t) = \frac{1}{2\Pi j}\int\limits_{\sigma-j\infty}^{\sigma+j\infty} F(s)e^{\frac{1}{2}ts}\hat{M}_{k-\frac{1}{2},m}(ts)(ts)^{k-\frac{1}{2}}ds, t>0$

$$ \hat{M}_{k,m}(z) = \frac{\Gamma(\frac{1}{2}-k+m)}{\Gamma(1+2m)} M_{k,m}(z) = z^{\frac{1}{2}+m} e^{-\frac{1}{2}z} {}_1F_1(\tfrac{1}{2}-k+m; 1+2m; z). $$

Die Funktion Γ heißt die *Eulersche Gamma-Funktion*. Die Funktionen $M_{k,m}$ und $W_{k,m}$ werden als die *Whittaker-Funktion 1. und 2. Art* bezeichnet.

Im weiteren Teil dieses Abschnitts beschränken wir uns auf die Laplace-Transformation. Es gilt:

Satz 4.11. *Es sei $f: \mathbb{R} \to \mathbb{C}$ eine Funktion, die bis auf abzählbar viele Punkte stetig ist und die in jedem beliebigen beschränkten Intervall von endlicher Variation ist. Weiterhin existiere die einseitige Laplace-Transformierte F der Funktion f im Punkte $s=\sigma$. Dann ist:*

$$ \frac{1}{2\Pi j}\int\limits_{\sigma-j\infty}^{\sigma+j\infty} F(s)e^{ts}ds = \begin{cases} \frac{1}{2}\lim\limits_{\eta\to 0}[f(t+\eta)+f(t-\eta)] & \text{für } t>0, \\ \frac{1}{2}\lim\limits_{\eta\to 0+} f(t+\eta) & \text{für } t=0, \\ 0 & \text{für } t<0. \end{cases} $$

Einen Beweis von Satz 4.11 findet man z.B. in der Monographie [4.7], S. 212 und 29. Analoge Sätze gelten für ähnliche Integraltransformationen. Satz 4.11 gibt die Möglichkeit, eine sehr breite Klasse von Differentialgleichungen zu lösen.

Beispiel 4.8: Wir betrachten die Gleichung

$$ \dddot{x}+a_3\ddot{x}+a_2\dot{x}+a_1x = b_1u-c_3\ddot{z}-c_2\dot{z}-c_1z \qquad (4.26) $$

mit

$$ a_1+a_2s+a_3s^2+s^3=(s-s_1)(s-s_2)(s-s_3), s_1\neq s_2<0,\ s_2\neq s_3<0,\ s_3\neq s_1<0, $$

$$ u(t) = \begin{cases} u_{max} & \text{für } 0\leq t<t_1, t_2\leq t<t_3; t_1<t_2<t_3, \\ -u_{max} & \text{für } t_1\leq t<t_2, \\ 0 & \text{für } t\geq t_3, \end{cases} $$

$$ z(t)=d_0+d_1t+d_2t^2+d_3t^3,\ t\geq 0 $$

in der Klasse der absolut stetigen Funktionen für $t>t_3$ (vgl. Korollar 4.3).

Wendet man auf beiden Seiten der Gleichung (4.26) die einseitige Laplace-Transformation an, so erhält man:

$$\int_0^{+\infty} [\dddot{x}(t)+a_3\ddot{x}(t)+a_2\dot{x}(t)+a_1x(t)]e^{-st}dt =$$

$$= b_1 \int_0^{+\infty} u(t)e^{-st}dt - \int_0^{+\infty} [c_3\ddot{z}(t)+c_2\dot{z}(t)+c_1z(t)]e^{-st}dt.$$

Also ergibt sich nach partieller Integration

$$X(s) = \int_0^{+\infty} x(t)e^{-st}dt = \frac{-1}{M(s)}[P(s)-b_1U(s)+F(s)Z(s)-L(s)], \qquad (4.27)$$

wobei

$M(s)=a_1+a_2s+a_3s^2+s^3$, $F(s)=c_1+c_2s+c_3s^2$,

$P(s)=-[a_2x(0)+a_3x(0)+\dot{x}(0)]-[a_3\dot{x}(0)+\dot{x}(0)]s-x(0)s^2$,

$U(s)=u_{max}s^{-1}(1-2e^{-t_1s}+2e^{-t_2s}-e^{-t_3s})$,

$L(s)=c_2d_o+c_3d_1+c_3d_os, Z(s)=s^{-4}(d_os^3+d_1s^2+2d_2s+6d_3)$.

Wendet man weiterhin auf beiden Seiten der Gleichung (4.27) die inverse einseitige Laplace-Transformation an, so folgt

$$\frac{1}{2\pi j}\int_{\sigma-j\infty}^{\sigma+j\infty} X(s)e^{ts}ds = \frac{1}{2\pi j}\int_{\sigma-j\infty}^{\sigma+j\infty}\frac{-1}{M(s)}[P(s)-b_1U(s)+F(s)Z(s)-L(s)]ds,$$

wobei σ eine beliebige positive Zahl ist. Formt man die linke sowie die rechte Seite dieser letzten Relation nach den Sätzen 4.11 und 4.4 um und berechnet die Residuen nach Übung 4, so führt dies auf

$$\frac{1}{2}\lim_{\eta\to 0}[x(t+\eta)+x(t-\eta)] = -\sum_{k=1}^{3}\alpha_{0,k}\exp(s_kt)-\sum_{h=0}^{3}\alpha_{h,0}t^h, \quad t>t_3, \qquad (4.28)$$

wobei

$$\alpha_{0,k} = \frac{1}{M'(s_k)}[P(s_k)-b_1U(s_k)+F(s_k)Z(s_k)-L(s_k)] \qquad (4.29)$$

$$\alpha_{h,0} = \frac{1}{h!(3-h)!}\frac{d^{3-h}}{ds^{3-h}}\left[\frac{F(s)Z(s)}{s^{-4}M(s)}\right]\Bigg|_{s=0}. \qquad (4.3o)$$

Die Formeln (4.29) und (4.3o) werden nochmals im Paragraphen (5.7) auftreten und zwar interpretiert als Formeln, mit denen die optimalen Umschaltzeiten ermittelt werden für ein lineares System mit Störungen bei zeitoptimaler Steuerung.

ÜBUNGEN

7) Man zeige, daß jede Funktion (4.15), die eine beschränkte Ableitung besitzt, von beschränkter (endlicher) Variation ist.

8) Man gebe ein Beispiel einer stetigen Funktion 4.15 an, die in (a;b) differenzierbar ist und nicht von beschränkter Variation ist.

9) Man zeige, daß jede Funktion (4.15) von beschränkter Variation integrierbar ist; ferner, daß sie höchstens abzählbar viele Unstetigkeitsstellen hat, in denen jeweils der links- und rechtsseitige Limes existiert.

1o) Man zeige: Ist die Funktion (4.15) absolut stetig, so gilt:

$$\int_a^b fg'dx = f(b)g(b)-f(a)g(a) - \int_a^b f'gdx.$$

11) Gestützt auf die Minkowski'sche Ungleichung $||f+g||_p \le ||f||_p + ||g||_p$ für $f,g \in L^p(D)$, wobei $1 \le p \le +\infty$ und D eine kompakte Menge ist (diese Ungleichung läßt sich für jede meßbare Teilmenge von C zeigen), zeige man, daß -versehen mit der üblichen Addition von Funktionen und deren Multiplikation mit Skalaren- $L^p(D)$ einen normierten Vektorraum bildet. Dabei ist für $p<+\infty$ die Norm durch (4.17) und für $p=+\infty$ durch (4.18) gegeben. (Man kann sogar zeigen, daß $L^p(D)$ ein Banach-Raum ist.)

12) Man zeige: Ist D ein Gebiet in $\mathbb{C}$ und ist $g:D\to\mathbb{C}$ von der Klasse $C^1(D)$ mit kompaktem Träger, dann folgt aus der Formel (4.21), daß überall in D die Formel (4.25) gilt, wobei der Operator S eindeutig definiert ist.

13) Man löse die Gleichung (4.26) unter folgenden Modifikationen:
a) $0>s_1\neq s_2=s_3<0$, b) $s_1=s_2=s_3<0$, c) $0>s_1\neq s_2<s_3=0$,
d) $0>s_1\neq s_2=s_3=0$, e) $s_1=s_2=s_3=0$.

4.3 VARIATIONEN, DIE ANALYTIZITÄT UND KONFORMITÄT ERHALTEN

Jede holomorphe Funktion läßt sich in einer gewissen Umgebung eines beliebigen Punktes eines Gebietes, in dem sie definiert ist, in eine Taylor-Reihe entwickeln und eine Variation der Funktion führt dann zu einer Variation ihrer Parameter, also zu einer Variation der Koeffizienten der Taylor-Reihe. Eine Einschränkung für mögliche Variationen liefert die Konformität. Diese bewirkt, daß die Variationsmethoden für Funktionale, die von konformen Abbildungen abhängen, sehr spezifisch sind und im allgemeinen auch weit komplizierter als die allgemeinen Methoden. Man erhält auch eine Reihe starker unerwarteter Ergebnisse, wie z.B. effektive Variabilitätsgebiete für die einzelnen Koeffizienten, unter geeigneten Normalisierungsannahmen.

Wir werden uns hier also auf konforme Abbildungen des Kreises $|z|<1$, normalisiert durch $\tilde{f}(z)=z+\tilde{a}_2z^2+\ldots$ beschränken. Wie oben bezeichnen wir die Extremalfunktion mit f und ihre Koeffizienten mit $a_2,\ldots$ Da die betrachtete Familie der Funktionen -wie man zeigen kann- kompakt ist, gilt für genügend reguläre Funktionale, die wir gleich genauer charakterisieren werden, daß die extremalen Funktionen existieren. Sei

$$\tilde{x}_k=\text{re }\tilde{a}_k,\quad \tilde{y}_k=\text{im }\tilde{a}_k,\quad x_k=\text{re }a_k,\quad y_k=\text{im }a_k,\quad k=2,3,\ldots$$

Seien weiterhin die $a_{i,k}$ definiert als die Entwicklungskoeffizienten von $[f(z)]^k=a_{k,k}z^k+a_{k,k+1}z^{k+1}+\ldots$ Offensichtlich ist $a_{k,k}=1$. Wir betrachten nun eine beliebige Funktion

$$F=(R^{2n-2}\supset D_F\ni(\tilde{x}_2,\ldots,\tilde{x}_n,\tilde{y}_2,\ldots,\tilde{y}_n)\mapsto F(\tilde{x}_2,\ldots,\tilde{x}_n,\tilde{y}_2,\ldots,\tilde{y}_n)\in\mathbb{R}),$$

die in einer gewissen Umgebung D_F des Punktes $(x_2,\ldots,x_n,y_2,\ldots,y_n)$ definiert ist mit $F\in C^1(D_F)$, wobei wir annehmen, daß die partiellen Ableitungen von F in keinem Punkt des betrachteten Gebietes gleichzeitig verschwinden. Sei letztlich

$$F[\tilde{f}]=F(\tilde{x}_2,\ldots,\tilde{x}_n,\tilde{y}_2,\ldots,\tilde{y}_n)\quad\text{für}\quad(\tilde{x}_2,\ldots,\tilde{x}_n,\tilde{y}_2,\ldots,\tilde{y}_n)\in D_F.$$

Dann gilt (vgl. [4.5] oder [4.8]):

Satz 4.12: *Wenn unter den obigen Voraussetzungen das Funktional F in $\tilde{f}=f$ ein Extremum besitzt, dann gilt:*

$$[zf'(z)/f(z)]^2 P \circ f(z) = Q(z) \quad \textit{für} \quad |z|<1,$$

wobei

$$P(w) = \sum_{k=1}^{n-1} A_k w^{-k}, \quad Q(z) = \sum_{k=-n+1}^{n-1} B_k z^{-k},$$

$$A_k = \sum_{i=k+1}^{n} a_{i,k+1} F_{||i}(x_2,\dots,y_n), \quad B_k = \sum_{i=1}^{n-k} i a_i F_{||i+k}(x_2,\dots,y_n),$$

$$k = 1,\dots,n-1,$$

$$B_o = \sum_{i=1}^{n} (i-1) a_i F_{||i}(x_2,\dots,y_n), \quad B_{-k} = \bar{B}_k .$$

Dieses eben behandelte Thema ist ausführlich in der Monographie [4.6] sowie in [4.8] zu finden. Es lohnt sich hier zu bemerken, daß F nicht notwendig eine Integralform besitzt.

Eine analoge Theorie kann man auch für mehrfach zusammenhängende Gebiete (siehe [4.9]) entwickeln, allerdings entstehen hier zwei Komplikationen. Wenn für einfach zusammenhängende Gebiete nach dem Riemann'schen Abbildungssatz der Einheitskreis als Muster dient (bis auf die Fälle der abgeschlossenen komplexen Ebene $\hat{\mathbb{C}}$ sowie der komplexen Ebene minus einem Punkt), sind bei zweifach zusammenhängenden Gebieten die Muster Kreisringe, die konform äquivalent sind (d.h. die durch konforme Abbildungen auseinander hervorgehen) genau dann, wenn sie dasselbe Verhältnis der (konzentrischen) Radien der Kreise haben, die das Gebiet begrenzen.

4.4. VARIATIONEN, DIE DIE QUASIKONFORMITÄT ERHALTEN

Wir erinnern zunächst an die folgende Aussage: Ist D eine offene Menge, so gehört eine Funktion der Form (4.16) zur Klasse $C^1(D)$ genau dann, wenn alle *Richtungsableitungen* $f_{|\alpha} = e^{-j\alpha}(f_x \cos\alpha + f_y \sin\alpha) = f_z + e^{-2j\alpha} f_{\bar{z}}$ existieren, wobei x=re z, y=im z gelte. Wir bemerken, daß

$$\max_\alpha |f_{|\alpha}| = |f_z| + |f_{\bar{z}}|, \quad \min_\alpha |f_{|\alpha}| = ||f_z| - |f_{\bar{z}}||, \tag{4.31}$$

$$J = |f_z|^2 - |f_{\bar{z}}|^2 = \operatorname{sgn} J \max_\alpha |f_{|\alpha}| \min_\alpha |f_{|\alpha}| \tag{4.32}$$

gilt, wenn f differenzierbar ist. Dabei bezeichne J die Jacobi-Determinante der Abbildung f und sgn u sei gleich 1 für u>0, gleich 0 für u=0 und es sei -1 für u<0.

Wir betrachten nun einen Diffeomorphismus f und ein Gebiet D. Das Verhältnis

$$p(z)=\max_{\alpha}|f_{|\alpha}(z)|/\min_{\alpha}|f_{|\alpha}(z)|,\quad z\in D$$

heißt die *Dilatation des Diffeomorphismus f* im Punkt z. Sie ist beschränkt auf jeder kompakten Teilmenge des Gebietes D, und ferner ist sie eine Invariante für konforme Abbildungen, wie unmittelbar aus der Definition ersichtlich ist. Dieses zweite Ergebnis gestattet auch die Erweiterung von p auf den Fall $z=\infty$ bzw. $f(z)=\infty$. Dies führt man in Analogie zur Erweiterung der Definition der Differenzierbarkeit auf diese Fälle durch.

Jeder orientierungserhaltende Diffeomorphismus $f:D\to\hat{\mathbb{C}}$, wobei D ein Gebiet in $\hat{\mathbb{C}}$ ist sowie $\sup p(z)\leq Q<+\infty$ sei, heißt eine *Q-quasi-konforme reguläre Abbildung*. Diese Abbildungen sowie diese Bezeichnungsweise wurden 1928 von H. Grötzsch eingeführt. Vom Standpunkt der Variationsrechnung aus besitzt diese sehr naheliegende Klasse von Abbildungen einen Nachteil (vgl. Satz 1.13). Sie ist nämlich nicht abgeschlossen bezüglich der kompakten gleichmäßigen Konvergenz auf kompakten Mengen und läßt sich daher nicht sinnvoll mit einer Banach-Raum-Struktur versehen. Aufgrund dieses Sachverhalts führen wir folgende Definition ein.

<u>Definition:</u> Eine *Abbildung* $f:D\to\hat{\mathbb{C}}$, wobei D ein Gebiet in $\hat{\mathbb{C}}$ sei, heißt Q-*quasikonform*, wenn eine Folge $f_n:D_n\to\hat{\mathbb{C}}$ von regulären Q-quasikonformen Abbildungen existiert dergestalt, daß $f_n\to f$ gleichmäßig auf kompakten Mengen konvergiert (d.h. für jede kompakte Teilmenge E aus $D\setminus\{\infty\}\setminus f^{-1}[\{\infty\}]$ existiert ein Index k, so daß $E\subset D_n$ für n>k gilt und die Folge $(f_n|E)$ gleichmäßig gegen $f|E$ strebt).

Diese Definition läßt sich noch wie folgt vervollständigen. Wenn D ein abgeschlossenes, beschränktes Gebiet ist, das von Jordan-Kurven begrenzt wird (also insbesondere ein abgeschlossenes Jordan-Gebiet ist), dann heißt ein Homöomorphismus $f:D\to\hat{\mathbb{C}}$ eine Q-*quasikonforme Abbildung*, wenn $f|\mathrm{int}\,D$ eine Q-quasi-konforme Abbildung ist. Jede Q-quasi-konforme Abbildung mit $1\leq Q<+\infty$ heißt eine *quasikonforme Abbildung*.

<u>Beispiel 4.9:</u> Jede Abbildung der Form

$$f(z)=\exp\left(-\int_{|z|}^{1}\frac{1+\varkappa(s)}{1+\varkappa(s)}\frac{ds}{s}+j\arg z\right),\quad r\leq|z|\leq 1,\quad 0<r<1, \tag{4.33}$$

wobei χ eine meßbare Funktion sei mit $|\chi(r)|<1$ für $0<r<1$ und $\|\chi\|_\infty \leq (Q-1)/(Q+1)$ ist eine Q-quasi-konforme Abbildung. Insbesondere sind die Abbildungen $f_1(z)=|z|^{1/Q} e^{j \arg z}$, $r\leq|z|\leq 1$ und $f_2(z)=|z|^Q e^{j \arg z}$, $r\leq|z|\leq 1$ Q-quasi-konform.

Offensichtlich fällt die Klasse der 1-quasikonformen Abbildungen mit der Klasse der konformen Abbildungen zusammen. Man kann zeigen (vgl. z.B. [4.17], S. 48-49), daß jede quasikonforme Abbildung ein orientierungserhaltender Homöomorphismus ist. Für viele Ergebnisse genügen die konformen Abbildungen. Wesentlich ist jedoch, daß man nur Quasi-Konformität vorauszusetzen braucht. Zahlreiche Extremalaufgaben führen im Ergebnis wieder auf konforme Abbildungen zurück. Weiterhin sind die quasikonformen Abbildungen weniger steif als die konformen Abbildungen, also als Werkzeug der Forschung sehr bequem. Letztlich entsprechen die quasikonformen Abbildungen vom Standpunkt der Physik und Technik den nicht-homogenen Medien, während sich die konformen Abbildungen zur Beschreibung von homogenen Medien eignen (vgl. Beispiel 4.1).

Beispiel 4.10: Im Falle eines ebenen isotropen nichthomogenen elektrostatischen Feldes im Gebiet D, in dem keine Raumladung vorhanden ist und das die (relative) elektrische Permeabilität $\varepsilon \in C^1(\mathrm{cl}\, D)$ besitzt, ist die Kräftefunktion U des Feldes die Lösung des Gleichungssystems

$$U_x = \left(\frac{1}{\varepsilon}\right) V_y, \; U_y = -\left(\frac{1}{\varepsilon}\right) V_x . \qquad (4.34)$$

Dabei ist V das Potential des Feldes, das der Gleichung (2.93) genügt. Dies folgert man aus den Maxwell'schen Gleichungen sowie der Relation (3.19) (ähnlich kann man auch den Fall des anisotropen Feldes bearbeiten, vgl. den Beginn von Paragraph 3.4). Die Funktion U genügt der analogen Gleichung $\operatorname{div}[\frac{1}{\varepsilon} \operatorname{grad} U]=0$ und man fordert, daß die Äquipotentiallinien und die Gradientenlinien von U transversal zueinander verlaufen (vgl. Paragraph 3.4). Dies führt uns auf einen Diffeomorphismus U+jV, genannt das *komplexe Potential*.

Es stellt sich jetzt die folgende natürliche Frage: Wenn D und (U+jV)[D] gegebene einfach zusammenhängende Gebiete sind, deren Ränder aus jeweils mindestens 2 Punkten bestehen, und wenn ε eine gegebene Funktion der Klasse $C^1(\mathrm{cl}\, D)$ ist, existiert dann stets ein derartiges Potential, ist es eine Q-quasikonforme Abbildung, und welcher Zusammenhang besteht zwischen Q und ε? Dazu bemerken wir (Übung 15), daß aus (4.34) die komplexe Gleichung

$$(U+jV)_{\bar{z}} = \chi(U+jV)_z \quad \text{mit} \quad |\chi| = \max\left(\frac{1-\varepsilon}{1+\varepsilon}, \frac{\varepsilon-1}{\varepsilon+1}\right) = \frac{\varepsilon-1}{\varepsilon+1} \tag{4.35}$$

folgt. Wenn also das gesuchte Potential existiert, dann ist es ein Diffeomorphismus mit Dilatation $p=\varepsilon$, wie es unmittelbar aus (4.31) ersichtlich ist. Wenn $\sup \varepsilon(z)=Q<+\infty$ ist, dann ist U+jV eine Q-quasikonforme reguläre Abbildung.

Auf diese Art erhält man auch die physikalische Bedeutung der nichtregulären quasi-konformen Abbildungen. Sie dienen zur Beschreibung von Medien mit unstetiger elektrischer Permeabilität. Nun nehmen wir an, daß χ eine meßbare Funktion ist, für die im betrachteten Gebiet D die Abschätzung $\|\chi\|_\infty<1$ gilt. Dann kann man die sogenannte verallgemeinerte Lösung der Gleichung (4.35) suchen, d.h. eine Abbildung, die distributionelle Ableitungen hat und die in D fast überall die Gleichung $(U+jV)'_{\bar{z}} = \chi(U+jV)'_z$ erfüllt.

Im Zusammenhang mit Beispiel 4.9 stellt sich als erstes die Frage, ob eine quasikonforme Abbildung eine distributionelle Ableitung besitzt. Die Antwort gibt der folgende Satz, der unmittelbar aus Satz 4.1o und dem folgenden Lemma folgt.

Lemma 4.4: *Wenn $f:D\to\hat{\mathbb{C}}$ eine Q-quasikonforme Abbildung ist, dann ist sie auf den Achsen absolut stetig und besitzt fast überall eine partielle Ableitung, die fast überall der Ungleichung $|f_z|+|f_{\bar{z}}|\leq Q(|f_z|-|f_{\bar{z}}|)$ genügt.*

Also gilt:

Satz 4.13 (*Bojarski*). *Wenn f eine Q-quasikonforme Abbildung der Form (4.16) sei, dann besitzt f distributionelle Ableitungen f'_z, $f'_{\bar{z}}$ der Klasse $L^p(D)$ für alle $p\in[1;2+\eta)$, wobei η eine positive Zahl ist, die einzig und allein von Q abhängt.*

Die zweite Frage trat schon im Beispiel 4.9 auf. Nämlich die Existenz eines komplexen Potentials U+jV. Es gilt:

Satz 4.14 (*Lawrentieff-Morrey*). *Es sei χ eine meßbare Funktion, die auf dem Kreis $|z|\leq 1$ definiert sei, und es sei $\|\chi\|_\infty<1$. Dann existiert genau eine Lösung der Gleichung*

$$f'_{\bar{z}} = \chi f'_z \quad \textit{fast überall (Beltrami-Gleichung),} \tag{4.36}$$

die einen Homöomorphismus des Kreises $|z|\le 1$ *auf sich darstellt und den Bedingungen* $f(0)=0$, $f(1)=1$ *genügt. Sie ist eine Q-quasikonforme Abbildung mit*

$$Q=(1+\|\chi\|_\infty)/(1-\|\chi\|_\infty). \tag{4.37}$$

Der Beweis von Satz 4.14 (ebenso von Lemma 4.4 sowie Satz 4.13 für die komplexe Dilatation mit kompaktem Träger) findet man in [4.17] (S.39ff). Jede Funktion χ, für die die Beziehung (4.36) gilt, heißt komplexe Dilatation der Abbildung f. Man zeigt leicht (Übung 18), daß die komplexe Dilatation χ der quasikonformen Abbildung $f=f_2\circ f_1$, wobei f_2 und f_1 quasikonforme Abbildungen (vgl. Aufgabe 16) mit den Dilatationen χ_1 und χ_2 sind, durch

$$\chi=\frac{\chi_1+(\chi_2\circ f_1)\exp(-2j\arg f'_{1z})}{1+\chi_1(\chi_2\circ f_1)\exp(-2j\arg f'_{1\bar z})}\quad\text{fast überall} \tag{4.38}$$

gegeben ist.

Falls f eine quasikonforme Abbildung mit der komplexen Dilatation χ ist, dann ist die Dilatation χ_* der inversiven Abbildung durch folgende Formel gegeben:

$$\chi_*=-(\chi\circ f^{-1})\exp(-2j\arg f_w^{-1\,\prime})\quad\text{fast überall.} \tag{4.39}$$

Daraus folgt, zusammen mit dem Riemann'schen Abbildungssatz, daß Satz 4.14 die Existenz einer dreiparametrigen Familie von Q-quasikonformen Abbildungen f von D nach D' garantiert, die Lösungen von (4.36) sind. Dabei sind D und D' einfach zusammenhängende Gebiete, deren Rand aus mindestens 2 Punkten besteht. Damit liefert (4.14) eine Verallgemeinerung des Riemann'schen Abbildungssatzes.

Jedes zweifach zusammenhängende Gebiet läßt sich -wie schon im Paragraphen 4.3 besprochen- konform auf einen Kreisring abbilden (eventuell degeneriert), wobei das Verhältnis der Radien der (konzentrischen) Kreise, die das Gebiet begrenzen eine konforme Invariante ist. Das zu Satz 4.14 entsprechende Ergebnis für zweifach zusammenhängende Gebiete lautet:

Satz 4.15: *Es sei* χ *eine meßbare Funktion, die im Kreisring* $r\le|z|\le 1$ $(0<r<1)$ *definiert ist, so daß* $\|\chi\|_\infty<1$ *gilt. Dann existiert genau eine Zahl r' aus dem Intervall (0;1) und genau eine Lösung der Gleichung*

(4.36), die einen Homöomorphismus des Kreisrings $r \leq |z| \leq 1$ auf den Kreisring $r' \leq |w| \leq 1$ darstellt und die der Bedingung $f(1)=1$ genügt. Die Lösung ist eine Q-quasikonforme Abbildung, wobei Q durch Formel (4.37) bestimmt ist.

Den Beweis von Satz 4.15 findet man in [4.17] S.54 ff als Korollar eines analogen Satzes für n-fach zusammenhängende Gebiete. Zum ersten Mal wurde er in der Arbeit [4.24] publiziert.

Beispiel 4.11: Wir kehren wieder zum inhomogenen elektrostatischen Feld aus Beispiel 4.9 zurück, wobei wir nun die Voraussetzungen über die elektrische Permeabilität ε abschwächen: ε sei eine meßbare Funktion mit $\|\varepsilon\|_\infty < +\infty$. Wir betrachten gleichzeitig den Fall des einfach- sowie des zweifach zusammenhängenden Gebietes und nehmen an, daß wir es mit einem Kondensator (D,Γ_0,Γ_1) zu tun haben, wie er in Beispiel 2.15 beschrieben ist. Weiter nehmen wir an, daß $V(z)=V_0$ für $z \in \Gamma_0$, $V(z)=V_1$ für $z \in \Gamma_1$ und im Falle des einfach zusammenhängenden Gebietes, daß die Normalenableitung $-V_y(z)x'+V_x(z)y' \equiv \mathrm{im}[V_z(z)z']$ (vgl. Paragraph 3.4) existiert und fast überall auf dem restlichen Teil des Randes von D verschwindet (Abb. 29).

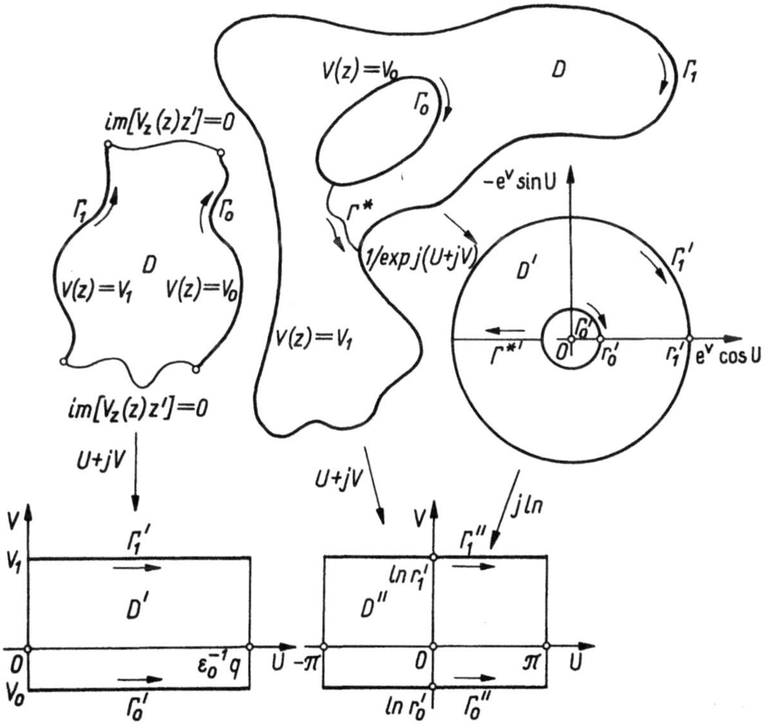

Abbildung 29

Im Falle eines einfach zusammenhängenden Gebietes D bildet das komplexe Potential U+jV den Kondensator (D,Γ_o,Γ_1) Q-quasikonform auf den Kondensator (D',Γ_o',Γ_1') ab, wobei D' ein Rechteck mit den Seitenlängen V_1-V_o und $\varepsilon_o^{-1}q$ ist. Dabei sind $-q$ und q die elektrischen Ladungen der Kondensatorplatten Γ_o und Γ_1:

$$q = \varepsilon_o \int_{\Gamma_1} \varepsilon(-V_y\,dx + V_x\,dy) = -\varepsilon_o \int_{\Gamma_o} \varepsilon(-V_y dx+V_x dy).$$

Also ist nach Formel (3.48) das Verhältnis $\frac{\varepsilon_o^{-1}q}{V_1-V_o}$ der Seitenlänge des Rechtecks D', vermehrt um ε_o, die Kapazität des Kondensators (D,Γ_o,Γ_1).

Im Falle eines zweifach zusammenhängenden Gebietes D ist das komplexe Potential U+jV nicht eindeutig definiert. Aus Satz 4.15 folgt nur, daß eine eindeutig definierte Q-quasikonforme Abbildung der Form $1/\exp j(U+jV)$ des Kondensators (D,Γ_o,Γ_1) auf den Kondensator (D',Γ_o',Γ_1') existiert, wobei D' ein Kreisring ist, dessen konzentrische Kreise die Radien

$$r_o' = \exp\left(\frac{2\pi\varepsilon_o}{q} V_o\right),\qquad r_1' = \exp\left(\frac{2\pi\varepsilon_o}{q} V_1\right) \tag{4.4o}$$

haben. Nehmen wir an, daß $V_o<V_1$ sei, und bezeichnen wir mit $\Gamma^{*\prime}$ die Verbindungsstrecke von $-r_o'$ nach $-r_1'$. Dabei sei Γ^* ihr Urbild unter der Abbildung $1/\exp j(U+jV)$. Dann ist die Funktion U+jV eindeutig in $\mathrm{cl}\, D\setminus\Gamma^*$ definiert und bildet eindeutig den Kondensator (D,Γ_o,Γ_1) minus der Menge Γ^* auf den Kondensator $(D'',\Gamma_o'',\Gamma_1'')$ minus die Menge $\partial D''\setminus\Gamma_o''\setminus\Gamma_1''$ ab (wobei man trivialerweise die Definition der Q-quasikonforme Abbildung auf halbabgeschlossene Gebiete erweitert). Dabei ist D'' ein Rechteck, dessen Seiten die Längen $\ln r_1'-\ln r_o'$ und 2π haben. Also ist nach den Formeln (3.48) und (4.4o) das Verhältnis $2\pi/\ln(r_1'/r_o')$ der Längen der Seiten des Rechtecks vermehrt um ε_o, gleich $q/(V_1-V_o)$ also gerade die Kapazität des Kondensators (D,Γ_o,Γ_1).

Im Falle eines zylindrischen Kondensators (Kreisscheibe) und eines einadrigen gleichachsigen Kabels mit Radien $r_o<r_1$ und einem Medium mit konstanter (rel.) elektrischer Permeabilität ε, nimmt die Q-quasikonforme Abbildung die Werte $|z|^{1/Q}e^{j\arg z}$ für $r_o\leq|z|\leq r_1$ an, wobei $Q=\varepsilon$ ist. Also haben wir $r_o'=r_o^{1/\varepsilon}$, $r_1'=r_1^{1/\varepsilon}$ und als Konsequenz erhalten wir die bekannte Formel für die Kapazität

$$C = 2\pi\varepsilon_o/\ln \frac{r_1'}{r_o'} = 2\pi\varepsilon_o\varepsilon/\ln \frac{r_1}{r_o} \text{ .}$$

Das Beispiel 4.1o zeigt wie natürlich die Betrachtung von quasikonformen Abbildungen in der Elektrostatik ist. Der Schlußteil von Paragraph 3.4 liefert hierfür eine ausgedehnte Interpretation. Für die Variationsmethoden, die im Zusammenhang mit quasikonformen Abbildungen benutzt werden, ist es notwendig, für beliebiges f aus der betrachteten Klasse von Abbildungen, eine einparametrige Familie von Funktionen der Form $\tilde{f}=f+th+o(t)$ zu konstruieren, die, für genügend kleines positives $t>0$, zu dieser Klasse gehören (Bemerkung: Dies wird zum Differenzieren gebraucht).

Definition: Es sei F ein reellwertiges Funktional definiert auf der Klasse aller komplexwertigen Abbildungen, z.B. der Klasse $C^1(D)$, wobei $D\subset\mathbb{C}$ ein Gebiet sei. In Erweiterung der Definition aus Aufgabe 25, Kapitel 2, heißt das Funktional *Gâteaux-differenzierbar* im Element f, wenn $F[f+th]-F[f]=\mathrm{re}(t\partial F[f][h])+o(t)$, wobei $o(t)/t\to 0$ gleichmäßig aus kompakten Teilmengen von D konvergiere und $\partial F[f]$ ein lineares Funktional sei. Das Funktional $\partial F[f]$ heißt die *erste Variation (bzw. Ableitung) im Sinne von Gâteaux* des Funktionals F im Element f.

Eine allgemeine Ausarbeitung der Variationstheorie für quasikonforme Abbildung findet man in den Monographien [4.13], [4.17] und [4.25]. Hier beschränken wir uns auf die Diskussion von Abbildungen der Form (4.33) mit festem r und Q. Physikalisch entsprechen sie Funktionen der Form $1/\exp j(U+jV)$ -dabei ist $U+jV$ ein komplexes Potential- im Zylinderkondensator (Kreis-Kondensator) um den Einheitsradius, der die äußere Kondensatorplatte bildet, mit der meßbaren radial symmetrischen elektrischen Permeabilität ε (damit sind unter anderem auch Unstetigkeitslinien zugelassen). D.h. es gilt $\varepsilon(z)=\varepsilon(|z|)$ fast überall für $r\le|z|\le 1$. Also gilt nach (4.33) fast überall die Beziehung $\chi(z)= =e^{2j\arg z}\chi(|z|)$ (Übung 18). Diese Funktionenklasse wurde in der Arbeit [4.16] S.309ff untersucht. Man zeigt leicht, daß jede der Funktionen f der hier betrachteten Klasse den Kreisring $r\le|z|\le 1$ auf den Kreisring $r'\le|w|\le 1$ abbildet, wobei für die möglichen Radien r' die Abschätzung $r^Q\le r'\le r^{1/Q}$ (Übung 19) gilt. Wir zeigen nun:

Satz 4.16: *Es sei χ_o eine komplexwertige Funktion mit kompaktem Träger, der in einem gewissen Kreisring $D=\{w:s<|w|<s+\Delta s\}$ enthalten sei. Wir setzen $r<s<1-\Delta s$ voraus sowie $\|\chi\|_\infty<1$. Dann existiert zu jeder ge-*

nügend kleinen Zahl $t_o>0$ *und jedem* $t\in(0;t_o)$ *eine Q-quasikonforme Abbildung* f^* *der Form (4.33), die den Kreisring* $r\le|w|\le 1$ *auf den Kreisring* $r'\le|\tilde{w}|\le 1$ *abbildet, wobei* $\chi=t\chi_o$, $r^Q\le r'\le r^{1/Q}$ *und Q durch Formel (4.37) gegeben ist. Diese Abbildung* f^* *läßt sich in der Form*

$$f^*(w) = \begin{cases} w[1-t\int_s^{s+\Delta s} 2\chi_o(\rho)\rho^{-1}d\rho]+O(t^2) & \text{für } |w|<s, \\ w+O(t^2) & \text{für } |w|\ge s \end{cases} \tag{4.41}$$

darstellen. Dabei ist $O(t^2)$ *eine Funktion, die, durch* t^2 *dividiert, für* $t\to 0+$ *auf jeder kompakten Teilmenge des Kreisrings beschränkt ist. Weiterhin gilt die komplexe Dilatation* χ *der Abbildung* f^* *die Bedingung*

$$\|\chi\ (1-f_z^{*\prime})\|_p<Mt^2. \tag{4.42}$$

Dabei ist M eine Konstante, die nicht von t abhängt und für p>2 von $\|\chi\|_\infty$ *abhängt.*

Beweis: Wir setzen zunächst die Funktion χ_o in den inneren Kreis mit O fort und außerhalb des Kreises $|z|\le 1$ durch $\chi_o(w)=e^{4j\arg w}\chi_o(1/\bar{w})$. Nun sei $f:\hat{\mathbb{C}}\to\hat{\mathbb{C}}$ ein Homöomorphismus, der eine Lösung von (4.36) ist und für den $f(w)=w+O(1)$ mit $w\to\infty$ gilt. Nach Beispiel 4.7 hat man dann $f(w)=w+T[f_{\bar z}'](w)=w+T[\chi f_z'](w)$ für $w\in D$. Um die Formel (4.33) zu erhalten, genügt es, die Abbildung f bis auf eine gewisse, geeignete lineare Funktion zu betrachten. Nehmen wir zunächst an, daß $\hat{f}(w)=f(w)-f(0)$ nicht von f_w oder der komplexen Dilatation χ abhängt, also:

$$\hat{f}(w)=w[1-(1/\Pi)\iint_D \chi(z)f_z'(z)z^{-1}(z-w)^{-1}dxdy]. \tag{4.43}$$

Nun sei $f^*(w)=\lambda\hat{f}(w)$, wobei die Konstante λ so gewählt sei, daß $f^*(1)=1$ gilt, d.h.,daß aufgrund $f_w^{*\prime}=\lambda\hat{f}'_w$ die Beziehung

$$\lambda = 1+(1/\Pi)\iint_D \chi(z)f_z^{*\prime}(z)z^{-1}(z-1)^{-1}dxdy \tag{4.44}$$

gilt.

Multipliziert man beide Seiten von (4.43) mit λ und berücksichtigt (4.44), so hat man

$$f^*(w) = w[1-\frac{w-1}{\Pi}\iint_D \frac{\forall(z)dxdy}{z(z-1)(z-w)}], \tag{4.45}$$

wobei

$$\nu(w)=t\chi_o(w)f_w^{*\prime}(w)=te^{2j\arg w}\chi_o(|w|)f_w^{*\prime}(w) \tag{4.46}$$

und

$$\chi(w)=t\chi_o(w)=te^{2j\arg w}\chi_o(|w|) \tag{4.47}$$

ist.

Nach Satz 4.13 ist die Funktion $f_w^*|D$ von der Klasse $L^p(D)$, wobei $p>2$ einzig von $\|\chi_o\|_\infty$ abhängt. Da χ_o und ν überall bis auf den Kreisring D verschwinden, erhält man mit den Formeln (4.46) und (4.47)

$$\begin{aligned}\|\chi-\nu\|_p &\le [\iint_D |\chi(1-f_w^{*\prime})|^p dxdy]^{1/p}\\ &\le t\|\chi_o\|_\infty [\iint_D |1-f_w^{*\prime}|^p dxdy]^{1/p}.\end{aligned} \tag{4.48}$$

Es ist nun noch der letzte Faktor abzuschätzen. Aus Formel (4.44) folgt, daß

$$|1-\lambda^{-1}| = |\frac{1}{\pi}\iint_D \frac{\chi(z)\hat{f}_z'(z)}{z(z-1)}dxdy| \le t\|\chi_o\|_\infty\frac{1}{\pi}\iint_D |\frac{\hat{f}_z'(z)}{z(z-1)}|dxdy \le M_1 t, \tag{4.49}$$

wobei M_1 eine Konstante ist, die nicht von t abhängt. Also ist für hinreichend kleine t, z.B. $0<t<t_o$:

$$|\lambda| \le (1-M_1t)^{-1} \le M_2. \tag{4.5o}$$

Nach Lemma 4.2 folgt $f_w=1+s[f_z']=1+s[\chi\hat{f}_z']$, also

$$\begin{aligned}|1-f_w^{*\prime}(w)| = |1-\lambda\hat{f}_w'(w)| &= |1-\lambda+\frac{\lambda}{\pi}\iint_D \frac{\chi(z)\hat{f}_z'(z)}{(z-w)^2}dxdy|\\ &\le |\lambda||1-\lambda^{-1}|+|\lambda||\frac{1}{\pi}\iint_D \frac{\chi(z)\hat{f}_z'(z)}{(z-w)^2}dxdy|\end{aligned} \tag{4.51}$$

fast überall in D. Weiterhin folgt ebenfalls aus Lemma 4.2, daß

$$\|\frac{1}{\pi}\iint_D \frac{\chi(z)\hat{f}_z'(z)}{(z-w)^2}dxdy\|_p \le \|S\|_p\|\chi\hat{f}_z'\|_p = \|S\|_p t\|\chi_o\hat{f}_z'\|_p = M_3 t.$$

Mit der Minkowski'schen Ungleichung ergibt sich:

$$(\iint_D |1-f_w^{*\prime}(w)|^p dudv)^{1/p} \le |\lambda| |1-\lambda^{-1}| |D|^{1/p} + |\lambda| M_3 t .$$

Wegen (4.49) und (4.5o) erhält man $\|1-f_w^{*\prime}\|_p < M_4 t$. Berücksichtigt man nun noch die letzte Ungleichung in der Abschätzung (4.48), so erhält man $\|\chi-\nu\|_p < Mt^2$, wobei $M=M_4\|\chi_o\|_\infty$ gilt, und damit ist die Ungleichung (4.42) nachgewiesen.

Wir schreiben nun die Formel (4.45) in die Form

$$f^*(w) = w[1-\frac{w-1}{\Pi}\iint_D \frac{\chi(z)\,dxdy}{z(z-1)(z-w)}] -$$

$$-\frac{w(w-1)}{\Pi}\iint_D \frac{\nu(z)-\chi(z)}{z(z-1)(z-w)}dxdy$$

um. Wenden wir auf den letzten Term die *Hölderche Ungleichung* an, also

$$\iint_D \varphi\psi dxdy \le \|\varphi\|_p \|\psi\|_{p'};\quad \varphi,\psi \in L^p(D);\quad \varphi,\psi \ge 0;\quad p>1,\quad \frac{1}{p}+\frac{1}{p'}=1$$

(das ist eine Verallgemeinerung der Schwarz'schen Ungleichung), so gelangen wir unter Berücksichtigung der Ungleichung (4.42) und der Beziehungen (4.46) und (4.47) zu der Formel

$$f^*(w) = w[1-\frac{w-1}{\pi}\iint_D \frac{e^{2j\,\arg z}t\chi_o(|z|)}{z(z-1)(z-w)}dxdy]+O(t^2).$$

Durch Einsetzen von $|z|=\rho$ und arg z= kann man diese Formel auch in der Form

$$f^*(w) = w[1-\frac{w-1}{\pi}\int_s^{s+\Delta s}\int_{-\pi}^{\pi}\frac{e^{2j}\quad t\chi_o(\rho)\rho d}{\rho e^j\ (\rho e^j-1)(\rho e^j-w)}d\rho]+O(t^2)$$

$$= w[1-t\frac{w-1}{\pi j}\int_s^{s+\Delta s}\frac{\chi_o(\rho)}{\rho}\int_{|z|=\rho}\frac{dz}{(z-1)(z-w)}d\rho]+O(t^2)$$

schreiben. Da nach Satz 4.2 und Korollar 4.2

$$\int_{|z|=\rho}\frac{dz}{(z-1)(z-w)} = \begin{cases} 0 & \text{für } 0<\rho<|w|, \\ 2\pi j/(w-1) & \text{für } |w|<\rho<1, \\ 0 & \text{für } 1<\rho<+\infty \end{cases}$$

ergibt sich die Formel (4.41). Q.E.D.

Satz 4.16 ermöglicht eine ziemliche effektive Bestimmung der extremalen Funktionen in der betrachteten Klasse von Abbildungen für eine ziemlich große Familie von Funktionalen. Es seien $z_1,\dots,z_n$ fest gewählte Punkte mit der Bedingung $r \le |z_n| < |z_{n-1}|, \ldots, |z_2| < z_1 = 1$. Für beliebige Q-quasikonforme Abbildungen $\tilde{f}$ und f der Form (4.33), wobei r und Q fest seien, sei

$$\tilde{f}(z_k) = \tilde{w}_k, \quad f(z_k) = w_k, \quad k = 1, \ldots, n$$

Offensichtlich ist $\tilde{w}_1 = w_1 = 1$. Nun betrachten wir eine beliebige Funktion

$$F' = (C'^{-1} \supset D_F \ni (\tilde{w}_2, \ldots, \tilde{w}_n) \mapsto F(\tilde{w}_2, \ldots, \tilde{w}_n) \in \mathbb{R})$$

die auf einer gewissen Umgebung D_F der Punkte $(w_2, \ldots, w_n)$ definiert sei, wobei $F \in C^1(D_F)$, und wir annehmen wollen, daß $A = w_m F_{\tilde{w}_m}(w_2, \ldots, w_n) + \ldots + w_n F_{\tilde{w}_n}(w_2, \ldots, w_n) \neq 0$ für $m = 2, \ldots, n$ gilt. Weiterhin sei

$$F[\tilde{f}] = F(\tilde{w}_2, \ldots, \tilde{w}_n) \quad \text{für} \quad (\tilde{w}_2, \ldots, \tilde{w}_n) \in D_F.$$

Dann gilt:

<u>Satz 4.17:</u> *Unter den obigen Voraussetzungen gilt: Wenn das Funktional F für $\tilde{f} = f$ ein Extremum annimmt, dann wird es auch für jede Funktion f_1 angenommen, die wie folgt definiert ist: $f_1(z) = f(z)$ für $|z_n| < |z| \le 1$ und $f_1(z) = w_n f_o(\frac{z}{z_n})$ für $|z| \le |z_n|$, wobei f_o eine beliebige Abbildung in der betrachteten Klasse ist. Überdies ist f die identische Abbildung, oder es ist*

$$f(z) = w_m \left|\frac{z}{z_n}\right|^{\beta_m(z_2, \ldots, z_n; \varepsilon_m)} e^{j \arg(\frac{z}{z_m})} \quad \text{für} \quad |z_{m+1}| \le |z| \le |z_m|,$$

$$m = 1, \ldots, n-1 \qquad (4.52)$$

wobei

$$\beta_m(z_2, \ldots, z_n; \varepsilon_m) = \frac{1}{2}(Q + \frac{1}{Q}) -$$

$$- \frac{1}{2}\varepsilon_m(Q - \frac{1}{Q}) \exp\left[-j \arg \sum_{k=m+1}^{n} w_k F_{\tilde{w}_k}(w_2, \ldots, w_n)\right] \qquad (4.53)$$

mit $\varepsilon_m = 1$ oder -1 gilt. Dabei ist der Zweig von $\arg[f(z)/z]$ für $|z_{m+1}| \le |z| \le |z_m|$ so gewählt, daß $f(z) \to w_m$ für $z \to z_m$ erfüllt ist. (Die Definition vom *Zweig des Arguments* geschieht analog zur Definition des Zweigs des Logarithmus (vgl. Beispiel 4.3).)

<u>Beweis:</u> Führen wir die Variation im Sinne von Gâteaux $\tilde{f} - f + o(t)$ für f durch, welches durch die Formel (4.41) gegeben ist. Dabei ist

$f^* = \tilde{f} \circ f^{-1}$, $\chi = t\chi_o$ die komplexe Dilatation von f^*. Im Rahmen der betrachteten Abbildungsklasse für festes s, Δs mit $r' < s < 1-\Delta s$ erhält man damit die bis auf den Kreisring $s < |w| < s+\Delta s$ konforme. Zuerst nehmen wir nicht an, daß f eine Extremalfunktion ist. Wir bezeichnen lediglich die komplexen Dilatationen der Abbildungen f^{-1} und $\tilde{f}^{-1}$ durch χ_* und $\tilde{\chi}_*$ und ferner sei $\nu_* = \chi \circ f^{*-1}$, $\nu_* = \chi_* \circ f^{*-1}$ (Abb.3o). Nun untersuchen wir den Effekt der durchgeführten Variation auf die Dilatation χ_*, d.h. wir drücken die Differenz $|\tilde{\chi}_*| - |\nu^*|$ durch ν und ν_* mit der Genauigkeit $O(|\nu|^2)$ aus.

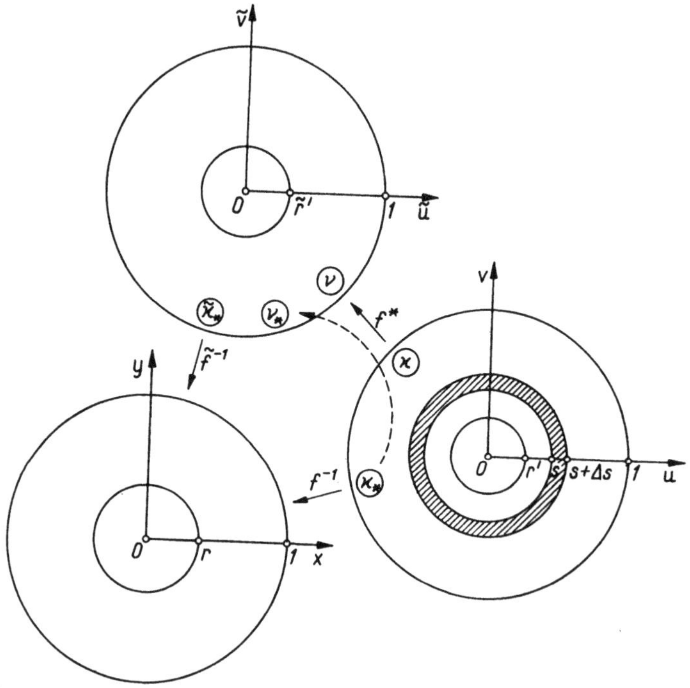

Abbildung 3o

Außerhalb des Kreisrings $s < |w| < s+\Delta s$ ändert sich die Dilatation χ_* dem Betrage nach nicht, und zum Berechnen der Variation innerhalb des Kreisrings im Differential $df^{-1} = f_w^{-1'}(dw + \chi_* d\bar{w}$ (wir nehmen die Konvention $df^{-1}(w) = df^{-1}(w)(dw, d\bar{w})$ an) drückt man $dw = df^{*-1}(\tilde{w})$ durch $d\tilde{w}$, $d\tilde{w}$ für $w = f^{*-1}(\tilde{w})$ aus. Man bemerke zu diesem Zweck, daß im Hinblick auf die Formeln (4.41) und $\chi = t\,\chi_o$.

$$df^* = [1+o(|\int_s^{s+\Delta s} \chi(\rho)\rho^{-1}d\rho|)](dw+\chi d\bar{w}) \text{ fast überall}$$

und folglich

$$df^{*-1} = (1+\eta_1)d\tilde{w} - (1+\eta_2)\nu d\bar{\tilde{w}}, \quad \eta_1 = o(|\nu|), \quad \eta_2 = O(|\nu|)$$

ist. Also ist

$$d\tilde{f}^{-1} = d(f^{-1} \circ f^{*-1}) = (f_w^{-1'} \circ f^{*-1})[df^{*-1} + (\chi_* \circ f^{*-1})\overline{df^{*-1}}]$$

$$= (f_w^{-1'} \circ f^{*-1})[(1+\eta_1)d\tilde{w} - (1+\eta_2)\nu d\bar{\tilde{w}} + \nu_*(1+\bar{\eta}_1)d\bar{\tilde{w}} - \nu_*(1+\bar{\eta}_2)\bar{\nu}d\tilde{w}]$$

$$= (f_w^{-1'} \circ f^{*-1})[(1+\eta_1 - \bar{\nu}\nu_* + \bar{\nu}_*\eta_2)d\tilde{w} + (\nu_* + \nu_*\bar{\eta}_1 - \nu - \nu\bar{\eta}_2)\bar{d}\tilde{w}],$$

und wegen $\eta_1 = o(|\nu|)$, $\eta_2 = o(|\nu|)$ erhalten wir

$$|\tilde{\chi}_*| = |(\nu_* + \nu_*\bar{\eta}_1 - \nu - \nu\bar{\eta}_2)/(1+\eta_1 - \bar{\nu}\nu_* - \bar{\nu}\nu_*\eta_2)|$$

$$= |\nu_* + \nu_*\bar{\eta}_1 - \nu_*\eta_1 - \nu + \bar{\nu}\nu_*^2| + o(|\nu|^2).$$

Wegen der Identität $|z| = (\mathrm{re}^2 z + \mathrm{im}^2 z)^{\frac{1}{2}}$ gilt für $f(z) \neq z$

$$|\tilde{\chi}_*| = |\nu_*|[1+2\,\mathrm{re}(\bar{\nu}\nu_* - \nu/\nu_*) + o(|\nu|^2)]^{\frac{1}{2}} + o(|\nu|^2)$$

$$= |\nu_*|[1+\mathrm{re}(\bar{\nu}\nu_* - \nu/\nu_*)] + o(|\nu|^2)$$

und somit letztlich

$$|\tilde{\chi}_*| - |\nu_*| = -|\nu|(1-|\nu_*|^2)\cos(\arg \nu_* - \arg \nu) + o(|\nu|^2). \tag{4.54}$$

Nun wollen wir die Variation des betrachteten Funktionals F bestimmen. Da F eine reellwertige Funktion der Klasse $C^1(D_F)$ ist, ist $F_{\bar{\tilde{w}}_k} = \overline{F_{\tilde{w}_k}}$ für $k=2,\dots,n$. Somit folgt nach Formel (4.41)

$$dF = \sum_{k=2}^{n} \overline{(F_{\tilde{w}_k} d\tilde{w}_k + F_{\tilde{w}_k} d\tilde{w}_k)}, \quad d\tilde{w}_k = d\tilde{f}_k(s), \quad \tilde{f}_k = \tilde{f}(z_k) = f^*(w_k),$$

$$d\tilde{f}_k(s) = 0 \text{ für } s \le |w_k|, \quad d\tilde{f}_k(s) = -2w_k\chi(s)s^{-1}ds \text{ für } s > |w_k|$$

fast überall im Kreisring $r' \le |s| \le 1$, wo ebenfalls $dF(w_1,\dots,w_n) = t\partial F[f]$ gilt. Daher stellt sich also die Variation $dF(s)$ fast überall im Kreisring $|w_{m+1}|\leq|w|\leq|w_m|$, m=1,...,n-1 durch

$$dF(w_2,\ldots,w_n)(s)=-2\sum_{k=m+1}^{n} w_k F_{\tilde{w}_k}(w_2,\ldots,w_k)\chi(s)s^{-1}ds,\quad s=|w| \tag{4.55}$$

dar.
Diese Formel kann auch, mit der eingangs gegebenen Zusammenfassung der partiellen Ableitungen, als

$$dF(w_2,\ldots,w_n)(s)=-2|A|\,|\chi(s)|\cos[\arg\chi(s)+\arg A]s^{-1}ds \tag{4.56}$$

geschrieben werden.

Nehmen wir an, daß $|\chi_*|<(Q-1)/(Q+1)$ auf einer Menge E mit positivem Maß gilt. Da diese Menge die Vereinigung von Mengen E_η, $\eta>0$ ist, mit $|\chi_*|\leq(Q-1)/(Q+1)-\eta$, existiert eine Zahl $\eta^*>0$, für welche die Menge E_{η^*} ein positives Maß hat. Als Konsequenz erhalten wir dann durch Vergleich der Formeln (4.54) und (4.55), daß eine Variante (4.56) zulässig ist für hinreichend kleine meßbare Funktionen $|\chi|$ und daß der Wert $dF(w_2,\ldots,w_n)(s)$ ein beliebiges Vorzeichen haben kann. Falls also f eine Extremalfunktion ist, dann gilt für die Dilatation der inversen Abbildung f^{-1}, daß $|\chi_*|<(Q-1)/(Q+1)$ auf Mengen von positivem Maß nicht gilt, daß aber fast überall $|\chi_*|\leq(Q-1)/(Q+1)$ gilt. Also gilt fast überall die Formel

$$|\chi_*(w)|=(Q-1)/(Q+1). \tag{4.57}$$

Darüber hinaus folgt wegen den Beziehungen (4.54) und (4.56) und den Definitionen von ν und ν_*

$$\arg\chi_*(w)=-\arg\sum_{k=m+1}^{n} w_k F_{\tilde{w}_k}(w_2,\ldots,w_k)+\frac{1}{2}\pi(1-\varepsilon_m) \tag{4.58}$$

fast überall im Kreisring $|w_{m+1}|\leq|w|\leq|w_m|$, m=1,...,n-1, wobei $\varepsilon_m=1$ oder -1 ist.

Da -nach den Formeln (4.57) und (4.58)- die Dilatation χ_* in den Kreisringen $|w_{m+1}|\leq|w|\leq|w_m|$, m=1,...,n-1 fast überall konstant ist, bezeichnen wir sie dort mit γ_m. Also folgt nach Formel (4.33), d.h.

$$f^{-1}(w) = \exp\Big(-\int_{|w|}^{1} \frac{1+\chi_*(s)}{1-\chi_*(s)}\frac{ds}{s} + j\arg w\Big),\quad r'\leq|w|\leq 1 \tag{4.59}$$

die Gleichung

$$f^{-1}(w)=z_m|w/w_m|^{(1+\gamma_m)/(1-\gamma_m)}e^{j\arg(w/w_m)},\ |w_{m+1}|\leq|w|\leq|w_m|$$

Dabei ist der Zweig von $\arg[f^{-1}(w)/w]$ so gewählt, daß $f^{-1}(w) \to z_m$ für $w \to w_m$ erfüllt ist. Zum Schluß bemerken wir noch Folgendes: Wenn für eine beliebige Funktion der Form (4.59) die Gleichungen $R^{-1}(|w|)=|f^{-1}(|w|)|$ und $-(|w|) = \arg f^{-1}(|w|)|$ erfüllt sind, dann ist $|f(z)|=R(|z|)$ und $\arg[f(z)/z] = \quad R(|z|)$ mit $\arg[f(z)/z] = -\arg[z/f(z)]$. Damit erhält man dann sofort die Formel (4.52), wobei

$$\beta_m(z_2,\dots,z_m;\varepsilon_m) = \left(1-j \operatorname{im} \frac{1+\gamma_m}{1-\gamma_m}\right) / \operatorname{re} \frac{1+\gamma_m}{1-\gamma_m}$$

$$= (1-2\gamma_m + |\gamma_m|^2)/(1-|\gamma_m|^2), \quad m=1,\dots,n-1.$$

Nach den Formeln (4.57) und (4.58) gilt in den Kreisringen $|w_{m+1}| \leq |w| \leq |w_m|$ also fast überall $\chi_*(w)=\gamma_m$ und man erhält (4.53). Dabei läßt sich nicht a priori entscheiden, welches Zahlensystem ε_m, $m=1,\dots,n-1$ sich ergibt, d.h. also ob es zu einem Minimum [oder zu einem Maximum] des gegebenen Funktionals gehört.

ÜBUNGEN

14. Man beweise die Formeln (4.31) und (4.32) für differenzierbare Abbildungen der Form (4.16), wenn D ein offenes Gebiet ist.

15. Es sei V das Potential eines ebenen, isotropen, nicht homogenen, elektrostatischen Feldes im Gebiet D, in dem sich keine Raumladung befindet. Die (relative) elektrische Permeabilität sei $\varepsilon \in C^1(\operatorname{cl} D)$ und U sei die Kraftfunktion dieses Feldes. Man zeige, daß aus dem Gleichungssystem (4.34) die komplexe Lösung (4.35) folgt. Man bringe dieses Ergebnis zur verallgemeinerten Lösung dieses Gleichungssystems in Verbindung, bei der ε eine meßbare Funktion ist, die der Bedingung $\|\varepsilon\|^{\pm}_{\infty} < +\infty$ genügt.

16. Man zeige, daß die Inverse einer Q-quasikonformen Abbildung Q^{-1}-quasikonform ist und die Zusammensetzung von Q_1- und Q_2-quasikonformen Abbildungen $Q_1 \cdot Q_2$-quasikonform ist, falls sie definiert ist.

17. Ist im Fall eines zweifach zusammenhängenden Gebietes D das komplexe Potential $(U+jV)|D \setminus \Gamma^*$ aus Beispiel 4.10 eine quasikonforme Abbildung?

18. Man zeige, daß die komplexe Dilatation der Abbildung $f_2 \circ f_1$, wobei f_1 und f_2 quasikonforme Abbildungen mit den Dilatationen χ_1 und χ_2 seien, durch die Formel (4.38) gegeben ist. Für den Fall, daß f eine quasikonforme Abbildung mit der komplexen Dilatation χ ist, zeige man, daß die Dilatation $\chi *$ der Umkehrabbildung durch die Formel (4.39) gegeben ist.

19. Es sei U+jV das komplexe Potential eines zylindrischen (Kreis-) Kondensators. Der Radius des Einheitskreises stelle die äußere Kondensatorplatte dar. Die meßbare elektrische Permeabilität sei ε. Es sei $f=1/\exp j(U+jV)$ und χ sei die komplexe Dilatation der Abbildung f. (Folglich gilt $|\varepsilon|=(\varepsilon-1)/$ $/(\varepsilon+1)$ fast überall). Man zeige: Dafür, daß die Abbildung f von der Form (4.33) ist, ist es notwendig und hinreichend, daß (a) die Dilatation χ fast überall im Kreisring $r\leq|z|\leq 1$ der Bedingung $\chi(z)=e^{2j \arg z}\chi(|z|)$ genügt, oder - äquivalent dazu - (b) die Abbildung f im Kreisring $r\leq|z|\leq 1$ die Gleichung $f(z)=e^{j \arg z}f(|z|)$ erfüllt.

2o. Man zeige, daß jede Abbildung f der Form (4.33) der Abschätzung $|z|^Q\leq|f(z)|\leq|z|^{1/Q}$ genügt (in der Bezeichnung von Übung 19). D.h. es gilt $(1/Q)\ln(1/|z|)\leq V(z)\leq Q\ln(1/|z|)$ mit $Q=\|\varepsilon\|_\infty$. Man zeige, daß sich in der betrachteten Klasse diese Abschätzung nicht verbessern läßt.

21. Man zeige, daß jede Abbildung f der Form (4.33) der Abschätzung

$$-\frac{1}{2}\left(Q-\frac{1}{Q}\right)\ln\left|\frac{1}{z}\right| \leq \arg\frac{f(z)}{z} \leq \frac{1}{2}\left(Q-\frac{1}{Q}\right)\ln\left|\frac{1}{z}\right| \quad \text{wobei } \arg\frac{f(z)}{z}=0 \text{ für } z=1$$

genügt (offensichtlich ist $\arg[f(z)/z]=\arg\exp[-jU(z)-\arg z]$, $Q=\|\varepsilon\|_\infty$). Ferner zeige man, daß sich diese in der betrachteten Klasse nicht verbessern läßt.

22. Man zeige, daß jede Abbildung f der Form (4.33), wobei Q>1 der Abschätzung $|f(z)-z|/\ln Q < \frac{1}{e} \approx 0.3679$ genügt, und sich diese Abschätzung in der betrachteten Klasse nicht verbessern läßt.

4.5 EINFÜHRUNG IN DIE GEOMETRISCHEN METHODEN DER VARIATIONSRECHNUNG

Die geometrischen Methoden der Variationsrechnung beruhen auf einer geometrischen Eigenschaft, die die Klasse der für die untersuchte Gâteaux-Variation zulässigen Abbildungen besitzt. Zu ihr gehört z.B. die *Methode der extremalen Längen* von L.V. Ahlfors und A. Beurling aus den Jahren 1945-195o. Auf dieser beruht der Algorithmus von Bohr und Gross von 1918, der auf der Grundlage der Schwarz'schen Ungleichung für Integrale eine Beziehung zwischen der Kurvenlänge und dem Flächenmaß des eingeschlossenen Gebietes liefert (vgl. Paragraph 3.4).

Wir beginnen mit der Definition der Halbstetigkeit. Ist D_f eine offene Menge im $\mathbb{R}^n$, so heißt eine Funktion $f: D_f \to \mathbb{R}$ *halbstetig von unten* [bzw. *von oben*] im Punkte z_o, wenn es zu jedem $\varepsilon > 0$ ein $\delta > 0$ gibt, so daß $f(z) - f(z_o) > -\varepsilon$ [bzw. $< \varepsilon$] gilt für $|z - z_o| < \delta$. Diese Definition gilt insbesondere auch für $D_f \subset \mathbb{C}$.

Beispiel 4.12: Die Treppenfunktion $\mathbb{C} \ni z \mapsto -[-\mathrm{re}\, z]$ ist halbstetig von unten, wobei $[s]$ die größte ganze Zahl k mit $k \leq s$ bezeichnet. Die Funktion $\mathbb{C} \ni z \mapsto [-\mathrm{re}\, z]$ ist halbstetig von oben. Allgemein ist jede Funktion, die auf Teilintervallen $a_{i-1} < x \leq a_i$, $i = 1, \ldots, m$ konstant ist, halbstetig von unten, falls sie aufsteigend ist und halbstetig von oben, wenn sie fallend ist.

Wir verallgemeinern jetzt die Idee zur Beschreibung der Kapazität eines Kondensators, die durch die Formeln (3.57) und (3.62) geschah.

Definition: Es sei $\{\Gamma\}$ eine beliebige Familie von Bögen oder Jordan-Kurven. Unter der *Extremallänge* $\lambda_p\{\Gamma\}$ bezüglich einer beliebigen nicht-negativen meßbaren Funktion p in C mit $1 \leq \| p \|_\infty < +\infty$ (i.e. die sogenannte *Inhomogenitätsfunktion*) versteht man:

$$\lambda_p\{\Gamma\} = \sup_{\tilde{\rho} \in \mathrm{adm}\{\Gamma\}} \Big[\Big(\inf_{\Gamma \in \{\Gamma\}} \int_\Gamma \tilde{\rho}\, ds \Big)^2 \Big/ \iint_C \frac{1}{p} \tilde{\rho}^2 dx dy \Big] . \qquad (4.6o)$$

Dabei ist $\mathrm{adm}\{\Gamma\}$ die Familie aller nicht negativen, von unten halbstetigen Funktionen auf C, die nicht identisch verschwinden (das sind die sogenannten *zulässigen Metriken*), die man üblicherweise noch normalisiert zu: $\int_\Gamma \tilde{\rho}\, ds = 1$ (dies verändert den Wert von $\lambda_p\{\Gamma\}$ nicht).

Eine weiterführende einfache Verallgemeinerung der Ergebnisse aus Paragraph 3.4 führt zu den folgenden Aussagen:

1°) Die Kapazität eines ebenen Kondensators mit meßbarer elektrischer Permeabilität ε ist gleich dem Produkt der elektrischen Permeabilität des Vakuums ε_o und der Extremallänge der Familie der Jordan-Kurven, die die Kondensatorplatten bezüglich der Permeabilität ε verbinden (*Dirichlet-Prinzip*).

2°) Die Kapazität eines Kondensators ist gleich dem Produkt der Permeabilität des Vakuums ε_o und der Extremallänge der Familie von Bögen oder Jordan-Kurven, die die Kondensatorplatten bezüglich der Permeabilität ε trennen (*Thomson-Prinzip*).

Die Extremallänge einer Familie von Jordan-Kurven, die die Kondensatorplatten verbinden, heißt manchmal auch der *extremale Zwischenraum* der Kondensatorplatten. Bemerkt sei, daß die hier gegebenen Formulierungen des Dirichlet- und Thomson-Prinzips mehrere physikalische Interpretationen gestatten, die etwa im Paragraph 3.4 besprochen wurden. Somit eignet sich die Methode der extremalen Längen für unterschiedliche physikalische Zweige, wie etwa auch zur Untersuchung des Zusammenhangs zwischen Stromstärke und magnetischer Induktion.

Wir bemerken noch, daß man in vielen Fällen gemäß den Sätzen 4.14 und 4.15 eine derartige $||\varepsilon||_\infty$-quasikonforme Abbildung des Gebietes D, das die Familie $\{\Gamma\}$ der Kurven enthält (eventuell ohne deren Enden), vornehmen kann, so daß das Problem der Extremallängen auf die Inhomogenitätsfunktion konstant 1 reduziert wird. Im folgenden wollen wir uns nur noch auf diesen Spezialfall beschränken. Es sei also $\lambda\{\Gamma\}=$ $=\lambda_1\{\Gamma\}$. Ohne Beweis zitieren wir (der Beweis ist sehr einfach, vgl. z.B. [4.22]):

Satz 4.18: *(a) Wenn man die Familie $\{\Gamma\}$ vergrößert, wächst ihre Extremallänge nicht.*

(b) Wenn man die Bögen oder die Kurven der Familie $\{\Gamma\}$ verkürzt, wächst ihre Extremallänge nicht.

(c) Setzen sich die Familien $\{\Gamma_1\}$ und $\{\Gamma_2\}$ aus Elementen disjunkter Gebiete D_1 und D_2 zusammen und erhält jedes $\Gamma\in\{\Gamma\}$ ein Element $\Gamma_1\in\{\Gamma_1\}$ sowie ein $\Gamma_2\in\{\Gamma_2\}$, dann ist $\lambda\{\Gamma_1\}+\lambda\{\Gamma_2\}\leq\lambda\{\Gamma\}$.

(d) Für $\{\Gamma\}=\{\Gamma_1\}\cup\{\Gamma_2\}$ gilt $1/\lambda\{\Gamma\}\leq 1/\lambda\{\Gamma_1\}+1/\lambda\{\Gamma_2\}$. Insbesondere folgt für $\lambda\{\Gamma_2\}=+\infty$ die Gleichung $\lambda(\{\Gamma_1\}\cup\{\Gamma_2\})=\lambda\{\Gamma_1\}$.

(e) Wenn jedes Element von $\{\Gamma_1\}$ und jedes Element von $\{\Gamma_2\}$ ein gewisses Element von $\{\Gamma\}$ enthält und $\{\Gamma_1\}$ sowie $\{\Gamma_2\}$ sich aus Elementen zusammensetzt, die zu disjunkten Gebieten D_1 und D_2 gehören, dann gilt $1/\lambda\{\Gamma_1\}+1/\lambda\{\Gamma_2\}\leq 1/\lambda\{\Gamma\}$.

Unter zusätzlichen Annahmen über die Familien $\{\Gamma\}$, $\{\Gamma_1\}$ und $\{\Gamma_2\}$ sowie konsequenterweise auch über die Gestalt der Träger der entsprechenden Extremalmetriken ρ, ρ_1, ρ_2, kann man Bedingungen angeben, unter denen in der Ungleichung das Extremum angenommen wird (d.h. für welche zulässige Metrik $\tilde{\rho}=\rho$ in Formel (4.6o) das Extremum angenommen wird. Diese Metrik heißt dann extremal).

Die Bögen oder Kurven einer einparametrigen Familie $\{\Gamma\}$, die in der Extremalmetrik ρ die Länge 1 haben und den Träger der Metrik ρ ausfüllen, heißen Fundamental-Bögen oder Fundamental-Kurven der Familie $\{\Gamma\}$. Physikalisch sind das entweder die Kraftlinien oder die Äquipotentiallinien eines Feldes. Gilt $\lambda\{\Gamma\}>0$ und existiert für $\{\Gamma\}$ eine Extremalmetrik, so kann man zeigen, daß diese fast überall eindeutig bestimmt ist. Eine weitere Eigenschaft der Extremallänge ist ihre konforme Varianz. Schließlich läßt sich noch folgendes zeigen: Dafür, daß eine Abbildung $f:D\to\hat{C}$ -wobei D ein Gebiet in $\hat{C}$ ist- Q-quasikonform ist, ist es notwendig und hinreichend, daß diese ein orientierungserhaltender Homöomorphismus ist und daß das Verhältnis der Extremallängen einer Familie von Bögen oder Jorden-Kurven $\Gamma\subset D$ zur Extremallänge der Bilder unter f nach oben durch Q (oder äquivalent nach unten durch 1/Q) beschränkt ist.

Die Methode der Extremallängen ist sehr ausführlich in [4.13] besprochen. Als weitere Literatur verweisen wir vor allem auf die Monographien [4.1] und[4.22].

Beispiel 4.13: Betrachten wir ein zweifach zusammenhängendes Gebiet, das durch den Kreis $|z|=1$ eingeschlossen wird und die zweipunktige Menge $\{0\}\cup\{r\}$ mit $0<r<1$ nicht enthält. Man kann beweisen, daß die Extremallänge der Familie aller Jordan-Bögen, deren Endpunkte verschiedene Randpunkte des Gebietes sind (d.h. unterschiedliche Randpunkte), die nicht größer sind als $\nu(r)=\frac{1}{4}K[(1-r^2)1/2]/K(r)$, wobei K ein vollständiges elliptisches Integral erster Art ist und das Maximum für den Kreis $|z|<1$ minus dem Intervall $0\leqq z\leqq r$ angenommen wird (Abb.31) (Grötzsch).

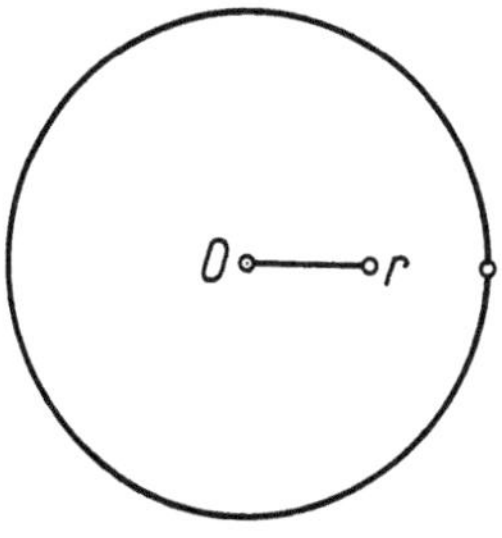

Abbildung 31

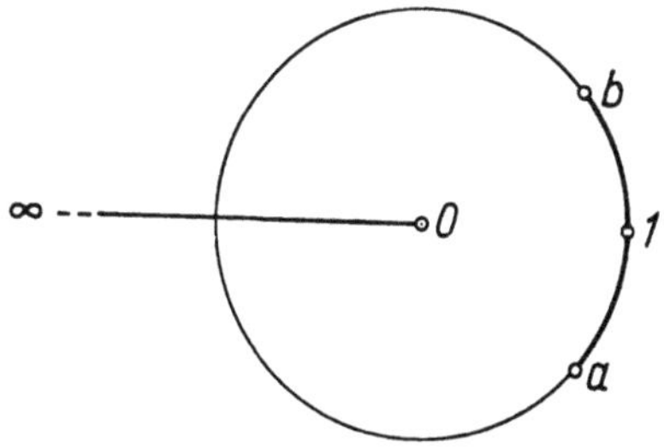

Abbildung 32

Beispiel 4.14: Betrachten wir nun das zweifach zusammenhängende Gebiet abzüglich der zwei-punktigen Mengen $\{a\}\cup\{b\}$ sowie $\{0\}\cup\{\infty\}$ in $\hat{C}$, wobei a,b auf dem Kreis $|z|\leq 1$ liegen. Man kann zeigen, daß die Extremallänge der Familie aller Jordan-Bögen, deren Endpunkte an verschiedenen Randpunkten des Gebietes liegen, nicht größer ist als $\nu[\frac{1}{2}(1+\frac{1}{2}|a-b|^2)^{\frac{1}{2}}-\frac{1}{2}(1-\frac{1}{2}|a-b|^2)^{\frac{1}{2}}]$. Liegen a,b auf dem Kreis $|z|=1$ und gilt $b=\bar{a}$ sowie $|a-1|\leq\sqrt{2}$, $|b-1|\leq\sqrt{2}$, dann wird das Maximum angenommen falls man aus $\hat{C}$ die Halbachse herausschneidet und außerdem den kürzeren der beiden Kreisbögen auf $|z|=1$, der die Punkte a und b verbindet. (Abb.32) (Mori).

ÜBUNGEN

23. Man zeige: Wenn alle Bögen oder Jordan-Kurven der Familie $\{\Gamma\}$ (außer evtl. deren Enden) ganz in D liegen, dann kann man $\iint_C$ durch $\iint_D$ ersetzen.
24. Man bestimme die Extremalmetriken im Fall der Familie von Bögen oder Jordan-Kurven, die zum Dirichlet- oder Thompsonprinzip gehören.

4.6 DIE TECHNIK DER RIEMANN'SCHEN FLÄCHEN IN DER VARIATIONSRECHNUNG UND IHRE INTERPRETATION IN DER THEORIE DES ELEKTROMAGNETISMUS

Schon Beispiel 4.1o über das konstante elektrische Feld zeigt, wie wesentlich die Untersuchung von mehrwertigen Funktionen ist: das komplexe Potential U+jV ist im Falle eines zweifach zusammenhängenden Gebietes nicht eindeutig definiert. In diesem Zusammenhang haben wir zwei Kunstgriffe benutzt: Zunächst betrachten wir die eindeutig definierte quasi-konforme Abbildung $f=1/\exp j(U+jV)$ und danach definieren wir das Potential U+jV auf dem reduzierten Gebiet $D\setminus\Gamma^*$ eindeutig. Aufgaben dieser Art sind besonders im Fall von magnetischen Feldern wichtig.

Beispiel 4.15: In einem Gebiet, in dem die resultierende Stromdichte gleich Null ist, z.B. in der Luft unter Vernachlässigung der dielektrischen Verschiebung, ist nicht nur das magnetische Potential, sondern auch das skalare Potential nicht eindeutig definiert. Ein anwendbarer Trick ist es, sich nicht des Potentials, sondern nur der *Kraftlinien* (und somit der *Kraftfunktion*) zu bedienen. Diese definiert man als diejenigen Kurven, die die Bedingung erfüllen, daß die Tangente in jedem Punkt in Richtung der Feldstärke H in diesem Punkt verläuft. Im allgemeinen Fall wird man sich aber darauf einlassen müssen, daß das Potential nicht eindeutig definiert ist. Für diesen Fall betrachten wir das Problem etwas genauer und betrachten der Einfachheit halber die Aufgabenstellung für den Fall eines ebenen isotropen und homogenen magnetischen Mediums (wir beschäftigen uns also nicht mit Vektorpotentialen).

Für das magnetische Potential V* muß die Gleichung $\nabla^2 V^*=0$ erfüllt sein,wie aus den Maxwellschen Gleichungen (3.31), (3.34) und der Relation (3.35) folgt. Benutzt man nochmals die Gleichung (3.31), so folgert man mit Hilfe des Green'schen Satzes, daß der Zuwachs des Potentials V* längs des orientierten Randes eines beliebigen Gebietes $D \subset C$ -sofern der Rand gleichorientiert ist und sich aus Jordan-Kurven zusammensetzt- gleich dem negativen orientierten Oberflächenintegral des Stromdichtevektors (der senkrecht zur betrachteten Ebene gerichtet ist) über das Gebiet D ist. Es läßt sich zeigen, daß man das Potential V* auf D nicht eindeutig definieren kann.

Betrachten wir den Fall, in dem der Stromdichtevektor bis auf endlich viele disjunkte meßbare Mengen verschwindet, die in Kreisscheiben mit kleinem Maß im Verhältnis zu $|D|$ enthalten sind. Man kann das Potential in einem entsprechenden zerschnittenen Gebiet von D eindeutig definieren. Dazu sehen wir uns den in der Abbildung 33 dargestellten Fall an, in dem das Gebiet D senkrecht in der Ebene in drei Punkten a_1, a_2, a_3 von drei Leitern durchstoßen wird, in denen die Ströme i_1, $-i_2$, i_3 fließen. Der Zuwachs des Potentials längs den in Abbildung 33 eingezeichneten geschlossenen Kurven Γ_1, Γ_2, Γ_3 (die analogen Regularitätsbedingungen genügen wie der Rand ∂D) ist dann $-i_1$, i_2-i_1, $-i_3+i_2-i_1$. Dabei ist der letztere Zuwachs identisch mit dem Zuwachs längs dem Rande ∂D. Also genügt es, eine beliebige rektifizierbare, im Inneren des Gebietes D liegende, sogenannte *Sperrschicht (magnetische Sperre)*, die die drei Punkte umfaßt - also z.B. a_1 und a_2, a_2 und a_3 sowie a_3 und z (beliebiger Randpunkt ∂D) verbindet- und aus sich nicht überschneidenden Jordan-Kurven besteht, zu betrachten und dann die Familie der geschlossenen Kurven zu klassifizieren, die im Inneren des Gebietes D verlaufen, in Abhängigkeit von den umlaufenden

Durchstoßpunkten a_1, a_2, a_3 und der Umlaufordnung des Punktes z.

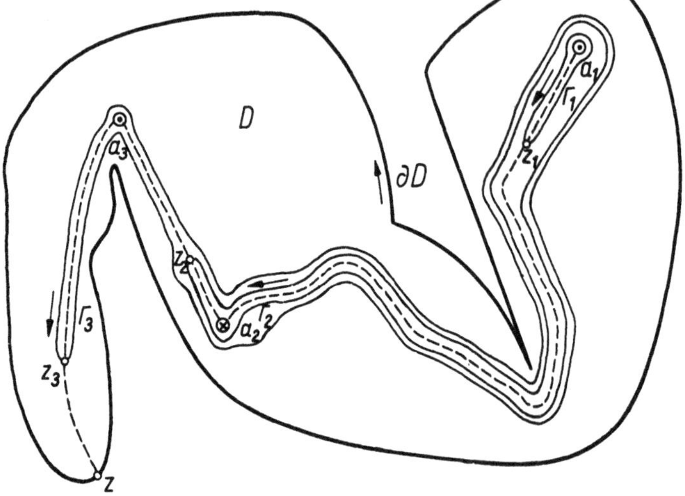

Abbildung 33

Wir verschaffen uns jetzt eine präzisere Vorstellung von der zugrundeliegenden mathematischen Idee. Dazu beginnen wir zunächst mit einem Beispiel.

Beispiel 4.16: Wir betrachten die Funktion $z\mapsto+\sqrt{z}$ in der Umgebung eines Punktes $z=a\in\mathbb{C}\setminus\{0\}$. Dann entwickeln wir sie um diesen Punkt im Kreis mit dem Konvergenz-Radius $|a|$ in eine Taylorreihe. Wir bezeichnen diese Funktion im Kreis $|z-a|<|a|$ mit f_0^a. Es existiert genau eine holomorphe Funktion f_1^a, die auf dem Kreis $|z+2^{-1/2}(1+j)a|<|a|$ definiert ist und die auf dem gemeinsamen Durchschnitt der beiden Kreise mit f_0^a übereinstimmt. Analog definiert man die Funktionen $f_2^a,\dots,f_8^a$ auf den Kreisen mit Radius $|a|$ um die Mittelpunkte

$$ja,\ -2^{-\frac{1}{2}}(1-j)a, -a, -2^{-\frac{1}{2}}(1+j)a,\ -ja,\ 2^{-\frac{1}{2}}(1-j)a, a\,.$$

Dabei stellt sich heraus, daß $f_8^a=-f_0^a$ gilt, d.h. der Funktion $z\mapsto-\sqrt{z}$ entspricht. Da die Funktionen f_k^a und f_k^b in ihrem gemeinsamen Definitionsbereich übereinstimmen für beliebige Zahlen a,b,k, liefert diese Prozedur die *analytische Fortsetzung* der Funktion. Es ist also eine ganz natürliche Sache die *komplette**) *analytische Funktion* $\sqrt{\ }=(\mathbb{C}\setminus\{0\}\ni z\mapsto z)$ durch die Menge aller Paare $(a\in\mathbb{C}\setminus\{0\}, f)$ zu beschreiben, wobei f eine holomorphe Funktion im Kreis $|z-a|<|a|$ ist, die man z.B. analog wie bei f_0^1 erhält. Damit diese so gegebene Definition vollständig ist, ist noch der

*) d.h. nicht weiter fortsetzbare

Begrifff der *analytischen Fortsetzung längs einer beliebigen Kurve,* die von einem gegebenen Punkt ausgeht, zu präzisieren. (Wir unterlassen dies jedoch und verweisen auf die in Abbildung 34 angedeutete Intuition.) Auch muß man noch zeigen, daß diese Definition der Funktion $\sqrt{\ }$ von den einzelnen Entwicklungspunkten a unabhängig ist.

Der Effekt dieser so beschriebenen Prozedur kann auch anders ausgedrückt werden. Die Funktion $\sqrt{\ }$ kann als eine eindeutig definierte Funktion auf einer Fläche aufgefaßt werden, die man aus zwei komplexen Ebenen erhält, nämlich aus $\mathbb{C}_0$ und $\mathbb{C}_1$, die längs der Halbachse arg z = arg a (inklusive des Punktes 0) geschlitzt sind.

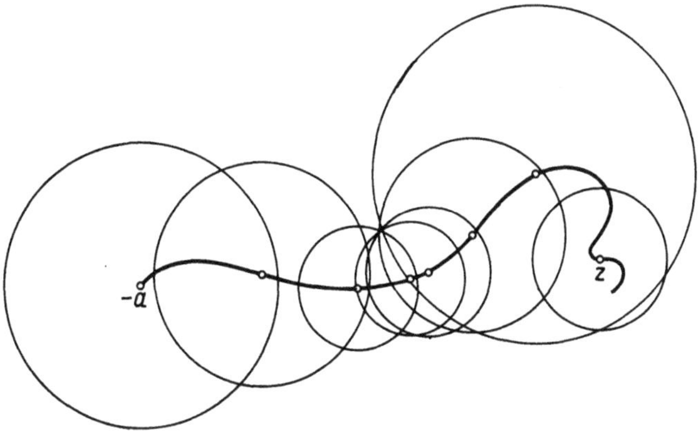

Abbildung 34

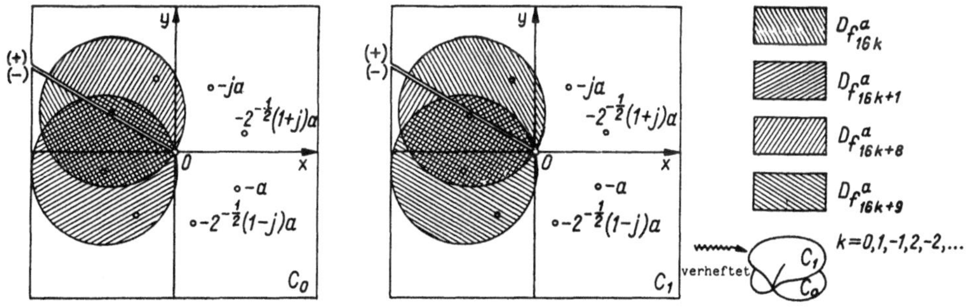

Abbildung 35

Diese beiden geschlitzten Ebenen $\mathbb{C}_0$ und $\mathbb{C}_1$ werden nun wir folgt verklebt: Den Rand (+) der Ebene $\mathbb{C}_0$, der zur Relation arg z → arg a- (vgl. Abb. 35) gehört, wird mit dem Rand (-), der zur Relation arg z → arg a + der Ebene $\mathbb{C}_1$ gehört, verklebt. Der Rand (+) der Ebene $\mathbb{C}_1$ wird mit dem Rand (-) der Ebene $\mathbb{C}_0$ verklebt, wobei man die Paare von sich durchdringenden geklebten Rändern als verschieden ansieht. Der Begriff des *Verklebens* wird noch wie folgt präzisiert:

1°) Unter einem *Punkt* der so konstruierten (vorab heuristisch konstruierten) Riemannschen Fläche versteht man eine Äquivalenzklasse [a,f]: Hierbei heißen zwei Paare (a,f) und (b,g) *äquivalent* , genau dann, wenn a=b gilt und f und g (in der Ebene C) auf einer Umgebung von a übereinstimmen.

2°) Wir führen noch den Begriff der *kreisförmigen Umgebung* des Punktes [a,f] mit Radius $\varepsilon>0$ ein. Das ist die Menge aller Punkte [b,g] mit der folgenden Bedingung: falls (a,f) und (b,g) zu den äquivalenten Klassen [a,f] und [b,g] gehören, dann gilt $|b-a|<\varepsilon$ und die Funktionen g und f sind auf einer gewissen Umgebung des Punktes a (in der Ebene von C) identisch.

Auf diese Art erhält man einen topologischen Raum (vgl. z.B. [4.2] p.2-3; die entsprechenden Axiome sind leicht zu zeigen und werden hier fortgelassen), genannt die *Riemannsche Fläche* der Funktion $\sqrt{\ }$. Jedem Punkt $a\in C_0$ und $a\in C_1$ entsprechen die beiden Elemente $(a,+\sqrt{\ })$ und $(a,-\sqrt{\ })$ wobei $+\sqrt{\ }$und $-\sqrt{\ }$Funktionen sind, die jedem Punkt z des Kreises $|z-a|<|a|$ die entsprechenden Werte $+\sqrt{z}$ und $-\sqrt{z}$ zuordnen. Die Punkte $a=0,\infty$ sind sogenannte *kritische Punkte* der Funktion - man kann ihnen eventuell die Elemente $(0,\pm\sqrt{\ })$ und $(\infty,\pm\sqrt{\ })$ zuordnen. Fügt man diese auch noch zu der konstruierten Riemannschen Fläche hinzu, dann sind sie sogenannte *Verzweigungspunkte* dieser Fläche (und man muß natürlich auch noch ihre Umgebungen definieren). Man sagt, daß die Punkte $(a,+\sqrt{\ })$ und $(a,-\sqrt{\ })$ *über* dem Punkt a für $a\in C\setminus\{0\}$ *liegen* und nennt die zugehörige Abbildung die *Projektion*. Diesen Begriff kann man natürlich auch auf die Punkte $a=0,\infty$ ausdehnen.

Die im Beispiel 4.15 beschriebene Prozedur läßt sich auf jede holomorphe Funktion in der Umgebung eines gewissen Punktes a anwenden, sobald a kein *kritischer Punkt* ist, d.h. entweder ein regulärer Punkt (vgl. Übung 25) oder ein Pol. Man kann die Prozedur auch sogar für eine *meromorphe Funktion* in einer gewissen Umgebung des Punktes a durchführen, d.h. also für eine holomorphe Funktion mit höchstens abzählbar unendlich vielen Polen. Wie man sogar auf der Grundlage von Satz 4.14 zeigen kann, gelingt dies auch noch für eine *quasi-meromorphe Funktion* , also eine quasikonforme Funktion, kombiniert mit einer meromorphen Funktion.

Auf diese Art kommen wir zu dem allgemeinen Begriff der *kompletten analytischen* bzw. *quasi-analytischen Funktion* und entsprechend zu ihrer

Riemannschen Fläche. Diese erhalten wir formal dadurch, daß wir entsprechend zu dem Beispiel der Wurzelfunktion $z \mapsto +\sqrt{z}$ vorgehen und die Taylorreihe eventuell durch die Laurent-Reihe um den gleichen Entwicklungspunkt ersetzen bzw. indem wir bei einer quasi-meromorphen Funktion den Entwicklungspunkt a durch sein Bild unter der quasikonformen Abbildung ersetzen.

Es bleibt also nur noch das Problem offen, die Familie der geschlossenen Kurven, die ein gegebenes ebenes Gebiet durchlaufen [bzw. eine gegebene Riemannsche Fläche], in Abhängigkeit ihrer kritischen Punkte [bzw. Verzweigungspunkte] und der Umlaufordnung dieser Punkte (vgl. Beispiel 4.14) zu klassifizieren. Um dieses Problem einheitlich zu behandeln, betrachten wir eine beliebige *Fläche* S. Das ist ein zusammenhängender zweidimensionaler topologischer Raum, auf dem eine gewisse Menge offener Mengen, die diesen Raum überdecken, ausgezeichnet ist, zusammen mit Homöomorphismen, die diese offenen Mengen auf gewisse offene Mengen der Ebene $\mathbb{C}$ abbilden. Es seien $h_1:D_1 \to \mathbb{C}$ und $h_2:D_2 \to \mathbb{C}$ zwei beliebige derartige Homöomorphismen und es gelte $D_1 \cap D_2 \neq \emptyset$ (Abb. 36). Uns interessiert hauptsächlich der Fall, daß jede Abbildung der Form $h_2 \circ h_1^{-1}$ (das ist eine Abbildung von $h_1[D_1 \cap D_2]$ auf $h_2[D_1 \cap D_2]$) quasikonform ist, da dieser Fall eine große Klasse von durchführbaren Fällen umfaßt (der Beweis ist nicht völlig unmittelbar). Allerdings benötigen die jetzt folgenden Überlegungen diese zusätzliche Eigenschaft nicht.

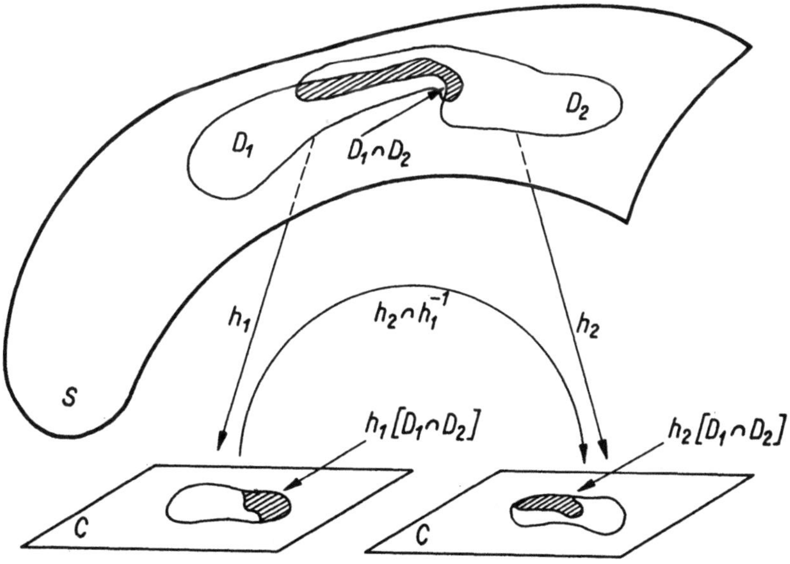

Abbildung 36.

Wir betrachten auf einer Fläche S beliebige geschlossene Kurven Γ, Γ_* mit dem gemeinsamen Anfangspunkt O. Die Kurven seien durch die Gleichungen $[0;1] \ni t \mapsto \varphi(t)$, $[0;1] \ni t \mapsto \varphi_*(t)$ gegeben. Das Produkt dieser Kurven $\Gamma \times \Gamma_*$ definieren wir als die Kurve, die zu der Abbildung

$$[0;\ \tfrac{1}{2}] \ni t \mapsto \varphi(2t),\quad [\tfrac{1}{2};\ 1] \ni t \mapsto \varphi_*(2t-1) \qquad (4.61)$$

gehört und die Kurve Γ^{-1}, also die Inverse von Γ, als die Kurve, die zu der Abbildung $[0;1] \ni t \mapsto \varphi(1-t)$ gehört. Die auf diese Art beschriebene Familie von Kurven, versehen mit der Multiplikation, bezeichnen wir mit $\{\Gamma\}_0$. Wir sagen, daß zwei Kurven dieser Familie *homotop* sind, wenn in $\{\Gamma\}_0$ die eine sich auf die andere stetig deformieren läßt, d.h. wenn es eine einparametrige Klasse von Kurven $\Gamma(s)$ aus der betrachteten Familie gibt mit $0 \leq s \leq 1$ und die zugehörigen Abbildungen $[0;1] \ni t \mapsto \psi(s,t)$ die Bedingungen $\psi(0,t) = \varphi(t), \psi(1,t) = \varphi_*(t)$, $0 \leq t \leq s$ erfüllen und außerdem ψ eine stetige Funktion ist. Man zeigt leicht (Übung 27), daß die Homotopierelation die Familie der Kurven $\{\Gamma\}_0$ in disjunkte Klassen zerlegt. Die Klasse $[\Gamma]$ aller Kurven der Familie $\{\Gamma\}_0$, die homotop zu Γ sind, heißt die von Γ bestimmte *Homotopieklasse* und Γ heißt ein *Repräsentant* dieser Klasse.

Definition: Es seien $[\Gamma]$ und $[\Gamma_*]$ Homotopieklassen, die von den Kurven Γ und Γ_* in $\{\Gamma\}_0$ bestimmt seien. Dann definieren wir das Produkt der Klassen $[\Gamma], [\Gamma_*]$

$$[\Gamma]\ [\Gamma_*] = [\Gamma\Gamma_*] \qquad (4.62)$$

und die Inverse der Klasse $[\Gamma]$ als $[\Gamma]^{-1} = [\Gamma^{-1}]$. Die auf diese Art beschriebene Menge von Klassen $[\Gamma]$ bei festem Anfangspunkt O bildet die Gruppe (Übung 28), die wir mit $F_0(S)$ bezeichnen und die wir *Fundamentalgruppe* der Fläche S bezüglich dem Punkt O nennen.

Satz 4.19: *Wenn die Fläche S wegzusammenhängend ist, d.h. wenn je zwei Punkte sich durch eine Kurve verbinden lassen, dann sind für verschiedene Anfangspunkte O, O' die Fundamentalgruppen $F_0(S)$ und $F_{0'}(S)$ isomorph, d.h. es existiert eine lineare Abbildung A der Gruppe $F_0(S)$ auf $F_{0'}(S)$ und eine lineare Abbildung A' von $F_{0'}(S)$ auf $F_0(S)$ (genannt: Isomorphismen), so daß ihre Kompositionen $A' \circ A$ und $A \circ A'$ die identischen Abbildungen auf $F_0(S)$ und $F_{0'}(s)$ auf sich sind.*

Beweis: Es sei Γ_o ein Kurvenstück, das die Punkte O und O' auf S verbindet. Dann ist $\Gamma \mapsto \Gamma_o^{-1}\Gamma\Gamma_o$ eine Abbildung von $\{\Gamma\}_o$ auf $\{\Gamma\}_{o'}$. Geht man zu den Homotopieklassen über, dann erhät man $[\Gamma] \mapsto [\Gamma_o^{-1}\Gamma\Gamma_o]$. Man zeigt unmittelbar, daß dies der gewünschte Isomorphismus von der Gruppe $F_o(S)$ auf $F_{o'}(S)$ ist.

Q.E.D.

Also ist bei einer wegzusammenhängenden Fläche die Wahl des Punktes O ohne Bedeutung.

Der hier eingeführte Begriff sowie Satz 4.19 ermöglichen es, die Methoden der Variationsrechnung aus den Paragraphen 4.3, 4.4 und 4.5 auf Riemannsche Flächen zu übertragen. Als weitere Literatur über dieses Gebiet empfehlen wir vor allem die grundlegenden Monographien [4.24] und [4.26], sowie in Ergänzung dazu die Lehrbücher [4.13] und[4.17]. Wir erinnern ausdrücklich daran, daß einer der Autoren des fundamentalen Satzes 4.14 über die Existenz und Eindeutigkeit einer quasikonformen Abbildung der russische Akademiker M.A.Lawrentieff ist. In einem speziellen Institut in Nowosibirsk hat er die Forschungsarbeiten über die Variationsmethoden für quasikonforme Abbildungen auf Riemannschen Flächen begründet. Ferner arbeitete er in der Hydro- und Aerodynamik sowie in der Theorie des Elektromagnetismus. Im weiteren beschränken wir uns hier auf die Angabe eines Beispiels.

Beispiel 4.17: Im Beispiel 4.12 ersetzten wir die Punkte 0 und r durch zwei beliebige feste Punkte a,b der Kreisscheibe $|z|<1$. Die Inhomogenitätsfunktion p, die konstant 1 war, sei nun wieder eine beliebige meßbare Funktion p in C mit $1 \le \|p\|_\infty < +\infty$. Bezüglich der zugehörigen Extremallänge (4.6o) läßt sich das zugehörige Extremalgebiet wie folgt konstruieren (Kühnau [3.5]):

Wir betrachten eine unendliche Folge von Kreisen $|z|\le 1$, die wir in der Reihenfolge Δ_0, Δ_1, Δ_{-1}, Δ_2, Δ_{-2},...etc. auflisten. Jeder dieser Kreise sei längs der Geraden arg z = arg a $|a|\le|z|\le 1$ und arg z = arg b, $|b|\le$ $\le|z|\le 1$ geschlitzt und die Ränder entsprechend den Relationen

$$\arg z \to \arg a-,\quad \arg z \to \arg a+,\quad \arg z \to \arg b-,\quad \arg z \to \arg b+$$

die wir symbolisch mit $(+,\rightarrow)$, $(-,\leftarrow)$, $(+,\leftarrow)$, $(-,\rightarrow)$ (vgl. Abb. 37) bezeichnen, verklebt. Weiterhin machen wir für k=0,1,-1,2,-2,.... folgende Verklebungen:

1° Rand $(+,\rightarrow)$ des Kreises Δ_k mit Rand $(-,\leftarrow)$ des Kreises Δ_{k+1},

2° Rand $(-,\leftarrow)$ des Kreises Δ_k mit Rand $(+,\rightarrow)$ des Kreises Δ_{k-1},

3° Rand $(+,\leftarrow)$ des Kreises Δ_k mit Rand $(-,\rightarrow)$ des Kreises Δ_{k+1},

4° Rand $(-,\rightarrow)$ des Kreises Δ_k mit Rand $(+,\leftarrow)$ des Kreises Δ_{k-1}.

Das Wort *Verkleben* steht ohne Anführungszeichen, da es ja bereits präzisiert wurde. Die so erhaltene Riemannsche Fläche kann man sich vorstellen als eine zweifach gewundene Wendeltreppe mit getrennten Strängen für Auf- und Abstieg (wie z.B. die berühmte Wendeltreppe im Vatikanischen Museum).

Nach dem Riemannschen Abbildungssatz sowie Satz 4.14 existiert zu jeder meßbaren komplexwertigen Funktion χ, die im Kreis $|z|<1$ der Bedingung $|\chi|=(p-1)/p+1)$ genügt, genau eine $\|\chi\|_\infty$-quasi-konforme Abbildung $f=u+jV$, die die Fläche auf den Streifen $v_0 \leq v \leq v_1$ abbildet, die Gleichung (4.36) erfüllt und den Randstücken von $|z|=1$ mit (a) $(-,\leftarrow)$, $(+,\leftarrow)$ (b) $(-,\rightarrow)$, $(+,\rightarrow)$ die Geraden (a) $v=v_0$ und (b) $v=v_1$ zuordnet. Es läßt sich zeigen, daß die Verzweigungspunkte $\tilde{a}_k$, $\tilde{b}_k$, die über den kritischen Punkten a und b liegen, auf die Gerade Γ mit $v = 1/2(v_0+v_1)$ abgebildet werden.

Um das gesuchte Extremalgebiet des Kreises $|z|<1$ zu bestimmen, schneidet man die Kurve $\pi \circ f^{-1}(\Gamma)$ aus, wobei π die Projektion bezeichnet. Die entsprechende Extremallänge ist $2|f(\tilde{b}_k)-f(\tilde{a}_k)|$.

Dieses Ergebnis kann als die extremale Kapazität eines Zylinderkondensators (in einem Medium mit relativer elektrischer Permeabilität $\varepsilon=p$) interpretiert werden, dessen äußere Kondensatorplatte durch den Einheitskreis gegeben wird und bei dem das Innere zwei lineare Leiter enthält, die den Kreis senkrecht in den Punkten a und b durchstoßen. Dieses Ergebnis ist für die fortgeschrittenen numerischen Methoden zur Bestimmung von konformen und quasi-konformen Abbildungen von Bedeutung (vgl. z.B. [4.2], [4.4] und [4.32]).

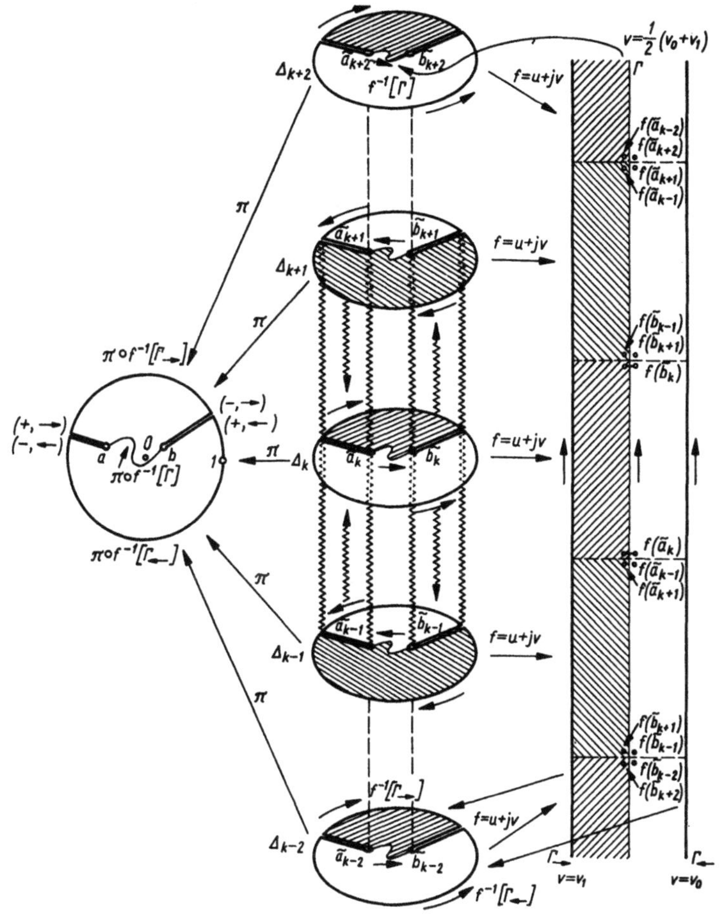

Abbildung 37   Abbildung 38, siehe Lösungshinweise

Abbildung 39, siehe Lösungshinweise

ÜBUNGEN

25. Man konstruiere die kompletten analytischen Funktionen a) $z \mapsto \sqrt{z(z-1)}$ b) ln c) $U^* + jV^*$ (vgl. Beispiel 4.15), wobei U^* die Kraftfunktion und $i_2 = i_3 = 0$ ist. Ferner konstruiere man die zugehörigen Riemannschen Flächen.

26. Man prüfe, ob die Menge aller Kurven Γ mit gemeinsamem Anfangspunkt 0 auf einer Fläche S bezüglich der in (4.61) gegebenen Definition der Multiplikation und der natürlichen Definition der Inversen eine Gruppe bildet.

27. Man zeige, daß die Homotopierelation die Gruppe der Kurven $\{\Gamma\}_0$ auf einer beliebigen Fläche S in disjunkte Klassen zerlegt.

28. Man zeige, daß alle Homotopieklassen $[\Gamma]_o$ von Kurven durch einen festen Ausgangspunkt auf einer beliebigen Fläche S bezüglich der durch (4.62) definierten Multiplikation und Inversenbildung eine Gruppe bilden.

29. Man zeige, daß in C jede wegweise zusammenhängende Menge zusammenhängend ist und gebe ein Gegenbeispiel für die umgekehrte Implikation an.

3o. Man bestimme die Fundamentalgruppe für die komplexe Ebene C minus einem Punkt.

31. Man zeige, wie man aus der Fundamentalgruppe auf die Zusammenhangsverhältnisse eines Gebietes schließen kann.

32. Man beende das Modell der in Beispiel 4.16 dargestellten Riemannschen Flächen, indem man mit verschiedenen Farben die Kurven $f^{-1}[\Gamma]$, $f^{-1}[\Gamma_{\leftarrow}]$ und $f^{-1}[\Gamma_{\rightarrow}]$ zeichnet. Dabei sind $\Gamma_{\leftarrow}$ und $\Gamma_{\rightarrow}$ der linke und der rechte Rand des Streifens $v_o \leq v \leq v_1$.

33. Man modifiziere Beispiel 4.16 wie folgt: Wir betrachten einen Zylinderkondensator im Medium Luft ($\varepsilon \approx 1$) und nehmen an, daß die Projektion der äußeren Kondensatorplatte der Einheitskreis ist und daß die Projektion im inneren zwei disjunkte Kreise liefert (das ist der Querschnitt von zwei elektrischen Leitern mit gleicher Stromrichtung, die senkrecht zum Kreis stehen), deren Mittelpunkte und Radien gegeben seien. Weiter nehmen wir an, daß alle 3 Mittelpunkte auf einer Geraden liegen. Man beschreibe eine geometrische Methode zur Bestimmung der Kapazität des Kondensators unter der Annahme, daß man in der Lage wäre, eine konforme Abbildung eines einfach zusammenhängenden Gebietes auf das Rechteck numerisch aus den elektrischen Kraftlinien und den Äquipotentiallinien zu bestimmen.

4.7 EINE EINFÜHRUNG IN DIREKTE METHODEN UND EINIGE NUMERISCHE RECHENBEISPIELE

Die Aufgaben aus der Physik und Technik sind manchmal als Randwertaufgaben von Differentialgleichungen und manchmal auch als Variationsaufgaben formuliert. Im Fall einer gewissen Symmetrie des Randes ist die erste Form recht bequem. Im allgemeinen ergeben sich jedoch aus der zweiten Form bessere Lösungsmöglichkeiten sowie Wege zu deren Approximation. Als Konsequenz bietet es sich an, direkt die Variationsmethoden mit den Methoden der numerischen Analysis zu verknüpfen. Vom formalen Standpunkt aus sind nach Satz 1.16 die beiden Methoden gleichwertig. Die *direkten Methoden* beruhen dabei auf der Konstruktion einer sogenannten minimierenden Folge.

Wir betrachten das allgemeine Problem, das Minimum eines Funktionals I in einer gewissen Teilmenge D eines beliebigen Banach-Raumes R zu bestimmen. Den Fall, daß ein Maximum von I gesucht wird, erhält man, indem I durch -I ersetzt wird. Nehmen wir also an, daß in der betrachteten Menge das Infimum endlich sei, also $\inf I[\tilde{y}]=c$. Dann fragen wir zuerst nach der Existenz eines Elements $y \in D$ mit $I[y]=c$. Fällt die Antwort positiv aus, so besteht die Aufgabe jetzt in der Konstruktion einer Folge (y_n) aus D mit $I[y_n] \to c$. Die Existenz einer solchen Folge, die man eine minimierende Folge des Funktionals I nennt, folgt aus der Annahme $\inf I[\tilde{y}]=c$ sowie der Definition des Infimums.

Beispiel 4.18: Wir betrachten das Funktional

$$I[\tilde{y}]= \int_{-1}^{1} x^2 \tilde{y}'^2 dx, \quad \tilde{y} \in C^1(-1 \to -1; 1 \to 1)$$

Offensichtlich ist c=0. Eine minimierende Folge ist z.B. die Folge

$$y_n(x) = \operatorname{arc\,tg} nx / \operatorname{arc\,tg} n, \quad -1 \le x \le 1, \quad n=1,2,...$$

und wie man leicht zeigt gilt $I[y_n]<8/n\pi$. Diese Folge ist jedoch in $C^1(-1 \to -1; 1 \to 1)$ nicht konvergent. Es existiert auch kein Element y dieses Raumes mit $I[y]=0$.

Als nächstes untersuchen wir, wann

$$\lim_{n \to +\infty} I[y_n] = I[\lim_{n \to +\infty} y_n] = c \tag{4.63}$$

erfüllt ist. Die Annahme, daß der Grenzwert der Folge (y_n) sowohl existiert als auch in D liegt, und daß zusätzlich das Funktional I bezüglich der Norm von R stetig ist, ist nur bei wenigen physikalischen und technischen Fällen erfüllt.

Beispiel 4.19: Das Funktional, das jedem $\tilde{y} \in C^1[a;b]$ die Bogenlänge zuordnet, ist bezüglich der Norm von $C^1[a;b]$ nicht stetig.

Einen gewissen Ausweg aus dieser Situation liefert der Begriff der

Halbstetigkeit für Funktionale. Ein Funktional $I:D_I\to\mathbb{R}$ heißt halbstetig von unten [bzw. von oben] im Element y, wenn zu jedem $\varepsilon>0$ ein $\delta>0$ existiert, so daß $I[\tilde{y}]-I[y]>-\varepsilon$ [bzw. $<\varepsilon$] gilt für $\|\tilde{y}-y\|<\delta$. Es gilt:

Lemma 4.5: *Es sei $y_n\to y$ eine minimierende Folge für das Funktional I und I sei in y halbstetig von unten. Dann gilt $I[y_n]\to I[y]$.*

Beweis: Zunächst existiert eine Folge positiver Zahlen $\varepsilon_n\to 0$ mit $I[y_n]-I[y]>-\varepsilon_n$. Also ist $I[y]\leq\lim\limits_{n\to\infty} I[y_n]$. Auf der anderen Seite gilt:

$$I[y]\geq\inf_{\tilde{y}\in D_I} I[\tilde{y}] = \lim_{n\to+\infty} I\,[y_n]$$

woraus $I[y_n]\to I[y]$ folgt. Q.E.D.

Wir kehren nun zu der mit Satz 1.16 verbundenen Aufgabe zurück. Dazu nehmen wir weiter an, daß die Gleichung $F[\tilde{y}]=f$, $R_{\tilde{y}}\subset\mathbb{R}$ eine Lösung $\tilde{y}=y$ mit endlicher energetischer Norm $\|\ \|_F=(D_F\ni\tilde{y}\mapsto(F[\tilde{y}],\tilde{y})^{\frac{1}{2}})$ hat. Dann gilt:

Satz 4.20: *Es gelte $F[\tilde{y}]=f$. Dabei sei F ein positiver linearer Operator, der auf einer dichten Teilmenge D_F eines Hilbert-Raumes definiert sei. Weiterhin besitze die obige Gleichung eine Lösung $\tilde{y}=y$ mit endlicher energetischer Norm. Dann konvergiert bezüglich $\|\ \|_F$ jede minimierende Folge für das Funktional $I=(D_F\ni\tilde{y}\mapsto(F[\tilde{y}],\tilde{y})-2(\tilde{y},f))$ gegen y.*

Beweis: Es sei (y_n) eine Folge. Dann folgt aus der Linearität und Symmetrie des Operators F sowie den Eigenschaften b) - c) des Skalarproduktes, daß

$$I[y_n]=(F[y_n],y_n)-F[y_n],y)-(F[y],y_n)+(F[y],y)-(F[y],y)$$

$$=(F[y_n-y],y_n-y)-(F[y],y).$$

Nimmt man nun an, daß (y_n) eine minimierende Folge des Funktionals I ist, so folgt $I[y_n]\to-(F[y],y)$. Also gilt $(F[y_n-y],y_n-y)\to 0$ und damit folgt $\|y_n-y\|\to 0$. Q.E.D.

Satz 4.2o wirft ein völlig neues Licht auf das im Paragraphen 3.1 definierte energetische Skalarprodukt. Wir gehen von der Darstellung

$$y_n = \sum_{i=1}^{n} a_i\phi_i \tag{4.64}$$

aus, wobei die Koeffizienten a_i so bestimmt wurden, daß das Funktional $I(a_1,\dots,a_n)=I[y_n]$ sein Minimum annimmt. Diese Darstellung (4.64) ist grundlegend für die direkte *Methode von Rayleigh-Ritz*. Da

$$I[y_n] = \sum_{i=1}^{n}\sum_{k=1}^{n} (F[\phi_i],\phi_k)a_i a_k - 2\sum_{i=1}^{n}(\phi_i,f)a_i$$

gilt, erhält man aus $(\partial/\partial a_i)I=0$, für $i=1,\dots,n$ die Bedingungen für das Minimum:

<u>Korollar 4.4:</u> *Unter den obigen Annahmen gilt:*

$$\sum_{k=1}^{n} (F[\phi_i],\ \phi_k)a_k = (f,\phi_i) \tag{4.65}$$

Damit haben wir ein lineares Gleichungssystem erhalten, aus dem man die Koeffizienten a_i bestimmen kann. In der Praxis wird man sich bemühen, die Elemente ϕ_n so zu wählen, daß sie orthogonal bezüglich $\|\ \|_F$ sind, d.h. daß sie der Bedingung $(F[\phi_i],\phi_k)=0$ für $i\neq k$ genügen oder zumindest näherungsweise diese Bedingung erfüllen. Wir bemerken noch, daß im Falle eines positiv definitem F aus der Definition der energetischen Norm folgt, daß die Konvergenz bezüglich $\|\ \|_F$ die Konvergenz bezüglich $\|\ \| = (\ ,\ )^{\frac{1}{2}}$ impliziert.

<u>Beispiel 4.20:</u> Wir betrachten das Randwertproblem $3y''-xy=-2x$ $0\le x\le 1$, $y(0)=y(1)=0$ und die zugehörige Variationsaufgabe, bei der das Funktional

$$C^2(0\to 0;1\to 0)\ni\tilde{y}\mapsto \int_0^1[-(3\tilde{y}''-x\tilde{y})\tilde{y}-2\tilde{y}x]dx = \int_0^1(3\tilde{y}'^2+x\tilde{y}^2-4x\tilde{y})dx$$

zu minimieren ist. Dazu wenden wir die Methode von Rayleigh-Ritz an. Es sei $\phi_k(x)=\sin k\pi x$, also $y_n=a_1\sin\pi x+\dots+a_n\sin n\pi x$. Die Koeffizienten a_k, $k=1,\dots,n$ erhält man aus dem Gleichungssystem (4.65) mit $F[\tilde{y}](x)=-[3\tilde{y}''(x)-x\tilde{y}(x)]$, $f(x)=2x$. Eine unmittelbare Rechnung ergibt:

$$(F[\phi_i],\phi_k) = \begin{cases} -4ik/\pi^2(i^2-k^2)^2 & \text{für } i+k \text{ ungerade,}\\ 0 & \text{für } i+k \text{ gerade, } i\neq k,\\ \frac{1}{2}(\frac{1}{2}+3i^2\pi^2) & \text{für } i=k\end{cases}$$

und $(f,\phi_i)=(-1)^{i-1}2/\pi i$. Also erhält man

für $n=1$: $a_1\approx 0.0423$,

für $n=2$: $a_1\approx 0.0420$, $a_2\approx -0.0053$,

für $n=3$: $a_1\approx 0.0423$, $a_2\approx -0.0053$, $a_3\approx 0.0016$ usw.

Geometrisch beruht die Methode von Rayleigh-Ritz auf der folgenden Idee: Man sucht das Minimum eines Funktionals I auf einer gewissen unendlich-dimensionalen Mannigfaltigkeit M. Der Begriff der Mannigfaltigkeit wird dahingehend präzisiert, daß er lokal eindeutig einem Hilbert-Raum R entspricht. Diese Mannigfaltigkeit M ersetzen wir nun durch Linearkombinationen der ersten n Elemente einer festen Folge (ϕ_n); d.h. durch eine höchstens n-dimensionale Mannigfaltigkeit. Dann suchen wir das Minimum des Funktionals I auf dieser Mannigfaltigkeit, d.h. denjenigen Vektor, der die beste Näherung der Ausgangsaufgabe liefert.

Betrachten wir der Reihe nach Linearkombinationen von einer, zwei, etc. Funktionen, dann erhalten wir eine aufsteigende Folge von Mannigfaltigkeiten M_n. Nehmen wir an, daß die Menge der endlichen Linearkombinationen der Folge (ϕ_n) dicht in M sei. D.h. zu jedem Vektor y aus M gehöre eine gewisse Folge von Vektoren aus D_F, so daß bezüglich einer festen Projektion auf den entsprechenden Hilbert-Raum R gilt: Die Bilder der Folge konvergieren gegen das Bild von y. Damit kann man bei anwachsendem n jedes beliebige Element von M durch Elemente aus M_n approximieren, also insbesondere auch dasjenige Element, das die Lösung des betrachteten Variationsproblems ist (sobald diese Lösung existiert).

Die Approximation einer unendlich-dimensionalen Mannigfaltigkeit durch endlich-dimensionale Mannigfaltigkeiten führt zu vielen direkten Variationsmethoden. Beginnen wir mit der *Methode der Zerlegungen*, die im Prinzip schon bei Euler anzutreffen ist. Die zugehörige Idee beruht auf der Feststellung, daß man näherungsweise das Extremalwertproblem durch ein diskretes Problem ersetzen kann. Dafür wird die gesuchte Funktion durch einen Streckenzug mit festen Abszissen $a=t_0<t_1<\ldots<t_m=b$ ersetzt, und die Ableitungen ersetzt man durch die Differenzenquotienten $(x_i-x_{i-1})^{-1}[y(x_i)-y(x_{i-1})]$ für $i=1,2,\ldots,m$. Wir gelangen so zu einem Funktional in endlich vielen Variablen $x_i \mapsto y_i(x_i)$. Damit stellt sich die Aufgabe, für jedes m das Minimum einer Funktion von m Variablen zu bestimmen und ferner eine Folge von Zerlegungen zu finden, dergestalt, daß die Lösungen der approximativen Probleme gegen die Ausgangslösung konvergieren.

Sehr universell ist die *Methode von Bubnow-Galerkin*. Sie läßt sich auf Operatoren der Form $F=F_0+F_1$ anwenden, wobei F_0 ein positiv definiter Operator ist und F_1 von der folgenden Gestalt ist: Zu jedem $\varepsilon>0$ gibt es Elemente f_i und g_i, die von dem betrachteten Hilbert-Raum abhängen, so daß

$$F_1[y] = \sum_{i=1}^{n} (y,f_i)g_i + F_2[y]$$

gilt und $\|F_2\|<\varepsilon$ erfüllt ist. Nun ersetzt man das Skalarprodukt (y,z) des betrachteten Hilbert-Raumes durch das energetische Skalarprodukt $(y,z)_F=(F[y],z)$. Weiterhin nimmt man an, daß die in Formel (4.64) auftretenden Vektoren linear unabhängig sind und eine vollständige Folge bilden. Dann gilt

Satz 4.21: *Wenn die Folge* (λ_n) *der kleinsten Eigenwerte der Matrizen*

$$\begin{bmatrix} (\phi_1,\phi_1)_F \cdots\cdots (\phi_1,\phi_n)_F \\ \cdots\cdots\cdots\cdots\cdots\cdots \\ (\phi_n,\phi_1)_F \cdots\cdots (\phi_n,\phi_n)_F \end{bmatrix}$$

der Bedingung $\inf \lambda_n = \lim \lambda_n > 0$ *genügt und die Gleichung* $F[y]=f$ *genau eine Lösung besitzt, dann kann das betrachtete Randwertproblem mit Hilfe einer minimierenden Folge (4.64) gelöst werden, die das Gleichungssystem*

$$\sum_{k=1}^{n} [(\phi_k,\phi_i)_F + (F_o^{-1} \quad F_1[\phi_k],\ \phi_i)_F]a_k = (f,\phi_i)$$

erfüllt.

Verglichen mit dem obigen Satz (4.65) sieht man, daß in vielen Fällen beide Systeme dieselbe Lösung liefern. Das zweite System hat jedoch den Vorteil, daß es sich auf viele Fälle anwenden läßt, in denen die Variationsaufgabe sich nicht aus Satz 1.16 oder ähnlichen Ergebnissen herleiten läßt.

Noch allgemeiner ist die *Methode von Kantorowicz*. Diese beruht darauf, daß man als Koeffizienten in der Folge (4.64) Funktionen a_i zuläßt, die weniger Variablen als y_n und somit auch als ϕ_i aufweisen, z.B.:

$$y_n(x_1,x_2) = \sum_{i=1}^{n} a_i(x_1)\phi(x_1,x_2).$$

Beschränken wir uns vielleicht auf den einfachen Fall, in dem das Funktional von der Form

$$I[y_n]=I[a_1,\ldots,a_n] = \int_{x_2^0}^{x_1^*} G(x_1,a_1,\ldots,a_n,\ a_1',\ldots,a_n')dx_1$$

gegeben ist, mit $a'_i=(d/dx_1)a_i$. Die entsprechenden Eulerschen Gleichungen haben dann die Form

$$G_{a_i}-(d/dx_1)G_{a_i'}=0,\ i=1,\ldots,n.$$

Beispiel 4.21: In Ergänzung zu diesen Bemerkungen betrachten wir die in Aufgabe 1.47 enthaltene Bestimmung einer Funktion T, die ein stationäres Temperaturfeld im Querschnitt eines elektrischen Leiters beschreibt. Unsere Aufgabe besteht darin, eine Extremalfunktion $\tilde{T}=T$ für das entsprechende Funktional I von Formel (1.46) in der Klasse der zulässigen Funktionen (das sind solche, die insbesondere die Randbedingungen erfüllen) zu bestimmen. Wir beschränken uns auf den Fall, daß $q/\lambda=1$ erfüllt ist und betrachten als Gebiet D ein gleichseitiges Dreieck $0<x_1<b$, $-x_1/\sqrt{3}<x_2<x_1/\sqrt{3}$ (Kącki).

Auf dieses Problem wenden wir nun die Methode von Kantorowicz an. Da D ein gleichseitiges Dreieck ist, setzt man die Extremalfunktion in der Klasse $C^2(\mathrm{cl}D)$ natürlicherweise in der Form $\tilde{T}_1(x_1,x_2)=\tilde{c}(x_1)(x_2^2-\frac{1}{3}x_1^2)$ mit der Randbedingung $\tilde{T}_1|\partial D=0$ an. Das entsprechende Funktional $I[\tilde{c}]=I[\tilde{T}_1]$ hat dann die Form:

$$I[\tilde{c}]=\int_0^b\{-\int_{-x_1\cdot\sqrt{3}}^{x_1\cdot\sqrt{3}}[(x_2^2-\tfrac{1}{3}x_1^2)^2\tilde{c}'^2-\tfrac{4}{3}x_1(x_2^2-\tfrac{1}{3}x_1^2)\tilde{c}\tilde{c}'+4x_2(x_2+\tfrac{1}{9}x_1^2)\tilde{c}-$$

$$-2(x_2^2-\tfrac{1}{3}x_2^2)]dx_2\}dx_1 = \frac{8\cdot\sqrt{3}}{4o5}\int_0^b(2x_1^5\tilde{c}'^2+10x_1^4\tilde{c}\tilde{c}'+30x_1^3\tilde{c}^2+15x_1^3\tilde{c})dx_1.$$

Die Extremale $\tilde{c}=c$ genügt der Eulerschen Gleichung $x_1^2c''+5x_1c'-5c = \frac{15}{4}$ mit den Randbedingungen $0<c(0)<+\infty$ sowie $c(b)=0$. Also gilt $c(x_1)= = -\frac{3}{4}(1-\frac{x_1}{b})$ und man erhält die Formel von L.W. Kantorowicz und P.W. Frumkin:

$$T_1(x_1,x_2) = -\frac{3}{4}(1-\frac{1}{b}x_1)(x_2^2-\frac{1}{3}x_1^2),\quad 0\le x_1\le b,\ -x_1\cdot\sqrt{3}\le x_2\le x_1\cdot\sqrt{3}.$$

Die obigen Beispiele, ebenso wie die folgenden Übungsaufgaben, geben einen Einblick in die direkten Methoden der Variationsrechnung und deren Beziehung zur numerischen Analysis. In diesen Rahmen gehören die Rechengenauigkeit und -geschwindigkeit der entsprechenden Algorithmen, über die in der Monographie [4.3] berichtet wird. Ein weiterer Problemkreis ist die Berechnung von Extremallängen für Familien von

Jordan-Bögen und Jordan-Kurven. Von grundlegender Bedeutung ist hier die Arbeit von Gaier [4.10] die es gestattet, für die im Paragraphen 4.5 betrachtete Familie von Kurven in einem homogenen Medium relativ genaue Ergebnisse zu erreichen. Ein analoges Problem für den Fall inhomogener Medien war von Jutta Weisel bearbeitet ([4.31] und [4.32]).

Beispiel 4.22: Um zur Lektüre von [4.10] anzuregen, geben wir ohne weitere Begründung einige der dort gezeigten Ergebnisse an. Dazu betrachten wir ebene Kondensatoren in homogenen Medien, die schematisch in den Abbildungen 4oa)-f) dargestellt sind. Relativ einfache Überlegungen, die auf dem Riemannschen Abbildungssatz und den Schwarz-Christoffel-Formeln (vgl. z.B. [4.3o] S. 286) beruhen, führen dazu, daß die Extremallänge der Familie von Jordan-Bögen, die die Kondensatorplatten verbinden,

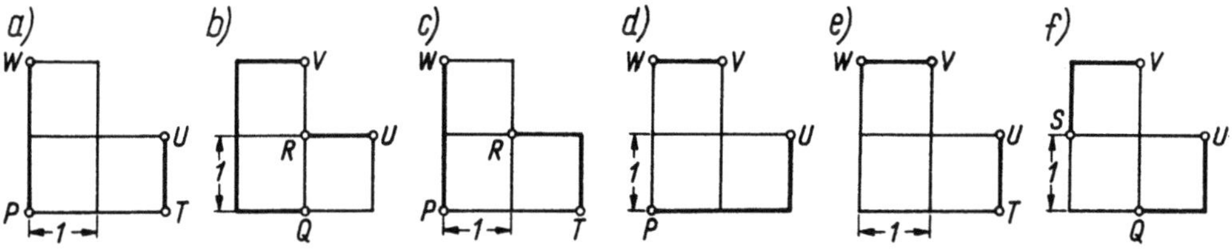

Abbildung 4o

den Wert $4\nu(r)$ haben. Dabei ist ν die in Beispiel 4.12 definierte Funktion. Die zu den einzelnen Beispielen a)-f) gehörenden Werte von r sind in der Tabelle 4.1 aufgelistet. Die Tabelle enthält auch die entsprechenden Werte, die sich aus der allgemeinen direkten *Methode von Gaier* ergeben. Dabei wurden die Kondensatoren in elementare Quadrate der Seitenlänge 2^{-6} bezüglich der festgelegten Längeneinheit aufgeteilt.

TABELLE 4.1

Beispiel	r	$4\nu(r)$	Abschätzung von oben nach der Methode von Gaier	Abschätzung von unten nach der Methode von Gaier
a)	$\cos \frac{1}{12}\pi$	$1/\ 3 \approx 0{,}5773$	0,5775	0,5772
b)	$\frac{1}{2}$	$\rho \approx 1{,}2793$	$\rho < 1{,}3115$	$\rho > 1{,}2337$
c)	$1/\ 2$	1	1	1
d)	$(4\ \ 3-6)^{\frac{1}{2}}$	0,5851	0,5852	0,5849
e)	$2(14\ \ 3-24)^{\frac{1}{2}}$	$1/2\rho \approx 0{,}3908$	$1/2\rho$	$1/2\rho$
f)	$\frac{2}{3}\ \ 2$	$\frac{1}{2}\rho \approx 0{,}6396$	$\frac{1}{2}\rho$	$\frac{1}{2}\rho$

Tabelle 4.2, siehe Lösungshinweise

ÜBUNGEN

34. Man bestimme die Skalarprodukte $(F[\phi_i],\phi_k)$ und (f,ϕ_i) mit $\phi_k=\sin k\pi x$, $i,k=1,2,\ldots$, die sich für die folgenden Randwertprobleme in der Klasse $C^2[0;1]$ nach der Methode von Rayleigh-Ritz ergeben: a) $y''+xy=-x, y(0)=y(1)=0$, b) $x^2y''+2xy'-xy=-x$, $y(0)=y(1)=0$.

35. Man löse nach der Methode von Rayleigh-Ritz die Randwertprobleme von Aufgabe 34 der Reihe nach für $n=1,2,3$.

36. Man löse nach der Methode von Rayleigh-Ritz das Randwertproblem $y''+y+x=0$, $y\in C^2[0;1], y(0)=y(1)=0$ für $n=1,2$ und $\phi_k(x)=x^k(1-x)$, $k=1,2$. Man begründe die Wahl von ϕ_k und vergleiche in einer Tabelle die sich ergebenden Näherungswerte y_1, y_2 mit den durch $y(x)=(1/\sin 1)\sin x-\sin 1$ $0\le x\le 1$ gegebenen genauen Werte für $x=\frac{1}{4}, \frac{1}{2}, \frac{3}{4}$. (L.W. Kantorowicz und W.I. Krylow).

37. Man bestimme nach der Methode von Rayleigh-Ritz das Potential V eines ebenen, isotropen, homogenen elektrostatischen Feldes im Quadrat $0<x_1<a$, $0<x_2<a$ in dem keine Raumladung vorhanden ist. Dabei seien die Randbedingungen wie folgt gegeben:

$$V(x_1,0)=V(0,x_2)=0 \qquad \text{für } 0<x_1<a, \quad 0<x_2<a,$$
$$V(x_1,a)=V_o a^{-1}x_1, \; V_o>0 \qquad \text{für } 0<x_1<a,$$
$$V(a,x_2)=V_o a^{-2}x_2^2 \qquad \text{für } 0<x_2<a.$$

Man setze $n=2$ und $\phi_o(x_1,x_2)=V_o a^{-3}x_1x_2^2$, $\phi_k(x_1,x_2)=x_1^k x_2^k(x_1^k-a^k)(x_2^k-a^k)$, $k=1,2$. Man begründe die Wahl der Funktionen ϕ_k (E. Kącki).

38. Man verallgemeinere die Lösung von Beispiel 4.2o auf den Fall, daß D ein gleichschenkliges Trapez der Form $0<x<b$, $-cx_1<x_2<cx_1$ ist (L.W. Kantorowicz und P.W. Frumkin).

39. Man löse nach der Methode von Kantorowicz das Randwertproblem aus Beispiel 4.2o für $q/\lambda=1$, wobei das betrachtete Gebiet D das Rechteck $0<x_1<a_1$, $0<x_2<a_2$ sei (T.K. Czepow).

4o. Man löse nach der Methode von Kantorowicz das in Aufgabe 39 gestellte Problem, wobei das Gebiet D das Parallelogramm $x_2<x_1<x_2+a_1$, $-a_2/\sqrt{2}<x_2<a_2/\sqrt{2}$ sei. (T.K. Czepow).

4.8 WEITERE ANWENDUNGSBEISPIELE AUS DER PHYSIK UND DER ELEKTROTECHNIK

In Ergänzung zu der recht ausführlichen Darstellung in Paragraph 3 behandeln wir nun noch einige Anwendungsbeispiele aus der Physik und der Elektrotechnik, um an ihnen die Variationsmethoden zu demonstrieren. Wir werden die folgenden drei Beispiele vorstellen: 1) die komplexe Beschreibung einer elektromagnetischen Schwingung; 2) die Topologie magnetischer Wirbelfelder; 3) die magnetische Kristallstruktur einer dünnen ferromagnetischen Schicht. Als weiterführende Literatur empfehlen wir die Monographien [4.3],[4.6],[4.11],[4.17],[4.23],[4.27],[4.29] und [4.30].

Beispiel 4.23: Betrachten wir den Fall, daß ein Wechselstrom der Stärke q durch ein Schaltelement (mit Induktivität)$(L,\dot{q},\dot{\psi})$ fließt. Das Schaltelement enthalte einen Reihenwiderstand der Größe R und sei an eine Stromquelle (äußere elektromotorische Kraft) der Stärke $Q^*(t)=Q_o^* \sin(\omega t+\alpha)$, $t\geq t_o$ angeschlossen. Die Gleichung für das elektrische Gleichgewicht ist dann (3.85) (also nach Definition des Induktionselementes) $L\ddot{q}+R\dot{q}-Q^*=0$. Damit gilt $\dot{q}(t)=\dot{q}_o \sin(\omega t+\beta), t\geq t_o$; wobei $\dot{q}_o$ und β reelle Konstante sind mit

$$\omega L\dot{q}_o \cos(\omega t+\beta)+R\dot{q}_o \sin(\omega t+\beta)=Q_o^* \sin(\omega t+\alpha),\ t\geq t_o. \qquad (4.66)$$

Es sei $E(t)=Q_o^* \exp j(\omega t+\alpha), i(t)=\dot{q}_o \exp j(\omega t+\beta),\ t\geq t_o$. Dann kann man die Formel (4.66) in der Form

$$\mathrm{im}(Zi) = \mathrm{im}\ E,\ \text{mit}\ Z=R+j\omega L \quad (\textit{Impedanz}) \qquad (4.67)$$

schreiben. Ohne Einschränkung der Allgemeinheit kann man nun annehmen, daß die Phasen α und β so gewählt seien, daß $\mathrm{re}(Zi)=\mathrm{re}\ E$ erfüllt ist. Letztlich erhält man also $i=E/Z$. Dies zeigt uns, wie bequem die komplexe Schreibweise für die Theorie der elektrischen Netze ist. Ferner sehen wir, daß man die komplexe Schreibweise in der Variationsrechnung in natürlicher Art anwenden kann.

Beispiel 4.24: Im Beispiel 4.14 definierten wir die Kraftlinien eines magnetischen Feldes. Sie lassen sich aus den Maxwellschen Gleichungen ableiten, und wir zeigten, daß diese Kraftlinien in keinem Punkt des Feldes beginnen oder enden. Das heißt doch, daß sie entweder geschlossen sind oder daß sie aus dem unendlichen kommen und wieder ins unendliche laufen oder daß sie eine gewisse Fläche ausfüllen. Dieser dritte Fall wird oft weggelassen, da er nur Quellen mit Wirbeln betrifft.

Zwei einfache Beispiele von Systemen, in denen elektrische Ströme magnetische Felder erzeugen, die keinen Anfang und kein Ende haben und nicht von unendlich nach unendlich verlaufen, sind in Abbildung 41 dargestellt worden. Ein analoges Beispiel über die Erzeugung eines

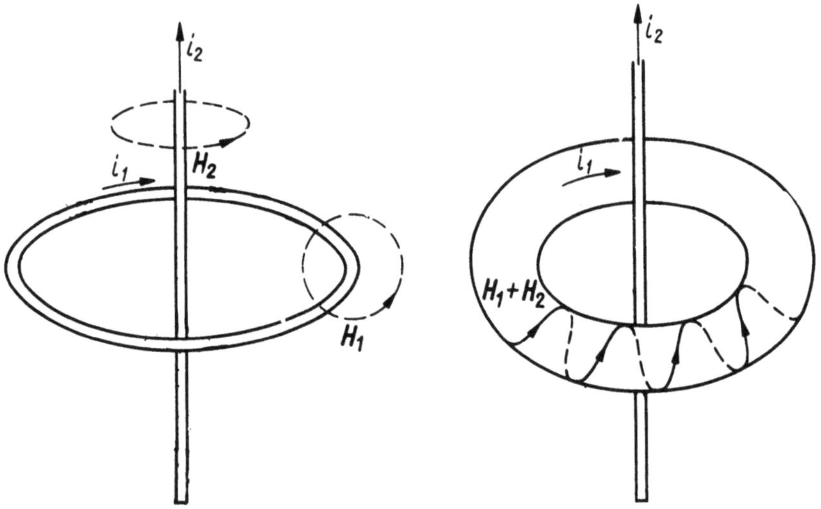

Abbildung 41

ähnlichen magnetischen Feldes mit nur einem Stromkreis ist bei Kühnau [3.6] S.189 angegeben worden. Im allgemeinen läßt sich das magnetische Feld nicht genau durch die Kraftlinien veranschaulichen,und es gilt auch in der Regel nicht, daß die Anzahl der Kraftlinien, die senkrecht die Umgebung des Schaltelementes durchschneiden, proportional zur Stromstärke im Schaltelement ist.

Um sich eine Vorstellung über das magnetische Feld zu machen, geht man auf die Fundamentalgruppe der betrachteten Fläche zurück. Betrachten wir also zunächst nur den Fall, in dem nur durch einen Leiter elektrischer Strom fließt. Die Wirbel des magnetischen Feldes, also rot H, sind nach Gleichung (3.31) ungleich Null, und sie bilden in der Umgebung des Leiters sogenannte *Torsionswirbel* (genauer sollte man von *Wirbelkreisringen* sprechen). Nun bilden wir diese Fläche konform in die Ebene ab, so daß einer der Durchstoßpunkte auf ∞ fällt (der Riemannsche Abbildungssatz läßt sich auch auf Riemannsche Flächen übertragen). Man kann also das Ergebnis von Aufgabe 3o verwenden, wonach die gesuchte Fundamentalgruppe eine unendlich zyklische Gruppe ist. Bezeichnen wir sie mit $\mathbb{Z}$. Die Elemente dieser Gruppe sind die Homotopieklassen der n-fach durchlaufenen geschlossenen Kreise mit endlichem Mittelpunkt in der komplexen

Ebene minus einem Punkt, der im Inneren des Kreises liegt. Dabei ist n eine ganze Zahl. Gilt n>0, so wird der Kreis linksherum durchlaufen; wenn n<0 gilt, rechtsherum. Für n=0 reduziert sich die Kurve zu einem Punkt. Für n=0 erhält man das Einheitselement der Gruppe, also die Klasse von geschlossenen Kurven, die sich stetig auf einen Punkt deformieren lassen.

Wesentlich komplizierter ist der Fall von 2 Leitern (die eventuell sogar einen nichtleeren Durchschnitt haben), der in Abbildung 42 dargestellt ist. In diesem Fall ist die Fundamentalgruppe die sogenannte direkte Summe zweier unendlicher zyklischer Gruppen, also $\mathbb{Z} \oplus \mathbb{Z}$. Die Gruppenelemente sind Homotopieklassen, die von geschlossenen Kurven der folgenden Art abgeleitet sind: Den Kreis um den ersten Durchstoßpunkt durchläuft man n_1-mal und daran anschließend den Kreis um den zweiten Durchstoßpunkt n_2-mal, wobei n_1 und n_2 beliebige ganze Zahlen seien. Man kann die betrachtete Fläche konform in die Ebene abbilden dergestalt, daß

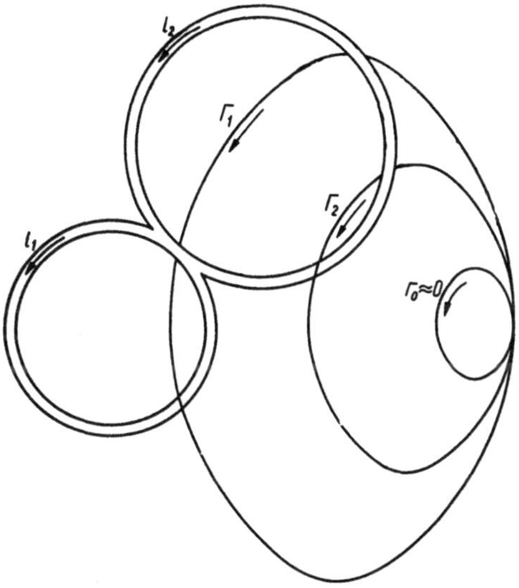

Abbildung 42

die Repräsentanten der Kurven von der Form $\Gamma_1^{n_1}\,\Gamma_2^{n_2}$ sind. Dabei sind Γ_1 und Γ_2 orientierte Kreise und die Multiplikation (orientiert) der Kurven ist wie im Paragraph 4.6 definiert.

Zur Einführung von Riemannschen Flächen für das betrachtete magnetische Feld und der Klassifikation von geschlossenen Kurven auf diesen Flächen durch die Fundamentalgruppe muß man den Begriff der *magnetischen Masse* und des *magnetischen Kreises* bei elektrischen Einrichtungen noch präzisieren. Man wendet dann analog wie im Fall von elektrischen Schaltungen den Apparat der Variationsrechnung an (vgl. Paragraph 3.5). Zu diesem Problemkreis verweisen wir auf die Bücher [4.30],[4.23] und [4.28].

Beispiel 4.24: Wir wollen uns jetzt mit der Struktur der magnetischen Elementarbereiche einer dünnen ferromagnetischen Schicht befassen, die bei der Konstruktion von Kernspeichern für Rechenanlagen von Bedeutung ist. Die Struktur der Elementarbereiche wird bestimmt durch die Größe und Richtung des magnetischen Vektors in jedem Punkte des Kristallgitters. Dieser Vektor ist konstant auf gewissen Gebieten, die die *magnetischen Elementarbereiche* genannt werden. Man kann hier mit den direkten Methoden der Variationsrechnung in der komplexen Ebene arbeiten und erhält schon in erster Näherung ($n=1$) ein ziemlich genaues Bild der physikalischen Zusammenhänge. Insbesondere erhält man das in Abbildung 43 dargestellte Ergebnis, daß dreieckige Gebiete, die parallel zur Schicht sind und senkrecht zur Richtung der leichtesten Magnetisierbarkeit stehen und den Schwundeffekt abschirmen von der Größe $\frac{1}{3}\sqrt{5}(g\mu_B^2/v_o)(\pi|D|^{\frac{1}{2}}/\nu a$ sind, was sehr gut mit den experimentellen Ergebnissen übereinstimmt. Dabei bedeutet $|D|$ die Fläche der zu untersuchenden ferromagnetischen Schicht, a - eine Atomkonstante, ν - die Anzahl der einatomigen Schichten in der Platte, g - den sogenannten gyromagnetischen Koeffizienten, μ_B das Bohr'sche Magneton und v_o das Volumen einer elementaren ferromagnetischen Kammer [4.19].

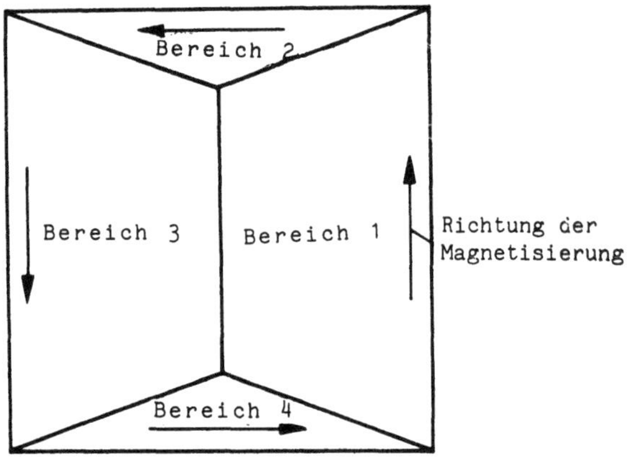

Abbildung 43

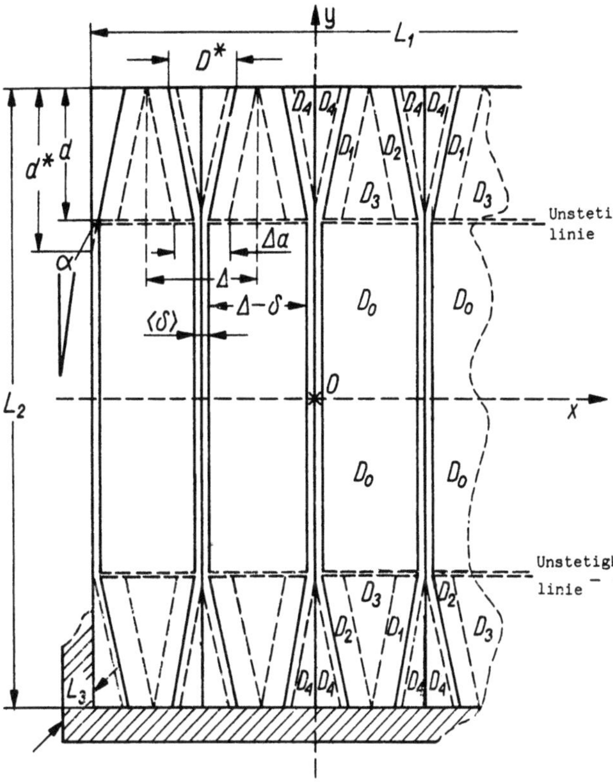

Abbildung 44

Dieselbe Methode führt auch zur Berechnung der aktiven Energie und somit zur Bestimmung des maximalen Flusses im äußeren magnetischen Feld, der die gegebene magnetische Bereichsstruktur nicht verletzt [4.18]. Eine weitere Berechnung (n=2) gestattet es, die Dichte der Wand der Bereiche, d.h. Gebiete zu erhalten, in denen sich der magnetische Vektor in Länge und Richtung von einem konstanten Wert zu einem anderen ändert. Insbesondere erfaßt man hiermit die Erfahrungswerte, daß diese Wände in der Nähe des Randes der Probe immer größer werden [4.20] (Abb. 44).

5 Einführung in die mathematische Programmierung

5.1 DIE KLASSISCHEN LÖSUNGSMETHODEN FÜR VARIATIONSAUFGABEN AUF DER GRUNDLAGE DER NATÜRLICHEN EXTREMALGLEICHUNGEN

Im Paragraphen 2.3 haben wir im Zusammenhang mit der Mayer'schen und der Bolza'schen Aufgabe die Begriffe Zustandsvektor und Steuerungsvektor eingeführt. Wir werden sie hier, die in der Kontrolltheorie (Systemtheorie) übliche Schreibweise gebrauchend, mit $\underline{x}:=(x_1,\dots,x_n)$ und $\underline{u}:=(u_1,\dots,u_m)$ bezeichnen. Um uns wieder an diese Begriffe zu erinnern, geben wir ein einfaches Beispiel aus der Elektrotechnik. Dazu führen wir die Begriffe der stückweise stetigen und der stückweise glatten Funktion ein.

Eine Funktion $[t_o;t_*]\ni t\mapsto \underline{y}(t)$ heißt *stückweise stetig*, wenn sie bis auf höchstens endlich viele Punkte stetig ist und in diesen Punkten der links- und rechtsseitige Limes existiert. Analog nennt man eine Funktion *stückweise glatt*, wenn sie stetig ist und wenn sie stückweise eine stetige Ableitung besitzt.

Beispiel 5.1: Mit Hilfe einer Transmission und eines Motors möchte man eine gewisse steife Fläche in einer festen Position halten. Dabei treten Störungen auf (z.B. durch Windstöße), die allerdings kurz sind im Verhältnis zur Arbeitszeit des Motors. Diese Störungen rufen eine Drehung der Fläche um einen Winkel x hervor, der von der Zeit t abhängt. Schaltet man den Elektromotor bezüglich einer konstanten Stromquelle dazu, so entsteht ein Drehmoment u (mit $|u|\le u_o$) und die Fläche kehrt wieder in ihre verlangte Position $x(t_*)=0$ [5.3] zurück.

Man wird also auf Anhieb u als den (eindimensionalen) Steuerungsvektor bezeichnen und $\underline{x}=(x,\dot{x})$ als den Zustandsvektor, wobei man (unter Berücksichtigung der Neigung) eine Gleichung der Form

$$\ddot{x}+a\dot{x}+\omega^2x=u, \quad x(t_o)=\xi_o, \quad \dot{x}(t_o)=v_o \tag{5.1}$$

erhält. Dabei sind a,ω,ξ_o und v_o Konstante und $\cdot$ bezeichnet wie oben wieder die Ableitung bezüglich t. Die Aufgabe besteht also darin, ein Drehmoment u derart zu bestimmen, daß die Fläche in kürzester Zeit aus der Lage (ξ_o,v_o) in die Lage (0,0) übergeht. Dabei ist u aus der Menge der zulässigen Steuerungen $\tilde{u}$ zu wählen. Dies sind stückweise stetige Funktionen u mit $|\tilde{u}|\leq u_o$, die u.U. noch weiteren zusätzlich verlangten Restriktionen genügen sollen.

Das Beispiel 5.1 können wir als ein Beispiel für das Auftreten einer (stückweise) stetigen Steuerung ansehen.

Definition: Unter dem allgemeinen *stetigen Kontrollproblem* versteht man die Extremwertaufgabe für das *Nutzenfunktional* (*Nutzenkriterium*) der Form

$$Q[\underline{\tilde{u}}] = \int_{t_o}^{t_*} f_o(t,\underline{x},\underline{\tilde{u}})dt+g_o(t_o,\underline{x}(t_o))+g_*(t_*,\underline{x}(t)),t_*<+\infty \tag{5.2}$$

unter der Annahme, daß die Vektorgleichung *(Zustandsgleichung)*

$$\underline{\dot{x}}(t)=\underline{f}(t,\underline{x}(t);\underline{u}(t)), \quad t_o\leq t\leq t_*,$$

$$\text{mit} \quad \underline{f}=(f_1,\dots,f_n), \quad \underline{x}(t_o)=(x_1^o,\dots,x_n^o) \tag{5.3}$$

erfüllt ist. Überdies müssen der Zustands- und Steuerungsvektor noch weiteren Bedingungen genügen (wir sprechen dann von zulässigen Steuerungen $\underline{\tilde{u}}$, denen die entsprechenden Zustandsvektoren $\underline{x}$ zugeordnet sind). Die Funktionen f_o, $\underline{f}$, g_o und g_* sind gegeben.

Definition: Wenn das Funktional Q, das durch die Formel (5.2) gegeben ist, in $\underline{\tilde{u}}=\underline{u}$ ein globales Maximum besitzt, dann heißt u eine (*stetige*) *optimale Steuerung*. Im Fall der technischen Realisierung heißt die gewählte Steuerung $\underline{\tilde{u}}$ [bzw. $\underline{u}$] eine (*stetige*) *Prozess-Steuerung* [bzw. eine *optimale Steuerung*].

Wenn insbesondere die Funktion f_o identisch 1 ist und die Funktionen g_o und g beide gleich der Nullfunktion sind, dann hat man es mit einer

Optimalzeit-Steuerung zu tun. Dieser Fall tritt in der Tat in Beispiel 5.1 auf: Da n=2 ist und $\underline{f}$ nicht direkt von t abhängt wegen

$$f_1(\underline{x},\underline{\tilde{u}})=x_2,\quad f_2(\underline{x},\underline{\tilde{u}})=-a\,x_2-\omega^2x_1+u,\quad x_1^o=\xi_o,\quad x_2^o=v_o$$

hat man (5.1) in der Form von (5.3) vorliegen.

Für die weiteren Überlegungen ist es durchaus wesentlich, daß man die klassische Brachystochronenaufgabe (vgl. Beispiel 1.4) analog formulieren kann:

Beispiel 5.2: Die Brachystochronenaufgabe mit der Anfangsgeschwindigkeit $v_A=0$ führt auf die Minimierung des Funktionals

$$\tilde{x}\to(2g)^{-\frac{1}{2}}\int_o^a \tilde{x}^{-\frac{1}{2}}(1+\tilde{x}'^2)^{\frac{1}{2}}d\xi,\quad \tilde{x}\in C^1(0;a],\quad \tilde{x}(0)=0,\quad \tilde{x}(a)=b,$$

wobei g die Erdanziehung darstellt. Man kann das Problem auch etwas allgemeiner behandeln: Interessieren wir uns also zunächst nur für Punkte mit $\xi\geq\xi_o\in[0;a)$ auf der gesuchten Kurve, wobei wir annehmen, daß die Koordinaten des Anfangspunktes (ξ_o,x_o) seien und die Geschwindigkeit in diesem Punkte v_o sei. Dann wird die Geschwindigkeit des Teilchens (als Funktion der Zeit) durch $v=[2g(\tilde{x}-\hat{c})]$ gegeben, wobei $\tilde{x}\in C^1[\xi_o;a]$ eine zulässige Kurve ist. Diese ist durch x_o und v_o sowie die Konstante $\hat{c}$ charakterisiert. Die Konstante $\hat{c}$ wird aus der Bedingung $v_o=[2g(x_o-\hat{c})]^2$ bestimmt.

Nun sei $x_1=v\cos\tilde{\theta}$, $x_2=v\sin\tilde{\theta}$ mit $\cos\tilde{\theta}=\tilde{x}'\circ\xi$ und es sei $u=\cos\tilde{\theta}$. Dann hat die Bewegungsgleichung die Form (5.3) mit n=2, wobei f nicht direkt von t abhängt und

$$f_1(\underline{x},\underline{u})=[2g(x_2-\hat{c})]^{\frac{1}{2}}u,\quad f_2(x,u)=[2g(x_2-\hat{c})]^{\frac{1}{2}}(1-u^2)^{\frac{1}{2}},\quad x_1^o=\xi_o,\quad x_2^o=x_o$$

gilt. In diesem Fall ist das Problem als Optimalzeit-Aufgabe gestellt und die Menge der zulässigen Steuerungen besteht aus denjenigen $\tilde{u}\in C^1[t_o;t_*]$ mit $|\tilde{u}|\leq 1$ (da $\tilde{u}=\cos\tilde{\theta}$), die den geforderten Randbedingungen genügen.

Gehen wir jetzt zur geometrischen Terminologie über. Darin kann man die Aufgabe wie folgt formulieren: Anstatt die Trajektorie aus Beispiel 5.2 als den geometrischen Ort aller Punkte mit einer vorgegebenen Eigenschaft zu suchen, kann man die Familie ihrer Tangenten bestimmen (s. Abbildung 45), und die natürliche Gleichung der Kurve bestimmt

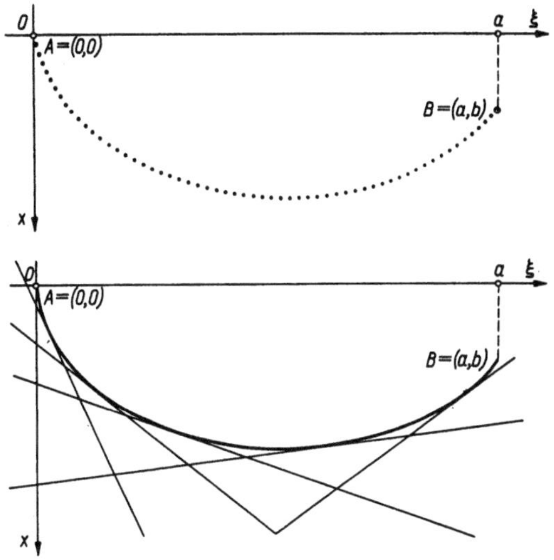

Abbildung 45

über die Krümmung die Kurve als Funktion der Bogenlänge. Hier wenden wir dann die grundlegende Idee von Bellman [5.2] S.83 an, die (populär ausgedrückt) auf der Beobachtung beruht, daß unabhängig davon, wie der Steuerungsvektor zum Anfangszeitpunkt gewählt wurde, man für jeden späteren Zeitpunkt $t_o \leq t_*$ den Steuerungsvektor für $t \in (t_o; t_*]$ so bestimmen muß, daß das Funktional (5.2) extremal wird. Dabei hängen die Anfangsbedingungen von der Vorgabe der Steuerungsvektoren in $t \leq t_o$ ab. Mit anderen Worten: für die gesamte optimale Steuerung ist notwendig und hinreichend, daß sie in jeden Teilintervall $[t_o; t_*]$ optimal ist. Wir werden diese Bemerkung noch im Paragraphen 5.8 als das Bellman'sche Optimalitätsprinzip formulieren.

Um alle diese Ideen zu präzisieren, beginnen wir mit der Formulierung des Lemmas von Carathéodory. Dazu betrachten wir ein Funktional I der Form (1.7), wobei D_I die Menge der stückweise glatten Funktionen (1.8) sei, deren Ableitungen in einer festen Menge $U \subset \mathbb{R}$ liegen. Für die Funktion F setzen wir die Stetigkeit voraus. Nun behandeln wir I als eine Funktion der beiden Parameter b und B. Genauer gesagt, wir betrachten die Hamilton Charakteristik (1.31), wobei $y_{b,B}$ eine Extremale ist. Um diese Definition korrekt zu formulieren, nehmen wir an, daß für das Funktional I ein Gebiet G mit der folgenden Eigenschaft existiere: für jedes $(b,B) \in G$ geht durch (a,A) und (b,B) in D_I genau eine Extremale des Funktionals I, die natürlicherweise als *optimale Trajektorie* von (a,A) nach (b,B) bezüglich des Funktionals I bezeichnet wird. In diesem Sinne ist also $D_s = G$.

Wir nehmen nun weiter an, daß G ein einfach zusammenhängendes Gebiet ist, das rechts von der Geraden $x=a$ liegt. Dann ist es angebracht, diese Menge als die *Menge der zulässigen Endpunkte* des Funktionals I zum Ausgangspunkt (a,A) zu bezeichnen. Geht man analog von einem festen Endpunkt (b,B) aus und liegt das Gebiet G links von der Geraden $x=b$, dann nennt man dies Gebiet die *Menge der zulässigen Anfangspunkte* des Funktionals I zum Endpunkt (b,B). Wir nehmen nun noch an, daß $S\in C^1(G)$ erfüllt ist.

Unter den starken Voraussetzungen von Lemma 1.3 genügt die Funktion S der Hamilton-Jacobi'schen Gleichung (1.32), die man aufgrund der Definition der Hamilton-Funktion (1.29) in der Form $L(u,v,y'_{u,v}(u))=0$ schreiben kann, wobei

$$L(u,v,\tilde{y}'^{r}_{u,v}(u))=F(u,v,\tilde{y}'_{u,v}(u))-S_u(u,v)-\tilde{y}'_{u,v}(u)S_v(u,v)$$

gilt. (Hier bezeichnet u offensichtlich den Steuerungsvektor). Unter diesen Voraussetzungen läßt sich nun unschwer zeigen: (vgl. z.B. [5.27] S. 256-258).

Lemma 5.1 (*Carathéodory*). *Unter den obigen Voraussetzungen ist* $L(u,v,y'_{u,v}(u))=\min L(u,v,\tilde{y}'_{u,v}(u))=0$. *Dabei ist das Minimum über alle Funktionen* $y\in\mathcal{D}_I$ *für festes* $u=b$ *und* $v=B$ *zu bestimmen (insbesondere gilt, daß die Werte der Ableitungen dieser Funktionen in U liegen) oder -äquivalent dazu- über alle Zahlen* $\tilde{y}'_{u,v}(u)\in U$.

ÜBUNGEN

1. Man wende die Methode, die auf der natürlichen Extremalen beruht, zur Lösung von Aufgabe 13 aus Kapitel 1 an.
2. Man leite Satz 1.6 (Euler) aus dem Lemma von Carathéodory her.
3. Man schreibe die Gleichung für die Extremalen des Funktionals (5.2) mit $f_0(x,\tilde{u})=F(x,\tilde{u},x')$ auf unter der Annahme, daß die Funktionen x' und $\tilde{u}$ stückweise stetig sind, daß F stetig ist und daß $x(t_0)=x_0$, $x'(t)\equiv G(x,\tilde{u},x')(t)$ sowie $0\leq\tilde{u}\leq x$ gilt (Bellman).
4. Man formuliere das Lemma von Carathéodory für ein Funktional der Form (1.7) mit festem Anfangspunkt für den Fall, daß (u,v) ein beliebiger Punkt aus der Menge der zulässigen Endpunkte ist.
5. Man gebe die Gleichung für die Extremalen des Funktionals aus

Aufgabe 3) für die folgenden Fälle an:

a) (t_*,x_*) ist ein beliebiger Punkt aus der Menge der zulässigen Endpunkte bei festem Anfangspunkt.

b) (t_o,x_o) ist ein beliebiger Punkt aus der Menge der zulässigen Anfangspunkte bei festem Endpunkt.

c) $(t_*,x_o)\to(t_o,x_o)$, wobei das Gebiet G links von (t_o,x_o) ein gewisses offenes horizontales Intervall enthält. Hinweis zu c): es ist bequem, in diesem Fall die kontinuierliche Optimierungsaufgabe durch die diskrete zu ersetzen.

5.2 DIE ÜBERTRAGUNG DER METHODE DER NATÜRLICHEN GLEICHUNGEN AUF DISKRETE PROZESSE

Gehen wir von den Voraussetzungen des obigen Paragraphen aus und nehmen wir, wie in Aufgabe 4 an, daß (u,v) ein beliebiger Punkt aus der Menge der zulässigen Endpunkte ist bezüglich einem Funktional der Form (1.7) bei festem Anfangspunkt. Ist dann $(u+\varepsilon, v+\tilde{y}'_{u,v}(u)\varepsilon)\in G$ für $\tilde{y}'_{u,v}(u)\in U$ mit $\varepsilon>0$, so gilt:

$$S(u+\varepsilon, v+\tilde{y}'_{u,v}(u)\varepsilon)-S(u,v)=\varepsilon[S_u(u,v)+\tilde{y}'_{u,v}(u)S_v(u,v)]+o(\varepsilon)$$

Also erhält man nach Lemma 5.1 (in der Version von Aufgabe 4):

Lemma 5.2: *Unter den obigen Voraussetzungen ist*

$$S(u,v) = \min_{\tilde{y}'_{u,v}(u)\in U} [\varepsilon F(u,v,\tilde{y}'_{u,v}(u))+S(u+\varepsilon, v+\varepsilon\tilde{y}'_{u,v}(u))+o(\varepsilon)]$$

Dieses obige Lemma ermöglicht die Diskretisierung der einfachsten Variationsaufgabe. Für die oben besprochenen analogen Probleme gelingt die Diskretisierung unter schwachen weitern Voraussetzungen und Zusatzbedingungen ebenfalls. Wir wollen dies im folgenden Beispiel besprechen.

Beispiel 5.3: Betrachten wir die einfachste Variationsaufgabe, z.B. die Aufgabe der Brachystochrone ohne festen Endpunkt auf der festen, zur ξ-Achse senkrechten Geraden $\xi=u$. Wir wählen als Anfangspunkt (ξ_o, x_o) und als Anfangsgeschwindigkeit v_o. D.h. wir bearbeiten die Aufgabe aus Beispiel 5.2. Zusätzlich wollen wir annehmen, daß $\xi_o>0$ gilt (vgl.

Aufgabe 6).

Um das Lemma 5.2 anzuwenden, ersetzen wir diese Aufgabe durch mn Aufgaben mit festen Endpunkten (a,x_*) und Anfangspunkt (u,v), wobei x_* ein beliebiger Punkt in einem genügend großen Intervall ist, d.h. also $0>x_*\geq -c$. Weiterhin sei

$$u=a-i\varepsilon,\quad \varepsilon=(a-\xi_0)/m,\quad i=0,\ldots,n \quad v=k\eta,\quad \eta=-c/n,\quad k=0,\ldots,n,$$

wobei wir annehmen, daß G das Rechteck $\xi_0<u\leq a$, $0>v\geq -c$ enthalte (offensichtlich bezeichnet u jetzt nicht den Steuerungsvektor). Die Konstante c muß natürlich so gewählt werden, daß die gesuchte Extremale in diesem Rechteck enthalten ist. Insbesondere kann man also den aus Beispiel 2.6 erhaltenen Wert $c=\frac{a}{\pi}$ nehmen. Wenn man jedoch auf dieses Ergebnis nicht zurückgreifen will, d.h. wenn man den Wert c nicht kennt, muß man versuchen, c durch einige Näherungen iterativ während der Rechnung zu bestimmen. Wählt man also $c\geq\frac{a}{\pi}$, so ist man bereits nach einem Versuch c zu bestimmen, fertig. Weiterhin zeigt das Beispiel 1.6, daß das Gebiet G natürlicherweise so gewählt werden kann, daß es den Halbstreifen $0<u<a$ und $v>0$ enthält. Somit enthält es auch jedes der geeignet zu wählenden Rechtecke.

Nach Lemma 5.2 ist damit das Gleichungssystem

$$S_i(k\eta) = \min_{\hat{x}'_{i,k}\in U} [\varepsilon F_{i,k}(\hat{x}'_{i,k})+S_{i-1}(k\eta+\varepsilon\hat{x}'_{i,k})+o((\varepsilon^2+\eta^2)^{\frac{1}{2}})] \tag{5.5}$$

erfüllt. Dabei gilt

$$S_i(v)=S(a-i\varepsilon,v),\quad F_{i,k}(\hat{x}_{i,k})=F(a-i\varepsilon,x_0+k\eta,\hat{x}'_{i,k}),$$

$$F(\xi,x,x')=(x-\hat{c})^{-\frac{1}{2}}(1+x'^2)^{-\frac{1}{2}},\quad \hat{x}'_{i,k}=\tilde{x}'_{a-i\varepsilon,k\eta}(a-i\varepsilon),$$

und $\hat{c}$ ist definiert wie in Beispiel 5.2. Da $S(a,v)=0$ gilt für jedes v, vervollständigt man das Gleichungssystem (5.5) durch die Hinzufügung der Randbedingung $S_0(k\eta+\varepsilon\tilde{x}'_{0,k})=((\varepsilon^2+\eta^2)^{\frac{1}{2}})$. Damit erhält man insbesondere

$$S_i(k\eta) = \min_{\hat{x}'_{i,k}\in U} F_{i,k}(\hat{x}'_{i,k})+o((\varepsilon^2+\eta^2)^{\frac{1}{2}}). \tag{5.6}$$

Für festes k bestimmt die Lösung der Gleichung (5.6) das gesuchte Minimum der Funktion $F_{1,k}$ in der Menge U der Zahlen $\hat{x}'_{1,k}$. Eine analoge Bemerkung gilt für jede der Gleichungen (5.5).

Gehen wir nun zur Interpretation des Beispiels 5.3 über, das man für eine recht allgemeine Klasse von Funktionalen wiederholen kann. Die Lösung des Gleichungssystems (5.6) unter Vernachlässigung von $o((\varepsilon^2+\eta^2)^{\frac{1}{2}})$, also die Bestimmung der Richtungen der Extremalen $\hat{x}'_{1,k}=x'_{1,k}$, er-

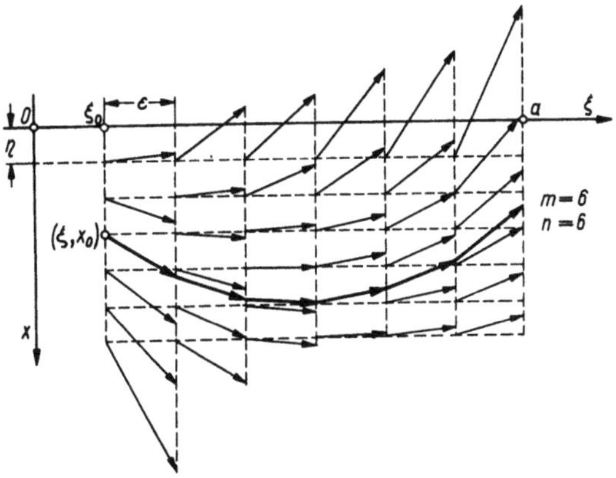

Abbildung 46

laubt näherungsweise die Tangenten in den Punkten $(a-\varepsilon,k\eta)$, $k=1,\ldots,n$ der entsprechenden Extremalen $x_{1,k}$ des betrachteten Funktionals zu zeichnen, wie dies in Abbildung 46 durchgeführt ist. Anschließend erhält man durch Interpolation die Werte $S_1(k\eta+\varepsilon x'_{i,k})$ und die Lösung des Systems (5.5) für i=2 unter Vernachlässigung des Ausdrucks $o((\varepsilon^2+\eta^2)^{\frac{1}{2}})$. Die Bestimmung des Verlaufs der Extremalen $\hat{x}'_{2k}=x'_{2,k}$ erlaubt also näherungsweise die Tangenten in den Punkten $(a-2\varepsilon,k\eta)$, $k=1,2,\ldots,n$ der entsprechenden Extremalen x_{2k} des betrachteten Funktionals zu konstruieren, die durch diese Punkte verläuft. Dabei bemerken wir, daß der Anfangsvektor, der dem durch Interpolation erhaltenen Wert $S_1(k\eta+\varepsilon x'_{1,k})$ entspricht, sich mit dem endenden Tangentialvektor im Punkte $(a-2\varepsilon,k\eta)$ der Extremalen $x_{2,k}$ deckt, sofern wir annehmen, daß die Projektion dieses Vektors auf die Abszisse die Länge ε hat.

Fährt man auf diese Art bis i=m fort und nimmt man an, daß die Projektion aller so erhaltenen Vektoren auf die Abszisse die Länge ε haben, so erhält man den angenäherten Verlauf der gesuchten Extremalen durch einen Streckenzug, der den Tangenten entspricht, mit dem Anfangspunkt (ξ_0,x_0) und einem gewissen Endpunkt (a,x_*). Der Wert $S_m(x_0+0\cdot\eta)=$ $=S_m(x_0)$ ist dann eine Approximation des Minimums des betrachteten Funktionals. Macht man etwa m von n abhängig und konstruiert man den obigen Streckenzug für die gesuchten Extremale für $n=1,2,\ldots$, so erhält man eine minimierende Folge im Sinne des Paragraphen 4.7. Letzteres ist allerdings noch gesondert zu beweisen (vgl. Aufgabe 1o).

Damit sind wir also recht leicht zur Steuerung von diskreten Systemen vorgedrungen. Wie bei kontinuierlichen Systemen, führen wir nun die folgende Definition ein.

Definition: Unter dem allgemeinen *diskreten Kontrollproblem* versteht man die Extremalaufgabe für ein Funktional der Form

$$Q[\underline{\tilde{u}}] = \sum_{t=0}^{k} f_o^*(t,\underline{x}(t),\ \underline{\tilde{u}}(t))+g_o(t_o,\underline{x}(t_o))+g_*(t_*,\underline{x}(t_*)),\ k<+\infty$$

bzw. (was auf dasselbe hinausläuft, wenn man die spezielle Form von f_o^* nicht hervorheben will)

$$Q[\underline{\tilde{u}}] = \sum_{t=0}^{k} f_o(t,\underline{x}(t),\ \underline{\tilde{u}}(t)),\ k<+\infty \quad \textit{(Güte-Funktion)} \tag{5.7}$$

unter der Annahme, daß eine gewisse *Zustandsgleichung* der Form $\underline{x}(t)-(\underline{x}(t-1)=\underline{f}^*(\underline{x}(t),\underline{\tilde{u}}(t))$ bzw.

$$\underline{x}(t-1)=\underline{f}(t,\underline{x}(t),\underline{u}(t)),\ t=1,\ldots,k,\ \underline{x}(0) = (x_1^o,\ldots,x_n^o) \tag{5.8}$$

gilt. Dabei ist wie oben $\underline{\tilde{u}}=(\tilde{u}_1,\ldots,\tilde{u}_m)$, $\underline{f}=(f_1,\ldots,f_n)$ und die Funktionen u_i, x_h sowie f_h sind reellwertig. Üblicherweise macht man noch über den Zustandsvektor $\underline{x}$ und den Steuerungsvektor $\underline{\tilde{u}}$ weitere Annahmen. Dabei ist es höchst wesentlich, daß die Werte von $\underline{\tilde{u}}$ beschränkt sind und in einem gewissen zulässigen Gebiet $U\subset\mathbb{R}^m$ liegen, oder -allgemeiner- daß $\underline{\tilde{u}}(t)\in U(t,\underline{x}(t))\subset\mathbb{R}^m$, $t=1,\ldots,k$ (offensichtlich gehören im allgemeinen zu verschiedenen zulässigen Steuerungsvektoren $\underline{\tilde{u}}$ verschiedene Zustandsvektoren $\underline{x}$). Die Funktionen f_o und f sind, wie immer, gegeben.

Definition: Wenn das Funktional Q, das durch (5.7) gegeben ist, für $\underline{\tilde{u}}=\underline{u}$ ein Extremum hat, dann heißt $\underline{\tilde{u}}$ eine (*diskrete*) *optimale Steuerung*. Bei der technischen Realisierung eines Prozesses heißt die Steuerung $\underline{\tilde{u}}$ [bzw. $\underline{u}$] eine *diskrete Prozess-Steuerung* [bzw. *optimale Steuerung*]. Wir illustrieren diese beiden Begriffe an zwei einfachen Beispielen.

Beispiel 5.4: Wir analysieren die folgende Aufgabe. Man bestimme k nicht negative reelle Zahlen derart, daß ihre Summe den Wert a>0 hat und ihr Produkt maximal ist. Diese Aufgabe ist fast trivial, denn man sieht sofort, daß jede dieser gesuchten Zahlen den Wert $\frac{a}{k}$ hat. Die ganze Kunst besteht nun darin, diese Aufgabe so zu formulieren, daß man die oben beschriebene Vorgehensweise von Bellman anwenden kann.

Im Zeitpunkt t=1 wähle man eine Zahl $\tilde{u}(1)\in[0;a]$ und im Zeitpunkt t=2 eine beliebige Zahl $\tilde{u}(2)\in[0;a-x(1)]$ so daß die Bedingung $x(2)=\tilde{u}(1)+\tilde{u}(2)\leq a$ erfüllt ist. Nimmt man nun an, daß $x(1)=\tilde{u}(1)$ ist, dann läßt sich diese Bedingung in der Form $x(2)=\tilde{u}(2)+u(1)$ schreiben. Nun kann man dies induktiv für die Zeitpunkte $t=1,\ldots,k$ fortsetzen. Man wählt also die Zahl $\tilde{u}(t)$ derart, daß die Zustandsgleichung $x(t)=\tilde{u}(t)+x(t-1)$ erfüllt ist, wobei $x(0)=0$ und $\tilde{u}(t)\in[0;a-x(t-1)], t=1,\ldots,k$. Damit hat man also das System der zulässigen Steuerungsvektoren $\tilde{u}$. Ist dann das zugehörige Funktional für die zulässigen Vektoren $\tilde{u}$ durch

$$Q^*[\tilde{u}] = \prod_{t=1}^{k} \tilde{u}(t) \text{ (oder äquivalent) } Q[\tilde{u}] = \sum_{t=1}^{k} \ln \tilde{u}(t)$$

gegeben, so hat man den Fall der optimalen Steuerung, wenn das Funktional in $\tilde{u}=u$ sein Maximum annimmt.

Beispiel 5.5: Wir analysieren nun die Aufgabe, den Abschuß einer k-stufigen Rakete zu optimieren, die eine gegebene Masse $\hat{m}$ auf eine möglichst hohe Geschwindigkeit beschleunigen soll. Die Rakete insgesamt habe die Masse m.

Dazu numerieren wir die Stufen der Rakete mit $t=1,2,\ldots,k$ derart, daß die letzte von ihnen (die also die Nutzlast unmittelbar auf die Flugbahn bringt) den Index t=1 hat. Die Stufe mit der Nummer t hat einen gewissen Brennstoff-Vorrat den sie verbraucht, bis sie sich von dem restlichen Teil der Rakete trennt. Der Geschwindigkeitszuwachs a(t) hängt von der Restmasse x(t-1) der Rakete und von der Masse u(t) der betrachteten Stufe ab; also

$$a(t)=f_o^*(x(t-1),\tilde{u}(t))=f_o(x(t), \tilde{u}(t))$$

Dabei muß die Masse $\tilde{u}(t)$ der Zustandsgleichung $x(t)=\tilde{u}(t)+x(t-1)$ genügen mit $x(0)=\hat{m}$, $x(k)=m$ und $\tilde{u}(t)\in[0;m-x]$, $t=1,\ldots,k$. Damit haben wir das System der zulässigen Steuerungsvektoren $\tilde{u}$. Der Gesamtgeschwindigkeitszuwachs, den die Rakete vom Startzeitpunkt t=k an hat, ist $a(1)+\ldots+a(k)$. Damit wird das zugehörige Funktional für die zulässigen Vektoren $\tilde{u}$ durch

$$Q[\tilde{u}] = \sum_{t=1}^{k} f_o(x(t), \tilde{u}(t))$$

definiert. Nimmt es in $\tilde{u}=u$ ein Maximum an, dann ist dies eine optimale Steuerung.

ÜBUNGEN

6. Man erkläre die Voraussetzung $v_o>0$ in Beispiel 5.3.

7. Man beende die numerische Berechnung der näherungsweisen Brachystochrone aus Beispiel 5.3 für gewisse fest gewählte Werte für a, ξ_o, x_o und v_o in den Fällen m=n=1,2,3.

8. Man wiederhole Beispiel 7 mit denselben Werten, nur daß diesmal a) m=2, n=3, b) m=3, n=2 gilt.

9. Man benutze die in Beispiel 5.2 beschriebene Methode zur näherungsweisen Berechnung der Katenoide aus Beispiel 13, Kapitel 1, für die Fälle m=n=1,2,3.

1o. Für den Fall, daß die Menge U aus Beispiel 5.3 beschränkt ist (d.h. falls sie in einem gewissen endlichen Intervall enthalten ist), zeige man, daß die in diesem Beispiel konstruierte Folge x_n der näherungsweisen Extremalen eine gleichmäßig konvergente Teilfolge enthält.

11. In einem Industrieofen wird über eine elektrische Heizvorrichtung mit einem justierbaren Widerstand eine gewisse Beschichtung erwärmt (vgl. das Schema in Abb. 47). Diese betrachten wir als

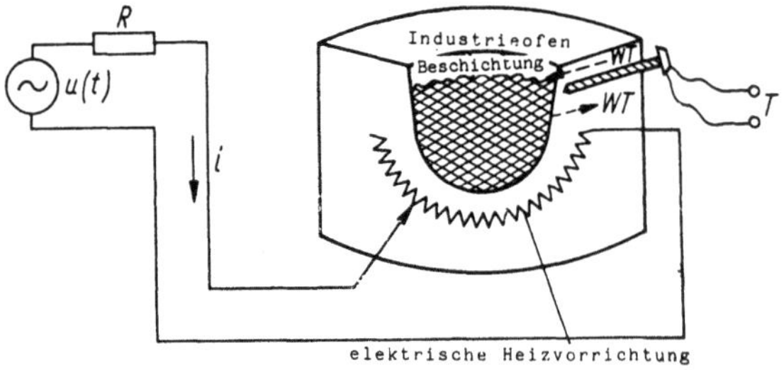

Abbildung 47

eine homogene Gesamtheit, die an ihrer Oberfläche gleichmäßig Wärme abgibt, bzw. aufnimmt. Bezüglich des Widerstandes R nehmen wir an, daß man mit ihm die Heizwärme reguliert und daß die verfügbare Energie P größer ist als die Heizwärme. Die

Spannung des Netzes sei u, die in der Beschichtung pro Zeiteinheit angesammelte Energie (gemessen in elektrischen Einheiten, Watt) sei WT, wobei T die (variable) Temperatur der Beschichtung ist. Die von der Beschichtung an die Umgebung abgegebene Energie sei -W*T. Man lasse nun alle anderen Arten des Temperaturaustausches weg, wie etwa den Temperaturverlust durch Strahlung oder die Rückwirkungen der Umwelttemperatur. Man formuliere die zugehörige Steuerungsaufgabe für das folgende Problem: Die Energiekosten sind in Abhängigkeit der Benutzungszeit zu minimieren. Zur Anfangszeit t_o sei die Temperatur der Beschichtung T_o und für einen (nicht festen) Endzeitpunkt haben die Temperatur der Beschichtung einen gegebenen Wert T* (Findeisen, Szymanowski, Wierzbicki).

12. Ein System von k gleichen elektrischen Aggregaten trennt eine gewisse chemische Verbindung von einer Wasserlösung ab. Wir nehmen an, daß das spülende Wasser und die Lösung sich nicht mischen. Man formuliere das folgende Steuerungsproblem: Man maximiere den Gewinn unter der Annahme, daß die Menge der Verbindungen, die jedes Aggregat abspaltet, ausgedrückt werden kann als Funktion f der Masse, der in den vorherigen Stufen ausgespülten chemischen Verbindungen und der Masse des spülenden Wassers.

5.3 DAS ALLGEMEINE PRINZIP DER LINEAREN UND NICHT-LINEAREN PROGRAMMIERUNG

Im vorherigen Paragraphen besprachen wir einen gewissen Ansatz zum Auffinden der optimalen Steuerung. Der Schlüssel zu diesem Verfahren waren die abgeleiteten Gleichungen (5.5) und (5.6). Weiterhin bemerken wir, daß sich dieser Ansatz auf eine ganze Reihe von Aufgaben anwenden läßt und zwar sowohl auf stetige wie auch auf diskrete Aufgaben.

Die Methode, einen Näherungswert für den Extremalwert $S_m(x_o)$ mit Hilfe der Gleichungen (5.5) und (5.6) zu bestimmen, heißt die Methode der *dynamischen Programmierung* (sie funktioniert auch für mehrdimensionale Prozesse).

Diese Bezeichnung kann man wie folgt begründen: Typischerweise löst man ein optimales Steuerungsproblem mit Hilfe eines Algorithmus dergestalt, daß die Steuerungsvariablen, die in einem gewissen Bereich liegen, über den vorgegebenen Zeithorizont so variiert werden, daß das Gütefunktional seinen größten Wert erreicht. Eine derartige Optimierung hat einen dynamischen Charakter. Will man jedoch nur von einer einzigen Funktion das Extremum bestimmen, so spricht man von *statischer Programmierung*. Das einfachste Beispiel dafür ist die *lineare Programmierung*.

Die *lineare Programmierung* wird verwendet um das Extremum einer Funktion der Form $(x_1^*,\ldots,x_{n-r}^*)\mapsto c_1x_1^*+\ldots+c_{n-r}x_{n-r}^*$ (also einer Linearform) zu bestimmen, wobei

$$\sum_{k=1}^{n-r} a_{i,k}^*x_k^*=b_i^*,\quad i=1,\ldots,m-r;\qquad \sum_{k=1}^{n-r} a_{i,k}^*x_k^*\geq b_i^*,\quad i=m-r+1,\ldots,m \tag{5.9}$$

und $a_{i,k}^*,b_i^*,c_k$ reelle Konstante sind sowie $r\leq m\leq n$ gilt.

Das System (5.9) kann man durch ein äquivalentes System, das *kanonische System* (oder auch die *kanonische Form*) ersetzen. Hierbei ist

$$\sum_{k=1}^{n} a_{i,k}x_k=b_i,\quad i=1,\ldots,m;\quad x_k\geq 0,\ k=1,\ldots,n \tag{5.1o}$$

mit $b_i>0$, $i=1,\ldots,m$ und

$$a_{i,k}=\delta_{i-m+r,k-n+r}\quad \text{für } i=m-r+1,\ldots,m;\ k=n-r+1,\ldots,n. \tag{5.11}$$

Dabei bezeichnet δ das Kronecker-Delta. Nun besteht die zu bewältigende Aufgabe darin, das Extremum der durch $(x_1,\ldots,x_n)\mapsto c_1x_1+\ldots+c_nx_n$ definierten Funktion auf der durch die Bedingungen (5.1o) gegebenen Menge zu bestimmen, wobei $c_k=0$ für $k=n-r+1,\ldots,n$ gilt. Wir betrachten im folgenden das System (5.1o) allerdings ohne die Einschränkung (5.11).

Um die Vorteile der Bezeichnungsweise des vorigen Paragraphen zu übernehmen, wollen wir nicht von der Funktion $x\mapsto c_1x_1+\ldots c_1x_1+\ldots+c_nx_n$ sprechen, die auf der Menge der Bedingungen (5.1o) definiert ist. Statt dessen suchen wir nach dem Extremum des Funktionals $Q[\tilde{u}]=(t_*-t_o)\tilde{u}(t_o)$, wobei $\tilde{u}$ eine beliebige feste Funktion ist, die durch $\tilde{u}(t)=c_1x_1+\ldots c_nx_n$ $t_o\leq t\leq t_*$ (Zustandsgleichung) auf der durch (5.1o) gegebenen Punktmenge definiert ist. In der ökonomischen Interpretation heißen die Spalten $[a_{1,i},\ldots,a_{m,i}]^T$, $i=1,\ldots,n$ die *Produktionsvektoren* und die Spalte $[b_1,\ldots,b_m]^T$ der *Vorratsvektor*. Dazu betrachten wir das folgende Beispiel.

Beispiel 5.6: Ein Betrieb produziert beim Einsatz von p Maschinen q Produkte, wobei die Produktionszeit auf der Maschine i für eine Einheit des Produkts k genau $t_{i,k}$ ist. Wir bezeichnen mit $x_{i,k}$ die Menge, die auf dieser gedachten Maschine pro Zeiteinheit produziert wird. Es sollen t_i, a_k und $b_{i,k}$ die folgende Bedeutung haben: Die Dispositionszeit der Maschine i, die Gesamtmenge des Produktes k die prinzipiell erzeugt wird, und die Produktionskosten auf der Maschine i bezüglich einer Einheit des Produktes k. Unter den obigen Produktionsbedingungen führt uns dies auf die Minimierung der durch

$$[x_{i,k}] \mapsto \sum_{i=1}^{p} \sum_{k=1}^{q} b_{i,k} x_{i,k} \tag{5.12}$$

definierten Funktion auf der durch

$$\sum_{i=1}^{p} x_{i,k} = a_k, \quad k=1,\ldots,l; \qquad \sum_{k=1}^{q} t_{i,k} x_{i,k} \leq t_i, \quad i=1,\ldots,p$$

bestimmten Menge.

Erinnern wir uns nochmals daran, daß eine Menge $D \subset \mathbb{R}^n$ *konvex* heißt, wenn sie mit je zwei Punkten auch deren Verbindungsstrecke enthält. Man zeigt leicht (wir lassen den Beweis fort):

Satz 5.1: *Die durch das Gleichungssystem (5.1o) definierte Menge K ist eine konvexe Teilmenge des* $\mathbb{R}^n$ *. Ist sie ein beschränktes Polyeder so besteht sie aus den Konvex-Kombinationen ihrer Ecken. Die Randextrema (und das sind gleichzeitig auch die globalen Extrema) werden in mindestens einer Ecke des Polyeders K angenommen. Wird das Extremum in mehreren Ecken des Polyeders angenommen, dann wird es auch in jeder Konvexkombination dieser Ecken angenommen.*

Dieses Resultat führt uns direkt auf ein ganz natürliches Lösungsverfahren für lineare Programme, nämlich auf die *graphische Methode*, die allzu offensichtlich ist und im Absuchen der Ecken besteht (Aufgabe 13). Eine abstraktere Methode ist die sogenannte *Simplex-Methode* , die man wie folgt skizzieren kann: Nehmen wir an, daß der Rang der Matrix $a_{i,k}$ genau m sei (vgl. Aufgabe 18). Dann betrachten wir also das System von m Gleichungen (5.10) in den n Unbekannten $x_1,\ldots,x_n$. Wir wählen hieraus ein nicht singuläres Teilsystem von m Gleichungen aus. Die Lösung dieses Teilsystems von m Gleichungen des Systems (5.1o) heißt eine Basislösung (vgl. Aufgabe 19). Der erste Schritt der Simplex-Methode (es ist ein Iterationsverfahren) besteht darin, eine Basislösung zu bestimmen und nachzuprüfen, ob diese bereits die optimale Steuerung ist. Fällt die Antwort negativ aus, so ersetzt man diese Basislösung durch eine andere, die man aus der zuerst gewählten Teilfolge durch Abänderung eines Elementes erhält. Die Abänderung wird so durchgeführt, daß das gesuchte Extremum der Linearform weiter angenähert wird. Die weiteren Schritte gehen analog. Wenn sich die Beschränkungen (5.1o) nicht widersprechen und wenn die betrachtete Funktion beschränkt ist, kann man zeigen, daß sich nach endlich vielen Schritten eine Lösung ergibt.

Geometrisch kann man die Simplexmethode wie folgt interpretieren: Man wähle zuerst eine beliebige Ecke des Polyeders K. Im folgenden Schritt wähle man eine weitere Ecke, die dem gesuchten Extremum näher liegt, sofern man nicht gerade mit der optimalen Ecke begonnen hat. In der benutzten Terminologie bedeutet dies, daß wir im vorgegebenen Polyeder Simplices untersuchen, d.h. n-dimensionale (n+1)-Ecke, was zu der Bezeichnung der Methode geführt hat.

Die Aufgabe der *quadratischen Programmierung* besteht darin, das Extremum einer Funktion der Form

$$(x_1^*,\dots,x_{n-r}^*) \mapsto \sum_{k=1}^{n-r} c_k x_k^* + \sum_{i=1}^{n-r}\sum_{k=1}^{n-r} d_{i,k} x_i^* x_k^*$$

(also einer Summe aus einer linearen und quadratischen Form) zu bestimmen auf der Menge, die durch die Bedingungen (5.9) festgelegt ist. Dabei sind $a_{i,k}^*$, b_i^*, c_k, $d_{i,k}$ reelle Konstante und es gilt $r \le m \le n$.

Wie oben kann man dieses System durch sein äquivalentes kanonisches System (5.1o) mit den Bedingungen $b_i > 0$, $i=1,\dots,m$ und (5.11) ersetzen. Unsere Aufgabe besteht nun darin, die Extrema der wie folgt definierten Funktion

$$(x_1,\dots,x_n) \mapsto \sum_{k=1}^{n} c_k x_k + \sum_{i=1}^{n}\sum_{k=1}^{n} d_{i,k} x_i s_k \qquad (5.13)$$

in der durch die Bedingungen (5.1o) definierten Menge zu bestimmen, wobei $c_k=0$, $d_{i,k}=0$ für $i,k=n-r+1,\dots,n$ gilt.

Im weiteren betrachten wir das allgemeine System (5.1o) ohne die Einschränkung (5.11). Weiterhin kann man ohne Beschränkung der Allgemeinheit annehmen, daß die Matrix $[d_{i,k}]$ symmetrisch ist. Die Einführung der Bezeichnungsweise aus dem vorigen Paragraphen kann man nun genau so erreichen wie im Fall der linearen Programmierung. Wir nehmen noch an, daß die Form

$$(x_1,\dots,x_n) \mapsto \sum_{i=1}^{n} \sum_{k=1}^{n} d_{i,k} x_i x_k$$

entweder negativ [bzw. positiv-] definit oder aber *negativ* [bzw. *positiv*] *semidefinit* ist. Letzteres bedeutet, daß sie überall nicht positiv [bzw. nicht negativ] ist und für Elemente $x \neq 0$ verschwinden kann. Man zeigt relativ leicht (wir lassen den Beweis weg):

Satz 5.2: *Unter den obigen Voraussetzungen nimmt die durch Formel (5.13) definierte Funktion in der durch (5.1o) definierten Menge ein globales Maximum [bzw. Minimum] genau dann an, wenn es reelle Zahlen* $\lambda_1,\dots,\lambda_m$ *und* $\eta_1,\dots,\eta_n$ *gibt, so daß*

$$2 \sum_{i=1}^{n} d_{k,i} x_i - \sum_{i=1}^{m} a_{i,k} \lambda_i + \eta_k = -c_k,\quad k=1,\dots,n. \tag{5.14}$$

mit

$$x_k \eta_k = 0,\quad \eta_k \geq 0 \quad [\textit{bzw. } \eta_k \leq 0],\quad k=1,\dots,n. \tag{5.15}$$

Dieser Satz ist ein Spezialfall des Satzes von Kuhn-Tucker über Sattelpunkte, den wir im Paragraphen 5.5 (Satz 5.7) besprechen werden.

Eine der populären Lösungsmethoden für die quadratische Programmierung ist die *Methode von P. Wolfe*. Sie hat den Vorteil, auf der Simplex-Methode zu beruhen. Die Methode von Wolfe kann kurz wie folgt beschrieben werden: Wir bemerken zunächst, daß höchstens m+n Elemente der Folge $(x_1,\dots,x_n,\ \lambda_1,\dots,\lambda_m,\ \eta_1,\dots,\eta_n)$ ungleich Null sind, da $x_k\eta_k=0$ gilt. Also müssen die Lösungen der Gleichungssysteme (5.1o) und (5.14) und der Ungleichungen (5.15) Basislösungen von (5.1o) und (5.14) sein. Dabei ist eine Basislösung des Systems (5.1o), (5.14) genau so definiert wie für das System (5.1o). Besitzt also das System (5.1o), (5.14) und (5.15) eine Lösung, so kann man auch eine Basislösung des Systems (5.1o) und (5.14) finden.

Daher bestimmt man im ersten Iterationsschritt eine beliebige Basislösung des Gleichungssystems (5.1o). Ihre Existens impliziert dann die Existenz einer Basislösung für die Gleichungssysteme (5.1o), (5.14) und das Ungleichungssystem (5.15). Dies führt dazu, daß im zweiten Iterationsschritt durch Zusammenfassen der Gleichungssysteme (5.1o) und (5.14) zusätzliche nicht negative Variable eingeführt werden, deren Summe man unter den Bedingungen $x_k\eta_k=0$ minimiert. Diese Prozedur wird beendet, wenn ihre Summe Null wird. Den genauen Algorithmus geben wir im Paragraphen 5.9 an.

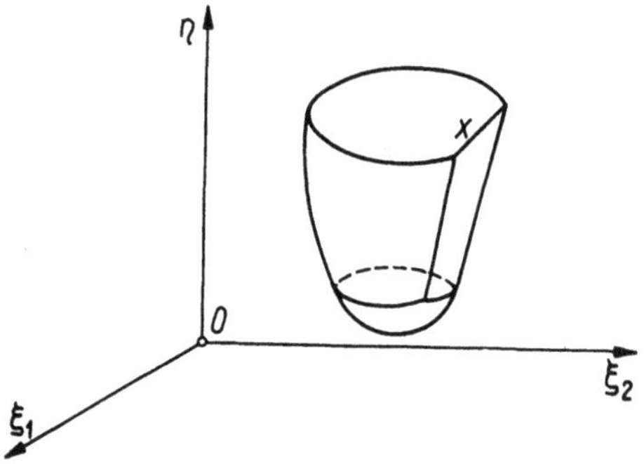

Abbildung 48

Auf eine Verallgemeinerung von Satz 5.2 für den Fall der Extrema von weitaus komplizierteren Funktionen bei ebenfalls sehr komplizierten Nebenbedingungen gehen wir im Paragraphen 5.5 ein. Dabei ist es sinnvoll, sich auf Formen zu beschränken, die entweder konvex oder konkav sind (Aufgabe 21). Eine reelle Funktion η die auf einer konvexen Menge D definiert ist, heißt *konvex* , wenn

$$\eta(au+bv)\leq a\eta(u)+b\eta(v) \quad \text{für } u,v\in D;\ a\in[0;1],\ b=1-a$$

gilt. (Abbildung 48 stellt eine konvexe Funktion dar). Weiterhin heißt eine Funktion η *konkav*, wenn die Funktion $-\eta$ konvex ist.

Ausführlich sind die hier angeschnittenen Probleme z.B. in den Lehrbüchern [5.9] und[5.22] besprochen worden (vgl.auch [5.5],[5.8] und [5.13])

ÜBUNGEN

13.* Man bestimme mit der graphischen Methode das Minimum der Funktion $(x_1^*,x_2^*)\to x_1^*+2x_2^*$ unter den Nebenbedingungen $-5\leq 3x_1^*+4x_2^*\leq 5$, $x_1^*\leq 0$, $x_2^*\geq 0$.

14. Man gebe Beispiele für lineare Programmierungsaufgaben an, bei denen die Extremalenmenge folgende Gestalt hat: a) eine einpunktige Menge, b) ein endliches Intervall, c) ein Halbstrahl, d) ein Dreieck.

*) Abb. 49, siehe Lösungshinweise

15. Ein einheitliches Produkt soll von p verschiedenen Punkten an q verschiedene Punkte ausgeliefert werden. Dabei bezeichne r_i die Menge des Produktes, die im Punkte i zur Verfügung steht, a_k den Bedarf an diesem Produkt im Punkte k und $b_{i,k}$ die Versandkosten für eine Einheit des Produktes vom Punkte i zum Punkte k. Man formuliere für die Minimierung des Transportkosten ein lineares Programm.

16. Man bringe die Nebenbedingungen für die Steuerungsvektoren aus Aufgabe 13 in die kanonische Form und gebe für dieses transformierte System eine Basislösung an.

17. Man bringe die Nebenbedingungen für die Steuerungsvektoren in die kanonische Form für a) Beispiel 5.6, b) Aufgabe 15 und bestimme für die transformierten Nebenbedingungen eine Basislösung.

18. Man diskutiere ein lineares Programm, für welches die Matrix $[a^*_{i,k}]$ einen Rang besitzt der kleiner als m ist.

19. Man begründe die Bezeichnung Basislösung.

2o. Man gebe ein Beispiel für eine quadratische Programmierungsaufgabe an, bei der das globale Extremum auf folgenden Mengen angenommen wird: a) in genau einem Punkt, der gleichzeitig auch ein lokales Extremum ist. b) In genau einem Punkt, der gleichzeitig ein Randextremum ist. c) In genau zwei Punkten, die gleichzeitig Randextrema sind.

21. Man zeige: Wenn die quadratische Form a) positiv definit oder positiv semidefinit ist, dann ist die zugehörige Form konvex. b) Negativ definit oder negativ semidefinit, dann ist die zugehörige Form konkav.

5.4 DIE ÜBERTRAGUNG AUF VEKTORRÄUME: DAS ALLGEMEINE PRINZIP DER MATHEMATISCHEN PROGRAMMIERUNG

Ähnlich wie in der klassischen Variationsrechnung erweisen sich die Ergebnisse der Funktionalanalysis auch für die Kontrolltheorie, d.h. also für die Steuerung von Prozessen, als sehr nützlich. Eine systematische Darstellung dieses Zugangs findet man in den Lehrbüchern [5.18] und [5.26]. Hier werden wir jedoch nur eine Einführung in diesen Themenkreis geben.

Dazu nehmen wir an, daß die Menge der Steuerungsvektoren, versehen mit einer Vektoraddition + und einer Skalarenmultiplikation • einen Vektorraum über den reellen Zahlen bilden. Weiterhin wollen wir annehmen, daß man diesen Vektorraum normieren kann und einen Banach-Raum $\mathcal{U}$ erhält. Dieser Raum heißt dann der *Steuerungsraum*. Weiterhin wollen wir annehmen, daß der Zustandsvektor $\underline{x}$ eine Funktion einer Veränderlichen t mit $t \in [t_o;t_*]$ ist und daß $\underline{x}$ eine Gleichung der Form $\underline{L}(t)[\underline{x}(t_o),\underline{\tilde{u}}]=\underline{Q}$ erfüllt. Die Zustandsvektoren liegen in einem Banach-Raum $\square$, den wir den *Transformationsraum* (oder *Trajektorien-* bzw. *Zustandsraum*) nennen. Dabei ist $\underline{L}(t)$ eine Operation, die auf dem kartesischen Produkt des Raumes $\mathcal{X}$ der Anfangswerte $\underline{x}(t_o) \in \mathbb{R}^n$ mit dem Raum $\mathcal{U}$ definiert ist. Das kartesische Produkt sei mit der natürlichen Banach-Raum-Struktur versehen (vgl. Aufgabe 22). Dann ist $A=(X\ni(\underline{x}(t_o),\underline{\tilde{u}})\mapsto x:\underline{L}(t)[\underline{x}(t_o),\underline{\tilde{u}}]=\underline{Q},\ t_o \le t \le t_*)$ oder kurz $A=(X\ni(\underline{x}(t_o),\underline{\tilde{u}})\mapsto \underline{x}:\underline{L}(t)[\underline{x}(t_o),\underline{\tilde{u}}]=\underline{Q})$ die obige Operation [8]. Kennt man umgekehrt die Operation A, so kennt man auch die Operation $\underline{L}(t)$. Der Raum $\mathcal{X}$ heißt der *Eingaberaum* und A die *Eingabeoperation*.

Die Aufgabe der *optimalen Steuerung* besteht darin, eine stetige Extremale für das reelle Funktional der Form $Q[\underline{u}]=Q[x,\eta]$ (des *Gütefunktionals*) zu finden, wobei (x,η) in einer gewissen Teilmenge des kartesischen Produktes $\mathcal{X} \times \square$ liegt. Dies bedeutet insbesondere, daß uns der Verlauf der Trajektorie $\underline{\tilde{x}}$ im gesamten Intervall $[t_o;t_*]$ interessiert.

Nun wollen wir unsere Betrachtung auf den Fall erweitern, daß wir uns nur für einen Teil der Trajektorie, etwa ihren Endpunkt, interessieren. Dazu führen wir eine weitere *Ausgabeoperation* B ein, die den Raum $\square$ in einen gewissen Banach-Raum y, nämlich den *Ausgaberaum* abbildet. Damit haben wir also das folgende Schema für die Kontrollaufgabe bzw. für das sogenannte *Steuerungssystem*:

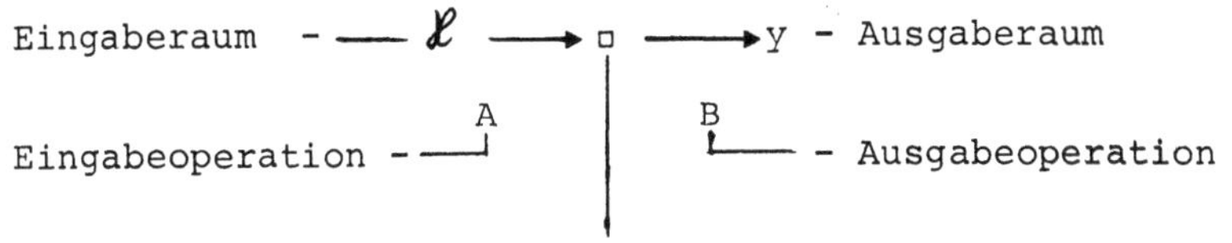

(5.16)

Transformationsraum (auch Trajektorien- oder Zustandsraum),

$$Q[\underline{\tilde{u}}]=Q[(\underline{x}(t_o),\underline{\tilde{u}}),\underline{x},\underline{x}(t_*)] \quad (\textit{Gütefunktional}). \tag{5.17}$$

[8] Dabei ist "$\underline{x}$:" zu verstehen als: "das $\underline{x}$ mit"

Dabei ist $(x,\eta,\underline{x}(t_*))$ eine gewisse Teilmenge von Elementen des kartesischen Produktes $\mathscr{X} \times \square \times y$ durchläuft.

Bei der bisherigen Betrachtung sind wir davon ausgegangen, daß man in einem gegebenen Steuerungssystem mit Hilfe zulässiger Steuerungen einen beliebigen Anfangszustand in endlicher Zeit in einen gegebenen Endzustand transformieren kann. Man hat also angenommen, daß das System steuerbar ist. Genauer:

Definition: Das System (5.16) heißt *steuerbar*, falls $B \circ A(\mathscr{X}) = y$. Ein gegebenes Element des Ausgaberaumes y heißt *steuerbar*, falls es in $B \circ A(\mathscr{X})$ liegt. Ein gegebenes Element des Raumes y heißt *bedingt steuerbar* für $\underline{x}(t_o) = \underline{x}_o$, falls es die Form $B \circ A[\underline{x}_o, \underline{u}]$ hat, wobei $\underline{u}$ ein gewisses Element des Raumes y ist.

Die Formel (5.17) ist eine teilweise Verallgemeinerung der Formel (5.2) bzw. (5.7). Allerdings betrachten wir dabei keine optimalen Steuerungsaufgaben, in denen das Gütefunktional direkt von t_* abhängt und insbesondere auch keine Minimalzeit aufgibt, da der Operator B fix ist. Um diese Fälle jedoch mit aufzunehmen, lassen wir es zu, daß der Operator B künftig von einer Variablen t abhängt (in der Praxis ist das die Zeit). Im Schema (5.16) ersetzen wir also den Operator B durch eine einparametrige Familie von Operatoren $B(t)$, $0 \le t \le T$. In der Theorie der Automaten zeichnet man oft einen Spezialfall aus, nämlich den Fall, daß A und $B(t)$ lineare Operationen sind; man nennt dann das System (5.1o), indem man noch eventuell B durch $B(t)$ ersetzt hat, ein *lineares Kontrollsystem* (auch dann, wenn das Gütefunktional Q nicht linear ist). In der technischen Realisierung wird dabei manchmal eine gewählte Steuerung (bzw. optimale Steuerung) als ein *lineares Objekt* bezeichnet.

Wir bemerken noch, daß man ähnlich wie im Paragraphen 5.1 auch bei den optimalen Kontrollproblemen nicht unbedingt den Anfangs- bzw. Endpunkt fixieren muß. Dies impliziert natürlich, daß das Funktional Q nicht notwendig für Elemente der Form $((\underline{x}(t_o), \underline{\tilde{u}}), \underline{x}, \underline{x}(t_*))$ oder $(\underline{x}(t_o), \underline{x}, (\underline{x}(t_*), \underline{\tilde{u}}))$ (vgl. Aufgabe 23) definiert ist.

Beispiel 5.7: Es sei $\mathscr{U} = (\mathscr{L}^2_{\mathbb{R}}[t_o;t_*])^m$, $\square = (\mathscr{C}[t_o;t_*])^n$ und es seien $\boldsymbol{a} = [a_{i,k}]_{i,k\le n}$, $\boldsymbol{b} = [b_{i,k}]_{i\le n, k\le m}$, $\underline{x} = [x_1,\dots,x_n]^T$, $\underline{u} = [u_1,\dots,u_m]^T$, $\underline{L}(t) = (X \ni (\underline{x}(t_o), \underline{\tilde{u}}) \mapsto \dot{\underline{x}}(t) + \boldsymbol{a}(t)\underline{x}(t) - \boldsymbol{b}(t)\underline{\tilde{u}}(t))$, $t_o \le t \le t_*$.

Anders ausgedrückt, $L(t)=(X\ni(\underline{x}(t_o),\underline{\tilde{u}})\mapsto\dot{\underline{x}}+\mathfrak{a}\underline{x}-\mathfrak{b}\underline{\tilde{u}})$, wobei (wie oben) $\bullet$ die Ableitung bezüglich der Variablen t bezeichnet und $\mathfrak{a}\in(L^2_{\mathbb{R}}[t_o;t_*])^{n^2}$ (d.h. a ist eine meßbare Funktion auf dem Intervall $[t_o;t_*]$ mit Werten im $\mathbb{R}^{n^2}$, so daß das Integral über dem Quadrat des Absolutbetrages längs $[t_o;t_*]$ endlich ist).sowie $\in(L^2_{\mathbb{R}}[t_o;t])^{nm}$ sei. Für die gesuchte allgemeine Lösung der Gleichung $\underline{L}(t)[\underline{x}(t_o),\underline{\tilde{u}}]=\underset{\sim}{0}$ fordert man die absolute Stetigkeit von x (vgl. Korollar 4.3). Damit ist $A=(X\ni(\underline{x}(t_o),\underline{\tilde{u}}\mapsto\underline{x}:\dot{\underline{x}}+a\underline{x}-b\underline{\tilde{u}}=\underset{\sim}{0})$.

Ähnlich wie in der klassischen Variationsrechnung lassen sich viele Sätze und Optimierungsmethoden, die wir in den vorigen Paragraphen besprochen haben, als Spezialfälle von entsprechenden Übertragungen auf Banach-Räume [5.18],[5.26] auffassen. Insbesondere kann man entsprechende Verallgemeinerungen der Gleichung (5.5) und (5.6) ableiten.

Die Methode zur Bestimmung einer Näherungslösung der Extremalen (analog zur Berechnung von Extrema mit der Methode der dynamischen Programmierung)

$$S_m(\underline{x}_o)=S(t_*-m\varepsilon,\underline{x}_o)=S(t_o,\underline{x}_o)=Q(t_*,(\underline{x}(t_o),\underline{\tilde{u}}_{t_o,\underline{x}_o}),\underline{x},\underline{x}(t_*))$$

mit Hilfe von Gleichungen der Form (5.5) und (5.6) heißt *mathematische Programmierung* (offensichtlich bezeichnet hier m nicht die Dimension des Steuerungsvektors).

Von allen wesentlichen Annahmen in der mathematischen Programmierung ist die Annahme der <u>Konvexität</u> bzw. <u>Konkavität</u> des Gütefunktionals und damit insbesondere die Voraussetzung der Konvexität ihres Definitionsbereiches (wobei wir in diesem Fall der Einfachheit halber lineare Kontrollsysteme betrachten) besonders wichtig. Eine Menge D eines beliebigen Vektorraumes über den reellen Zahlen $\mathbb{R}$ oder über den komplexen Zahlen $\mathbb{C}$ heißt *konvex*, wenn mit je zwei Punkten u,v aus dieser Menge auch deren Verbindungsstrecke dazu gehört, d.h. die Menge aller Punkte der Form au+bv mit $a\in[0;1]$, $b=1-a$. Die Definition der *Konvexität* bzw. *Konkavität* einer Operation (insbesondere eines Funktionals) lautet genau so wie die Definition für reelle Funktionen, die auf konvexen Teilmengen $D\subset\mathbb{R}^n$ gegeben sind.

ÜBUNGEN

22. Man beschreibe genau die Konstruktion des Eingaberaumes (im Falle von Trajektorien mit festem Anfangspunkt) und zeige,

daß man ihn unter zusätzlichen Annahmen als Banach-Raum auffassen kann.

23. Man definiere Eingangs- Ausgangs- und Transformationsraum für den Fall der Trajektorien, die nicht notwendigerweise von einem festen Punkt ausgehen, bzw. in einem festen Punkt enden.

24. Man gebe die exakte Formel für die Eingabeoperation ein, die zu L(t) aus Beispiel 5.7 gehört.

5.5 NOTWENDIGE UND HINREICHENDE BEDINGUNGEN FÜR DIE EXISTENZ VON EXTREMA

Der Einfachheit halber beschränken wir uns auf endlich-dimensionale Vektorräume über dem Körper der reellen Zahlen $\mathbb{R}$ (dabei heißt ein Vektorraum n-*dimensional*, falls seine *Dimension* n ist, d.h. wenn die Maximalzahl der linear unabhängigen Vektoren n ist). Es sei nun $\mathcal{R}$ ein derartiger Raum (ohne daß wir für ihn bereits eine Norm festlegen). Dann fallen die Begriffe: lineare Operation $f:\mathcal{R}\to\mathbb{R}$, lineares Funktional $f:\mathcal{R}\to\mathbb{R}$ und Linearform $f:\mathcal{R}\to\mathbb{R}$ zusammen. Eine Teilmenge K des Raumes $\mathcal{R}$ heißt ein *Kegel mit Scheitel* z, wenn für jedes Element in der Menge auch alle Elemente der Form z+a(x-z) mit a>0 in der Menge enthalten sind. Aufgrund von Satz 1.15 (Hahn-Banach) erhält man (vgl. [5.21] S.262-263 und 251-254):

Lemma 5.3: *Es sei K ein abgeschlossener konvexer Kegel mit Scheitel 0 im Raum $\mathcal{R}$ und u ein Element, das nicht in K liegt. Dann gibt es eine Linearform g auf $\mathcal{R}$ mit $g(a)<0$ und $g(b)\geq 0$ für alle $v\in K$.*

Auf diesem Lemma 5.3 beruht nun das

Lemma 5.4 (*Farkas-Minkowski*). *Es seien $f:\mathcal{R}\to\mathbb{R}$ und $g_i:\mathcal{R}\to\mathbb{R}$, $i=1,\dots,m$, Linearformen. Dann folgt $f\geq 0$ aus*

$$g_i\geq 0,\quad i=1,\dots,m \tag{5.18}$$

genau dann, wenn es nicht negative reelle Zahlen $\lambda_1,\dots,\lambda_m$ gibt, so daß $f=\lambda_1 g_1+\dots+\lambda_m g_m$.

Beweis: Es ist unmittelbar klar, daß diese Bedingung hinreichend ist.

Die Notwendigkeit ist gleichbedeutend damit, daß f in der abgeschlossenen Hülle K' des konvexen Kegels mit Scheitel O im Vektorraum $\mathcal{R}'$ liegt, den die linearen Funktionale g_i aufspannen (vgl. Aufgabe 25). Nehmen wir an, daß dies nicht der Fall ist. Dann folgt aus Lemma 5.3, daß es ein $x \in \mathcal{R}$ gibt mit $f(x)<0$ und $b(x) \geq 0$ für alle $h \in K$. Wählen wir nun $h=g_i$, $i=1,\ldots,m$; so erhalten wir einen Widerspruch zu der Annahme, daß aus der Ungleichung (5.18) die Ungleichung $f \geq \underset{\sim}{O}$ folgt. Q.E.D.

Nehmen wir jetzt an, daß man in Lemma (5.4) die Ungleichung (5.18) durch

$$g_i=\underset{\sim}{O}, \quad i=1,\ldots,m-r; \quad g_i \geq \underset{\sim}{O}, \quad i=m-r+1,\ldots,m \tag{5.19}$$

ersetzt. Für diesen Fall ist noch klar, daß die Bedingung hinreichend ist. Um jedoch auch die Notwendigkeit zu zeigen, ersetzen wir in (5.14) das System von Gleichungen durch ein System von Ungleichungen der folgenden Form:

$$g_i \geq \underset{\sim}{O}, \quad i=1,\ldots,m; \quad -g_i \geq \underset{\sim}{O}, \quad i=1,\ldots,m-r. \tag{5.2o}$$

Gemäß Lemma 5.4 existieren nun nicht negative reelle Zahlen $\lambda_{m-r+1},\ldots$ $\ldots,\lambda_{3m-2r}$, so daß die Form

$$f - \sum_{i=1}^{m-r} \lambda_{m+i} g_i - \sum_{i=m-r+1}^{m} \lambda_i g_i - \sum_{i=1}^{m-r} \lambda_{2m-r+i}(-g_i) = f - \sum_{i=1}^{m} \lambda_i g_i \tag{5.21}$$

den Wert $\underset{\sim}{O}$ hat, wobei $\lambda_i=\lambda_{m+i}-\lambda_{2m-r+1}$ für $i=1,\ldots,m-r$ gilt. Also erhält man

<u>Korollar 5.1:</u> *Es seien $f:\mathcal{R}\to\mathbb{R}$ und $g_i:\mathcal{R}\to\mathbb{R}$ $i=1,\ldots,m$ Linearformen. Die Ungleichung $f\geq 0$ folgt aus den Ungleichungen (5.2o) genau dann, wenn reelle Zahlen $\lambda_1,\ldots,\lambda_m$ existieren mit*

$$\lambda_i \geq 0 \text{ für } i=m-r+1,\ldots,m \text{ und } f=\lambda_1 g_1+\ldots+\lambda_m g_m. \tag{5.22}$$

Wir gehen jetzt zu Extremalwertaufgaben über. Dazu ersetzen wir eventuell f durch -f um uns auf den Fall des Maximum der Funktion f beschränken zu können. Wir zeigen nun:

<u>Satz 5.3:</u> *Es seien $\tilde{u}:D\to\mathbb{R}$ und $u_i^*:D\to\mathbb{R}$, $i=1,\ldots,m$, Linearformen, die auf einer offenen Teilmenge D des $\mathbb{R}^n$ definiert sind. Ferner sei X diejenige Teilmenge von D, die durch die Bedingung (5.19) definiert ist mit $g_i=u_i^*|X$. Weiterhin bezeichnen wir mit $N(x)$, $x\in X$, die Menge der Indi-*

sei $i\in\{m-r+1,\ldots,m\}$, *für die* $g_i(x)=0$ *gilt. Dann besitzt die Funktion* $f=\tilde{u}|X$ *im Punkte* $\tilde{x}=x$ *genau dann ein globales Minimum, wenn reelle Zahlen* $\lambda_1,\ldots\lambda_m$ *existieren mit*

$$\lambda_i\geq 0,\ i=m-r+1,\ldots,m;\ \lambda_i=0,\ i\notin N(x) \qquad (5.23)$$

und $f=\lambda_1 g_1+\ldots+\lambda_m g_m$.

Beweis: Nehmen wir zunächst an, daß die Funktion im Punkte x ein globales Minimum habe. Dann ist $f(x)\leq f(x+h)=f(x)+f(h)$, wobei $|h|$ so klein sei, daß $x+h\in X$ gilt und folglich $f(h)\geq 0$ ist. Nach Korollar 5.1 existieren reelle Zahlen $\lambda_1,\ldots,\lambda_n$, so daß (5.22) gilt. Dabei folgt aus der Definition der Menge N(x), daß man für $i\notin N(x)$ $\lambda_i=0$ annehmen kann.

Nehmen wir nun andererseits an, daß wie in Satz 5.3 beschrieben, reelle Zahlen $\lambda_1,\ldots,\lambda_m$ existieren. Sind für ein gewisses $h\in X$ die Relationen

$$g_i(h)=0,\quad i=1,\ldots,m-r;\quad g_i(h)\geq 0,\quad i\in N(x) \qquad (5.24)$$

erfüllt, so folgt mit Korollar 5.1, daß die Funktion $\tilde{u}|X_*$ in x ein globales Minimum annimmt. Dabei ist X_* die Menge alle̲r̲ Punkte $h\in D$ für die (5.24) gilt. Also wird in x nach Lemma 5.4 auch das globale Minimum der Funktion f angenommen. Q.E.D.

Satz 5.3 kann man in drei Richtungen verallgemeinern: 1) Man betrachtet analoge notwendige Bedingungen, die sich im Hinblick auf die globalen Extrema für eine allgemeine Funktionenklasse anbieten. Dies wird in Satz 5.4 ausgeführt; 2) Man betrachtet analoge hinreichende Bedingungen für eine allgemeine Funktionenklasse, die die Existenz globaler Extrema garantieren. Dies wird in Satz 5.5 ausgeführt - und schließlich 3) Es lassen sich in Ausdrücken der zweiten Ableitung hinreichende Bedingungen für die Existenz lokaler Extrema herleiten (die Beweise der Sätze 5.4 und 5.6 findet man z.B. im Lehrbuch [5.21] S. 265-270; dort ist auch auf S. 276-277 der Beweis von Satz 5.7 angegeben).

Satz 5.4: *Es seien* $\tilde{u}$, $u_i^*\in C^1(D)$, $i=1,\ldots,m$, *wobei D eine offene Teilmenge des* $\mathbb{R}^n$ *sei. Es sei X diejenige Teilmenge von D, die durch die Bedingungen (5.19) mit* $g_i=u_i^*|X$ *gegeben ist. Weiterhin sei N(x) definiert wie in Satz 5.3. Wir nehmen an, daß ein* $x\in X$ *existiert, für das die Ablei-*

tungen $(\tilde{u}_{|1}(x),\dots,\tilde{u}_{|n}(x))$, $(u^*_{i|1}(x),\dots,u^*_{i|n}(x))$ *für* $i=1,\dots,m-r$ *und* $i\notin N(x)$ *linear abhängig seien. Hat dann die Funktion* $f=\tilde{u}|X$ *im Punkte* $\tilde{x}=x$ *ein globales Minimum, so existieren reelle Zahlen* $\lambda_1,\dots,\lambda_m$, *für die die Bedingungen (5.23) erfüllt sind mit*

$$f_{|k}(x)=\lambda_1 g_{1|k}(x)+\dots+\lambda_m g_{m|k}(x),\quad k=1,\dots,n. \qquad (5.25)$$

Die reellen Parameter $\lambda_1,\dots,\lambda_{m-r}$ heißen *Lagrange'sche Multiplikatoren* (in Übereinstimmung mit der Bezeichnung im früheren Satz 1.5) und die nicht negativen Parameter $\lambda_{m-r+1},\dots,\lambda_m$ nennt man *Kuhn-Tucker Multiplikatoren*.

Satz 5.5: *Es seien* $\tilde{u}$, $u^*_i\in C^1(D)$, $i=1,\dots,m$, *wobei* D *eine offene Teilmenge des* $\mathbb{R}^n$ *sei. Es sei* X *diejenige Teilmenge von* D, *die durch die Bedingungen (5.19) mit* $g_i=u^*_i|X$ *gegeben ist. Zusätzlich wollen wir annehmen, daß die Funktion* $\tilde{u}$ *konvex ist und ferner, daß die Funktionen* $u^*_1,\dots,u^*_{m-r}$ *linear sowie die Funktionen* $u^*_{m-r+1},\dots u^*_m$ *konkav sind. Die Menge* $N(x)$ *sei analog wie im Satz 5.3 definiert. Existieren dann reelle Zahlen* $\lambda_1,\dots,\lambda_m$, *die den Bedingungen (5.23) und (5.25) genügen mit* $f=\tilde{u}|X$, *dann hat die Funktion* f *im Punkte* $\tilde{x}=x$ *ein globales Minimum.*

Satz 5.6: *Es seien Voraussetzungen von Satz 5.4 erfüllt, und man bezeichne mit* N^* *die Menge aller Indizes* $i\in\{m-r+1,\dots,m\}$, *für die* $\lambda_i\neq 0$ *gilt. Weiterhin sei* $\mathcal{L}'$ *derjenige lineare Unterraum von* $\mathcal{R}'$, *der von allen Vektoren* h *gebildet wird, für die*

$$g_{i|1}(x)h_1+\dots+g_{i|n}(x)h_n=0 \text{ für } i=1,\dots,m-r \text{ und } i\in N^*$$

gilt. $\mathcal{R}'$ *ist dabei der Raum der linearen Funktionale auf* R. *Gilt nun*

$$\sum_{i=1}^{n}\sum_{k=1}^{n}[f_{|i,k}(x)-\lambda_1 g_{1|i,k}(x)-\dots-\lambda_m g_{m|i,k}(x)]h_i h_k>0 \text{ für } 0\neq h\in X'$$

mit $f=\tilde{u}|X$, *so hat* f *im Punkte* $\tilde{x}=x$ *ein lokales ein lokales Minimum. Genauer gesagt, es gilt* $f(x)<f(\tilde{x})$ *in einer gewissen Umgebung des Punktes* x.

Zum Schluß geben wir nun den in Paragraph 5.3 angekündigten Satz an.

Satz 5.7 (*Satz von Kuhn-Tucker über Sattelpunkte*). *Es sei* $\tilde{u}:D\to\mathbb{R}$ *eine konvexe Funktion und* $u^*_i:D\to\mathbb{R}$, $i=1,\dots,\tilde{m}$, *seien konkave Funktionen. Dabei sei* D *eine offene Teilmenge des* $\mathbb{R}^n$ *und* X *diejenige Teilmenge von*

D, die durch die Bedingungen $g_i \geq 0$, $i=1,\ldots,\tilde{m}$, mit $g_i = u_i^* | X$ gegeben ist. Dann gilt:

1°) Es seien $\tilde{u}$, $u_i^* \in C^1(D)$ und die Funktion $f = \tilde{u} | X$ nehme im Punkte $\tilde{x} = x$ ein Minimum an. Außerdem seien die Ableitungen $(\tilde{u}_{|1}(x),\ldots\tilde{u}_{|n}(x))$, $(\tilde{u}_{i|1}(x),\ldots,\tilde{u}_{i|n}(x))$ für $i \notin N(x)$ linear unabhängig. Dann existieren für jedes $m \in \{1,\ldots,\tilde{m}\}$ nichtnegative Zahlen $\lambda_1,\ldots,\lambda_m$, so daß für jedes $x \in X^*$ die Ungleichung

$$L(x,\tilde{\lambda}) \leq L(x,\lambda) \leq L(\tilde{x},\lambda) \quad \text{mit} \quad L(\tilde{x},\tilde{\lambda}) = f(\tilde{x}) - \sum_{i=1}^{m} \tilde{\lambda}_i g_i(\tilde{x}) \qquad (5.26)$$

erfüllt ist. Dabei ist X^* diejenige Teilmenge von D, die durch die Bedingungen $y^*_i \geq 0$, $i=m+1,\ldots,\tilde{m}$ mit $g^*_i = u^*_i | X^*$ definiert ist und $\tilde{\lambda}$ ist ein Vektor mit

$$\tilde{\lambda} = (\tilde{\lambda}_1,\ldots,\tilde{\lambda}_m), \quad \text{wobei } \tilde{\lambda}_i \geq 0, \ i=1,\ldots,m \qquad (5.27)$$

gilt.

2°) Wenn reelle Zahlen $\lambda_1,\ldots,\lambda_m$ existieren, so daß die Ungleichung (5.26) für alle $\tilde{x} \in X^*$ und alle $\tilde{\lambda}$ der Form (5.26) gilt und wenn weiterhin $g^*_i(x) \geq 0$ für $i=m+1,\ldots,\tilde{m}$ gilt mit $g^*_i = u^*_i | X^*$, dann ist $x \in X^*$ und die Funktion f hat in $\tilde{x} = x$ ein globales Minimum.

Man zeigt leicht, daß ein Punkt $(x,\lambda) \in D_L \subset \mathbb{R}^2$ für eine zweimal stetig differenzierbare Funktion L genau dann ein Sattelpunkt im Sinne der Definition von Paragraph 1.1 ist, wenn er eine Umgebung besitzt, in der die Ungleichung $L(x,\tilde{\lambda}) \leq L(x,\lambda) \leq L(\tilde{x},\lambda)$ (Aufgabe 29) erfüllt ist. Man kann diese Ungleichungen auch zur allgemeinen Definition des *Sattelpunktes* benutzen, dessen prinzipielle Motivierung in der geometrischen Interpretation dieser Ungleichung besteht (vgl. Abbildung 5o).

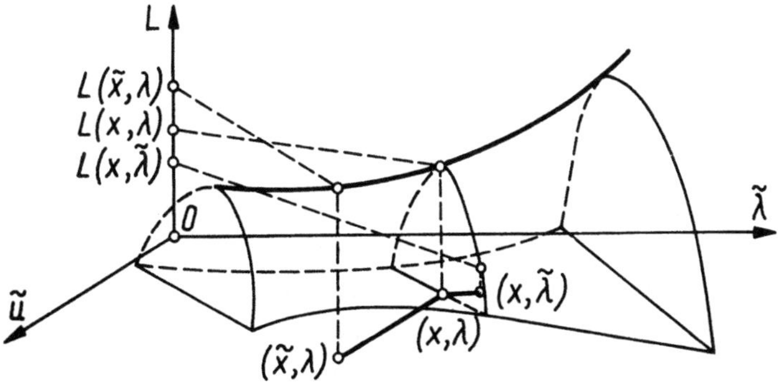

Abbildung 5o

Nehmen wir nun an, daß die Menge D aus Satz 5.7 durch die Bedingungen

$$x_k \geq 0,\ k=n-\tilde{r}+1,\ldots,n \tag{5.28}$$

und die Menge X durch die Bedingungen

$$h_i(x)=b_i,\quad i=1,\ldots,m-r;\qquad h_i(x)\geq b_i,\quad i=m-r+1,\ldots,m \tag{5.29}$$

für $x\in X$ gegeben ist. (Bedingungen der Form $x_k \leq 0$ kann man durch $x^*_k \geq 0$ mit $x^*_k=-x_k$ ersetzen und Bedingungen der Form $h_i(x) \leq b_i$ durch $-h_i(x)\geq -b_i$). Weiterhin ersetzen wir das System (5.29) durch das System (5.19) mit $g_i=h_i-b_i$. Wenn die Funktion f von Satz 5.7 im Punkte $\tilde{x}=x$ ein globales Minimum besitzt, dann gelten die Ungleichungen (5.26). Dabei wird die Funktion L durch die Formel (5.21) gegeben mit $\lambda_i=\lambda_{m+i}-\lambda_{2m-r+i}, i=1,\ldots,m-r$ (wir setzen m=m+r). Damit ist:

$$\lambda_i \geq 0,\ i=m-r+1,\ldots,m, \tag{5.30}$$

und die so erhaltenen Multiplikatoren λ_i können beliebige Vorzeichen haben.

Ist also $\tilde{x}=(x_1,\ldots,x_{k-1},\tilde{x}_k,x_{k+1},\ldots,x_n)\in X$, so gilt

$$\frac{L(\tilde{x},\lambda)-L(x,\lambda)}{\tilde{x}_k-x_k} \leq 0 \quad (\tilde{x}_k<x_k), \qquad \frac{L(\tilde{x},\lambda)-L(x,\lambda)}{\tilde{x}_k-x_k} \geq 0 \quad (\tilde{x}_k>x_k),$$

also

$$L_{\tilde{x}_k}(x,\lambda)=0,\ k=1,\ldots,n-\tilde{r}. \tag{5.31}$$

Analog folgern wir, daß

$$L_{\tilde{x}_k}(x,\lambda)\geq 0,\quad x_k L_{\tilde{x}_k}(x,\lambda)=0,\ k=n-\tilde{r}+1,\ldots,n, \tag{5.32}$$

$$L_{\tilde{\lambda}_i}(x,\lambda)=0,\quad i=1,\ldots,m-r, \tag{5.33}$$

$$L_{\tilde{\lambda}_i}(x,\lambda)\leq 0,\quad \lambda_i L_{\tilde{\lambda}_i}(x,\lambda)=0,\ i=m-r+1,\ldots,m. \tag{5.34}$$

Damit ergeben sich (5.30) - (5.34) als notwendige Bedingungen dafür, daß die Funktion f im Punkte $\tilde{x}=x$ ein globales Minimum besitzt. Aus Satz 5.7 folgt ferner, daß die Bedingungen (5.30) - (5.34) hinreichend sind. Für den Fall, daß die Funktionen u^*_i nicht konkav sondern konvex sind, müssen die Bedingungen (5.30) und (5.34) ersetzt werden durch

$\lambda_i \leq 0, \quad i=m-r+1,\ldots,m,$ (5.35)

$L_{\tilde{\lambda}_i}(x,\lambda) \geq 0, \quad \lambda_i L_{\tilde{\lambda}_i}(x,\lambda)=0, \quad i=m-r+1,\ldots,m$ (5.36)

Damit erhält man das

Korollar 5.2. *Es sei $\tilde{u}\in C^1(D)$ eine konvexe Funktion und $u_i^*\in C^1(D)$, $i=1,\ldots,\tilde{m}$ seien konkave [bzw. konvexe] Funktionen. Dabei ist D die Menge der Elemente $x\in\mathbb{R}^n$, die durch (5.28) gegeben ist und X ist diejenige Teilmenge von D, die durch die Bedingungen (5.19) mit $g_i=u_i^*|X$ gegeben ist. Die Funktion $f=\tilde{u}|X$ hat dann im Punkte $\tilde{x}=x$ genau dann ein globales Minimum, wenn reelle Zahlen $\lambda_1,\ldots,\lambda_m$ existieren, für die die Bedingungen (5.2o) [bzw. (5.35)], (5.31), (5.32), (5.33) und (5.34) [bzw. (5.36)] gelten. Die Funktion L wird dabei durch die Formel (5.21) gegeben. Zahlreiche Anwendungsbeispiele des Kuhn-Tucker Theorems findet man in [5.4] (vgl. auch Aufg. 31). Diese Lösungsmethode für Extremalwertaufgaben heißt: Kuhn-Tucker-Methode.*

ÜBUNGEN

25. Man konstruiere für einen endlich-dimensionalen Vektorraum $\mathcal{R}$ den Vektorraum $\mathcal{R}'$ der linearen Funktionale.

26. Sind die Aussagen und Beweise von Lemma 5.4 und Korollar 5.1 künstlich allgemein gehalten? Genügt für den Beweis von Satz 5.3 nicht einfach ihre Formulierung im $\mathbb{R}^n$?

27. Man finde Relationen zwischen den folgenden Mengen:
    a) X und X_* aus dem Beweis von Satz 5.3,
    b) X und X* aus Satz 5.7.

28. Man zeige, daß in Satz 5.7 Teil 2° $x\in X$ gilt.

29. Man zeige, daß für eine zweimal stetig differenzierbare reellwertige Funktion L der Punkt $(x,\lambda)\in D_L\subset\mathbb{R}^2$ genau dann ein Sattelpunkt im Sinne der Definition aus Paragraph 1.1 ist, wenn in einer geeigneten Umgebung dieses Punktes die Ungleichung $L(x,\tilde{\lambda})\leq L(x,\lambda)\leq L(x,\tilde{\lambda})$ gilt.

3o. Es sei $\tilde{u}\in C^1(D)$ eine konkave Funktion und $u_i^*\in C^1(D)$, $i=1,\ldots,m$, seien konvexe [bzw. konkave] Funktionen. Dabei ist D die Menge der Elemente $x\in\mathbb{R}^n$ für die die Bedingung (5.28) gilt und X diejenige Teilmenge von D, die durch die Bedingung (5.19) mit $g_i=u_i^*|X$ gegeben ist. Man zeige, daß $f=\tilde{u}|X$ im Punkt $\tilde{x}=x$ genau dann ein globales Maximum besitzt, wenn reelle Zahlen $\lambda_1,\ldots,\lambda_m$ existieren für die (5.3o) [bzw. (5.35)], (5.31) und
    $L_{\tilde{x}_k}(x,\lambda)\leq 0, \quad x_k L_{\tilde{x}_k}(x,\lambda)=0, \quad k=n-\tilde{r}+1,\ldots,n$

[bzw. (5.32)] und weiterhin (5.38) sowie (5.36) [bzw. (5.34)] erfüllt ist. Dabei ist die Funktion L durch Formel (5.21) gegeben.

31. Auf der Grundlage von Korollar 5.1 bestimme man das globale Minimum der Funktion $5-(x_1-2)^2-(x_2-4)^2$ auf dem Dreieck $x_1\geq 0$, $x_2\geq 0$, $x_1+x_2\leq 3$.

32. Man beweise Satz 5.2 mit Aufgabe 3o und Korollar 5.1.

Tabelle 5.1, siehe Lösungshinweise

5.6 DIE GRUNDLEGENDEN PRINZIPIEN DER OPTIMALEN STEUERUNG. DAS PONTRJAGIN'SCHE MAXIMUM-PRINZIP

In den Paragraphen 5.1 und 5.2 haben wir kontinuierliche (bzw. diskrete) optimale Steuerungsprozesse behandelt und dafür optimale (kontinuierliche bzw. diskrete) Steuerungen abgeleitet. Wir haben dabei gewisse Prozeduren besprochen, bekannt als mathematische Programmierung, die es gestatten (im allgemeinen näherungsweise) die optimale Steuerung zu berechnen und, die sich sowohl auf kontinuierliche wie auch auf diskrete Prozesse anwenden lassen. Damit erweist sich die mathematische Programmierung als eines der Grundprinzipien für die optimale Steuerung, und sie hat zudem den großen Vorzug, ein Rechenverfahren zu sein. Ebenfalls ist es von grundlegender Bedeutung, zumindest die genauen notwendigen Bedingungen zu kennen, die für eine optimale Steuerung zu gelten haben. Bezüglich der kontinuierlichen Prozesse ist dies gerade das *Pontrjagin'sche Maximum-Prinzip*, das wir jedoch im Rahmen dieses Buches nur für einen Spezialfall beweisen und -unter Berücksichtigung des vorgetragenen allgemeinen Konzepts- hier das Minimum-Prinzip von Pontrjagin nennen.

Um die Abhängigkeit des Gütefunktionals Q von der Durchlaufzeit t_*-t_o des Prozesses auszudrücken, führen wir die Bezeichnung $x_o(t_*)=Q[a]$ ein. Dabei behandeln wir den Parameter $t_*<+\infty$ als eine Variable und t_o als eine Konstante. Weiterhin wollen wir annehmen, daß das Funktional Q für $\tilde{u}=\underline{u}$ in der Klasse der zulässigen Steuerungen sein Minimum annimmt.

Definition: Unter einer *zulässigen Steuerung* für eine Kontrollaufgabe versteht man eine stückweise stetige Funktion $\underline{\tilde{u}}=(\tilde{u}_1,\ldots,\tilde{u}_m)$, deren Werte in einer gewissen Teilmenge $U\subset\mathbb{R}^m$ liegen. Die Menge U ist für die gegebene Aufgabe fest.

Offensichtlich ist $x_o(t_o)=0$ (was eine Konsequenz der obigen Konvention ist) und

$$\dot{x}_o(t)=f_o(t,\underline{x}(t),\underline{u}(t)), \quad t_o \le t \le t_*, \tag{5.37}$$

wobei x der Zustandsvektor und $\underline{u}$ der entsprechende Steuerungsvektor ist. Wir beschränken uns im folgenden auf den Fall, daß die Funktionen f_o und $\underline{f}$ nicht explizit von der Variablen t abhängen. Nun sei

$$\underline{\check{x}}=(x_o,\dots,x_n), \quad \underline{\check{f}}=(f_o,\dots,f_n)$$

Dann läßt sich das optimale Steuerungsproblem wie folgt formulieren:
Man bestimme eine Vektorfunktion $\underline{u}$ mit $R_u \in U$, genannt die optimale Steuerung, zu der ein Zustandsvektor $\underline{\check{x}}$ gehört, der durch das Differentialgleichungssystem

$$\dot{\underline{\check{x}}}=\underline{\check{f}}(\underline{x},\underline{u}) \quad \textit{mit} \quad \underline{\check{x}}(t) = \begin{cases} (0,x_1^o,\dots,x_n^o & \textit{für } t=t_o, \\ (Q[\underline{u}],x_1^*,\dots,x_n^*) & \textit{für } t=t_* \end{cases} \tag{5.38}$$

gegeben ist. Dabei ist $Q[\underline{u}]$ der Minimalwert der Funktion Q in der Klasse der zulässigen Steuerungen dieses Problems. Wir zeigen nun:

Lemma 5.5: *Es seien die obigen Voraussetzungen erfüllt und ferner sei*

$$\underline{\check{f}} \in [C(\square \times U)]^{n+1}, \quad \underline{\check{f}}_{x_k} \in [C(\square \times U)]^{n+1}, \quad k=1,\dots,n, \tag{5.39}$$

wobei $\square$ die Menge der zulässigen Zustandsvektoren (Punkte im $\mathbb{R}^n$) sei. Dann ist die Lösung $\underline{\check{x}}$ der Gleichung (5.38) stückweise glatt.

Beweis: Es seien $t_1,\dots,t_{r-1}$ die Unstetigkeitspunkte der Funktion u. Dann folgt aus (5.39)

$$\underline{\check{x}}|[t_{i-1};t_i] \in (C^1[t_{i-1};t_i])^{n+1}, \quad i=1,\dots,r,$$

$$\check{x}_k(t)=\check{x}_k(t_o)+\int_{t_o}^{t} f_k(x,u)\,dt', \quad t_o \le t < t_*,$$

womit wegen (5.38) die gewünschte Eigenschaft gezeigt wurde. Q.E.D.

Analog wie in Paragraph 5.1, wo man über die Funktion $y_{a,A}$ die Extremalen des Funktionals (1.7) berechnen konnte, versuchen wir hier über die Funktion $\check{\underline{x}}$ mittels der Hamilton-Charakteristik die Extremalen zu bestimmen. Dazu sei t_o variabel und

$$S(\check{\underline{x}}(t_o))=Q[\underline{u}] \quad \textit{(Hamilton-Charakteristik)}. \tag{5.40}$$

Der Einfachheit halber schreiben wir an Stelle von $S(t_o,\check{\underline{x}}(t_o))$ wegen (5.37) nur $S(\check{\underline{x}}(t_o))$ und nehmen an, daß die Funktion f_o nicht explizit von t abhängt. Ganz analog wie in 5.1 führen wir nun den Begriff der optimalen Trajektorie ein, die den Punkt $(0,x_1^o,\ldots,x_n^o)$ mit der Geraden $L=\{(x_o,x_1^*,\ldots,x_n^*):x_o\in\mathbb{R}\}$ d.h. $x_k=x_k^*$, $k=1,\ldots,n$ im Raum $\mathbb{R}^{n+1}$ verbindet (dabei ist t durch x_o im $\mathbb{R}^{n+1}$ ersetzt worden; vgl. auch das in Beispiel 5.3 diskutierte Problem). Ferner sei G die *Menge der zulässigen Anfangspunkte* der Funktion $\check{\underline{f}}$ und L die Gerade der Endpunkte (bzw. die *Menge der zulässigen Endpunkte* der Funktion $\check{\underline{f}}$ und die Anfangsgerade sei $x_k=x_k^o$, $k=1,\ldots,n$). Wir bemerken, daß bei der Menge der zulässigen Punkte das Wort "Funktional" nicht auftritt, obwohl es natürlich implizit in der Relation (5.40) enthalten ist. Die Menge G ist dabei per definitionem ein einfach zusammenhängendes Gebiet.

Im folgenden wollen wir nur noch diejenigen Fälle betrachten, in denen G die Menge der zulässigen Anfangspunkte ist. Wir nehmen an, daß

$$\check{\underline{x}}(t_o)\in G\cup L, \quad S\in C^2(G\cup L). \tag{5.41}$$

Dann gilt:

Lemma 5.6: *Unter den obigen Voraussetzungen, also unter den Voraussetzungen (5.38), (5.39) und (5.41) gilt für jeden konstanten Vektor* $\underline{v}\in U$ *die Ungleichung*

$$\sum_{k=o}^{n} S_{|k}(\check{\underline{x}}(t))\check{f}_k(\underline{x}(t),\underline{v})\geq 0, \quad t_o\leq t\leq t_*. \tag{5.42}$$

Beweis: Ersetzt man die optimale Steuerung $\underline{u}$ durch eine beliebige einfache Funktion (Treppenfunktion) $\tilde{\underline{v}}$ mit Werten in der Menge U auf einem hinreichend kleinen Intervall $[t,t+\eta)\subset[t_o;t_*]$, so führt dies zu folgendem Fehler:

$$\check{\underline{\varepsilon}}(t+\eta)-\check{\underline{x}}(t) = \int_t^{t+\eta} \check{\underline{f}}(\underline{\varepsilon}(t'),v)\,dt=\check{\underline{f}}(\underline{\varepsilon}(t),\underline{v})\,\eta+o(\eta). \tag{5.43}$$

Dabei ist $\underline{v}=\tilde{\underline{v}}(t+)$, $\dot{\check{\underline{\varepsilon}}}=\check{\underline{f}}(\underline{\varepsilon},\underline{v})$, $\check{\underline{\varepsilon}}(t_o)=(0,x_1^o,\ldots,x_n^o)$ und $\check{\underline{\varepsilon}}(t_*)=(Q[\underline{v}],x_1^*,\ldots,x_n^o)$. Da $\check{\underline{x}}(t)\in G\cup L$, gilt für genügend kleine Zahlen $\eta>0$ auch $\check{\underline{\varepsilon}}(t+\eta)\in G\cup L$.

Damit existiert eine optimale Trajektorie, die den Punkt $\check{\underline{\varepsilon}}(t+\eta)$ und die Gerade L verbindet. Also erhält zunächst einmal der Ausdruck $S(\check{\underline{\varepsilon}}(t+\eta)$ einen Sinn.

Da nun weiterhin das Gütefunktional Q sein Minimum in der Menge der zulässigen Steuerungen für $\tilde{\underline{u}}=\underline{u}$ annimmt, folgt mit (5.4o), daß $S(\check{\underline{\varepsilon}}(t+\eta))\geq S(\check{\underline{x}}(t))$ gilt. Wendet man nun wegen (5.39) den Mittelwertsatz an, so erhält man:

$$\sum_{k=0}^{n} S_{|k}(\check{\underline{\varepsilon}}(\tau))[\check{\varepsilon}_k(t+\eta)-\check{x}_k(t)]\geq 0, \text{ wobei } \tau\in[t;t+\eta).$$

Nun dividiert man (5.43) durch η und führt für $\eta\to 0+$ den Grenzübergang durch. Da der Punkt $t\in[t_o;t_*)$ und die einfache Funktion $\tilde{\underline{v}}$ mit Werten in U beliebig gewählt waren, erhält man die gewünschte Ungleichung (5.42). Q.E.D.

Relativ leicht kann man die folgende Verallgemeinerung des Lemmas von Carathéodory zeigen (zum Beweis siehe z.B. [5.27] S.285-286):

<u>Lemma 5.7:</u> *Es seien die obigen Voraussetzungen erfüllt (also wie in Lemma 5.6). Dann gilt in jedem Stetigkeitspunkt t der Ableitung $\dot{\check{\underline{x}}}$ die Gleichung*

$$\sum_{k=0}^{n} S_{|k}(\check{\underline{x}}(t))f_k(\underline{x}(t),\underline{u}(t)) = \min_{\underline{v}\in U}\sum_{k=0}^{n} S_{|k}(\check{\underline{x}}(t))f_k(\underline{x}(t),\underline{v})=0.$$

Bereits Lemma 5.7 konnte man als eine gewisse Version des Minimum-Prinzips auffassen. Sie hat allerdings den Nachteil, daß man die partiellen Ableitungen der Hamilton-Charakteristik kennen muß, um die optimale Trajektorie zu bestimmen.

Um diese Schwierigkeit zu beheben, bemerken wir, daß jeder Punkt $\check{\underline{a}}\in G$ ein innerer Punkt ist, also eine gewisse Umgebung $G_{\check{\underline{a}}}\subset G$ besitzt. Damit existiert für einen beliebigen Punkt $\check{\underline{\alpha}}\in G_{\check{\underline{a}}}$ und ein gewisses $t<t_*$ eine optimale Trajektorie $\check{\underline{\alpha}}=\check{\underline{x}}(t)$, die den Punkt mit der Geraden L verbindet, wobei dann nach Lemma 5.6 die Ungleichung

$$\sum_{k=0}^{n} S_{|k}(\check{\underline{\alpha}})f_k(\underline{\alpha},\underline{v})\geq 0 \tag{5.44}$$

für jedes $\underline{v}\in U$ erfüllt ist. Insbesondere gilt dies auch mit $\underline{v}=\underline{u}(t)$ für den betrachteten Punkt t. Da gleichzeitig nach Lemma 5.7 der Ausdruck

auf der linken Seite der Ungleichung (5.44) für $\check{\underline{\alpha}}=\check{\underline{x}}(t)$ und $\underline{v}=\underline{u}(t)$ gleich Null ist, folgt aus (5.41) die folgende notwendige Bedingung für die Existenz einer optimalen Steuerung:
Bis auf eine höchstens abzählbare Menge von Werten $t\in[t_0;t_*]$ ist

$$\frac{\partial}{\partial x_i}\sum_{k=0}^{n}(S_{|k}\circ\check{\underline{x}})f_k(\underline{x},\underline{u})=0,\quad i=0,\dots,n.$$

Diese so erhaltene Formel kann man nach (5.38) auch in der Form

$$\sum_{k=0}^{n}\dot{x}_k(S_{|i,k}\circ\check{\underline{x}}) = -\sum_{k=0}^{n}(S_{|k}\circ\check{\underline{x}})\frac{\partial}{\partial x_k}f_i(\underline{x},\underline{u}),\quad i=0,\dots,n$$

schreiben, d.h.

$$\dot{\psi}_i = -\sum_{k=0}^{n}\frac{\partial}{\partial x_k}f_i(\underline{x},\underline{u})\psi_k,\quad i=0,\dots,n \tag{5.45}$$

mit $\psi_k=S_{|k}\circ\check{\underline{x}}$. Die folgende Argumentation beruht darauf, daß die Funktion $\underline{u}$ stückweise stetig ist. Danach ist nämlich die Funktion $\underline{x}$ stückweise glatt. Ferner sind die Funktionen $\psi_0,\dots,\psi_n$ im ganzen Intervall $[t_0;t_*]$ definiert und dort stückweise glatt. Weiterhin erhält man $\check{\underline{f}}_{x_0}=\underset{\sim}{0}$, da $\check{\underline{f}}$ nicht von x_0 abhängt. Hieraus folgt $\dot{\psi}_0=\underset{\sim}{0}$. Schließlich bemerken wir noch, daß man im Falle $\psi_0=\underset{\sim}{1}$ für S die Formel

$$S(\check{\underline{\alpha}})=\alpha_0+\int_{t_0}^{t}f_0(\underline{x},\underline{u})\,dt' \quad \text{d.h.}\quad S_{x_0}(\check{\underline{\alpha}})=1$$

erhält.

Definition: Die Vektorfunktion $\underline{\psi}=(\psi_0,\dots,\psi_n)$ heißt zum Zustandsvektor $\underline{x}$ *adjungiert*. Das System (5.45) heißt das *adjungierte System* zu $\dot{\check{\underline{x}}}=\check{\underline{f}}(\underline{x},\underline{u})$.

Definition: Die Funktion H definiert durch

$$H(\underline{\psi},\underline{x},\underline{u}) = \sum_{i=0}^{n}\psi_i f_i(\underline{x},\underline{u})$$

heißt die *Hamilton-Funktion* des Problems (5.38).

Damit erhält man aus Lemma 5.7:

Satz 5.8 *(der allgemeine Fall des Pontrjagin'schen Minimum-Prinzips). Es sei $U\subset\mathbb{R}^m$ und die Ableitung $\dot{\underline{x}}$ der optimalen Trajektorie, die zu der optimalen Steuerung u des Problems (5.38) gehört, sei stück-*

weise glatt. Weiterhin sollen die Bilder der zulässigen Steuerungen in U liegen und für $\underline{\check{f}}, \underline{\check{x}}(t_o)$ und Q sollen die Bedingungen (5.39) und (5.41) erfüllt sein. Dabei sei die Funktion S durch (5.4o) definiert. (Wir nehmen also an, daß eine optimale Steuerung $\underline{u}$ existiert). Dann existiert eine adjungierte Funktion $\underline{\psi}$, die stückweise glatt ist. D.h. es existiert eine stückweise glatte Lösung des adjungierten Systems (5.45) mit $\psi_o=1$, so daß in jedem Stetigkeitspunkt t der Steuerung $\underline{u}$ die Bedingung

$$H(\underline{\psi}(t),\underline{x}(t),\underline{u}(t)) = \min_{\underline{v}\in U} H(\underline{\psi}(t),\underline{x}(t),\underline{v})=0 \qquad (5.46)$$

gilt.

Es stellt sich heraus, daß die Bedingung (5.41), die die Anwendbarkeit des Minimum-Prinzips sehr einschränkt, überflüssig ist. Man erhält damit:

Satz 5.9 (*das Pontrjagin'sche Minimum-Prinzip*). *Unter den Voraussetzungen von Satz 5.8 unter Fortlassung der Bedingung (5.41) gilt: Die adjungierte Funktion $\underline{\psi}$ existiert und ist stückweise glatt, d.h. das adjungierte System (5.45) hat eine stückweise glatte Lösung. Es gilt $\underline{\psi} \neq 0$ $\psi_o \geq 0$ und in jedem Stetigkeitspunkt der Steuerung u gilt die Bedingung (5.46).*

Der Beweis von Satz 5.9 ist sehr umfangreich (vgl. [5.25], S. 100-114) und benötigt in Ergänzung zum Beweis von Satz 5.8 noch das Lemma von Carathéodory. Auch ist Satz 5.9 noch nicht die allgemeinste Formulierung des Pontrjagin'schen Minimum-Prinzips, denn es umfaßt noch nicht den Fall des variablen Endzeitpunktes der Trajektorie $\underline{\check{x}}$. Auf dieses Problem kommen wir im Paragraphen 5.8 zurück.

Mit Hilfe des Satzes 5.8 bzw. des Satzes 5.9 wird das optimale Steuerungsproblem auf das System von 2n+1 Differentialgleichungen (5.38) und (5.45) zurückgeführt (wobei man die Lösung $\underline{\psi}$ nur bis auf eine multiplikative Konstante bestimmen muß, in Satz 5.8 ist z.B. $\psi_o=1$ angenommen worden). Die Lösung dieses Systems von Differentialgleichungen wird im allgemeinen von Endzeitpunkt t_* und 2n+1 reellen Parametern abhängen. Diese Parameter bestimmt man aus den n+1 Anfangsbedingungen und den n Endpunkten (5.38) (dabei ist die Bedingung $x_o(t_*)=Q[\underline{u}]$ nicht benutzt worden) und der skalaren Gleichung (5.46).

Beispiel 5.8: Kehren wir zu Beispiel 5.1 zurück und nehmen der Einfachheit halber a=0, ω=0 und $u_o=1$ an. (Die letzte Bedingung kann man einfach durch eine Änderung der Maßskala erreichen). Wir setzen $x_1=x$, $x_2=\dot{x}$. Damit kann man das System (5.1) mit den Bedingungen $x(t_*)=0$, $\dot{x}(t_*)=0$ und der Annahme der Minimalzeitsteuerung in der Form

$$\dot{x}_o=1, \quad x_o(t_o)=0, \quad x_o(t_*)=Q[\underline{u}], \quad \underline{u}=u,$$

$$\dot{x}_1=x_2, \quad x_2(t_o)=\xi_o, \quad x_1(t_*)=0,$$

$$\dot{x}_2=u, \quad x_2(t_o)=v_o, \quad x_2(t_*)=0$$

schreiben. Das adjungierte System (5.45) hat die Form $\dot{\psi}_o=0$, $\dot{\psi}_1=0$, $\dot{\psi}_2=-\psi_1$. Also ist $\psi_o(t)=c_o$, $\psi_1(t)=c_1$ und $\psi_2(t)=-c_2t+c_2$, wobei c_o,c_1,c_2 Konstanten sind. Nach Satz 5.9 kann man annehmen, daß $c_o \geq 0$ ist und erhält

$$H(\underline{\psi}(t),\underline{x}(t),\underline{u}(t))-c_o=c_1x_2(t)+(c_2-c_1t)u(t)\leq 0, \quad t_o\leq t\leq t_* .$$

Damit ist $u(t)=1$ für $c_2-c_1t>0$. Da der Ausdruck c_2-c_1t im Intervall $t_o\leq t\leq t_*$ höchstens einmal sein Vorzeichen wechseln kann, ändert auch die stückweise stetige Funktion u auch höchstens einmal ihr Vorzeichen.

Offensichtlich kann man annehmen, daß $t_o=0$ gilt. Dann erhält man für den Fall u=1

$$x_o(t)=t, \quad x_1(t)=\xi_o+v_ot+\frac{1}{2}t^2, \quad x_2(t)=v_o-t; \quad t_o\leq t\leq t_*$$

und $t_*=-v_o+(-\xi+\frac{1}{2}v_o^2)^{\frac{1}{2}}$. Also ist die Projektion der optimalen Trajektorie auf die (x_1,x_2)-Ebene der Parabelbogen $x_1=\xi_o-\frac{1}{2}v_o^2+\frac{1}{2}x_2^2$, der die Punkte (ξ_o,v_o) und (0,0) verbindet. Dies gilt genau dann, wenn $\xi_o=\frac{1}{2}v_o^2$ (das ist die Kurve Γ_+ in Abb. 51). Im Falle u=-1 folgt:

$$x_o(t)=t, \quad x_1(t)=\xi_o+v_ot-\frac{1}{2}t^2, \quad x_2(t)=v_o-t; \quad t_o\leq t\leq t_*$$

und $t_*=v_o+(\xi_i+\frac{1}{2}v_o^2)^{\frac{1}{2}}$. Die analoge Projektion ist dann der Parabelbogen $x_1=\xi_o+\frac{1}{2}v_o^2-\frac{1}{2}x_2^2$, der die Punkte (ξ_o,v_o) und (0,0) verbindet. Dies ist wieder genau dann der Fall, wenn $\xi_o=-\frac{1}{2}v_o^2$ gilt. (Das ist die Kurve Γ_- in Abb.51.)

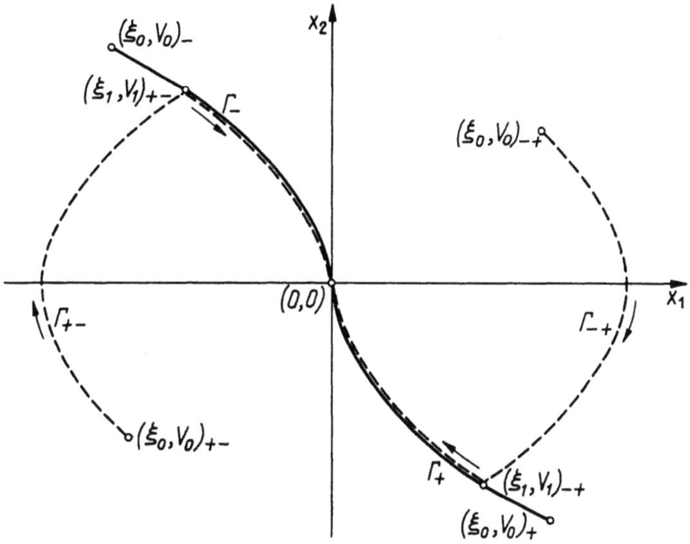

Abbildung 51

Für $-\frac{1}{2}v_o^2<\xi_o<\frac{1}{2}v_o^2$ besteht die analoge Projektion aus dem Parabelbogen $x_1=\xi_o-\frac{1}{2}v_o^2+\frac{1}{2}x_2^2$, der die Punkte (ξ_o,v_o) und (ξ_1,v_1) verbindet sowie dem Parabelbogen $x_1=-\frac{1}{2}x_2^2$, der die Punkte (ξ_1,v_1) und (0,0) verbindet. Dabei ist $v_1=+(-\xi_o+\frac{1}{2}v_o^2)^{\frac{1}{2}}$, $\xi_1=-\frac{1}{2}v_1^2$ (das ist die Kurve Γ_{+-} in Abb. 51). Also ist

$$t_*=-v_o+(-\xi_o+\frac{1}{2}v_o^2)^{\frac{1}{2}}+v_1+(\xi_1+\frac{1}{2}v_1^2)^{\frac{1}{2}}=-v_o+2(-\xi_o+\frac{1}{2}v_o^2)^{\frac{1}{2}}.$$

Ist schließlich $\xi_o<-\frac{1}{2}v_o^2$ oder $\xi_o>\frac{1}{2}v_o^2$, so besteht die analoge Projektion aus dem Parabelbogen $x_1=\xi_o+\frac{1}{2}v_o^2-\frac{1}{2}x_2^2$, der die Punkte (ξ_1,v_o) und (ξ_1,v_1) verbindet sowie dem Parabelbogen, der die Punkte (ξ_1,v_1) und (0,0) verbindet. Dabei ist $v_1=-(\xi_o+\frac{1}{2}v_o^2)^{\frac{1}{2}}$, $\xi_1=\frac{1}{2}v_1^2$ (das ist die Kurve Γ_{-+} in Abb.51) und

$$t_*=v_o+(\xi_o+\frac{1}{2}v_o^2)^{\frac{1}{2}}-v_1+(-\xi_1+\frac{1}{2}v_1^2)^{\frac{1}{2}}=v_o+2(\xi_o+\frac{1}{2}v_o^2)^{\frac{1}{2}}.$$

ÜBUNGEN

33) Man zeige, daß ähnlich wie im klassischen Fall, in dem die Hamilton-Funktion durch Formel (3.3) gegeben ist, das Gleichungssystem (5.38) und (5.45) äquivalent ist zum kanonischen Hamilton-Gleichungssystem (3.4). Dabei ist $p=\psi$ und $q=x$, d.h.

$$\dot{x}_i=(\frac{\partial}{\partial\psi_i})H(\underline{\psi},\underline{x},\underline{u}),\quad \dot{\psi}_i=-(\frac{\partial}{\partial x_i})H(\underline{\psi},\underline{x},\underline{u}),\quad i=1,\dots,n, \qquad (5.47)$$

und es gelten dieselben Randbedingungen (d.h. Anfangs- und Endbedingungen).

34. Man zeichne die Funktionen x_1 und x_2 aus Beispiel 5.8 für beliebige Werte ξ_o, v_o mit a) $\xi_o = \frac{1}{2}v_o^2$, b) $\xi_o = -\frac{1}{2}v_o^2$, c) $-\frac{1}{2}v_o^2 < \xi_o < \frac{1}{2}v_o^2$, d) $\xi_o < -\frac{1}{2}v_o^2$ oder $\xi_o > \frac{1}{2}v_o^2$.

35. Man bestimme die Hamilton-Charakteristik S für das Beispiel 5.8 und zeichne die Funktionen $S|\Gamma$ und $S_{x_i}|\Gamma$, wobei Γ eine der folgenden Kurven ist a) die Gerade $x_o=0$, $x_1=0$, b) $x_o=0$, $x_2=0$, c) $x_o=0, x_1=-1+\frac{1}{2}x_2^2$, d) $x_o=0$, $x_1=1+\frac{1}{2}x_2^2$, e) $x_o=0$, $x_1=-1-\frac{1}{2}x_2^2$, f) $x_o=0$, $x_1=1-\frac{1}{2}x_2^2$.

36. Man konstruiere ein horizontales Bild von den Funktionen S(0,,) und $S_x(0,,)$ für Beispiel 5.8, d.h. man zeichne in der (x_1,x_2)-Ebene die Familie der Konstanzlinien.

37. Warum bezieht man sich in Beispiel 5.8 auf Satz 5.9 und nicht auf Satz 5.8?

38. Man bestimme die optimale Steuerung für ein Problem der Form (5.38), wobei $Q[\underline{u}]$ der Minimalwert des Funktionals Q in der Menge der zulässigen Steuerungen ist, im Falle der Minimal-Zeit-Steuerung für

$$\dot{x}_o=1,\quad x_o(t_o)=0,\quad x_o(t_*)=Q[\underline{u}], \underline{u}=u,$$
$$\dot{x}_1=x_2,\quad x_1(t_o)=\xi_o,\quad x_1(t_*)=0,$$
$$\dot{x}_2=x_3,\quad x_2(t_o)=v_o,\quad x_2(t_*)=0,$$
$$\dot{x}_3=-a_1x_o-a_2x_1-a_3x_2+b_1u,\quad x_3(t_o)=a_o,\quad x_3(t_*)=0,$$

wobei $a_1+a_2s+a_3s^2+s^3=(s-s_1)(s-s_2)(s-s_3)$ mit

a) $s_1 \neq s_2 < 0$, $s_2 \neq s_3 < 0$, $s_3 \neq s_1 < 0$, b) $0 > s_1 \neq s_2 = s_3 < 0$, c) $s_1=s_2=s_3<0$, d) $0 > s_1 \neq s_2 < s_3 = 0$, e) $0 > s_1 \neq s_2 = s_3 = 0$, f) $s_1=s_2=s_3=0$.

5.7 DIE OPTIMIERUNG LINEARER STEUERUNGSSYSTEME

Kehren wir zu den in Paragraph 5.4 eingeführten linearen Steuerungssystemen zurück. Exemplarisch für ein derartiges System war Beispiel 5.8. In ihm war die Steuerung stückweise konstant und man erhielt zwei Umschaltzeiten t_1 und $t_2=t_*$. Dieses Faktum kann man wie folgt verallgemeinern: (vgl. [5.25] S.93-1o8 und 143-147. Der dort bewiesene Satz ist ziemlich allgemein.)

<u>Satz 5.10.</u> *Es sei* $U=[-u_{max};u_{max}]\subset\mathbb{R}$ *und* $(\tilde{x}_o,\dots,\tilde{x}_n)$ *sei eine stückweise glatte Trajektorie, die zu der zulässigen Steuerung* $\tilde{u}$ *der folgenden Minimalzeitaufgabe gehöre:*

$$\begin{aligned} &\dot{\tilde{x}}_o=1, && \tilde{x}_o(t_o)=0, && x_o(\tilde{t}_*)=Q[\tilde{u}], && \\ &\dot{\tilde{x}}_k=\tilde{x}_{k+1}, && \tilde{x}_k(t_o)=\xi_o^{(k)}, && \tilde{x}_k(\tilde{t}_*)=\xi_*^{(k)}, && k=1,\dots,n-1, \\ &\dot{\tilde{x}}_n=-\sum_{k=1}^{n} a_k\tilde{x}_k+b_1\tilde{u}-g, && \tilde{x}_n(t_o)=\xi_o^{(n)}, && \tilde{x}_n(\tilde{t}_*)=\xi_*^{(n)}. && \end{aligned} \tag{5.48}$$

Dabei sei

1) *der Bildbereich der zulässigen Steuerung in der Menge* U *enthalten,*
2) *mindestens einer der Werte* $\xi_o^{(k)}$ *sei ungleich Null,*
3) $a_1,\dots,a_n,b_1\in\mathbb{R}$,
4) g *eine stückweise glatte Funktion mit* $|g(t)|<|b_1u_{max}|$ *für* $t>\beta$ *und* $\beta<+\infty$.

Dann gilt:

1°) *Es existiert eine optimale Steuerung* $\tilde{u}$, *die das Gütefunktional* Q *in der Menge der zulässigen Steuerungen* $\tilde{u}$ *minimiert.*

2°) *Die Funktion* u *ist bis auf eventuelle Unstetigkeitsstellen eindeutig definiert.*

3°) *Die Funktion* u *ist stückweise konstant: es gilt* $u(t)=u_{max}$ *oder* $-u_{max}$.

4°) *Wenn das Polynom* $M=(\mathbb{C}\ni s\mapsto a_1+\dots+a_{n+1}s^n),a_{n+1}=1$ *eine reelle, nicht positive Wurzel hat, dann hat die Funktion höchstens* $n-1$ *Unstetigkeitsstellen.*

5°) *Wenn* g^* *eine stückweise glatte Fortsetzung der Funktion* g *auf der Halbgeraden* $[t_o;\infty)$ *ist, dann besitzt das System (5.48), in dem die Funktion* u *durch die Fortsetzung* u^* *von* u *mit* $u^*(t)=0$ $t>t_*$ *ersetzt wird, genau eine Lösung* $\tilde{x}_k=x_k^*$, $k=0,\dots,n$ *mit* $x_k^*(t)=x_k(t)$ *für* $t_o\le t\le t_*$, $k=0,\dots,n$.

6°) *Wenn* $g^*(t)=0$ *für* $t_o\le t<+\infty$ *gilt, dann ist* $u^*(t)=0$ *für* $t_*<t<+\infty$.

Die Unstetigkeitsstellen $t_1,\dots,t_{\tilde{n}-1}$ der Funktion u zusammen mit der Unstetigkeitsstelle $t_{\tilde{n}}=t_*$ von u_* heißen die *Umschaltzeiten* des Systems (5.48) mit $\tilde{u}=u$. Den Begriff der Umschaltzeit kann man auch im Falle von Beispiel 5.7 (wenn auch mit gewissen Einschränkungen) verwenden und ganz allgemein sogar für lineare Systeme, die die Form

$$\dot{\underline{x}}=\underline{A}\underline{x}+\underline{B}\underline{u}+\underline{H}\underline{z},\quad \underline{y}=\underline{C}\underline{x}+\underline{F}\underline{z}$$

haben. Dabei sind $\underline{A}$,$\underline{B}$ und $\underline{H}$ Matrizen, die im allgemeinen von der Zeit t abhängen (also Matrix-Funktionen sind). Die Vektoren $\underline{y}=(y_1,\dots,y_n)$

und $\underline{z}=(z_o,\ldots,z_l)$ interpretiert man dann entsprechend als *Ausgabe*- und *Störungsvektor* (diese Bezeichnungen sind traditionell, streng genommen sind es natürlich Vektorfunktionen). Das obige System ist ein System mit mehreren Eingängen und mehreren Ausgängen (die man schematisch als Analog-Maschine darstellen kann), wie es beispielsweise in Abbildung 52 dargestellt ist.

Wir betrachten nun wieder das System (5.48). Dazu nehmen wir an, daß der Störungsvektor von der Form $\underline{z}=(z^{(o)},\ldots,z^{(l)})$ ist, wobei die einzelnen Komponenten die Ableitungen einer *Störungsfunktion* $z^o=z$ sind. Weiterhin möge $g(t)=c_1z(t)+\ldots+c_{l+1}z^{(l)}(t)$, $t_o\le t\le t_*$ interpretiert werden als die Auswirkung des Fehlers (also als äußere Störung) an der betrachteten Stelle des Systems.

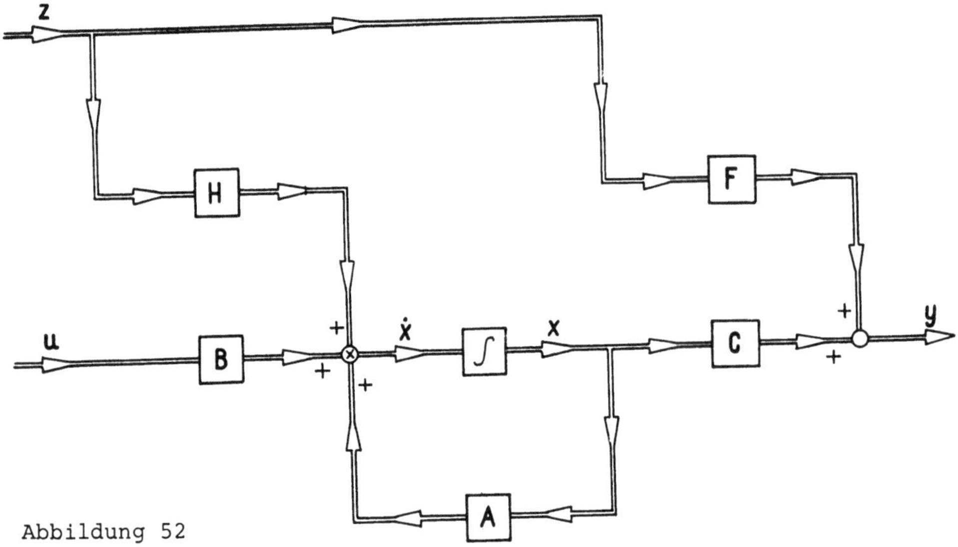

Abbildung 52

Ersetzt man im System (5.48) noch den Zustandsvektor $(\tilde{x}_o,\ldots,\tilde{x}_n)=$ $=(x_o,\ldots,x_n)$ durch den *Abweichungs-* (also den *Fehler in der Steuerung*) *Vektor* (also in Wirklichkeit durch die entsprechende Vektorfunktion) mit den Komponenten $x_k(t_*)-x_k$, wobei $t_*=\Omega[u]$ sei, und bezeichnen wir ihre erste (in Wirklichkeit die 0-te Komponente) mit ε, dann kann man das System (5.48) in der Form

$$\sum_{k=0}^{n} a_{k+1}\varepsilon^{(k)}+b_1u = \sum_{h=0}^{l} c_{h+1}z^{(h)}, \tag{5.49}$$

$$\varepsilon^{(k)}(0) = \xi_*^{(k)}-\xi^{(k)} \quad \varepsilon^{(k)}(t_*)=0, \ k=0,\ldots,n \tag{5.5o}$$

mit $\xi^{(o)}=Q[u]$ schreiben. Das Polynom M stellt man dann in der Form

$$M(s) = s^{\gamma_o+1} \prod_{\substack{k=1\\ k:s_k\neq 0}}^{n^*} (s-s_k)^{\gamma_k+1}$$

dar, wobei die Wurzeln $s_1,\ldots,s_{n^*}$ paarweise verschieden sind. Offensichtlich ist s=O keine Wurzel des Polynoms M (also ist $\gamma_o=-1$) und

$$\gamma_o + \sum_{\substack{k=1\\ k:s_k\neq 0}}^{n^*} \gamma_k + n^* = n .$$

Wir stellen nun anhand eines Beispiels eine der Möglichkeiten zur Bestimmung von Umschaltzeiten dar. (Pełczewski und Ławrynowicz [5.24]; vgl. Beispiel 4.7 und Aufgabe 13 aus Kapitel 4 und Aufgabe 38 aus Kapitel 5).

Beispiel 5.9: Die äußere Störung sei durch das Polynom $z(t)=d_o+$ $+d_1t+\ldots+d_pt^p$, $d_p\neq 0$, gegeben und es sei $t_o=0$. Wendet man auf beide Seiten der Gleichung (5.49) die einseitige Laplace-Transformation an, dann erhält man:

$$\int_0^{+\infty} \sum_{k=0}^{n} a_{k+1}\varepsilon^{*k}(t)e^{-st}dt = -b_1 \int_0^{+\infty} u^*(t)e^{-st}dt + \int_0^{+\infty} \sum_{h=0}^{1} c_{h+1}z^{*(h)}(t)e^{-st}dt$$

wobei der Stern die entsprechende Fortsetzung bezeichnet. Partielle Integration ergibt

$$E(s)\equiv\int_o^{+\infty}\varepsilon^*(t)e^{-st}dt = \frac{1}{M(s)}[P(s)-b_1U(s)+F(s)Z(s)-L(s)] \qquad (5.51)$$

mit

$$F(s) = \sum^{1} c_{h+1}s^h, \quad P(s) = \sum_{r=0}^{n-1} a_r \sum_{q=0}^{r-1} \varepsilon^{(q)}(0)s^{r-q},$$

$$U(s) = \delta u_{max}s^{-1}[1+2\sum_{k=1}^{\check{n}-1}(-1)^k\exp(-st_k)+(-1)^{\check{n}}\exp(-st_{\check{n}})] \quad \delta=1 \text{ oder } -1,$$

$$L(s) = \sum_{q=0}^{1-1} c_q \sum_{r-0}^{q-1} r!d_rs^{q-r}, \quad Z(s)=s^{-p-1}\sum_{k=0}^{p}(p-k)!d_{p-k}s^k.$$

Dabei geht die Formel für die Laplace-Transformation U der Funktion u nach Satz 5.1o ein. Nun transformieren wir noch den Ausdruck L(s) mit $(r,g)\mapsto(k,h)=(q,q-r)$, also:

$$\begin{aligned}
&(0,0)\mapsto(0,0),\ (0,1)\mapsto(1,1),\ (0,2)\mapsto(2,2),\ldots,(0,1-1)\mapsto(1-1,1-1)\\
&(1,1)\mapsto(1,0),\ (1,2)\mapsto(2,1),\ldots,(1,1-1)\mapsto(1-1,1-2)\\
&(2,2)\mapsto(2,0),\ldots,(2,1-1)\mapsto(1-1,1-3)
\end{aligned}$$

....

$(1-1,1-1)\mapsto(1-1,0)$

und analog auch den Ausdruck P(s), also:

$$L(s) = \sum_{h=0}^{1-1}\sum_{k=h}^{1-1}(k-h)!c_k d_{k-h}s^h,\quad P(s) = \sum_{k=0}^{n-1}\sum_{h=k}^{n-1} a_h \varepsilon^{(h-k)}(0)s^k.$$

Nun wendet man auf beide Seiten von (5.51) die inverse einseitige Laplace-Transformation an. Dann folgt:

$$\frac{1}{2\pi j}\int_{\sigma-j\infty}^{\sigma+j\infty} E(s)e^{ts}ds = \frac{1}{2\pi j}\int_{\sigma-j\infty}^{\sigma+j\infty}\frac{1}{M(s)}[P(s)-b_1U(s)+F(s)Z(s)-L(s)]e^{ts}ds$$

wobei σ eine beliebige positive Zahl ist. Wertet man hiervon die linke und rechte Seite mit den Sätzen 4.11 und 4.4 aus und berechnet man die Residuen entsprechend der Aufgabe aus Kapitel 4, so erhält man

$$\frac{1}{2}\lim_{\eta\to 0}[\varepsilon(t+\eta)+\varepsilon(t-\eta)] = \sum_{\substack{k=0\\ k:\, s_k\neq 0 \text{ für } k\neq 0}}^{n^{\cdot}}\ \sum_{h=0}^{\gamma'_k}\alpha_{h,k}t^h\exp(s_k t) \tag{5.52}$$

(vgl. [6]), wobei

$$\alpha_{h,k} = \begin{cases} \dfrac{1}{\gamma_k!}\binom{\gamma_k}{h}\dfrac{d^{\gamma_{k-h}}}{ds^{\gamma_{k-h}}}\left[\dfrac{P(s)-b_1U(s)}{(s-s_k)^{-\gamma_{k-1}}M(s)}\right]\Bigg|_{s=s_k} + \\ \quad + \dfrac{1}{\gamma'_k!}\binom{\gamma'_k}{h}\dfrac{d^{\gamma'_{k-h}}}{ds^{\gamma'_{k-h}}}\left[\dfrac{F(s)Z(s)-L(s)}{(s-s_k)^{-\gamma'_{k-1}}M(s)}\right]\Bigg|_{s=s_k} & \text{für } h\le\gamma_k, \\ \dfrac{1}{\gamma'_k!}\binom{\gamma'_k}{h}\dfrac{d^{\gamma'_{k-h}}}{ds^{\gamma'_{k-h}}}\left[\dfrac{F(s)Z(s)}{s^{-\gamma'_{k-1}}M(s)}\right]\Bigg|_{s=s_k} & \text{für } h>\gamma_k \end{cases} \tag{5.53}$$

ist und $s_o=0$, $\gamma'_k=\gamma_k$ für $k\neq 0$, $\gamma'_k=\gamma_k+p+1$ für $k=0$.

Das System (5.53) hat n+p+1 Gleichungen und höchstens n Umschaltzeiten (eingeschlossen t_*) sowie n+p+1 Koeffizienten $\alpha_{h,k}$. Dabei kann man in der Formel von U annehmen, daß $\bar{n}=n$ gilt, d.h. daß man n Umschaltzeiten hat, die nicht alle notwendigerweise verschieden sind. Die n Randbedingungen (5.5o) kann man in Formel (5.52) noch für die erste Fehlerkomponente des Systems verwenden. Formal hat man 2n+2 solcher Randbedingungen (das ist 5.5o), wobei die (n+1) Bedingungen $\varepsilon^{(k)}(t_*)=0$, $k=0,\dots,n$ schon verwertet wurden. Die Bedingung $\varepsilon^{(o)}(0)=-Q[u]$ kann man ausweiten, da man den Wert $Q[u]=t_*=t_n$ zu bestimmen hat.

Zum Schluß bemerken wir noch, daß für das Kontrollproblem ohne Störung die Umschaltzeiten von der Verteilung der Pole der Funktion $\frac{b_1}{M}$ abhängen. Diese Funktion heißt auch die *Transmission* des Systems (5.48). Diesen Begriff findet man oft bei zusammengesetzten Systemen (vgl. z.B. [5.1]S.183-199).

ÜBUNGEN

In den folgenden Aufgaben nehmen wir an, daß Q[u] der Minimalwert des Funktionals Q in der Menge der zulässigen Steuerungen $\tilde{u}$ des gegebenen Problems ist (Minimal-Zeit-Steuerung).

39) Man zeige, daß für hinreichend große Werte $|\xi_o|, \xi_o = \xi_o^{(o)}$ die Zahl der Umschaltzeiten des Systems (5.48) mit $\tilde{u}=u$, $n=2$, $a_1>0$, $a_2=0$ und $g=\underset{\sim}{0}$ beliebig groß ist (Pontrjagin, Boltjanskij, Gamkrelidze und Miščenko [5.25]).

4o) Man bestimme eine optimale Steuerung für das Problem (5.48) mit $t_o=0$, $\tilde{u}=0$, $g=z$ und $z^*(t)=1$ für $2k\le t<2k+1$, $z^*(t)=-1$ für $2k+1\le t<2k-2$, $k=0,1,2,\ldots$

41) Man bestimme die optimale Steuerung für das Problem (5.48), wobei $t_o=0$, $\tilde{u}=u$, $g=c_1z+\ldots+c_{l+1}z^{(l)}$, $z^*(t)=A\cos\omega t+B\sin\omega t$ und $c_1,\ldots,c_{l+1}$, $\omega,A,B\in\mathbb{R}$ sowie $\omega\neq 0$ ist (Pełczewski und Ławrynowicz [5.23]).

42) Man zeige, daß die Laplace-Transformierte der äußeren Störung aus Aufgabe 41 in $\mathbb{C}\setminus\{0\}$ eine harmonische Funktion in den Variablen s und ω ist.

5.8 DAS BELLMAN'SCHE OPTIMALITÄTSPRINZIP IN DER DYNAMISCHEN PROGRAMMIERUNG. DIE GEOMETRISCHE DARSTELLUNG VON STEUERUNGSPROBLEMEN

Im vorigen Paragraphen haben wir gesehen, daß die Optimierung von linearen Systemen mit Hilfe des Pontrjagin'schen Minimum-Prinzips auf transzendente Gleichungen führen kann. Daher empfiehlt es sich bei der Optimierung von nicht linearen Systemen, auf das Bellman'sche Optimalitätsprinzip zurückzugreifen. Dieses ist besonders für diskrete Prozesse sehr bequem. Daher wollen wir hier das Bellman'sche Optimalitätsprinzip weiter vertiefen, das wir bereits im Paragraphen 5.3 im Rahmen der dynamischen Programmierung eingeführt hatten.

Das Bellman'sche Optimalitätsprinzip beruht auf den Gleichungen (5.5) und (5.6). Dabei nimmt man bei der dynamischen Programmierung $\varepsilon=1$ an, so daß die (5.5) entsprechende Gleichung durch

$$S(t,\underline{x}(t)) = \min_{\tilde{\underline{u}}(t)\in U(t,\underline{x}(t))} [f_o(t,\underline{x}(t),\tilde{\underline{u}}(t))+S(t-1,\underline{x}(t-1))], \quad t=2,\ldots,k \tag{5.54}$$

gegeben wird. Dabei ist S die *Hamilton-Charakteristik*, die durch

$$S(k,\underline{x}(k)) = \min Q[\tilde{\underline{u}}] \equiv \min \sum_{t=1}^{k} f_o(t,\underline{x}(t),\tilde{\underline{u}}(t)) \tag{5.55}$$

(vgl. (5.7) und (5.4o)) ausgedrückt wird. Weiterhin ist k eine natürliche Zahl und das Minimum wird über alle Vektoren $\tilde{\underline{u}}(t)\in U(t,\underline{x}(t))\subset\mathbb{R}^m$ mit $t=1,\ldots,k$ bestimmt. Entsprechend hat dann die zu (5.6) gehörende Gleichung die Form

$$S(1,\underline{x}(1)) = \min_{\tilde{\underline{u}}(1)\in U(1,\underline{x}(1))} f_o(1,\underline{x}(1),\tilde{\underline{u}}(1)) \tag{5.56}$$

Die Menge der zulässigen Steuerungen hängt hier vom Zeitpunkt t und vom Zustandsvektor $\underline{x}(t)$ ab, womit auch die in den Beispielen 5.4 und 5.5 beschriebenen Situationen erfaßt werden. Man kann natürlich die Verallgemeinerung noch weiter treiben, indem man stetige Systeme betrachtet oder Funktionenräume $\mathcal{U}$ von Funktionen u wie es etwa im Paragraphen 5.4 näher ausgeführt wurde.

Die Gleichungen (5.54) und (5.56), also die sogenannte *Bellman'sche Gleichung*, benötigt in jedem Zeitpunkt t die Zustandsgleichung (5.8), in die die optimale Steuerung $\tilde{\underline{u}}=\underset{\approx}{u}$ mit $\underset{\approx}{\tilde{u}}=(\tilde{\underline{u}}(1),\ldots,\tilde{\underline{u}}(k))$ eingeht. Mit Hilfe der Gleichung (5.8) wird damit die Folge $\underset{\approx}{\check{x}}=(\underline{x}(0),\underline{x}(1),\ldots,\underline{x}(k))$ bestimmt, die der optimalen Steuerung $\underset{\approx}{u}$ entspricht. Diese Folge nennt man die *optimale Trajektorie*, die die Punkte $(0,\underline{x}(0))$ und $(k,\underline{x}(k))$ verbindet. Insbesondere wird diese Zustandsgleichung für die Berechnung der eckigen Klammer in (5.54) benötigt, da der Ausdruck $S(t-1,\underline{x}(t-1))$ zwar nicht direkt von $\tilde{\underline{u}}(t)$ abhängt, aber indirekt, aufgrund der Gleichung (5.8), von $\tilde{u}(t)$ abhängt. Wir zeigen nun:

<u>Satz 5.11</u> *(das Bellman'sche Prinzip für $t_*=k<+\infty$).*

(a) Es sei $U(t,\tilde{\underline{x}})\subset\mathbb{R}^m$, $t=1,2,\ldots,\tilde{\underline{x}}\in\mathbb{R}^n$. Ferner sei $\check{\underline{x}}$ eine optimale Trajektorie bezüglich der optimalen Steuerung $\underline{u}$ für das durch (5.8) und

$$Q[\underline{u}] = \min \sum_{t=1}^{k} f_1(t,\underline{x}(t),\underline{\tilde{u}}(t)), \text{ mit } \underline{\tilde{u}}(t)\in U(t,\underline{x}(t)),\ t=1,\dots,k \tag{5.57}$$

gegebene Steuerungsprobleme. Dabei liege der Bildbereich R_f der Funktion $\underline{f}$ im $\mathbb{R}^n$ (und wir nehmen an, daß eine optimale Steuerung $\underline{u}$ existiere). Dann gilt:

1°) Die Funktion S erfüllt die Bellman'sche Gleichung (5.54) und (5.56), d.h. es gilt:

$$S(t,\underline{x}(t)) = f_o(t,\underline{x}(t),\underline{u}(t)) + S(t-1,\underline{x}(t-1)),\ t=1,\dots,k \tag{5.58}$$

mit der Anfangsbedingung $S(0,\underline{x}(0))=0$ (um eine einheitliche Schreibweise beizubehalten nehmen wir im folgenden stets $S(0,\underline{x}(0))=0$ an).

2°) Für jedes Zahlenpaar $t_1,t_2, 1\le t_1<t_2\le k$ ist die Folge $\underline{v}=(\underline{u}(t_1+1),\dots,\underline{u}(t_2))$ eine optimale Steuerung für

$$\underline{x}(t-1) = \underline{f}(t,\underline{x}(t),\underline{\tilde{u}}(t)),\ t=t_1+1,\dots,t_2, \quad \text{wobei } \underline{f}(t_1,\underline{x}(t_1),\underline{u}(t_1)) = \underline{x}(t_1-1) \tag{5.59}$$

und ferner

$$K[\underline{v}] = \min \sum_{t=t_1+1}^{t_2} f_o(t,\underline{x}(t),\underline{\tilde{u}}(t)), \text{ mit } \underline{\tilde{u}}(t)\in U(t,\underline{x}(t)),\ t=t_1+1,\dots,t_2 \tag{5.6o}$$

gilt.

(b) Es sei $U(t,\underline{\tilde{x}})\subset\mathbb{R}^m$, $t=1,2,\dots,\underline{\tilde{x}}\in\mathbb{R}^n$ und $(\underline{x}(1),\dots,\underline{x}(k))$ sei eine Lösung des Systems (5.8), wobei $\underline{u}(t)\in U(t,\underline{x}(t))$, $t=1,\dots,k$, gelte. Erfüllt die Funktion S die Bellman'sche Gleichung (5.58) mit der Anfangsbedingung $S(0,\underline{x}(0))=0$, dann erfüllt sie auch die Gleichung (5.57), d.h. $\underline{\tilde{u}}=\underline{u}$ ist eine optimale Steuerung des gegebenen Problems.

(c) Es sei $U(t,\underline{\tilde{x}})\subset\mathbb{R}^m$, $t=1,2,\dots,\underline{\tilde{x}}\in\mathbb{R}^n$ und $\underline{\tilde{y}}=(\underline{x}(t_1),\dots,\underline{x}(t_2))$ sei die optimale Trajektorie, die zu der optimalen Steuerung $\underline{v}=(\underline{u}(t_1+1),\dots,\underline{u}(t_2))$ für (5.59) und (5.6o) gehört. Dabei seien t_1,t_2 beliebige Zahlen mit $0\le t_1<t_2\le k$ (und wir wollen annehmen, daß die obige optimale Steuerung $\underline{v}$ existiert). Dann existiert eine optimale Steuerung $\underline{\underline{u}}=(\underline{u}(1),\dots,\underline{u}(k))$ für das Problem (5.8) und (5.57).

Beweis. Zu a): Die Eigenschaft 1° beweisen wir durch Induktion. Für t=1 ist die Bellman'sche Gleichung gerade (5.56) wie unmittelbar aus der Formel (5.55) folgt. Wir nehmen nun an, daß die Gleichung (5.58) für ein gewisses t<k gilt. Mit (5.55) erhält man

$$S(t+1,\underline{x}(t+1)) = \min_{\underline{\tilde{u}}(t+1)\in U(t+1,\underline{x}(t+1))} [f_o(t+1,\underline{x}(t+1),\underline{\tilde{u}}(t+1)) + \min \sum_{t'=1}^{t} f_o(t',\underline{x}(t')\underline{\tilde{u}}(t'))],$$

wobei das zweite Minimum über alle $\tilde{\underline{u}}(t)\in U(t',\underline{x}(t'))$, $t'=1,\ldots,t$ genommen wird. Durch nochmalige Benutzung der Formel (5.55) erhält man die gewünschte Formel

$$S(t+1,\underline{x}(t+1)) = \min_{\tilde{\underline{u}}(t+1)\in U(t+1,\underline{x}(t+1))} [f_o(t+1,\underline{x}(t+1),\tilde{\underline{u}}(t+1)) + S(t,\underline{x}(t),\underline{u}(t))].$$

2° ist eine unmittelbare Konsequenz aus 1°, angewandt auf das Gütefunktional K mit der Transformation $t\mapsto t-t_1$.

Zu b): Wir nehmen an, daß wir für ein gewisses $t\in\{1,\ldots,k-1\}$,

$$S(t,\underline{x}(t)) = \sum_{t'=1}^{t} f_o(t',\underline{x}(t'),\underline{u}(t'))$$

erhalten haben. (Für t=1 ist das gerade die Formel (5.58).) Dann folgt aus (5.58)

$$S(t+1,\underline{x}(t+1)) = f_o(t+1,\underline{x}(t+1),\underline{u}(t+1)) + \sum_{t'=1}^{t} f_o(t',\underline{x}(t'),\underline{u}(t')),$$

wonach mit Formel (5.55) die Gültigkeit von (5.57) bewiesen ist.

Zu c): Hier genügt es, zweimal Teil b) auf die entsprechenden Gütefunktionen

$$K_1[\underline{v}] = \min \sum_{t=1}^{t_1} f_o(t,\underline{x}(t),\tilde{\underline{u}}(t)), \text{ mit } \tilde{\underline{u}}(t)\in U(t,\underline{x}(t)),\ t=1,\ldots,t_1$$

und

$$K_2[\underline{v}] = \min \sum_{t=t_2+1}^{k} f_o(t,\underline{x}(t),\tilde{\underline{u}}(t)), \text{ mit } \tilde{\underline{u}}(t)\in U(t,\underline{x}(t)),\ t=t_2+1,\ldots,k$$

anzuwenden. Dabei muß man im zweiten Fall die Summanden mit der Transformation $t\mapsto t-t_2$ umnumerieren. Q.E.D.

Beispiel 5.10: Wir wenden nun Satz 5.11 an um k nicht negative Zahlen zu bestimmen, deren Summe kleiner oder gleich einer gegebenen Zahl a>0 ist und deren Produkt möglichst groß ist. Wie in Beispiel 5.4 gezeigt wurde, erhält man

$$x(t-1) = x(t) - \tilde{u}(t),\quad t=1,\ldots,k,\quad x(0)=0 \tag{5.61}$$

und

$$Q[u] = \max \sum_{t=1}^{k} \ln \tilde{u}(t), \text{ mit } \tilde{u}(t)\in[0;a-x(t-1)],\ t=1,\ldots,k. \tag{5.62}$$

Die entsprechende Bellman'sche Gleichung lautet:

$$S(t,x(t))=\max_{\tilde{u}(t)\in[0;a-x(t-1)]}[\ln\tilde{u}(t)+S(t-1,x(t-1))],\quad t=1,\dots,k$$

mit $S(0,x(0))=0$, wobei wir die Bedingung $\tilde{u}(t)\in[0;a-x(t-1)]$ wieder als $\tilde{u}(t)\in U(t,x(t))$ schreiben. Nach (5.61) folgt $a-x(t-1)=a-x(t)+\tilde{u}(t)$. Damit geht die Bedingung $0\le\tilde{u}(t)\le a-x(t-1)$ in $x(t-1)\le x(t)\le a$ über, d.h. $U(t,x(t))$ sind jeweils die Mengen der Zahlen $\tilde{u}(t)$ für die $x(t-1)\le x(t)\le a$ gilt. Also ist

$$S(t,x(t))=\max_{\tilde{u}(t):x(t-1)\le x(t)\le a}[\ln\tilde{u}(t)+S(t-1,x(t)-\tilde{u}(t))],\quad t=1,\dots,k$$

mit $S(0,x(1)-\tilde{u}(1))=0$.

Da nach (5.61) $\tilde{u}(1)=x(1)$ gilt, folgt:

$$S(1,x(1))=\max_{\tilde{u}(1):0\le x(1)\le a}\ln x(1)=\ln x(1),\text{ mit } u(1)=x(1),$$

$$S(2,x(2))=\max_{\tilde{u}(2):x(1)\le x(2)\le a}\{\ln\tilde{u}(2)+\ln[x(2)-u(2)]\}=2\ln\frac{x(2)}{2}$$

$$\text{mit } u(2)=\frac{x(2)}{2},$$

....

$$S(k-1,x(k-1))=\max_{\tilde{u}(k-1):x(k-2)\le x(k-1)\le a}\{\ln\tilde{u}(k-1)+(k-2)\ln\frac{x(k-1)-\tilde{u}(k-1)}{k-2}\}=$$

$$=(k-1)\ln\frac{x(k-1)}{k-1}\text{ mit } u(k-1)=\frac{x(k-1)}{k-1},$$

$$S(k,x(k))=\max_{\tilde{u}(k):x(k-1)\le x(k)\le a}\{\ln\tilde{u}(k)+(k-1)\ln\frac{x(k)-\tilde{u}(k)}{k-1}\}=$$

$$=k\ln\frac{x(k)}{k},\text{ mit } u(k)=\frac{x(k)}{k}=\frac{a}{k}.$$

Wir erhalten also $x(t)=\frac{t}{k}a$, $u(t)=\frac{1}{k}a$, $t=1,\dots,k$.

Das obige Beispiel zeigt uns, daß trotz der Allgemeinheit von Satz 5.11 (von den Funktionen f_o und f wird nur die Stetigkeit gefordert) der sich ergebende Algorithmus für die numerische Rechnung nicht sonderlich bequem ist. Neben dem Steuerungsvektor muß man in jedem Zeitpunkt t auch noch den Zustandsvektor bestimmen. Bei der numerischen Durchführung führt dies zu einem erheblichen Rechenaufwand. Dennoch ist dieser

Algorithmus einer der bekanntesten Algorithmen und wird häufig angewandt, wenn das Optimierungsproblem über numerische Tabellen erfaßbar ist. Außerdem ist er von der begrifflichen Seite her bedeutend.

Um den Algorithmus zu verbessern, führt man oft zusätzliche Annahmen über die Funktionen f_o und f ein, die z.B. ihre Differenzierbarkeit implizieren und benutzt dann das Minimum-Prinzip von Pontrjagin. Eine andere Möglichkeit zur Lösung von Optimierungsproblemen, die man auch bei stetigen Prozessen anwenden kann, beruht darauf, daß man die Nebenbedingungen der Optimierungsaufgabe in geeigneter Weise umformt. Das einfachste Beispiel in dieser Richtung haben wir im Rahmen der linearen Programmierung besprochen. Dort wurden die Nebenbedingungen (5.9) auf die kanonische Form (5.1o) gebracht.

Im Falle der *dynamischen Optimierung*, d.h. beim Bestimmen des Extremums eines Funktionals unter Nebenbedingungen (wobei diese durch Gleichungen oder Ungleichungen gegeben seien) arbeitet man oft mit der allgemeinen *Methode der Straffunktionen*. Diese sind Funktionen, die die Verletzung von Nebenbedingungen bestrafen. Diese Vorgehensweise läßt sich auch auf die *statische Optimierung* mit Nebenbedingungen anwenden (linear, nicht linear, statisch, dynamisch). Sie wird zusammen mit Übungsbeispielen, z.B. im Lehrbuch [5.4] ausführlich besprochen.

Kehren wir nun zum Bellman'schen Optimalitätsprinzip in der Formulierung von Satz 5.11 zurück. Das Pontrjagin-Minimum Prinzip soll jetzt auf Probleme angewandt werden, in denen der "anzusteuernde" Punkt $(x_1^*, \ldots, x_n^*)$ fest vorgegeben ist. Eine Version des Bellman'schen Optimalitätsprinzips für diese Aufgabenstellung erhält man, indem man die Rekursionsformeln entsprechend variiert.

Korollar 5.3: *Das Optimalitätsprinzip von Bellman für $t_*=k<+\infty$ bleibt richtig, wenn die Formel (5.8) mit $R_{\underline{f}} \subset \mathbb{R}^n$ und (5.57), (5.58) mit $S(0,\underline{x}(0))=0$ sowie (5.59) und (5.6o) ersetzt* werden durch

$$\underline{x}(t+1)=\underline{f}(t,\underline{x}(t),\tilde{\underline{u}}(t)),\quad t=0,\ldots,k-1 \qquad \textit{mit}\ \underline{x}(t_*)=(x_1^*,\ldots,x_n^*), \tag{5.63}$$

$$Q[\underline{u}] = \min \sum_{t=0}^{k-1} f_o(t,\underline{x}(t),\tilde{\underline{u}}(t)),\quad \text{mit } \tilde{\underline{u}}(t)\in U(t,\underline{x}(t)),\quad t=0,\ldots,k-1, \tag{5.64}$$

$$S(t,\underline{x}(t))=f_o(t,\underline{x}(t),\underline{u}(t))+S(t+1,\underline{x}(t+1)),\quad t=0,\ldots,k-1,$$

$$\underline{x}(t+1)=f(t,\underline{x}(t),\tilde{\underline{u}}(t)),\quad t=t_1,\ldots,t_2-1, \qquad \textit{mit}\ \underline{f}(t_2,\underline{x}(t_2),\underline{u}(t_2))=\underline{x}(t_2+1),$$

$$K[\underline{v}] = \min \sum_{t=t_1}^{t_2-1} f_o(t,\underline{x}(t),\underline{\tilde{u}}(t)), \quad \textit{mit } \underline{\tilde{u}}(t) \in U(t,\underline{x}(t)),$$
$$t=t_1,\ldots,t_2-1,$$

wobei $R_{\underline{f}} \subset \mathbb{R}^n$, $S(k,\underline{x}(k))=0$ *und* $0 \le t_1 < t_2 \le k-1$ *sei.*

Wir beschränken uns also auf den Spezialfall, in dem die Gleichung (5.63) durch

$$\underline{x}(t+1)=\underline{A}\underline{x}(t)+\underline{b}\underline{\tilde{u}}(t), \quad t=0,\ldots,k-1, \quad \underline{x}(k)=(0,\ldots,0) \in \mathbb{R}^n \tag{5.65}$$

gegeben ist. Dabei ist $\underline{A}=[a_{i,h}]_{i,h\le n}$ eine Matrix, deren Determinante ungleich Null ist [9)] ist, und $\underline{b}=[b_1,\ldots,b_m]$. (Offensichtlich ist $\underline{x}=[x_1,\ldots x_n]^T$, $\underline{\tilde{u}}=[\tilde{u}_1,\ldots,\tilde{u}_m]^T$). Man zeigt leicht (vgl. Aufgabe 49), daß das System (5.65) und (5.64) als ein lineares Steuerungssystem aufgefaßt werden kann. Wir lassen nun die Voraussetzung, daß $k<+\infty$ gilt, fallen:

$$\underline{x}(t+1)=\underline{A}\underline{x}(t)+\underline{b}\underline{\tilde{u}}(t), \quad t=0,1,\ldots,\underline{x}(0) \in \mathbb{R}^n. \tag{5.66}$$

Dann ist das System (5.66) in Übereinstimmung mit der Definition von Paragraph 5.4 *steuerbar*, wenn für jeden Vektor $\underline{x}(0) \in \mathbb{R}^n$ eine natürliche Zahl k und ein zulässiger Steuerungsvektor $\underline{u}$ existiert, so daß für den zugehörigen Zustandsvektor $\underline{x}$ gilt: $\underline{x}(k)=0$.

Satz 5.12. *Das System (5.66) ist genau dann steuerbar, wenn die Vektoren* $\underline{A}^{-1}\underline{b},\ldots,\underline{A}^{-n}\underline{b}$ *linear unabhängig sind.*

Der Beweis dieses Satzes findet sich z.B. im Lehrbuch [5.21] S.3oo-3o1. Besonders ausführlich wird die Steuerung von linearen Systemen in der Monographie [5.26] besprochen.

Beispiel 5.11: Das System (5.66) mit n=2, $x_h(t+1)=(-1)^{h-1}x_h(t)+b_h\tilde{u}(t), b_2\neq 0$ ist steuerbar. Das selbe System mit n=2 und $x_h(t+1)=x_h(t)+h_h\tilde{u}(t)$ ist nicht steuerbar.

Zum Abschluß wollen wir noch die geometrischen Aspekte des Pontrjagin- sowie des Bellman-Prinzips besprechen. Bislang haben wir nur die analytischen Aspekte besprochen und die geometrischen Aspekte, die gerade die Intuition bei der Formulierung des Bellman'schen Prinzips lieferten, wurden nur sehr unvollständig behandelt. Wir erinnern daran, daß

[9)] Diese Voraussetzung ist im kontinuierlichen Fall überflüssig.

wir schon im Paragraphen 4.5 die Bedeutung der geometrischen Aspekte der Variationsrechnung hervorgehoben haben, was sich zum Beispiel in der Methode der Extremallängen ausdrückte. Gerade in Bezug auf das Pontrjagin- und Bellman-Prinzip führt die geometrische Beschreibungsweise zu vielen Vereinfachungen und Verallgemeinerungen.

Das einfachste Beispiel für eine Verallgemeinerung besteht darin, im Pontrjagin'schen Minimum-Prinzip die Endbedingungen der adjungierten Funktion $\underline{\psi}$ durch einige Transversalitätsbedingungen zu ersetzen. Nehmen wir also an, daß p<n Skalare (wahrscheinlich Variable) abhängig sind, ohne dies genauer zu präzisieren. Ähnlich wie im Fall der Variation bezüglich variablen Endpunkten in Paragraph 2.4 sowie deren physikalischen Anwendungen -etwa beim Maupertius-Prinzip- ergibt sich die Notwendigkeit, die Definition der Variation der zulässigen Endpunkte des Steuerungsprozesses zu geben. Analog wie im Fall des Maupertius-Prinzips läßt sich die Variation bezüglich der Variablen Endzeitpunkte dieser Trajektorien auf der (n+1-p)-dimensionalen Tangentialhyperebene $T_{\underline{x}(t_*)}\Sigma$ der (n+1-p)-dimensionalen Hyperfläche Σ der zulässigen Zustandsvektoren für den betrachteten Endpunkt des Prozesses durchführen. Dies ist in Abbildung 53 für n=2 und p=1 skizziert:

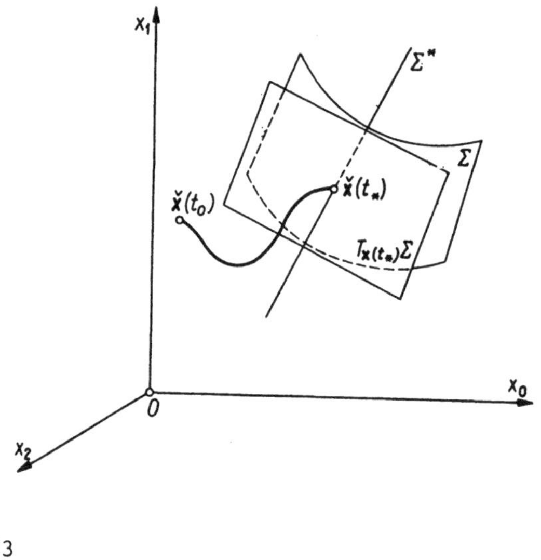

Abbildung 53

Die Menge aller zulässigen Vektoren der Form $\psi_k(t_*) + \frac{\partial}{\partial x_k} g|_{\check{\underline{x}}=\check{\underline{x}}(t_*)}$ mit k=0,...,n und $g(\check{\underline{x}}(t_*))=g_*(t_*,\underline{x}(t_*))$ (vgl.(5.2)) bilden dann, wie man unter geeigneten Voraussetzungen zeigen kann, eine p-dimensionale Hyperebene Σ^*, die orthogonal zur Hyperebene $T_{\underline{x}(t_*)}\Sigma$ verläuft.

Eine Präzisierung dieser Andeutungen wie auch ihre Illustration anhand von Beispielen findet man in sehr vielen Büchern. Wir beschränken uns hier auf die Angabe einiger Literaturstellen. Eine sehr gute Anschauung verleiht das Buch [5.16]. Einen schnellen Zugang zu numerischen Algorithmen erhält man im Lehrbuch [5.4]. Für ein vertieftes Studium der geometrischen Aspekte eignen sich die Monographien [5.25] und [5.7], wobei im ersten Buch vorwiegend kontinuierliche und im zweiten Buch diskrete Prozesse behandelt werden (vgl.auch [5.6],[5.10]-[5.12], [5.17],[5.19],[5.20] und [5.28]-[5.31]).

ÜBUNGEN

43. Mit Hilfe der Bellman'schen Gleichung bestimme man k nicht negative Zahlen, deren Summe nicht größer als eine gegebene Zahl $a>0$ ist und deren Produkt maximal ist.

44. Mit Hilfe der Bellman'schen Gleichung bestimme man k nicht negative Zahlen, deren Produkt nicht größer als eine gegebene Zahl $a>0$ ist und deren Summe maximal ist.

45. Man bestimme die optimale Steuerung für ein Problem der Form (5.65), (5.64) mit $n=1$, $a_{1,1}=1$, $b_1=1$, $k=3$, $f_0(t,\underline{x}(t),\tilde{\underline{u}}(t))= =x^2(t)+\tilde{u}^2(t)$, wobei $U(t,\underline{x}(t))=\mathbb{R}$, $S(k,\underline{x}(k))=0$ ist. Man berechne den minimalen Wert des Gütefunktionals $Q[\underline{u}]$.

46. Man zeige, daß Satz 5.11 [bzw. Korollar 5.3] richtig bleibt, wenn man annimmt, daß $S(0,\underline{x}(0))$ eine beliebige gegebene reellwertige Funktion der Variablen $\underline{x}(0)$ ist [$S(k,\underline{x}(k))$ ist eine beliebige gegebene reellwertige Funktion der Variablen $\underline{x}(k)$].

47. In der Formulierung von Satz 5.11 [bzw. Korollar 5.3] ersetze man den Anfangszeitpunkt $t=0$ durch einen beliebigen Anfangszeitpunkt $t=t_0$ (ganzzahlig) und gleichzeitig der Symmetrie wegen bezeichne man k mit t . Man zeige, daß Satz 5.11 [bzw. Korollar 5.3] weiterhin gilt, wenn $S(t_0,\underline{x}(t_0))$ durch eine beliebige gegebene reellwertige Funktion der Variablen $t_0,\underline{x}(t_0)$ ersetzt wird und [$S(t_*,\underline{x}(t_*)$] durch eine beliebige gegebene reellwertige Funktion der Variablen t_* und $\underline{x}(t_*)$ ersetzt wird].

48. Man bestimme die optimale Steuerung u in der Aufgabe 45, wenn die Bedingungen $x(k)=0$, $S(k,x(k))=0$ ersetzt werden durch $S(k,x(k))=x^2(k)$ und demzufolge dieser Ausdruck außerdem noch von dem Gütefunktional $Q[\tilde{u}]$ abhängt. Man berechne $Q[u]$.

49. Man zeige, daß man das System (5.65), (5.64) als ein lineares Steuerungssystem auffassen kann. Man präzisiere den Terminus "auffassen kann".

5o. Ist das System (5.66) mit n=2 und
$x_1(t+1)=x_1(t)\cos a-x_2(t)\sin a,$
$x_2(t+1)=x_1(t)\sin a+x_2(t)\cos a$
steuerbar?

5.9 EINE EINFÜHRUNG IN DIE NUMERISCHEN LÖSUNGSVERFAHREN

Wir besprechen hier die lineare und quadratische Programmierung und skizzieren die Ideen der Simplexmethode sowie der Methode von P. Wolfe. Zu beiden Rechenalgorithmen geben wir je ein Beispiel und verdeutlichen ihre Berechtigung noch durch je zwei Übungen (Aufgabe 51 und 53). Eine sehr genaue Darstellung dieses Themenkreises findet man z.B. im Lehrbuch [5.4].

Beispiel 5.12: Man bestimme mit der Simplexmethode das Maximum der Linearform $x_2^*-x_1^*$ auf dem Quadranten, der durch $x_1^*\le 0$, $x_2^*\ge 0$, $x_1^*-2x_2^*\ge -6$ und $2x_1^*-x_2^*\ge -6$ gegeben ist.

Die entsprechende kanonische Form wird durch

$$x_1+2x_2+x_3=6,\quad 2x_1+x_2+x_4=6,\quad x_k\ge 0,\quad k=1,2,3,4$$

gegeben. Dabei ist $x_1=-x_1^*$ und $x_k=x_k^*$ für k=2,3,4. Der Rang der Matrix $\begin{bmatrix}1&2&1&0\\2&1&0&1\end{bmatrix}$ ist 2 und jede Lösung der Form

$$x_3=6-x_1-2x_2,\quad x_4=6-2x_1-x_2$$

wobei x_1,x_2 Parameter seien, ist eine Basislösung. Setzen wir z.B. $x_1=$ $=x_2=0$ (nach Satz 5.1 ist dies zulässig). Dann erhalten wir die Lösung $x_1=x_2=0$, $x_3=x_4=6$, die, wie man leicht zeigt, nicht die optimale Steuerung ist. In anderen Fällen kann dieser Nachweis durchaus kompliziert sein. Daher liegt es nahe, diese Prozedur anhand des Simplextableaus (Tabelle 5.2) zu automatisieren. Wir benutzen die Bezeichnungen aus Paragraph 5.3; insbesondere ist $c_1=c_2=1$, $c_3=c_4=0$. Weiterhin bezeichnen wir mit p_k das Skalarprodukt der Vektoren $(a_{1,k},a_{2,k})$ und (c_3,c_4) minus dem Skalar c_k, also $p_k=(a_{1,k},a_{2,k})(c_3,c_4)-c_k$, k=1,2. Ferner setzen wir

$q=(b_1,b_2)(c_3,c_4)$.

Tabelle 5.2

a	$a_{i,1}$	$a_{i,2}$	$a_{i,3}$	$a_{i,4}$	b_i	b
$a_{1,k}$	1	2	1	0	6	b_1
$a_{2,k}$	2	1	0	1	6	b_2
p_k	-1	-1	0	0	0	q

Man zeigt leicht Folgendes: Wenn die ersten m Spalten der Matrix $[a_{i,k}]$ linear unabhängig sind und $b_i>0$ für $i=1,\ldots,m$ gilt, so ist für die Annahme des Maximums einer Linearform mit den Koeffizienten $c_1,\ldots$ $.,c_{n-r}$ über die Menge (5.1o) notwendig und hinreichend, daß $p_k \geq 0$ für $k=1,\ldots,m$ gilt. Dies ist in unserem Beispiel jedoch nicht der Fall. Weiterhin läßt sich allgemein leicht nachweisen, daß sich die Basislösungen nur durch die Wahl der Elemente $(x_{m+1},\ldots,x_n)$ unterscheiden. Also bestimmt man zur Berechnung des Extremums jenes x_1, das $p_1 \leq p_k$ für $k=1,\ldots,m$ erfüllt, und tauscht es durch ein geeignetes anderes aus. In unserem Beispiel gilt m=2, n=4 und $p_1=p_2=-1$. Also ist l=1 oder l=2. Die Entscheidung für einen der beiden Werte beeinflußt den Lösungsweg nicht wesentlich, da die Aufgabe bezüglich der Geraden $x_2=x_1$ symmetrisch ist. Wir entscheiden uns für l=2, also für das Element x_2.

Man muß jetzt eine Basislösung herleiten, in der x_3 oder x_4 nicht als Parameter auftritt. Zu diesem Zweck betrachtet man (wie man leicht begründen kann) das kleinste Verhältnis $b_i/a_{i,1}$ über alle Indizes $i=1,\ldots$ $..,m$ mit $a_{i,1}>0$. Wenn ein derartiger Index nicht existiert, hat das Problem keine endliche Lösung. Wenn $b_n/a_{n,1} \leq b_i/a_{i,1}$, $i=1,\ldots,m$ für ein gewisses h gilt, so entfernt man zur Bestimmung des Extremums aus der Folge $(x_{m+1},\ldots,x_n)$ das Element x_{m+h}. In unserem Beispiel ist $a_{1,1}>0$, $a_{1,2}>0$, $b_1/a_{1,2}=3$, $b_2/a_{1,2}=6$, also ist h=1 und wir wählen die Basislösung, die zu $(x_2,x_3,x_4)=(x_2,x_4)$ gehört. Man benutzt nun das zweite Simplextableau (Tabelle 5.3) mit $a'_{n,k}=a_{n,k}/a_{n,1}$ (in unserem Fall $a'_{1,k}=a_{1,k}/a_{1,2}$) und $a'_{i,k}=a_{i,k}-(a_{i,1}/a_{h,1})a_{h,k}$, für $i \neq k$ (in unserem Fall: $a'_{2,k}=a_{2,k}-(a_{2,2}/a_{2,1})$ $a_{1,k}$). Nach diesem Schema behandeln wir auch b'_i, indem wir $b'_i=a'_{i,0}$ und $b_i=a_{i,0}$ setzen. Dann berechnen wir wieder wie oben die Koeffizienten p'_k und q' und ersetzen $a_{i,k}$ durch $a'_{i,k}$ sowie c_{m+h} durch c_1.

Tabelle 5.3

a	$a'_{i,1}$	$a'_{i,2}$	$a'_{i,3}$	$a_{i,4}$	b'_i	b'
$a'_{1,k}$	$\frac{1}{2}$	1	$\frac{1}{2}$	0	3	b'_1
$a'_{2,k}$	$\frac{3}{2}$	0	$-\frac{1}{2}$	1	3	b'_2
p'_k	$-\frac{1}{2}$	0	$\frac{1}{2}$	0	3	q'

In unserem Beispiel erhält man:

$$p'_k=(a'_{1,k},a'_{2,k})(c_2,c_4)-c_k,\quad k=1,2;\quad q=(b'_1,b'_2)(c_2,c_4).$$

Analog zu obigem sieht man, daß auch die so erhaltene Lösung nicht optimal ist. Tauscht man nun weiterhin noch das Element x_1 gegen x_4 aus, so erhält man (analog) das 3. Simplextableau (Tabelle 5.4).

Tabelle 5.4

a"	$a''_{i,1}$	$a''_{i,2}$	$a''_{i,3}$	$a''_{i,4}$	b''_i	b"
$a''_{1,k}$	0	1	$\frac{2}{3}$	$-\frac{1}{3}$	2	b''_1
$a''_{2,k}$	1	0	$-\frac{1}{3}$	$\frac{2}{3}$	2	b''_2
p''_k	0	0	$\frac{1}{3}$	$\frac{1}{3}$	4	q"

Hieraus folgt nun die optimale Lösung

$$x_1^*=-x_1=-b''_1=-2,\quad x_2^*=x_2=b''_2=2,$$

und das gesuchte Maximum beträgt $x_2^*-x_1^*=4$.

<u>Beispiel 5.13:</u> Wir besprechen jetzt die Methode von Wolfe zur Bestimmung des globalen Minimums der quadratischen Funktion $x_2^{*2}-x_1^*-x_2^*$, die auf einer Menge definiert ist, die durch die folgenden linearen Ungleichungen gegeben ist:

$$x_k^*\geq 0,\ k=1,2,3,\quad x_4^*\leq 0,\quad x_1^*+2x_2^*+3x_3^*=6,\quad x_1^*-x_4^*=2\ .$$

Die entsprechende kanonische Form ist

$$x_1+2x_2+3x_3=6,\ x_1+x_4=2,\ x_k\geq 0,\ k=1,2,3,4. \tag{5.67}$$

Dabei ist $x_k=x_k^*$, $k=1,2,3$ und $x_4=-x_4^*$. Nach Satz 5.2 muß man also die Gleichungssysteme (5.1o), (5.14) und (5.15) lösen für $n=4$ und $m=2$. Dabei ist

$$[a_{i,k}]=\begin{bmatrix}1&2&3&0\\1&0&0&1\end{bmatrix},\quad [c_{k.}]=\begin{bmatrix}-1\\-1\\0\\0\end{bmatrix},\quad [d_{k,i}]=\begin{bmatrix}0&0&0&0\\0&1&0&0\\0&0&0&0\\0&0&0&0\end{bmatrix}.$$

$$[b_{i.}]=\begin{bmatrix}6\\2\end{bmatrix},$$

weil die entsprechende quadratische Form positiv semi-definit ist.

Die Methode von Wolfe zur Bestimmung des Minimums läßt sich anwenden, wenn die quadratische Form positiv definit ist. Sie arbeitet jedoch oft auch korrekt, wenn die Form lediglich positiv semi-definit ist. Der Rang der Matrix $[a_{i,k}]$ ist 2. Die Lösung $x_1^B=x_2^B=2$ und $x_3^B=x_4^B=0$ ist eine Basislösung des Systems (5.67). Wir bemerken, daß wir im Gegensatz zum obigen Beispiel bei der Bestimmung einer Basislösung nicht mit der Einheitsmatrix beginnen können (das würde gehen, wenn beide Seiten der Gleichung $x_1+2x_2+3x_3=6$ durch 2 oder 3 teilbar wären. Dabei ist noch zu bemerken, daß die Variablen x_3 und x_4 nicht in die zu minimierende Funktion eingehen). Diese Lösung genügt also nur der Gleichung (5.1o). In Gleichung (5.14) führen wir noch zusätzliche Unbekannte $\theta_i, i=1,\dots,n$, ein:

$$2\sum_{i=1}^{n} d_{k,i}x_i^B - \sum_{i=1}^{m} a_{i,k}\lambda_i+\eta_k + \sum_{i=1}^{n}\gamma_k\delta_{i,k}\theta_i=-c_k \tag{5.68}$$

wobei $\delta=[\delta_{i,k}]$ das Kronecker-Delta bezeichne und $\gamma_k=+1$ oder -1 sei. Weiterhin ersetzen wir die Variablen λ_k, deren Vorzeichen unbekannt sind, durch positive Unbekannte μ_k, ν_k mit $\lambda_k=\mu_k-\nu_k$. Dann erhält das Gleichungssystem (5.68) die Form

$$2\sum_{i=1}^{n} d_{k,i}x_i^B - \sum_{i=1}^{m} a_{i,k}\mu_i + \sum_{i=1}^{m} a_{i,k}\nu_i+\eta_k + \sum_{i=1}^{n}\gamma_k\delta_{i,k}\theta_i=-c_k \tag{5.69}$$

Man zeigt leicht, daß

$$\gamma_k=1 \text{ für } \tilde{\gamma}_k=c_k+2\sum_{i=1}^{n} d_{k,i}x_i^B\leq 0,\quad \gamma_k=-1 \text{ für } \tilde{\gamma}_k>0$$

Wenn man also $\theta_k = |\tilde{\gamma}_k|$, $\mu_k = \nu_k$ und $\eta_k = 0$, $k=1,\dots,n$ annimmt, erhält man eine der möglichen Lösungen der Systeme (5.1o) und (5.14) mit höchstens (m+n) Elementen, die ungleich Null sind.

In unserem Fall ist $\tilde{\gamma}_1=-1$, $\tilde{\gamma}_2=3$, $\tilde{\gamma}_3=\tilde{\gamma}_4=0$. Also kann man $\gamma_1=-1$, $\gamma_2=1$, $\gamma_3=\gamma_4=1$, $\theta_1=1$, $\theta_2=3$ und $\theta_3= \theta_4=0$ annehmen. Damit hat man also die Basislösung von (5.1o), (5.69) zu bestimmen. Dies entspricht in unserem Fall dem System

$$\begin{array}{llllllllll}
x_1+2x_2+3x_3 & & & & & & & & & = 6, \\
x_1 & +x_4 & & & & & & & & = 2, \\
 & & -\mu_1-\mu_2+\nu_1+\nu_2+\eta_1 & & & & + {}_1 & & & = 1, \\
\quad 2x_2 & & -2\mu_1 \quad +2\nu_1 & +\eta_2 & & & & - {}_2 & & = 1, \\
 & & -3\mu_1 \quad +3\nu_1 & & +\eta_3 & & & & - {}_3 & = 0, \\
 & & \quad -\mu_2 \quad\quad +\nu_2 & & & +\eta_4 & & & - {}_4 & = 0.
\end{array} \tag{5.7o}$$

Wir erinnern uns daran, daß im Paragraphen 5.3 folgendes festgestellt wurde: Wenn das Gleichungssystem (5.1o), (5.14) und (5.15) eine Lösung besitzt, dann genügt es, eine Basislösung von (5.1o) und (5.14) zu bestimmen. Auf diese Art kann man das betrachtete Problem auf die Bestimmung des Minimums einer Linearform, nämlich von $\theta_1+\theta_2$ zurückführen, die auf der durch (5.7o), (5.15) und $x_k \geq 0, \mu_i \geq 0, \nu_i \geq 0, \theta_k \geq 0, \eta_k \geq 0$ definierten Menge zu betrachten ist (im allgemeinen Fall geht man analog vor. Offensichtlich ist dann die Linearform $\theta_1+\dots\theta_m$ zu minimieren).

Im allgemeinen Fall, also bei der statischen Programmierungsaufgabe, benutzt man die allgemeine Methode von Kuhn-Tucker, die auf Satz 5.7 (Satz von Kuhn-Tucker über Sattelpunkte) beruht. Man arbeitet auch in diesem Fall mit einem zu Tabelle 5.1 analogen Tableau. Dabei ersetzt man, wie im Falle der statischen oder dynamischen Optimierung -vgl. die Bemerkungen in früheren Abschnitten- die Ungleichungsbeschränkungen durch Beschränkungen, die in Form von Gleichungen gegeben sind.

Im Fall der statischen Optimierungsprobleme transformiert man die durch Ungleichungen gegebenen Nebenbedingungen über Schlupfvariable in Nebenbedingungen in Gleichungsform. Von diesen Schlupfvariablen hängt das Funktional (dessen Extremalwerte zu bestimmen sind) nicht ab. Diese Methode ist allerdings nur beschränkt anwendbar. Verläuft z.B. das Funktional parallel zu einer Hyperebene, so liefert der Austauschalgorithmus des Simplex-Verfahrens eine singuläre Matrix. In einem derartigen Fall besteht die Möglichkeit des Rücksprungs. Eine andere Möglichkeit besteht darin, ähnlich wir beim Gradientenverfahren vorzugehen. Schließlich ist es noch möglich, weder das zu optimierende Funktional noch die gesuchte Richtung zu modifizieren, sondern statt dessen -analog dazu wie wir es bei der Simplex-Methode besprochen haben- das Gebiet durch einen Simplizialkomplex zu approximieren. Die Simplex-Methode ist für Polyeder, d.h. für Spezialfälle von Simplizialkomplexen geeignet. D.h. mit der Simplex-Methode kann das Extremum auf dem entsprechenden Simplizialkomplex ermittelt werden. Der Begriff des Komplexes ist fundamental in der Topologie und in der algebraischen Geometrie. Außerdem ist er von prinzipieller Bedeutung in der mathematischen Analysis [0.6].

Im Falle der dynamischen Optimierung sind die grundlegenden direkten Methoden, die dynamische Programmierung, die Gradientenmethode in Funktionenräumen, die Methode der konjugierten Gradienten in Funktionenräumen und die Methode der 2ten Variation. Weiter gehören zu den bekannten Methoden noch die hieraus abgeleiteten indirekten Methoden. Neben diesen durchaus bekannten Verfahren gibt es noch mehrere spezielle, so die Mehrschnittverfahren und die Rekursivenverfahren. Wenden wir uns der sogenannten *vielschichtigen Optimierungsmethode* zu, d.h. man zerlegt ein Steuerungssystem mit sehr vielen Variablen (dies sind also die Koeffizienten des Steuervektors) und löst anschließend Teilprobleme mit möglichst größeren Steuerungsbereichen. Danach setzt man die Einzelprobleme wieder zusammen.

Diese Arbeitsmethode ist ausführlich in dem schon mehrfach zitierten Buch [5.4] dargestellt.

Zum Schluß geben wir noch ein Beispiel eines effektiven Verfahrens zur Bestimmung von Umschaltzeiten, das auf der optimalen Steuerung eines linearen Systems mit einer äußeren Störung beruht. (Pełczewski und Ławrynowicz [5.24]; vgl. auch [5.14] und [5.15]).

Beispiel 5.14: Wir benutzen die Bezeichnungen und Voraussetzungen von Beispiel 5.9 und wollen weiterhin annehmen, daß das Polynom M lediglich einfache Nullstellen besitzt, die alle von Null verschieden seien. Dann liegen die Formeln (5.53) in der folgenden Form vor:

$$\alpha_{0,k} = \left.\frac{P(s)-b_1U(s)}{(s-s_k)^{-1}M(s)}\right|_{s=s_k} + \left.\frac{F(s)Z(s)-L(s)}{(s-s_k)^{-1}M(s)}\right|_{s=s_k}, \qquad (5.71)$$

$$\alpha_{h,0} = \frac{1}{p!}\binom{p}{h} \frac{d^{p-h}}{ds^{p-h}} \left[\frac{F(s)Z(s)}{s^{-p-1}M(s)}\right] \Bigg|_{s=s_k} , \qquad (5.72)$$

wobei $k=1,\ldots,n$; $h=0,\ldots,p$. Nach Formel (5.52) bestimmt man die Koeffizienten $\alpha_{h,0}$ besser nicht mit Hilfe der Formel (5.72), sondern aus der Gleichung (5.49), wobei $a_{n+1}=1$, $z(t)=d_0+\ldots+d_p t^p$, $d_o \neq 0$ und $u(t)=0$ für $t>t_n$:

$$\sum_{k=1}^{n} a_{k+1} \sum_{i=1}^{p} \frac{i!}{(i-k)!} \alpha_{i,0}\, t^{i-k} = \sum_{h=0}^{1} c_{h+1} \sum_{i=h}^{p} \frac{i!}{(i-h)!} d_i\, t^{i-h}, \quad t>t_n. \qquad (5.73)$$

Ein Koeffizientenvergleich für Potenzen gleicher Ordnung auf beiden Seiten liefert ein Gleichungssystem von (p+1) Gleichungen in (p+1) unbekannten $\alpha_{n,0},\ldots,\alpha_{n,p}$, das man effektiv lösen kann.

Danach kann man wie folgt fortfahren. Beginnen wir mit einem in etwa plausiblen Wert $t_n=t_n'$ und lösen das System

$$\varepsilon^{*(h)}(t) = \sum_{k=1}^{n} s_k^h\, \alpha_{0,k} \exp(s_k t) + B^{(h)}(t), \quad t>t_n, \quad h=0,\ldots,n-1. \qquad (5.74)$$

Dabei ist $B(t)=\alpha_{0,0}+\ldots+\alpha_{p,0}\, t^p$, und die Bedingungen (5.5o) seien erfüllt. Führt man nun den Grenzübergang für $t \to t_n'+$ durch, so erhält man

$$\alpha_{0,k}' = \begin{vmatrix} 1 & \ldots 1 & -B(t_n') & 1 & \ldots 1 \\ s_1 & \ldots s_{k-1} & -\dot{B}(t_n') & s_{k+1} & \ldots s_n \\ \ldots & \ldots & \ldots & \ldots & \ldots \\ s_1^{n-1} & \ldots s_{k-1}^{n-1} & -B^{(n-1)}(t_n') & s_{k+1}^{n-1} & \ldots s_1^{n-1} \end{vmatrix} : \begin{vmatrix} 1 & \ldots 1 \\ s_1 & \ldots s_n \\ \ldots & \ldots \\ s_1^{n-1} & \ldots s_n^{n-1} \end{vmatrix} \exp(s_k\, t_n)$$

Diese Werte setzen wir in das System (5.71) ein mit $k=1,\ldots,n$. Aus diesem System wählen wir uns beliebige $n-1$ Gleichungen aus (auch diese Wahl läßt sich optimieren) und lösen es nach den Variablen $t_1,\ldots,t_{n-1}$ bei festem Wert $t_n=t$ auf. Die so erhaltenen Werte $t_1=t_1',\ldots z_{n-1}=t_{n-1}'$ setzt man in die noch nicht benutzte Gleichung von (5.71) ein und prüft, ob sie erfüllt ist. Ist dies der Fall, so ist das Problem gelöst. Andernfalls verbessert man den Wert t_n' durch $t_n=t_n''$ und wiederholt die obige Prozedur. Dies ist unter Umständen mehrmals notwendig.

ÜBUNGEN

51. Man begründe theoretisch die einzelnen Schritte der Simplex-Methode.

52. Man berechne mit der Simplex-Methode das globale Minimum der

Linearform $20x_1^*+x_2^*$ in dem Quadrat $x_1^*\le 0$, $x_2^*\le 0$, $x_1^*\le x^*\le 2x_1^*+3$.

53. Man begründe theoretisch die einzelnen Schritte der Methode von Wolfe.

54. Man bestimme nach der Methode von Wolfe das globale Minimum der Funktion aus Beispiel 5.13 (d.h. man beende das Beispiel).

55. Man bestimme nach der Methode von Wolfe das globale Maximum der Funktion $5x_1^*+3x_2^*-x_1^{*2}$ auf der Menge

$$x_1^*\ge 0,\ x_2^*\ge 0,\ x_1^*+x_2\ge 12,\ x_2^*\le 4,\ 2x_2^*\le x_1^*-3.$$

56. Die oben beschriebene Prozedur zur Bestimmung der Umschaltzeiten aus Beispiel 5.14 ist für den folgenden Fall zu modifizieren: Das Polynom M besitze wie oben nur einfache Nullstellen, jedoch sei eine von ihnen gleich Null.

5.10 ANWENDUNGSBEISPIELE AUS DER ELEKTROTECHNIK UND DER AUTOMATISIERUNGSTHEORIE

Ähnlich wie im vorherigen Abschnitt und angesichts genügend ausführlicher Darstellungen in Kapitel 3 über die Anwendungen in Physik und Elektrotechnik, beschränken wir uns hier darauf, nur noch einige aktuelle Beispiele für die besprochenen Variationsmethoden anzugeben. Wie im Beispiel 5.1 weisen wir hier nochmals auf die Bedeutung der Steuerung hin: Der Steuerungsvektor ist in der Physik i.a. Beschränkungen unterworfen. Damit unterliegt auch die Menge der Lösungen des betrachteten Differentialgleichungssystems gewissen Beschränkungen. Also ist der Zustands- und der Ausgabevektor (d.h. die Elemente des Ausgaberaumes) ebenfalls gewissen Beschränkungen unterworfen. Die Beschränkungen, die oft wesentliche Schwierigkeiten verursachen, sind im allgemeinen durch Ungleichungen gegeben. Gleichzeitig haben diese Schwierigkeiten aber zu einer stärkeren Entwicklung der Kontrolltheorie geführt insbesondere zur Entwicklung der mathematischen Programmierung. Dazu führen wir jetzt einige Beispiele an:

<u>Beispiel 5.15:</u> In einem Wechselstromkreis mit Induktivität L und Ohmschen Widerstand R wird die Spannung $\dot\psi$ am Widerstand gemessen. Nun bezeichne u die Spannung der Stromquelle. In Übereinstimmung mit den Überlegungen von Paragraph 3.6 gilt dann $u=L\ddot q+R\dot q$, wobei $\dot q$ die Stromstärke bezeichnet. Als (eindimensionalen) Zustandsvektor, der auch gleichzeitig der Ausgabevektor ist, bezeichnen wir die Spannung $\dot\psi$, die wegen

$R\dot{q}=\dot{\psi}$ der Differentialgleichung $\ddot{\psi}+(R/L)\dot{\psi}=(R/L)u$ genügt. Der (eindimensionale) Steuerungsvektor ist offensichtlich die Spannung u der Stromquelle.

Beispiel 5.16: In einem Wechselstromkreis mit Induktivität L und Ohmschen Widerstand R wird die Spannung $\dot{\psi}$ an der Spule gemessen. Es bezeichne u wieder die Spannung der Stromquelle. Dann erhält man analog zu obigen Beispiel $u=L\ddot{q}+R\dot{q}$. Als (eindimensionalen) Ausgabevektor kann die Spannung $\dot{\psi}$ angesehen werden, die wegen $L\ddot{q}=\dot{\psi}$ der Integralgleichung

$$\dot{\psi}(t)+R\dot{q}(0)+(R/L)\int_0^t \dot{\psi}(t')dt'=u(t), \quad t_0=0\le t\le t_*$$

genügt. Wenn die Funktion $\dot{\psi}$ differenzierbar ist, genügt sie ebenfalls der Differentialgleichung $\ddot{\psi}+(R/L)\dot{\psi}=\dot{u}$. Diese derartig abgeleitete Differentialgleichung kann man dahingehend vereinfachen, daß $\dot{\varphi}=\dot{\psi}-u$ gesetzt wird. Dies führt dann zu einer Gleichung, die nicht $\dot{u}$ sondern nur u enthält: $\ddot{\varphi}+(R/L)\dot{\varphi}=-(R/L)u$. Als Steuerungsvektor verwendet man im weiteren in Übereinstimmung mit der physikalischen Intuition die Spannung der Stromquelle. Jedoch erhalten wir diesmal einen Unterschied zwischen dem Ausgabevektor und dem Zustandsvektor. Letzterer ist die Größe $\dot{\varphi}$, deren Kenntnis genügt, um (im physikalischen Sinne) den Zustand des betrachteten Systems in einem beliebigen Zeitpunkt t zu definieren. Dieses Beispiel hat also den Vorteil, daß es vom technischen und physikalischen Sinn her deutlich zwischen dem in Paragraph 5.4 eingeführten Raum der Trajektorien und dem Ausgaberaum unterscheidet.

In den Beispielen 5.15 und 5.16 treten zwei typische Elemente aus mehrdimensionalen Steuerungssystemen auf und die in Abbildung 52 dargestellt sind. Die Erforschung derartiger Systeme unter dem Aspekt der technischen Realisierbarkeit ist Aufgabe der Automatisierungstheorie. Eine sehr große Klasse solcher Systeme haben wir in Paragraph 5.7 besprochen und speziellere Überlegungen dazu durchgeführt. Außer den unmittelbar einsichtigen Einschränkungen wie Linearität und Eindimensionalität sind noch andere Aspekte zu berücksichtigen wie etwa: die zeitoptimale Steuerung. Dabei erscheint es hier angebracht, ein Beispiel zu besprechen, in dem eine nicht notwendig lineare Gütefunktion optimiert wird. Weit verbreitet sind in diesem Rahmen die quadratischen Gütefunktionen (wir sind solchen in Aufgabe 45 begegnet). Die Gütefunktionen treten z.B. bei Aufgaben zur Energieminimierung auf. Dieses Gebiet ist ausführlich in dem Lehrbuch [5.1] S.734-78o bearbeitet worden. Wir beschränken uns hier auf die Darstellung eines einfachen Beispiels, das diesem

Buch entnommen ist.

Beispiel 5.17: Wir betrachten ein Steuerungssystem, das in Abbildung 54 dargestellt ist. Wir haben also einen Gleichstrommotor vor uns, der über die Erregerseite her gesteuert wird. Die Spannung u wird an den Erregerkreis gelegt, der mit der Induktion L und dem Widerstand R versehen ist. Bezeichnet ψ den erregten Strom, so erhalten wir $L\dot{\psi}+R\psi=ku$, wobei k ein Proportionalitätsfaktor ist. Im weiteren nehmen wir an, daß man die Induktivität vernachlässigen kann.

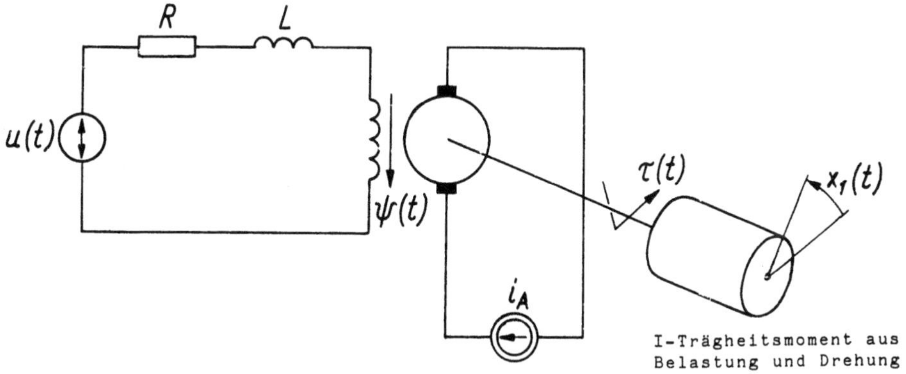

Abbildung 54.

Weiterhin nehmen wir an, daß im Kreis ein Strom konstanter Stromstärke i_A fließe. Das Drehmoment τ ist porportional zu i_A und ψ: $\tau=k^*i_A\psi$, wobei k^* der Proportionalitätsfaktor ist. Wenn wir noch eine steife Ausgangswelle annehmen und die Reibung vernachlässigen, dann genügt der Drehwinkel x_1 der Gleichung $J\ddot{x}_1=\tau$. Dabei ist J die Belastungsträgheit, d.h. das Trägheitsmoment aus Belastung und Drehung. Führt man als weitere Koordinate des Zustandsvektors $x_2=\dot{x}_1$ ein, dann läßt sich das betrachtete Steuerungssystem durch das System von Differentialgleichungen

$$\dot{x}_1=x_2,\ \dot{x}_2=(kk^*/JR)i_Au \quad \text{(Zustandsgleichungen)} \tag{5.75}$$

beschreiben. Als (eindimensionalen) Steuerungsvektor benutzt man die Spannung u des Erregers. Die optimale Steuerungsaufgabe besteht in der Bestimmung einer Steuerung $u=\tilde{u}$, die das gegebene System (5.75) mit den Anfangsbedingungen $x_1(0)=\xi_0$, $x_2(0)=0$ für einen vorgegebenen Zeitpunkt t^* in den Zustand $x_1(t_*)=\xi_*$, $x_2(t_*)=0$ überführt und gleichzeitig die Energie bezüglich des Funktionals

$$E[\tilde{u}] = \int_0^{t^*} \tilde{u}^2 dt \qquad \text{(Gütefunktional)} \qquad (5.76)$$

minimiert.

Bei vielen Steuerungsprozessen hängt die Wahl des Gütefunktionals ebenso wie die Gestaltung des Kontrollsystems vom bearbeitenden Ingenieur ab. Daher lohnt es sich zu betonen, daß sowohl in der Elektrotechnik wie in der Automatisierungstheorie man sich auf solche Systeme beschränken soll, die zunächst gegeben sind. Darauf ist auch in dem oben zitierten Buch von Athans und Falb besonderen Wert gelegt. Dazu zitieren wir aus diesem Buch (S.855):" The Theory of Optimal Control can be used in the preliminary-design stage of a system and serve as a guide to the intelligent choice of a particular control scheme. The solution of a well-formulated optimal problem is a mathematical one; the selection of a constraint set, however, is very often up to the engineer."

Lösungshinweise

Kapitel 1.1

2. a) Ja.

   b) Nein.

3. Lokale Maxima: a), b), c); lokale Minima a) $x_2=x_1$, $x_1^2+x_2^2<1$, b) - , c) $(\frac{1}{3}, \frac{1}{3})$;

   Randmaxima: a) $(\frac{1}{\sqrt{2}}, -\frac{1}{\sqrt{2}})$, $(-\frac{1}{\sqrt{2}}, \frac{1}{\sqrt{2}})$

   b) $(1,0)$, $(-\frac{1}{2}, \frac{1}{2}\sqrt{3})$, c) $(1,0)$, $(0,1)$;

   Randminima: a) $(-\frac{1}{\sqrt{2}}, -\frac{1}{\sqrt{2}})$, $(\frac{1}{\sqrt{2}}, \frac{1}{\sqrt{2}})$,

   b) $(-\frac{1}{2}, -\frac{1}{2}\sqrt{3})$, c) $(-\frac{1}{\sqrt{2}}, -\frac{1}{\sqrt{2}})$, $(\frac{1}{\sqrt{2}}, \frac{1}{\sqrt{2}})$;

   Globale Maxima: a) $(\frac{1}{\sqrt{2}}, -\frac{1}{\sqrt{2}})$, $(-\frac{1}{\sqrt{2}}, \frac{1}{\sqrt{2}})$,

   b) $(1,0)$, c) $(1,0)$, $(0,1)$;

   Globale Minima: a) $x_2=x_1, x_1^2+x_2^2\le 1$, b) $(-\frac{1}{2}, -\frac{1}{2}\sqrt{3})$, c) $(\frac{1}{3}, \frac{1}{3})$.

Kapitel 1.2

6. Die offene Kugel in D_I mit Mittelpunkt y und Radius ε besteht aus allen Funktionen $\tilde{y}\in D_I$, die der Bedingung (1.1o) genügen.

7. Wir betrachten den Fall $y(x_o)>0$ für ein gewisses x_o. Dann gibt es

ein Intervall $(\alpha;\beta)\subset[a;b]$, indem $y(x)>0$ gilt. Wir nehmen für die Funktion $h(x)=(x-\alpha)(x-\beta)$, wenn $x\in(\alpha;\beta)$, und wir setzen $h(x)=0$, wenn $x\notin(\alpha,\beta)$ gilt.

8.,9. Vergleiche den Beweis zu Satz 1.6; ev. auch [1.7].

1o. Vergleiche Bemerkung 1.2.

11. Die Planetenbewegung erhält man aus dem Maupertius-Prinzip.

12. Der kürzere Teil des durch diese Punkte laufenden Großkreises.

13. Die Seifenblase, die von den beiden Kreisen $x_2^2+x_2^2=a^2$, $x_1=1$ und $x_1=-1$ begrenzt wird.

14. $\frac{1}{x} \approx \cos 33^\circ 32'$, $a_o \approx \operatorname{ctg} 33^\circ 32' \approx 1.5o9$. Sprungstelle.

Kapitel 1.3

15. Vergleiche den Beweis zu Aufgabe 1.7.

17. $y = c \cosh \frac{x}{c} - c \cosh \frac{1}{c}$, wobei c eine der Lösungen der Gleichung $c \sinh \frac{1}{c} = a$ ist.

18. $y = \cosh[\frac{1}{c}(x-r)]-\lambda$, wobei (c,r,λ) eine der Lösungen des Systems

$$c \sinh \frac{q-p}{2c} = \frac{1}{2}[4a^2-(Q-P)^2]^{\frac{1}{2}}, \quad \frac{q+p-2r}{2c} = \frac{1}{2}\ln \frac{2a+Q-P}{2a-Q+P},$$

$$\lambda = \cosh \frac{q+p-2r}{2c} \cosh \frac{q-p}{2c} - \frac{1}{2}(Q+P)$$ ist.

Kapitel 1.4

21. Vergleiche den Beweis zu Satz 1.8.

22. a) $y(x)=x$, $0\le x\le 1$ - Minimum.
    b) Es existiert kein Extremum.
    c) $y(x) = \frac{\sin x}{\sin a}$ $0\le x\le 1$ - Minimum für $a\le\pi$, für $a=\pi$ existiert

kein Extremum.

23. $(\frac{\pi}{a})^2 \mu i$. Dies folgt aus dem Energieerhaltungssatz und der Lösung von Aufgabe 22c).

Kapitel 1.5

24. a) Ja.
    b) Nein.
    c) Ja.

25. $y=x$, $0 \le x \le 1$.

Kapitel 1.6

28. Ja.

31. $N=\mathbb{R}$ und man nehme das vollständige Orthonormalsystem e_i aus Beispiel 1.12.

32. $N=\mathbb{R}$ und man nehme das vollständige Orthonormalsystem $y_k = e_{2k-1}$ aus Beispiel 1.12.

33. Den Hilbert-Raum aller auf $[a;b]$ quadratintegrierbaren Funktionen mit $y(a+b-x)=y(x)$ für $a \le x \le b$.

34. $\mathcal{L}^2[a;b]$.

Kapitel 1.7

37. Dies folgt aus der Definition.

38. Für jedes $y \in D_F$ betrachtet man den Vektor $y/\|y\|$.

39. a),b) Ja.

4o. Die zweite Variation aus Paragraph 1.4.

41., 42. Dies folgt aus der Definition.

43. Negativ definit; ja; das hängt von der Funktion p und den Randbedingungen ab: Beschränkt man sich auf solche Funktionen $y \in D_F$ (D_F wie in Aufgabe 39), die auf dem Rande P eines Quaders verschwinden, also $y(x)=0$ für $x \in P$, dann ist der 3-dimensionale Beltrami-Operator F negativ definit für jede positiv wertige Funktion p und positiv definit für jede negativ wertige Funktion p. Dies läßt sich auch auf den n-dimensionalen Beltrami-Operator übertragen.

44. Man vergleiche Aufgabe 43.

Kapitel 1.8

45. Wir bemerken zunächst, daß $P=(\mathbb{R} \ni x \mapsto x^4-4x^3+7x^2-8x+5)$ ein positivwertiges Polynom ist. Also ist der Operator $d^2/dx - P$, wobei $P[\tilde{y}](x)=P(x)\,\tilde{y}(x)$ gilt, ein negativer Operator. Die zugehörige Variationsaufgabe besteht also darin, ein Extremum $\tilde{y}=y$ für das Funktional

$$I[\tilde{y}] = \int_a^b [\tilde{y}'^2+P(x)\tilde{y}+2\tilde{y}]dx, \quad \tilde{y}\in C^2[a;b], \quad \tilde{y}(a)=\tilde{y}(b)=0$$

zu finden.

46. Das zugehörige Funktional ist

$$I[\tilde{y}] = \int_a^b [\tilde{y}'^2+P(x)\tilde{y}+2Q(x)\tilde{y}]dx, \quad \tilde{y}\in C^2[a;b], \quad \tilde{y}(a)=\tilde{y}(b)=0.$$

47. Man vergleiche Aufgabe 43.

Kapitel 2.1

1. Dies zeigt man über die Definition der Addition.

2. a) $y_1(x)=y_2(x)=\sin x, \ 0\leq x\leq\frac{1}{2}\pi$;

   b) $y(x_1,x_2)=x_1, \ x_1^2+x_2^2\leq 1$.

3. Vergleiche Beispiel 1.9.

4. $$\int_a^x [F^2(x)+c^2]^{-\frac{1}{2}}dx - \int_A^y [G^2(y)-c^2]^{-\frac{1}{2}}dy = \tilde{c},$$
   wobei die Konstanten c und $\tilde{c}$ aus den Bedingungen $y(a)=A$ und $y(b)=B$ bestimmt werden.

5. Der Kreis mit dem Radius $\frac{a}{\pi}$.

6. Die Sphäre mit Radius $(\frac{a}{2\pi})^{\frac{1}{2}}$.

7. Nimmt man in Beispiel 2.1 für t die Bogenlänge der Kurve, dann kann man die Eulersche Gleichung (2.2) in der Form

$$x''/(\eta_u\zeta_v-\eta_v\zeta_u)=y''/(\zeta_u\xi_v-\zeta_v\xi_u)=z''/(\xi_u\eta_v-\xi_v\eta_u)$$

schreiben. Dabei ist $x=\xi\circ(u,v)$, d.h. $x(t)=\xi(u(t),v(t))$, $t_o\leq t\leq t_*$ und analog verhält es sich für y und z. Die Ausdrücke $\eta_u\xi_v-\eta_v\xi_u$ etc. sind in jedem Punkte $(u(t),v(t))$ proportional zum Cosinus des Winkels der Normalen an die Fläche S in diesem Punkt. Daraus folgt die Behauptung.

8. Stellt man die Fläche S in der Form

$$x_1= u\cos v,$$
$$x_2= y\sin v,$$
$$x_3= \xi(u)$$

dar, dann folgt aus der Eulerschen Gleichung, daß $(u^2v')=0$ ist. Dabei ist nach der Bogenlänge der Kurve (u,v) differenziert worden. Hierbei ist u(t) der Radius in der Rotationsebene zum Punkte (u(t), v(t)) und u(t) v'(t) ist der Sinus des Winkels in der Aufgabe.

9. Die Integration der Gleichung (2.8) ergibt $(x_1^2+x_2^2)^{\frac{1}{2}}=c\cosh[(1/c)(x_3+c^*)]$, $x_2=0$, wobei c,c^* Konstante sind.

10./

Kapitel 2.2

11./12. Man vergleiche den Beweis von Lemma 2.4.

13. a) $y(x)=(c_1+c_2x)e^{cx}+(c_3+c_4x)e^{-cx}$, $a\leq x\leq b$;

b) $y(x)=(c_1+c_2x)\cos cx+(c_1+c_2x)\sin cx$, $a\leq x\leq b$;

c) $y(x) = \frac{1}{720}(3c-c^*)x^6c_1x^3+\frac{1}{2}c_2x+c_4$, $a\leq x\leq b$; wobei in allen3 Fällen die Konstanten c_1,c_2,c_3,c_4 aus dem Gleichungssystem (2.9) für $\tilde{y}=y$ bestimmt werden.

14. $y(x)=\sinh x$, $0\leq x\leq 1$.

Kapitel 2.3

15. a) $y'(a)=y'(b)=0$;
    b) $y'(a)=y'(b)=1$.

16. a),b) $y'(a)=y'(b)=0$.

17. Die zugehörigen Differentialgleichungen sind

$$\frac{d}{dt}\,[u_k'/(u_1'^2+u_2'^2+u_3'^2)]-\lambda(u_1)g_{u_k}(u_1,u_2,u_3)=0,\alpha\le t\le \beta$$

für $k=1,2,3$. Dabei ist $u_1=x$, $u_2=y_1$, $u_3=y_2$, die Funktion λ wird aus $g(x,y_1,y_2)=0$ bestimmt und die Werte α und β hängen von den Koordinaten der gegebenen Punkte auf der Fläche S ab.

18. Man setzt
$(C^1[a;b])^m \ni y \to f(1)$, mit $f'(x)=F(x,\tilde{y}(x),\tilde{y}'(x))$, $f(a)=0$; beim inversen Problem setzt man:
$F(x,\tilde{y},\tilde{y}')=g_x(x,\tilde{y})+\tilde{y}_1'g_{\tilde{y}_1}(x,\tilde{y})+\ldots+\tilde{y}'_m g_{\tilde{y}_m}(x,\tilde{y})$.

19. a) $[a^2+y^2(a)]y'(a)=y(a)[1+y'^2(a)]^{\frac{1}{2}}$ und analog für den Punkt b.
    b) $[a^2+y^2(a)][1+y'(a)]\exp \operatorname{arc\,tg} y'(a)=y(a)[1+y'^2(a)]^{\frac{1}{2}}$ und analog für den Punkt b.

Kapitel 2.4

20. a) $y(x)=0$, $-1\le x\le 0$; $y(x)=x$, $0<x\le 1$ (globales Maximum);
    b) $y(x)=x+1$, $-1\le x\le\frac{1}{2}$; $y(x)=-x+2$, $\frac{1}{2}<x\le 1$ und $y(x)=-x-1$, $-1\le x -\le\frac{1}{2}$; $y(x)=x$, $-\frac{1}{2}<x\le 1$ (globales Minimum);

c) $$y(x)=\begin{cases} x+1, & -1\le x\le c,\\ -x+2c+1, & c<x<c+\frac{1}{2},\\ x, & c+\frac{1}{2}<x\le 1\end{cases} \quad\text{und}\quad y(x)=\begin{cases} -x-1, & -1\le x\le c^*,\\ x-2c^*-1, & c^*<x\le c^*+\frac{3}{2},\\ -x+2, & c^*+\frac{3}{2}<x\le 1,\end{cases}$$

wobei $-1\le c\le 1$, $-1\le c^*\le -\frac{1}{2}$ (globales Minimum) ist (Abb. 14).

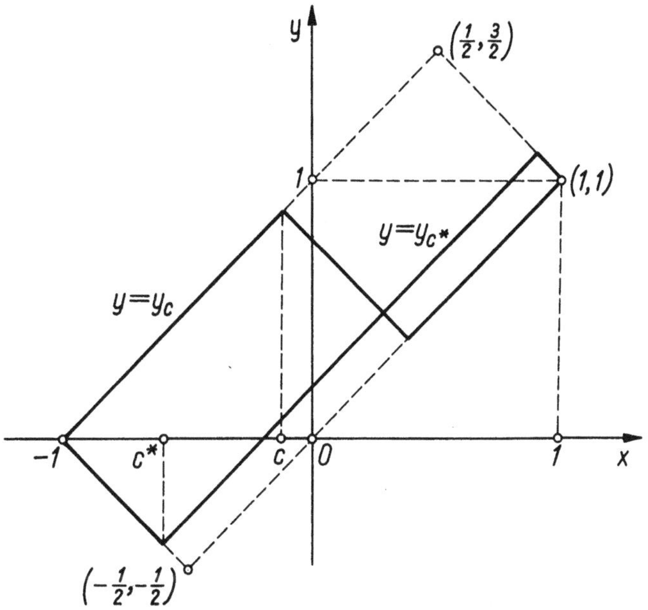

Abbildung 14

22. Die Transversalitätsbedingungen haben die Form

$$F(a) - \sum_{k=1}^{m-1} F_{y_k'}(a) + F_{y_m'}(a)\,[\varphi_x(a,y_1(a),\ldots,y_{m-1}(a)) - y_m'(a)] = 0,$$

$$F_{y_1'}(a) + F_{y_m'}(a)\,\varphi_{y_i}(a,y_1(a),\ldots,y_{m-1}(a)) = 0, \quad i=1,\ldots,m-1,$$

und analoges gilt für den Punkt $(b,y_1(b),\ldots,y_{m-1}(b))$.

Kapitel 2.5

24. Für die zu betrachtende Klasse von Funktionen $\tilde{y}(t)$ definieren wir das zugehörige Funktional durch $I_x[\tilde{y}(t)] = \tilde{y}(t)(x)$. Dann kann man die Variation δy durch

$$\delta y(x)(t) = \delta I_x[\tilde{y}(0)][\tilde{y}(t) - \tilde{y}(0)] \equiv \tilde{h}(t)(x)$$

definieren. Insbesondere ergibt sich für die Variation δx der Ausdruck:

$$\delta x(t) = \delta I_x[\tilde{x}(0)][\tilde{x}(t) - \tilde{x}(0)] \equiv \xi(t)(x).$$

Für die Komposition der Funktionen $\tilde{y}(t) \circ \tilde{x}(t)$ im Punkte $y = \tilde{y}(0) \circ \tilde{x}(0)$ erhält man dann:

$$\tilde{\delta} y(x)(x) = \delta I_x[\tilde{y}(0) \circ \tilde{x}(0)][\tilde{y}(t) \circ \tilde{x}(t) - \tilde{y}(0) \circ \tilde{x}(0)] \equiv h(t)(x).$$

Dieses so eingeführte Symbol ist sehr suggestiv und wird oft verwendet. Um allerdings Mißverständnisse zu vermeiden, wird es in diesem Buch nicht verwendet.

25. $\tilde{h}(t)(x) = \frac{t}{T}\partial I_x[\tilde{y}(0)][\tilde{y}(T)-\tilde{y}(0)]$, $\xi(t)(x) = \frac{t}{T}\partial I_x[\tilde{x}(0)][\tilde{x}(T)-\tilde{x}(0)]$

$$h(t)(x) = \frac{t}{T}\partial I_x[\tilde{y}(0) \quad \tilde{x}(0)][\tilde{y}(T) \quad \tilde{x}(T)-\tilde{y}(0) \quad \tilde{x}(0)].$$

27.
$$F[\tilde{y}] = \begin{cases} c \text{ für } \tilde{y}_2 - y_2 \neq (\tilde{y}_1 - y_1)^2, \\ c^* \text{ für } \tilde{y}_2 - y_2 = (\tilde{y}_1 - y_1)^2, \end{cases} \qquad c, c^* \neq c \text{ Konstante.}$$

28. 0.

29. 0.

30. $-2 \int_D\int \operatorname{div}(\varepsilon \operatorname{grad} y) h \, dx_1 dx_2$.

31. Die Formel (2.75) bleibt unverändert. Die Formeln (2.56) und (2.57) sind zu ersetzen durch:

$$h(t)(x) = \sum_{l=1}^{r} t_l \left[\frac{d}{dt_l} \tilde{y}(t)(x)\right]_{t=0}, \quad \xi(t)(x) = \sum_{l=1}^{r} t_i \left[\frac{d}{dt_l} \tilde{x}(t)(x)\right]_{t=0}.$$

$$\tilde{h}(t)(x) = \sum_{l=1}^{r} t_l \left[\frac{d}{dt_l} \tilde{y}(t)(\tilde{x}(t)(x))\right]_{t=0}.$$

Kapitel 2.6

32. $\tilde{x}(t)(x) = x + t$, $\tilde{y}(t)(x) = y(x)$.

33./

34. Die Gleichungen (2.79) und (2.80) wie auch die Definition der Funktion $\tilde{\psi}_i$ bleiben unverändert. Allerdings sind sie jetzt Gleichungen zwischen r-dimensionalen Vektoren. Weiterhin hat man in der Transformation (2.78) die Ausdrücke $\xi_k(t)(x) = t\varphi_k(x)$ für $k=1,\dots,n$ und $\tilde{h}_i(t)(x) = t\psi_i(x)$ für $i=1,\dots,m$ durch die folgenden Formeln zu ersetzen:

$$\xi_k(t)(x) = \sum_{l=1}^{r} t_l \varphi_{k,l}(x) \quad \text{und} \quad \tilde{h}_i(t)(x) = \sum_{l=1}^{r} t_l \psi_{i,l}(x).$$

35. Das zwei-dimensionale Dirichlet-Integral.

36. Aus Satz 2.5 folgt, daß die Eulerschen Gleichungen durch $F_x-(\frac{d}{dt})F_{\dot{x}}=0$ und $F_y-(\frac{d}{dt})F_{\dot{y}}=0$ gegeben sind. Die entsprechende Beziehung (2.80) ist dann die folgende Identität: $\dot{x}[F_x-(\frac{d}{dt})F_{\dot{x}}]+\dot{y}[F_y-(\frac{d}{dt})F_{\dot{y}}]=0$.

37. $F_x-(\frac{d}{dt})F_{\dot{x}}=0$, $F_{y_i}-(\frac{d}{dt})F_{\dot{y}_i}=0$, $i=1,\ldots,m$ und

$$\dot{x}[F_x-(\frac{d}{dt})F_{\dot{x}}]+\sum_{i=1}^{m}\dot{y}_i[F_{y_i}-(\frac{d}{dt})F_{\dot{y}_i}]=0\,.$$

Kapitel 2.7

42. $$\delta I[y][h,\xi]=\int\ldots\int_D\{\sum_{l=1}^{m}(F_{y_i}-\sum_{k=1}^{n}\frac{\partial}{\partial x_k}F_{y_l|k}+\sum_{i=1}^{n}\sum_{k=1}^{n}\frac{\partial^2}{\partial x_i\partial x_k}F_{y_l|k,i})h_l+$$

$$+\sum_{i=1}^{n}\frac{\partial}{\partial x_i}[\sum_{l=1}^{m}(F_{y_l|i}-\sum_{k=1}^{n}\frac{\partial}{\partial x_k}F_{y_l|k,i})h_i+$$

$$+\sum_{l=1}^{m}\sum_{k=1}^{n}F_{y_l|k,i}h_{l|k}+F\xi_i]\}dx_1\ldots dx_n.$$

44. $\partial I_\varepsilon[V]=0$ (vgl. Beispiel 1.14 und Aufgabe 30). Dieses Ergebnis wird in Paragraph 3.4 verallgemeinert (Dirichlet-Prinzip).

45. $$\delta\iint_\Sigma\varepsilon\,(V_{|1}dx_2dx_3-V_{|2}dx_3dx_1+V_{|3}dx_1dx_2)[h,\xi]=$$

$$=\iint_\Sigma \mathrm{div}(\varepsilon\,\mathrm{grad}\,V)(\xi_1dx_2dx_3-\xi_2dx_3dx_1+\xi_3dx_1dx_2)\,.$$

Dabei ist Σ die disjunkte Vereinigung von endlich vielen Flächenstücken, die homöomorph zur Einheitssphäre sind. Diese lassen sich weiterhin in endlich viele disjunkte glatte Flächenstücke zerlegen, die Σ_0 und Σ_1 trennen. Weiterhin seien Σ, Σ_0 und Σ_1 im physikalischen Sinne positiv orientiert. Wir nehmen noch an, daß D den Voraussetzungen des Satzes von Gauß genügt und daß Σ_0 und Σ_1 einfach zusammenhängende und disjunkte Teilmengen des Randes von D sind. Dabei sei entweder der Rest des Randes leer oder aber die disjunkte Vereinigung von glatten Flächenstücken, auf denen die Normalenableitung von V konstant Null ist.

Kapitel 3.1

1. Aus der Hamiltonschen Gleichung folgt, daß die Schwingungperiode durch $4(\frac{1}{g})^{\frac{1}{2}}K(\sin\frac{1}{2}\varphi_o)$ gegeben ist. Dieser Ausdruck ist unabhängig von der Masse. K ist ein elliptisches Integral erster Art und g ist die Endbeschleunigung.

2. Dies folgt aus Formel (3.6) für k=0.

3. Es ist $\int_{s(t_o)}^{s(t_*)} \{2[E-U(q\circ t)]\sum_{i=1}^{m}\sum_{k=1}^{m} a_{i,k}(q\circ t)'(q_i\circ t)'(q_k\circ t)'\}^{\frac{1}{2}}ds=0$

wobei

$$t(s)=t_o + \int_{s(t_o)}^{s} \{\tfrac{1}{2}[E-U(q\circ t)]\sum_{i=1}^{m}\sum_{k=1}^{m} a_{i,k}(q\circ t)(q_i\circ t)'(q_k\circ t)'\}^{\frac{1}{2}}ds$$

$t(s(t_*))=t_*$ (Jacobi-Prinzip).

4./5./6. folgen unmittelbar aus den Definitionen.

7. $(\dot{q},\dot{q})_A+(A^{-1}\circ B[q],q)_A=$ const.

8. Man geht genauso vor wie im Falle eines Systems mit endlich vielen Freiheitsgraden,oder man diskutiere das erste Integral von Gleichung (3.11). (Vgl. Aufgabe 7; diese zweite Art kann man natürlich auch bei Systemen mit endlich vielen Freiheitsgraden machen.)

Kapitel 3.2

9. Im Falle der fest eingespannten Enden ist die zur Zeit t an den Befestgungen wirkende Kraft proportional zur Auslenkung, also $\sigma_o u(0,t)$ und $\sigma_a u(a,t)$, wobei σ_o und σ_a Konstante sind. Also ist die an den Enden der Seite erbrachte Arbeit gleich $\frac{1}{2}\sigma_o u^2(0,t)$ [bzw. $\frac{1}{2}\sigma_a u^2(a,t)$]. Damit addiert sich zur potentiellen Energie der Term $\frac{1}{2}\sigma_o u^2(0,t)+\frac{1}{2}\sigma_a u^2(a,$
Für die natürlichen Randbedingungen ergibt sich nun:

$$\sigma_o u(0,t)+\tau(0,t)u_x(0,t)=0,\quad \sigma_a u(a,t)+\tau(0,t)u_x(a,t)=0,\quad t_o\le t\le t_*$$

10. Zu der bereits angenommenen Randbedingung $u(x,t)=0$ für $(x,y)\in\partial D$, $t\in[t_o,t_*]$ ergibt sich für die natürliche Randbedingung

$$\mu[u_{xx}(X)+u_{yy}(X)]+(1-\mu)[u_{xx}(X)n_1^2(X)+2u_{xy}(X)n_1(X)n_2(X)+$$

$$+u_{yy}(X)n_2^2(X)]=0 \text{ für } (x,y)\in\partial D,\ t\in[t_o;t_*]\ .$$

Dabei ist $X=(x,y,t)$ und n_k sind die Komponenten des äußeren Normalenvektor an ∂D.

Kapitel 3.3

12. *Impuls-Erhaltungssatz:*

$$\iiint_D (\underline{E}\times\underline{H}+\underline{j})\,dx_1dx_2dx_3=(c_1,c_2,c_3) \quad - \text{ konstanter Vektor}$$

13. *Impuls-Erhaltungssatz (Moment):*

$$\iiint_D \underline{r}\times(\underline{E}\times\underline{H}+\underline{j})\,dx_1dx_2dx_3=(c_5,c_6,c_7) \quad - \text{ konstanter Vektor}$$

mit $r(x_1,x_2,x_3,t)=(x_1,x_2,x_3)$.

Kapitel 3.4

16. Das Prinzip von Castigliano und das Prinzip der minimalen Potentiellen Energie (eine genauere Beschreibung findet man etwa in der Monographie [2.3]).

19. In dem Integranden dieser beiden Formeln hat man formal $\varepsilon(\tilde{x}_1,\tilde{x}_2)$ und $\varepsilon(\tilde{x}_1^*,\tilde{x}_2^*)$ durch $\tilde{x}_1\varepsilon(\tilde{x}_1,\tilde{x}_2)$ und $\tilde{x}_1^*\varepsilon(\tilde{x}_1^*,\tilde{x}_2^*)$ zu ersetzen.

2o. In den Integranden dieser beiden Formeln hat man formal $\varepsilon(\tilde{x}_1,\tilde{x}_2)$ und $\varepsilon(\tilde{x}_1^*,\tilde{x}_2^*)$ durch $F\varepsilon(x_1,x_2)$ bzw. $F^*\varepsilon(x_1^*,x_2^*)$ zu ersetzen. Diese Größen sind wie folgt definiert:

$$F=(1+\lambda^2r^2)^{\frac{1}{2}},\quad F^*=(1+\lambda^2r^{*2})^{\frac{1}{2}}$$

$$x_1=r\cos\varphi,\quad x_2=r\sin\varphi,\quad x_1^*=r^*\cos\varphi^*,\quad x_2^*=r^*\sin\varphi^*$$

$$\frac{1}{r}(1+\lambda^2r^2)^{\frac{1}{2}}=\frac{dR}{dr},\quad \frac{1}{r^*}(1+\lambda^2r^{*2})^{\frac{1}{2}}=\frac{dR^*}{dr^*}$$

$$e^R\cos\varphi=\tilde{x}_1,\quad e^R\sin\varphi=\tilde{x}_2,\quad e^{R^*}\cos\varphi^*=\tilde{x}_1^*,\quad e^{R^*}\sin\varphi^*=\tilde{x}_2^*$$

21. V - Potential der auf die Einheit der zwischen den Flächen Γ_1 und Γ_2 filternden Flüssigkeit entfallenden Kraft (im zweidimensionalen Falle mit Einheitsbreite), $\varepsilon = \frac{\rho}{\mu} k$, ρ-Füssigkeitsdichte, μ-Viskositätskoeffizient ($\frac{\rho}{\mu}$ -Permeabilität), k-Filtrationskonstante (vom Punkte abhängig), $-\varepsilon \operatorname{grad} V$= Filtrationsgeschwindigkeitsvektor (*Darcysches Filtergesetz*) C-gesamter Strom, der durch den Filter (D,Γ_o,Γ_1) filternden Flüssigkeit, dividiert durch die Potentialdifferenz V_1-V_o. Eine andere Interpretation ist die folgende: V-chemisches Potential zwischen den Flächen Γ_1 und Γ_o in der diffundierenden Flüssigkeit D, $-\varepsilon$-Diffusionskoeffizient, $-\varepsilon \operatorname{grad} V$=Vektor der Stromdichte der durch Lösung (D,Γ_o,Γ_1) diffundierenden Flüssigkeit dividiert durch die Potentialdifferenz V_1-V_o.

22. V - Temperaturpotential zwischen den Flächen Γ_1 und Γ_o im elastischen, festen Körper D (im zweidimensionalen Falle - mit Einheitsbreite). $-\varepsilon$-Wärmeleitkoeffizient, $-\varepsilon \operatorname{grad} V$=Geschwindigkeitsvektor der Wärmeströmung (*Fouriersches Wärmeleitgesetz*), C-gesamtes Wärmeleitvermögen der Schicht (D,Γ_o,Γ_1).

Kapitel 3.5

25. Die Charakteristik der Diode sei durch die Gleichung $\dot{q}=i_s[\exp(e\dot{\psi}/kT)-1]$ gegeben, wobei e die Elektronenladung und k die Bolzmannsche Konstante bedeutet. Daher nimmt die gesuchte Kofunktion für jeden Wert $\dot{\psi}$ aus dem zulässigen Intervall von Spannungen den Wert $i_s\{(kT/e)[\exp(e\dot{\psi}/kT)-1]-\dot{\psi}\}$ ein.

26. Die Gleichung (3.76) ergibt

$$m\ddot{x}-2b\dot{\psi}^2(x-c)^3+K^{-1}(x-c)+D\dot{x}+mg=0$$

(die Resultante aus allen am mechanischen Ausgang angebrachten Außenkräfte betrage -mg), und die Gleichung (3.77) ergibt:

$$\frac{1}{3}\, a\dot{\psi}^{-\frac{2}{3}}\ddot{\psi}+b\ddot{\psi}(x-c)^4+4b\dot{\psi}(x-c)^3\dot{x}+6\dot{\psi}=i.$$

Kapitel 3.6

29. Es bezeichne $P_k(q,\ddot{q})$, k=1,2,3 die linke Seite der im Beispiel 3.1o angegebenen Gleichung des elektrischen Gleichgewichts. Dann kann man die Gleichungen des elektrischen Gleichgewichts des betrachteten

Systems folgendermaßen aufschreiben:

$$P_k(q,\ddot{q})+R_{k*}(\dot{q}_k-\dot{q}_{*k})+R_{k}(\dot{q}_k-\dot{q}_{k*})+R_{k+3}\dot{q}_k=u_{k*}-u_{*k},$$

wobei

$$1*=2,\ 2*=3,\ 3*=1,\ *1=3,\ *2=1,\ *3=2.$$

3o. $L_1^{-1}\ddot{\psi}_1+(L_3^{-1}-M_1-M_2)(\ddot{\psi}_1-\ddot{\psi}_2)+G_1\dot{\psi}_1+G_3(\dot{\psi}_1-\dot{\psi}_2)+C_1\psi_1+C_3(\psi_1-\psi_2)=i_1$

und entsprechend wird die Zweite aus der Ersten durch Wechsel der Indices 1 und 2 gewonnen.

31. $L(x_1(t),x_2(t))=\int\limits_{t_o}^{t}\left[\frac{u(t)}{i(t)}-R\right]dt.$

32. $\frac{1}{2}i^2L'(\theta)-\theta L(\theta)-\Theta\theta-K\theta+\mathfrak{M}=0.$

Kapitel 3.7

33. Wir betrachten die Bewegung des nichtrelativistischen Teilchens mit der Masse m im Potentialfeld. Dann kann man die folgende Interpretation annehmen (bei analogen Bezeichnungen wie im Paragraphen 3.4): V - Argument der komplexen Wellenfunktion ψ im Punkt (D,Γ_o,Γ_1) des betrachteten Phasenraumes, $\varepsilon=\frac{\hbar}{m}\rho$, $\rho(x)$ - Wahrscheinlichkeitsdichte des Auftretens des Teilchens im Punkt x des Phasenraumes (also $\psi=\rho^{\frac{1}{2}}\exp jV$), ε grad V = Vektor der Wahrscheinlichkeitsstromdichte, C - Wahrscheinlichkeitsstromstärke im Element (D,Γ_o,Γ_1), dividiert durch die Differenz V_1-V_o [3.1o].

34. $\psi(x_1,x_2,x_3,t) = \text{const}\cdot\exp\left[-\frac{j}{\hbar}\cdot((Et-p_1x_1-p_2x_2-p_3x_3)\right].$

35. $\sigma_1=\begin{bmatrix}0 & 1\\ 1 & 0\end{bmatrix},\quad \sigma_2=\begin{bmatrix}0 & -i\\ i & 0\end{bmatrix},\quad \sigma_3=\begin{bmatrix}1 & 0\\ 0 & -1\end{bmatrix},$

Kapitel 4.1

6. a) $\pi(b-y)^{\frac{1}{2}}-\pi(a-y)^{\frac{1}{2}}$ für $-\infty<y<a$, $\pi(b-y)^{\frac{1}{2}}+\pi(y-a)^{\frac{1}{2}}$ für $a<y<b$, $\pi(y-a)^{\frac{1}{2}}-\pi(y-b)^{\frac{1}{2}}$ für $b<y<+\infty$;

b) $\frac{1}{2}\pi(a+2b)/ab^3(a+b)^2$.

Kapitel 4.2

7. Man wende den klassischen Lagrange'schen Mittelwertsatz an.

8. $f(0)=0$, $f(x)=x^2\cos(\pi/x^2)$, $0<x\leq 1$.

9. Man wende den Jordan'schen Satz an.

1o. Man wende Korollar 4.3 und Satz 4.9 an.

12. Man bemerke, daß die Funktion g die Lipschitz-Bedingung erfüllt und man schätze die Differenz ab:

$$\lim_{s\to s_0} \iint_{|z|\leq r} \frac{g(z)-g(s_0)}{(z-s)(z-s_0)}\,dxdy - \iint_{|z|\leq r} \frac{g(z)-g(s_0)}{(z-s_0)^2}\,dxdy$$

13. a) $-\alpha_{0,1}\exp(s_1t)-\sum_{h=o}^{1}\alpha_{h,2}t^h\exp(s_2t)-\sum_{h=0}^{3}\alpha_{h,0}t^h$,

wobei $\alpha_{0,1}$ und $\alpha_{h,0}$ durch die Gleichungen (4.29) für k=1 und (4.3o) gegeben sind und

$$\alpha_{h,2} = \frac{d^{1-h}}{ds^{1-h}}\left[\frac{P(s)-b_1U(s)+F(s)Z(s)-L(s)}{(s-s_2)^{-2}M(s)}\right]\Bigg|_{s=s_2}.$$

b) $-\sum_{h=0}^{2}\alpha_{h,2}t^h\exp(s_1t)-\sum_{h=0}^{3}\alpha_{h,0}t^h$, wobei $\alpha_{h,0}$ durch die Gleichungen (4.3o) gegeben ist und

$$\alpha_{h,1} = \frac{1}{h!(2-h)!}\frac{d^{2-h}}{ds^{2-h}}\left[\frac{P(s)-b_1U(s)+F(s)Z(s)-L(s)}{(s-s_1)^{-3}M(s)}\right]\Bigg|_{s=s_1}.$$

c) $-\sum_{k=1}^{2}\alpha_{0,k}\exp(s_kt)-\sum_{h=0}^{4}\alpha_{h,0}t^h$, wobei $\alpha_{0,k}$ durch die Gleichungen (4.29) für k=1,2 gegeben sind und

$$\alpha_{h,0} = \frac{d^{1-h}}{ds^{1-h}}\left[\frac{P(s)-b_1U(s)-L(s)}{s^{-2}M(s)}\right]\Bigg|_{s=0} +$$

$$+\frac{1}{h!(4-h)!}\frac{d^{4-h}}{dx^{4-h}}\left[\frac{F(s)Z(s)}{s^{-5}M(s)}\right]\Bigg|_{s=0}, h=0,1,$$

$$\alpha_{h,0} = \frac{1}{h!(4-h)!}\frac{d^{4-h}}{ds^{4-h}}\left[\frac{F(s)Z(s)}{s^{-5}M(s)}\right]\Bigg|_{s=0}, \quad h=2,3,4.$$

d) $-\alpha_{0,1}\exp(s_1 t) - \sum_{h=0}^{5} \alpha_{h,0} t^h$, wobei $\alpha_{0,1}$ durch die Gleichung (4.29) für k=1 gegeben ist und

$$\alpha_{h,0} = \frac{1}{h!(2-h)!} \frac{d^{2-h}}{ds^{2-h}} \left[\frac{P(s)-b_1U(s)-L(s)}{s^{-3}M(s)}\right]\Bigg|_{s=0} +$$

$$+ \frac{1}{h!(5-h)!} \frac{d^{5-h}}{ds^{5-h}} \left[\frac{F(s)Z(s)}{s^{-6}M(s)}\right]\Bigg|_{s=0}, \quad h=0,1,2,$$

$$\alpha_{h,0} = \frac{1}{h!(5-h)!} \frac{d^{5-h}}{ds^{5-h}} \left[\frac{F(s)Z(s)}{s^{-6}M(s)}\right]\Bigg|_{s=0}, \quad h=3,4,5.$$

e) $-\sum_{h=0}^{6} \alpha_{h,0} t^h$, wobei $\alpha_{h,0} = \frac{1}{h!(3-h)!} \frac{d^{3-h}}{ds^{3-h}} \left[\frac{P(s)-b_1U(s)-L(s)}{s^{-3}M(s)}\right]\Bigg|_{s=0} +$

$$+ \frac{1}{h!(6-h)!} \frac{d^{6-h}}{ds^{6-h}} \left[\frac{F(s)Z(s)}{s^{-7}M(s)}\right]\Bigg|_{s=0}, \quad h=0,1,2,3,$$

$$\alpha_{h,0} = \frac{1}{h!(6-h)!} \left[\frac{F(s)Z(s)}{s^{-7}M(s)}\right]\Bigg|_{s=0}, \quad h=4,5,6.$$

Kapitel 4.4

17. Ja. Man vergleiche dazu Übung 16.

2o. Die Abbildungen f_1 und f_2 aus dem Beispiel 4.8 genügen den entsprechenden Gleichungen $|f_1(z)|=|z|^{1/Q}$ und $|f_2(z)|=|z|^Q$ für $r\le|z|\le 1$, $Q\ge 1$.

21. Die Abbildungen $f_3(z)=|z|^{\beta}e^{j\arg z}$, $r\le|z|\le 1$ und $f_4(z)=|z|^{\bar\beta}e^{j\arg z}$, $r\le|z|\le 1$, mit $\beta = \frac{1}{2}(Q+1/Q) - \frac{1}{2}j(Q-1/Q)$ genügen den Gleichungen $\arg[f_3(z)/z] = \frac{1}{2}(Q-1/Q)\ln(1/|z|)$ und $\arg[f_4(z)/z] = -\frac{1}{2}(Q-1/Q)*\ln(1/|z|)$ für $r<|z|\le 1$, $Q\ge 1$. (Es ist bemerkenswert, daß dieselben Abbildungen $f_1,\dots,f_4$ die entsprechenden Extrema für alle Werte aus dem betrachteten Ring realisieren.)

22. Um zu beweisen, daß die angegebene Abschätzung in der betrachteten Klasse nicht zu verbessern ist, betrachte man eine Reihe von Abbildungen der Form (4.33) mit einer gegen die Nullfunktion gleichmäßig konvergierenden komplexen Dilatation.

Kapitel 4.5

24. Die Extremalmetrik nimmt im beliebigen Punkt $z=(x_1,x_2)$ des betrachteten Gebietes den Wert (3.6o) im Falle des Dirichlet'schen Gesetzes und den Wert (3.63) im Falle des Thomson'schen Gesetzes an, wobei $\tilde{V}=V$ das Potential des Feldes ist (dieses Ergebnis gilt auch für ein inhomogenes Medium).

Kapitel 4.6

25. Man vergleiche Abbildung 38.

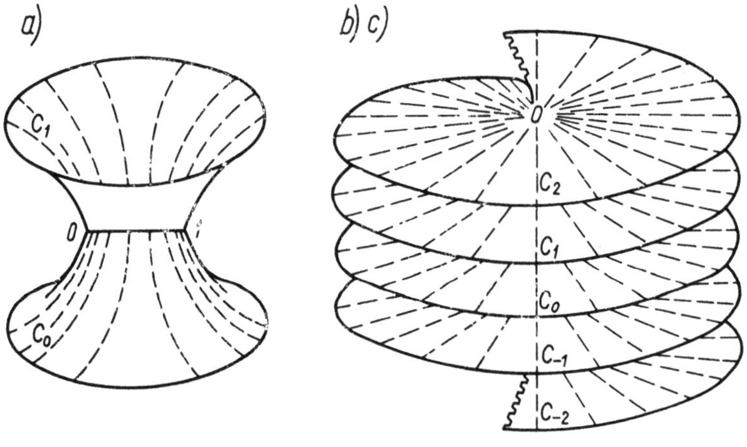

Abbildung 38

26. Die Menge bildet keine Gruppe.

29. Die durch $(x,y) \mapsto \sin(\pi/x)$ für $x = 0$ und $(x,y) \mapsto 0$ für $x = 0$, $x + jy \in \mathbb{C}$ gegebene Punktmenge.

30. Eine unendliche zyklische Gruppe. (Dies folgt aus den Eigenschaften des Index eines Punktes bezüglich einer Kurve).

33. Das komplexe Potential hat einen kritischen Punkt auf der Verbindungsstrecke der Mittelpunkte der betrachteten Kreise. Seine Abstände von Mittelpunkten sind proportional zu den Radien der Kreise.

Die durch diesen Punkt gehende Potentiallinie zerlegt den Kondensator in drei zweifach zusammenhängende Gebiete. Zerschneidet man ein derartiges Gebiet längs einer beliebigen Kräftelinie, dann läßt es sich konform auf ein Rechteck mit eindeutig bestimmtem Seitenverhältnis abbilden. Der Inhalt dieser Rechtecke ist bis auf einen konstanten Faktor bestimmt. Dieser hängt davon ab welcher Rand der Equipotentiallinie entspricht. Wir kleben nun die Rechtecke längs der gewählten Equipotentiallinie so zusammen, daß sie ähnlich wie eine Hose aussehen (siehe Abb. 39). Angenommen, der Abstand von "Gurt" bis zum Ende des "Hosenbeins" sei gleich der (Einheits-) Differenz der Potentiale, also V_1-V_0. Dann ist die gesamte Fläche der drei Rechtecke, geteilt durch $\varepsilon_0/(V_1-V_0)^2$ gleich der gesamten Kapazität. Dies folgt aus Formel (3.48) und der Invarianz der gesamten Kapazität.

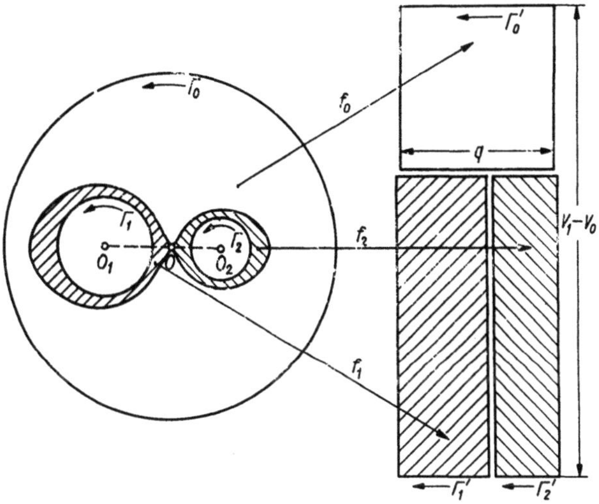

Abbildung 39

Kapitel 4.7

34. a)

$$(F[\Phi_i],\Phi_k) = \begin{cases} 4ik/\pi^2(i^2-k^2) & \text{für } i+k \text{ ungerade,} \\ 0 & \text{für } i+k,\ i\neq k \text{ gerade,} \\ \frac{1}{2}(i^2\pi^2-\frac{1}{2}) & \text{für } i=k, \end{cases}$$

$$(f,\Phi_i)=(-1)^{i-1}/\pi i\,;$$

b)

$$(F[\Phi_i],\Phi_k) = \begin{cases} \dfrac{-2}{(i^2-k^2)^2}\, ik(1+\frac{2}{\pi^2}) & \text{für } i+k \text{ ungerade,} \\ \dfrac{2}{(i^2-k^2)}\, ik(i^2+k^2) & \text{für } i+k,\ i\neq k \text{ gerade,} \\ \frac{1}{6}\pi^2 i^2 + \frac{1}{2} & \text{für } i=k, \end{cases}$$

$$(f,\Phi_i)=(-1)^{i-1}\pi i.$$

35. a) $n=1: a_1\approx 0.0679$; $n=2: a_1\approx 0.0681$, $a_2\approx -0.0085$; $n=3: a_1\approx 0.0681$, $a_2\approx$ ≈ -0.0085, $a_3\approx 0.0024$;

b) $n=1: a_1\approx 0.1684$; $n=2: a_1\approx 0.1455$, $a_2\approx -0.0115$; $n=3: a_1\approx 0.1457$, $a_2\approx$ ≈ -0.0116, $a_3\approx -0.0023$.

36. a) $n=1: a_1=\frac{15}{18}\approx 0.2778$, $n=2: a_1{}^*=\frac{71}{369}\approx 0.1924$, $a_2=\frac{7}{41}\approx 0.1707$ (Tabelle 4.2).

Tabelle 4.2

x	y	y_1	y_2
$\frac{1}{4}$	0,0438	0,0521	0,0441
$\frac{1}{2}$	0,0698	0,0695	0,0694
$\frac{3}{4}$	0,0597	0,0521	0,0601

37. $V_2(x_1,x_2)=V_0[a^{-3}x_1x_2^2 - \frac{345}{1247}a^{-4}x_1x_2(x_1-a)(x_2-a)+\frac{24110}{13417}a^{-8}x_1^2x_2^2(x_1^2-a^2)$ $(x_2^2-a^2)]$, $a\leq x_1\leq b$, $-cx_1\leq x_2\leq cx_1$.

38. $T_1(x_1,x_2)=(C_0+C_1\,x_1^{k_1}+C_2\,x_1^{k_2})(x_2^2-c^2x_1^2)$, wobei $C_0=\frac{1}{2}(c^2-1)$, C_1 und C_2 Lösungen des Gleichungssystems $a^{k_1}C_1+a^{k_2}C_2=b^{k_1}C_1+b^{k_2}C_2=-C_0$ und $k_i=[\frac{1}{2}-4(-1)^i(6+10c^{-2})^{\frac{1}{2}}]$, $i=1,2$ sind. Ist $a=0$, so folgt

$$T_1(x_1,x_2)=\frac{1}{2}(c^2-1)^{-1}[1-(\tfrac{1}{b}x_1)^{k_1}](x_2^2-c^2x_1^2),\quad 0\leq x_1\leq b,\ -cx_1\leq x_2\leq cx_1.$$

39.
$$T_1(x_1,x_2) = \frac{8a_2^2}{\pi^3}\sinh\frac{1}{2}\pi(\frac{a_1}{a_2}-\frac{x}{a_2}) \times$$
$$\times\ (\sinh\frac{1}{2}\pi\frac{x}{a_2} \,/\, \cosh\frac{1}{2}\pi\frac{a_1}{a_2})\ \sin\pi\frac{a_1}{a_2}\ ,\quad 0\leq x_1\leq a_1,\ 0\leq x_2\leq a_2.$$

40. $T_1(x_1,x_2) = \frac{1}{4}\{[1+\cosh \frac{\sqrt{5}(x_1-x_2)}{\sqrt{2}\, a_2}] - [1-\cosh \frac{\sqrt{5}\, a_1}{\sqrt{5}\, a_2}] \times$

$\times [\sinh \frac{\sqrt{5}\,(x_1-x_2)}{\sqrt{2}\, a_2} / \sinh \frac{\sqrt{5}\, a_1}{\sqrt{5}\, a_2}]\}(a_2^2-2x_2^2)$,

$x_2 \le x_1 \le x_2+a_1,\ -a_2/\sqrt{2} \le x_2 \le a_2/\sqrt{2}$.

Kapitel 5.1

3. Wenn wir Lemma 5.1 auf das in der Form

$$Q^*[\tilde{u}][x] = Q[\tilde{u}] = \int_{t_o}^{t_*} f_o(x,\tilde{u})\,dt$$

gegebene Funktional (5.2) anwenden, dann erhalten wir die partielle Differentialgleichung

$$\max_{0 \le u_* \le x_*} [F(x_*,u_*,x'(t_*)) - G(x_*,u_*,x'(t_*))S_x(t_*,x_*)] = S_t(t_*,x_*), \quad (5.4)$$

wobei $S(t_*,x_*) = Q^*[u][x_{t_*,x_*}]$ ist mit der Randbedingung $S(t_*,x_*)=0$ für jedes zugelassene x_*.

4. Unter den im Lemma 5.1 angegebenen Voraussetzungen ist lediglich die Funktion L anders zu beschreiben:

$$L(u,v,\tilde{y}'_{u,v}(u)) = F(u,v,\tilde{y}'_{u,v}(u)) + S_u(u,v) + \tilde{y}'_{u,v'}(u)S_v(u,v).$$

5. a) Die Gleichung (5.4), wobei $S(t_*,x_*) = Q^*[u][x_{t_*,x_*}]$ ist, mit der Randbedingung $S(t_*,x_*)=0$.

b) $$\max_{0 \le u_o \le x_o} [F(x_o,u_o,x'(t_o)) + G(x_o,u_o,x'(t_o))S_x(t_o,x_o)] = -S_t(t_o,x_o)$$

wobei: $S(t_o,x_o) = Q^*[u][x_{t_o,x_o}]$ ist, mit der Randbedingung $S(t_o,x_o)=0$.

c) $$\max_{0 \le u_o \le x_o} \lim_{t_* \to t_o} [F(x_o,u_o,x'(t_*)) + G(x_o,u_o,x'(t_*))S_x(t_*,x_o) = \lim_{t_* \to t_o} S_t(t_*,x_o$$

das heißt:

$$\max_{0 \le u_o \le x_o} [F(x_o,u_o,x'(t_o)) + G(x_o,u_o,x'(t_o))S_x(t_o,x_o)] = \lim_{t_* \to t_o} S_t(t_*,x_o)$$

wobei $S(t_*,x_o) = Q^*[u][x_{t_*,x_o}]$ ist, mit der Randbedingung $S(t_o,x_o)=0$.

Kapitel 5.2

1o. Ist x eine Extremale und $v_o=0$, dann gilt $x'(\xi)\to+\infty$ für $\xi\to\xi_o+$.

11. $Q[\tilde{i}]=c_1 \int_{t_o}^{t_*} P\,dt+c_2(t_*-t_o)=\int_{t_o}^{t_*} (c_1u\tilde{i}+c_2)dt$ (Gütefunktion),

wobei c_1 und c_2 entsprechend die Energie- und die Arbeitspreise bedeuten und wobei weiterhin die Zustandsgleichung $\dot{T}=(1/W)(u\tilde{i}-R\tilde{i}^2-W^*)$ mit der Bedingung $\tilde{i}(t_o)=0$ erfüllt ist. Der (eindimensionale) Steuerungsvektor ist offenbar die Stromstärke im Heizkreis, die von der Konstruktion her begrenzt ist.

12. $Q[\tilde{\mu}] = -b_1 \sum_{t=1}^{k} \tilde{\mu}(t)+b_2[m(0)-m(k)]$ (Gütefunktion);

dabei ist $m(t)$ die Masse der am Ausgang t des Aggregats gewonnenen Substanz ; $\mu(t)$ bedeutet die Masse des an das Aggregat abgegebenen Wassers, und b_1 und b_2 sind Konstante. Es ist gleichzeitig die Zustandsgleichung $m(t)=m(t-1)+f(m(t-1),\mu(t))$ erfüllt, wobei $m(0)=0$ ist, für $t=1,...,n$. Die Masse des an das Aggregat abgegebenen Wassers ist von der Konstruktion her begrenzt.

Kapitel 5.3

13. $-\frac{5}{3}$; angenommen in $x^*=(-\frac{5}{3},0)$ (vgl. Abbildung 49).

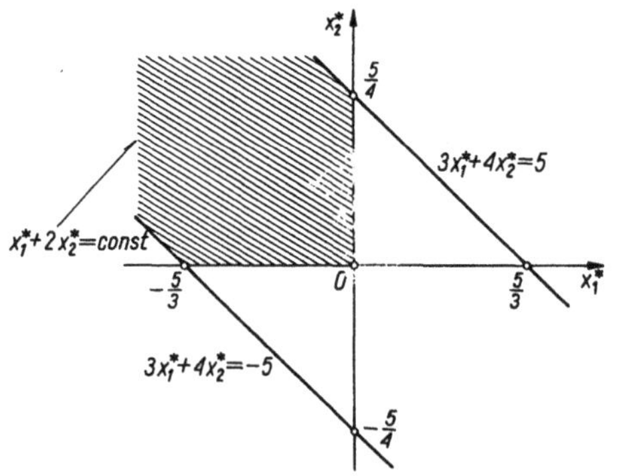

Abbildung 49

14. a) siehe Übung 13.

b) $(x_1,x_2)\mapsto x_1$, $-5\leq 3x_1+4x_2\leq 5$, $x_1\leq 0$; $x_2\geq 0$;

c) $(x_1,x_2)\mapsto 3x_1+4x_2$, $-5\leq 3x_1+4x_2\leq 5$, $x_1\leq 0$, $x_2\geq 0$;

d) $(x_1,x_2.x_3)\mapsto x_1$, $-5\leq 3x_1+4x_2\leq 5$, $x_1\leq 0, x_2\geq 0$, $0\leq x_3\leq 1$.

15. Wir bezeichnen mit $x_{i,k}$ die Menge des vom Ort i an den Ort t gelieferten Produktes. Die Aufgabe besteht nun darin, die durch die Gleichung (4.12) bestimmte Funktion zu minimieren, unter den Nebenbedingungen

$$\sum_{i=1}^{p} x_{i,k}=a_k,\ k=1,\ldots,q,\quad \sum_{k=1}^{q} x_{i,k}\leq r_i,\ i=1,\ldots,p.$$

16. $3x_1-4x_2+x_3=5$, $-3x_1+4x_2+x_4=5$; $x_k\geq 0$, $k=1,2,3,4$, wobei $x_1^*=-x_1, x_2=x_2^*$ ist; eine Basislösung ist z.B. $x_3=5-3x_1+4x_2$, $x_4=5+3x_1-4x_2$.

17. a) $\sum_{i=1}^{p} x_{i,k}=a_k$, $k=1,\ldots,q$; $\sum_{k=1}^{q} t_{i,k}x_{i,k}+x_{i,q+1}=t_i$, $x_{i,q+1}\geq 0$, $i=1,\ldots,p$.
Für das System $x_{1,1}=1$, $x_{1,2}=0$, $x_{1,1}+x_{1,2}+x_{1,3}+x_{1,4}=\frac{1}{2}$ wird eine Basislösung durch $x_{1,1}=1$, $x_{1,2}=0$, $x_{1,3}=-x_{1,4}-\frac{1}{2}$ gegeben.

b) Analog.

2o. Für die zu minimierende Funktion nehme man $(x_1,x_2)\mapsto x_1^2+x_2^2$, mit
a) $x_1\geq -1$, $x_2\geq -1$,
b) $x_1\geq 0$, $x_2\geq 0$,
c) $|x_1|\geq 1$, $x_2\geq 1$.

Kapitel 5.4

23. Wir nehmen als Eingaberaum $\mathcal{H}$ den mit der natürlichen Banach-Raum-Struktur ausgestatteten Raum der Anfangsbedingungen $\underline{x}(t_o)\in\mathbb{R}^n$ (man vergleiche hierzu die Übung 22); den Transformationsraum $\square$ wählen wir wie oben. Der Ausgaberaum y ist dann das kartesische Produkt des Endwerteraumes $\underline{x}(t_*)$ und des Raumes $\mathcal{U}$, der mit der natürlichen Banach-Raum-Struktur ausgestattet sei (man vergleiche dazu Übung 22). Das Steuerungssystem hat nun die Form $\mathcal{H}\xleftarrow[A]{}\square\xleftarrow[B]{}y$. Weiter ist

$Q[\underline{\tilde{u}}]=Q[\underline{x}(t_o),\underline{x},(\underline{x}(t_*,\underline{\tilde{u}})]$, mit $B=(Y\ni(\underline{x}(t_*),\underline{\tilde{u}})\to\underline{x}:\dot{\underline{x}}+a\underline{x}-b\underline{\tilde{u}}=\underset{\sim}{0})$.

24. $A[\underline{x}(t_o),\underline{\tilde{u}}](t)=\underline{\Phi}(t)[\underline{x}(t_o)+\overline{\underline{\psi}}(t_o,t)]$, für $(\underline{x}(t_o),\underline{\tilde{u}})\in X$, $t\in[t_o;t_*]$, d.h.

$$A=(X\ni(\underline{x}(t_o),\underline{\tilde{u}})\to x=([t_o;t_*]\ni t\to\underline{\Phi}(t)[\underline{x}(t_o)+\overline{\underline{\psi}}(t_o,t)])),$$

und $\underline{\Phi}$ die Fundamentalmetrix (man vergleiche z.B. [0.2]) zur Gleichung $\dot{\underline{x}}=-\ \underline{x}$ ist. Dabei ist $\underline{\Phi}(t_o)$ die Einheitsmatrix und man erhält:

$$\overline{\underline{\psi}}(t_o,t) = \int_{t_o}^{t} \underline{\Phi}^{-1}(s)\ \ (s)\underline{\tilde{u}}(s)ds.$$

Kapitel 5.5

26. Nein, diese Verallgemeinerung gilt nicht. Falls man sich im Beweis von Lemma 5.4 nur auf den $\mathbb{R}^n$ beschränken würde, dann muß man Lemma 5.5 für Räume von $\mathbb{R}^n$-wertigen Funktionen anwenden.

27. a) $X\supset X_*$;

b) $X\subset X^*$.

31. $L(x_1,x_2,\lambda)=5-(x_1-2)^2-(x_2-4)^2-\lambda(3-x_1-x_2)$.

Wir stellen die Tabelle (Tabelle 5.1) der Lösungen zusammen und geben durch die Symbole "+" und "-" das Erfüllt- oder Nichterfülltsein der betrachteten Bedingungen an. Erfüllt eine Lösung eine Bedingung nicht, so prüfen wir die nächsten Bedingungen nicht mehr.

Tabelle 5.1

Nummer der Lösung		1	2	3	4	5	6	7
Prüfung der Bedingungen:	x_1	$\frac{1}{2}$	2	0	2	0	3	0
	x_2	$2\frac{1}{2}$	4	4	0	0	0	3
	λ	-3	0	0	0	0	0	-2
$x_1\geq 0, x_2\geq 0, \lambda\geq 0$		-	+	+	+	+	+	-
$L_{x_1}(x_1,x_2,\lambda)\geq 0$			+	+	+	+	-	
$L_{x_2}(x_1,x_2,\lambda)\geq 0$			+	+	+	+		
$L\ (x_1,x_2,\lambda)\leq 0$			-	-	+	+		
Wert $f(x_1,x_2)$					-11	-15		

globales Minimum

Kapitel 5.6

35. $S(\xi_i,v_o)=-v_o+2(-\xi_o+\frac{1}{2}v_o^2)^{\frac{1}{2}}$ für $-\frac{1}{2}v_o^2\leq\xi_o\leq\frac{1}{2}v_o^2$ und $S(\xi_o,v_o)=v_o+2(\xi_o+$

$+\frac{1}{2}v_o^2)^{\frac{1}{2}}$ für $\xi_o\leq-\frac{1}{2}v_o^2$ und $\xi_o\geq\frac{1}{2}v_o^2$.

37. Die zweite Bedingung in (5.41) ist nicht erfüllt, weil die Ableitung S_{x_1} auf den Kurven Γ_+ und Γ_- nicht stetig ist (man vergleiche Abbildung 51).

38. a) Die Funktion u ist stückweise konstant: $u(t)=u_{max}$ oder $-u_{max}$, dabei kann man die Unstetigkeitsstellen aus dem Gleichungssystem (4.29) und (4.3o) berechnen, wobei sich die Parameter $\alpha_{O,k}$, $\alpha_{h,O}$ und das Vorzeichen von u(O+) aus den Randbedingungen gemäß (4.28) ableiten lassen.

b),c),d),f)
Analog, wobei das Gleichungssystem (4.29) und (4.3o) entsprechend durch die in den Antworten zur Übung 13 a) bis e) (Kapitel 4) angegebenen Systeme zu ersetzen ist.

Kapitel 5.7

4o. Die Funktion u ist stückweise konstant: $u=u_{max}$ oder $-u_{max}$. Dabei kann man die Unstetigkeitsstellen aus dem Gleichungssystem (5.53) ausrechnen, wobei P(s) und U(s) wie im Beispiel 5.9 bestimmt sind. In den Ausdrücken $F(s)=1$, $L(s)=O$, $Z(s)=s^{-1}\operatorname{ctgh}\frac{1}{2}s$, $\gamma_o=\gamma_k$ für $s_k=O$, $\gamma_o'=\gamma_o+1$ sind die Koeffizienten $\alpha_{o,k}$, $\alpha_{k,o}$ und das Vorzeichen von u(O+) durch die Randbedingungen über die Gleichung (5.52) festgelegt.

41. Die Funktion u ist stückweise konstant: $u=u_{max}$ oder $-u_{max}$. Dabei kann man die Unstetigkeitsstellen aus dem Gleichungssystem

$$\alpha_{h,k}=\frac{1}{\gamma_k!}\binom{\gamma_k}{h}\frac{d^{\gamma_k-h}}{ds^{\gamma_k-h}}\left[\frac{P(s)-b_1U(s)}{(s-s_k)^{-\gamma_k-1}M(s)}+\sum_{i=0}^{1}\frac{c_{i+1}(j\omega)^{i}Z_i(s)}{(s-s_k)^{-\gamma_k-k}M(s)}\right]\Bigg|_{s=s_k}$$

$$\beta_h=\frac{1}{2}\sum_{i=0}^{1}c_{i+1}[A-(-1)^h jB[(-1)^h j\omega]!/M((-1)^h j\omega)$$

ausrechnen. Hierbei sind P(s) und U(s) wie in Beispiel (5.9) zu bestimmen.

In den Ausdrücken

$$Z_{2k}(s) = \frac{1}{2}(A-jB)(s-j\omega)^{-1} + \frac{1}{2}(A+jB)(s+j\omega)^{-1},$$

$$Z_{2k+1}(s) = \frac{1}{2}(A-jB)(s-j\omega)^{-1} - \frac{1}{2}(A+jB)(s+j\omega)^{-1}$$

sind die Parameter $\alpha_{h,k}$, β_h und das Vorzeichen von $u(0+)$ durch die Randbedingungen über die Gleichung

$$\frac{1}{2}\lim_{\eta\to 0}[\varepsilon(t+\eta)+\varepsilon(t-\eta)] = \sum_{k=1}^{n^*}\sum_{h=0}^{\gamma_k}\alpha_{h,k}t^h\exp(s_k t) + \sum_{h=1}^{2}\beta_h\exp[(-1)^h j\omega t]$$

bestimmt.

Kapitel 5.8

43. $u(1)=\ldots=u(k)=a/k$.

44. $u(1)=\ldots u(k)=a^{1/k}$.

45. $u(2)=-x(2)= -\frac{1}{3}x(1)= -\frac{1}{8}x(0)$,

$$u(1)= -\frac{2}{3}x(1)= -\frac{1}{4}x(0),$$

$$u(0)= -\frac{5}{8}x(0),$$

$$Q[u]= \frac{13}{8}x^2(0).$$

48. $u(2)= -\frac{1}{2}x(2)= -\frac{1}{5}x(1)= -\frac{1}{13}x(0)$,

$$u(1)= -\frac{3}{5}x(1)= -\frac{3}{13}x(0),$$

$$u(0)= -\frac{8}{13}x(0),$$

$$Q[u] = \frac{273}{169}x^2(0), \quad x(3)= \frac{1}{2}x(2).$$

50. Ja.

Kapitel 5.9

52. -63 für $x_1^*=x_2^*=-3$.

54. -4 für $x_1^*=4$, $x_2^*=0$ und $x_1^*=4$, $x_2^*=1$.

55. 12 für $x_1^*=0$, $x_2^*=4$.

56. Die Gleichung (5.71) gilt für $s_k \neq 0$. Die Gleichungen (5.72), (5.73) und (5.74) ersetzen wir durch die Formeln:

$$\alpha_{o,o} = \left.\frac{P(s)-b_1U(s)}{s^{-1}M(s)}\right|_{s=0} + \frac{1}{(p+1)!}\frac{d^{p+1}}{ds^{p+1}}\left.\left[\frac{F(s)Z(s)}{s^{-1}M(s)}\right]\right|_{s=0},$$

$$\alpha_{h,0} = \frac{1}{(p+1)!}\binom{p+1}{h}\frac{d^{p+1-h}}{ds^{p+1-h}}\left.\left[\frac{F(s)Z(s)}{s^{-p}M(s)}\right]\right|_{s=0}, \quad h=1,\ldots,p+1,$$

$$\sum_{k=1}^{n} a_{k+1}\sum_{i=k}^{p+1}\frac{i!}{(i-k)!}d_{i,0}t^{i-k} = \sum_{h=0}^{l} c_{h+1}\sum_{i=h}^{p}\frac{i!}{(i-h)!}d_i t^{i-h}, \quad t>t_n,$$

$$\varepsilon^{*(h)}(t) = \alpha_{o,o}^{+} + \sum_{\substack{k=1\\ k:s_k\neq 0}}^{n} s_k^h\alpha_{o,k}\exp(s_k t)+B^{(h)}(t), \quad t>t_n, \ h=0,\ldots,n-1.$$

Dabei ist $B(t)=\alpha_{o,o}+\alpha_{1,o}t+\ldots+\alpha_{p+1,o}t^{p+1}$, und $\alpha_{o,o}^{+}$ bzw. $\alpha_{o,o}$ sind entsprechend der erste bzw. der zweite Summand in der $\alpha_{o,o}$ definierenden Gleichung.

Index

Abbildung,78
- differenzierbare,152
- konforme,154
- offene,163
- quasikonforme,173

Ableitung
- distributionelle,163
- im Sinne von Gâteaux,83,179
- Richtungsableitung,172

Abstand von Vektoren,30
Aufgabe
- Bolza'sche,67
- Brachystochronen,10,21,27,64,86,8,218,221
- der variablen Endpunkte,71
- der variablen Gebiete,64,77,87
- des optimalen Produktionseinsatzes,229
- Diffusionsaufgabe, 288
- einfache Variationsaufgabe,7,44
- Filtrationsaufgabe, 288
- Grötz'sche,191
- Isoperimetrische,14
- Lagrangre'sche,18
- Mayer'sche,179,170
- Minimalkostenaufgabe,227
- Mori'sche,192
- Plateau - Problem,54
- zeitoptimale,218

Ausgaberaum,234
Basislösung,229,231
Bedingung
- Jacobi,20
- Legendre,20
- Lipschitz,93
- natürliche Randbedingungen,64-67
- Transversalitätsbedingungen,74,264
- Weierstrass-Erdmann,69

Bildbereich einer Funktion,38
Brachystochrone,10,21,27,65,86,221-222
Cauchy - Folge,31
Darcy'sches Filtergesetz, 288

Definitionsbereich, eines Operators,38
Delta
- Dirichlet,115
- Kronecker,80
Diffeomorphismus,78
Dilatation
- eines Diffeomorphismus,173
- komplexe, eines Diffeomorphismus,176
Diskretisierung,221
Einschränkung einer Funktion,3
Erhaltungssätze,38,118,121,123
Extremale,9
Extremalfläche,21
Extremum
- einer Funktion,1,2
- - unter Nebenbedingungen,4
- eines Funktionals,7,39,44
- - schwach,7
- - stark,23
- - unter Nebenbedingungen,18
Fast überall,34
Feld, symmetrisches,131
Fläche
- beliebige,196-197
- einfach zusammenhängende,202
- glattes Flächenstück,49
- Liouville'sche,129
- Minimalfläche,53,56
- Riemann'sche,196-197
- wegzusammenhängende,198

Folge,156
- minimierende,203
- orthogonale,33
- orthonormale,33
- vollständige,33
Formel
- Cauchy'sche Formel für die n-te Ableitung,158
- Cauchy'sche Integralformel,158
- Green'sche Formel im komplexen Gebiet,163
Fortsetzung, analytische,194
Fourier - Koeffizient,36
Funktion
- absolut stetige,162
- adjungierte,248
- der Klasse $L^p(D)$,163
- einfache,34
- Eulersche Gammafunktion,167-168
- glatte,216
- halbstetig von unten (von oben),189
- holomorphe,154
- integrierbare,34-35,154
- komplexe analytische,194,196
- konkave,232
- konvexe,232
- meromorphe,196
- meßbare,34
- positiv (negativ) homogene,87
- quasi analytische (komplette),196

- quasi meromorphe,196
- rationale,160
- sign (Signum),172
- stationäre,2
- störungsfunktion,245
- Straffunktion,262
- stückweise stetige,216
- Treppenfunktion,189
- von beschränkter Schwankung,161
- von beschränkter Variation,161
- Whittaker Funktion erster (zweiter) Art,167-168
- zulässige,189,218,224,244-246

Funktional,7,38
- auf einer Teilmenge beschränktes,39
- (zweimal) differenzierbares im Sinne von Fréchet,43
- (zweimal) differenzierbares im Sinne von Gâteaux,83,179
- konkaves,236
- konvexes,236
- lineares,7
- stationäres,18-19,44

Gleichgewichtspunkt,101-102,105
Gleichstetigkeit,32
Gleichung
- Bellman'sche Gleichungen,258
- Beltrami'sche Gleichung,175
- Cauchy-Riemann Gleichungen,153
- Dirac'sche Gleichung,202
- Euler-Brunacci Gleichung,52,54
- Euler-Lagrange Gleichung,15
- Euler-Poisson Gleichung,57,60
- Euler'sche Gleichung,8,50
- Euler'sche Gleichung in der kanonischen Form,24
- Gleichgewichtsgleichung des elektrischen Netzes,141,145
- Gleichgewichtsgleichung des elektromechanischen Systems,135,141,145
- Hamilton-Jacobi Gleichung,25
- Jacobi Gleichung,20
- kanonische Hamilton Gleichung,102,251
- Klein-Gordon Gleichung,150
- Lagrangesche, 102, 106
- Laplace Gleichung,46
- Maxwell'sche Gleichungen,117
- Parseval'sche Gleichung,37
- Poisson Gleichung,47
- Schrödinger Gleichung,149
- Schwingungsgleichung für eine Membran,110
- Schwingungsgleichung für Platten,111
- Schwingungsgleichung für Saiten,109
- Schwingungsgleichung für Stäbe,110,111
- Zustandsgleichung,224

Gruppe,29
- abelsche,30
- Fundamentalgruppe,198

Gruppenisomorphismus,198
Gütefunktional (Qualitätsindex),234
Halbstetigkeit
- einer Funktion,189
- eines Funktionals,204

Hamilton Charakteristik,25,246,258
Hamiltonfunktion,24,102,248

Hauptwert (Cauchy-) des uneigentlichen Kurvenintegrals,156
Hilbert - Korollar,9-10
Homöomorphismus,78
Homöomorphismus,- orientierungserhaltender,164
Homologie,157
Homotopie,198
Homotopieklasse,198
Index, eines Punktes bezüglich einer Kurve,158
Induktivität,143
Integral
- Dirichlet,46
- komplexes Kurvenintegral,50-52
- Lebesgue,33
- Stieltjes,50
Integraltransformation,167
- Hilbert'sche,167
Jordan - Bogen,91
Jordan - Fundamentalbogen,191
Jordan - Gebiet,152
Jordan - Kurve,- aus glatten Bögen,91
Kanonische Form,228
- der Eulerschen Gleichung,24
Kapazität,46
Katenoid,56
katenoidal,14
Kegel,237
Keppler'sches Gesetz, zweites,85
Kette (aus regulären Kurven),155
Kirchhoff'sche Gesetze,134-141
Knotenregel,136,138
Körper,29
Komplex,271
Kondensator, ebener,46
Kontrollproblem,217
- optimales,217
Kontur,158
Konvergenz
-in einem normierten Vektorraum,30-31
-kompakte gleichmäßige,173
-schwache Konvergenz bezüglich der Norm,31
-starke Konvergenz bezüglich der Norm,31
Kurve
- Fundamentalkurve,191
- glatte,10
- inverse,198
- orientierte,91
- reguläre,155
Lösung einer Differentialgleichung, verallgemeinerte,193
Leitfähigkeitsgesetz,131
Lemma
- von Ascoli-Arzela,32
- von Calderón-Zygmund,166
- von Carathéodory,220
- von Farkas-Minkowski,237
- von Gehring-Lehto,163
- von Riesz,166
Linie
- geodätische,49
- Kettenlinie,14

- Schraubenlinie,50
Logarithmus
- Hauptwert des,156
- natürlicher, im Komplexen,156
Mannigfaltigkeit,206
Maschenregel,134,138
Maß, Lebesgue,33
Maximum (siehe Extremum)
Menge
- abgeschlossene Menge in einem normierten Vektorraum,30
- dichte Menge in einem Hilbertraum,41
- kompakte,2,31
- konvexe,229,236
- meßbare Menge im Sinne von Lesbesgue,33-34
- Null - Maß - Menge,35
- offene Menge in einem normierten Vektorraum,30
- orthogonale,33
- orthonormale,33
Methode
- der Bestimmung der Umschaltzeiten,255
- der extremalen Längen,189
- der Gradienten in Funktionenräumen,271
- der konjugierten Gradienten in Funktionenräumen,271
- der Lagrange'schen Multiplikatoren,4,14,49,53,66
- der natürlichen Gleichung,271
- der Straffunktionen,262
- der Streckenzüge,206
- der zweiten Variation,271
- direkte Methoden,152,202
- geometrische Methoden,152
- graphische,- der linearen Programmierung,230
- komplexe,271
- Residuenmethode,159
- Simplexmethode,229,266
- Symmetriemethode,130
- von Bellman,257-260
- von Bubnov-Galerkin,206
- von Gaier,209
- von Kantorowicz,207
- von Kuhn-Tucker,243
- von Rayleigh-Ritz,129,205
- von Wolfe,231,266,268
Metrik
- extremale,191
- Pseudometrik,149
- zulässige,189
Minimum (siehe Extremum),
Multiplikatoren,
- von Kuhn-Tucker,240
- von Lagrange,4,14,49,53,166,240
Norm
- einer Operation,30
- eines normierten Vektorraumes,30
Nutzenfunktional,217
Objekt,- lineares,235
Ohm'sches Gesetz,131
Operation,38
- Ausgabeoperation,234
- Eingabeoperation,234

Operation,38
- konkave,236
- konvexe,236
Optimierung,
- diskrete,224
- dynamische,262
- Mehrschrittverfahren,271
- statische,262
- stetige,217
- von linearen Steuerungssystemen,252
Orientierung eines Homöomorphismus,164
Orthogonalität,32-33
Orthonormalität,32-33
Parametrische Form der Variationsaufgabe,51,87
Pol,159
Potential, komplexes,154
Prinzip
- Bellman,271
- Bellman'sches Optimalitätsprinzip,219,251
- Castigliano, 287
- der minimalen Potentialenergie, 287
- Dirichlet,95-100,124,126
- Gauss,74
- Hamilton,84,101
- Maupert s,14,103,264
- Pontrjagin'sches Maximumprinzip,244
- Pontrjagin'sches Minimumprinzip,248
- Superpositionsprinzip,115
- Thomson,72-74,190
Problem (siehe Aufgabe)
Programmierung
- dynamische,228
- lineare,228
- mathematische,236
- nichtlineare,230
- quadratische,230
- statische,228
Prozedur (siehe Verfahren)
Punkt
- konjugierter,2
- kritischer,196
- regulärer,159
- Sattelpunkt,3,241
- stabiler Gleichgewichtspunkt,102,106
Q.E.D.,5
Quadratische Form
- positiv (negativ) definit,3
- positiv (negativ) semidefinit,231
Randbedingungen, natürliche,64-67
Raum
- Ausgaberaum,234
- Banachraum,30
- C-Hilbertraum,33
- Eingaberaum,234
- Hilbertraum,33
- linearer Raum,29
- Steuerungsraum,234
- Trajektorienraum,234
- unitärer Raum,32

- Vektorraum,29
- - n-dimensionaler,237
- - normierter,30
- - vollständig normierter,31
- Zustandsraum,234
- vollständig normierter,31
Reihe
- Fourier - Reihe,36
- Laurent - Reihe,161
Residuum,159
Satz
- Residuensatz,159
- über Äquivalenz von Randwertaufgaben mit Variationsproblemen,44-45
- von Bojarski,193
- von Cauchy,157,158
- von Dirichlet,105
- von Euler,8
- von Euler-Lagrange,15
- von Green,46,163
- von Hahn-Banach,40-41
- von Jacobi über das Extremum eines Funktionals,20
- von Jacobi über das Integral der Hamilton-Jacobi Gleichung,27
- von Jordan,162
- von Kuhn-Tucker über Sattelpunkte,240
- von Lagrange,4
- von Lawrentieff-Morrey,175,176
- von Legendre,20
- von Lebesgue,162
- von Noether für Gebiete im $\mathbb{R}^n$,86
- von Noether für Intervalle,85
- von Rademacher,152
- von Riemann über Abbildungen (für zweifach zusammenhängende Gebiete),172
- von Riesz (F.)-Fréchet,40
- von Weierstass,2,39
Simplex,230
Singularität, isolierte,159
Skalar,29
Skalarprodukt (inneres Produkt),3
- energetisches,107,204
Stetigkeit, gleichgradige,32
Steuerung,67
- diskrete,224
- diskrete optimale,224
- eines Systems,234
- optimale,217
- Optimalzeit-Steuerung,218
- stetige,217
- stetige optimale,217
- zeitoptimale,218
- zulässige,245
Steuerungselement,235
- bedingtes,235
Steuerungsfehler,254
Steuerungssystem, Eingang des,234
Steuerungsvektor,zulässiger,217,224,244-245
Störung,254
- äußere Störung,254
Summe, direkte,213

Symmetrisches Feld,131
System
- adjungiertes,248
- diskretes mechanisches,101
- kanonisches,228,230
- konservatives,101,105
- kontinuierliches mechanisches,105
- lineares Kontrollsystem (siehe Steuerungssystem),234
- lineares Steuerungssystem,234
- mehrdimensionales Steuerungssystem,274
- mit mehreren Ein- und Ausgängen,254
- Steuerungssystem,235
Trajektorie
- des Steuerungssystems,219,234
- optimale,219,246,258
Transformierte,167
Transversalität,74-75,
Träger
- einer Funktion,163
- eines Raumes,30,38
Umschaltzeit,253
Ungleichung
- Bessel'sche,37
- Minkowski'sche,170
- Schwarz'sche, für Elemente eines unitären Raumes,37
Unterraum,38
Variation
- Analytizität erhaltende,171
- des Kurvenintegrals,92,96
- Konformität erhaltende,171
- Quasikonformität erhaltende,180
- über die Zeit,103
- über ein Integral,18,45,73,78,83,102,179
Vektor,29
- Abweichungs-,254
- Ausgabevektor,254,273
- orthogonaler Vektor,32
- Produktionsvektor,228
- Steuerungsvektor,67,216
- Störungsvektor,254
- Vorratsvektor,228
- Zulässiger Steuerungsvektor,218,224,244
- Zustandsvektor,67,216
Vektorraum, Dimension eines,237
Verkleben von Ebenen,195-196
Zahlenebene, komplexe,152
Zwischenraum, extremaler,190
Zykel (regulärer Kreis),155
- nullhomolog,157
Zykloide,11
Zylinder,50

Literatur

Vorwort

0.1. *Grauert, H.; Lieb, I.:* Differential- und Integralrechnung I. Funktionen einer reellen Veränderlichen (Heidelberger Taschenbücher 26). 4. Aufl. Springer, Berlin - Heidelberg - New York 1976.

0.2. *Grauert, H.; Fischer, W.:* Differential- und Integralrechnung II. Differentialrechnung in mehreren Veränderlichen. Differentialgleichungen (Heidelberger Taschenbücher 36). 3. Aufl. Ebenfalls 1978.

0.3. *Grauert, H.; Lieb, I.:* Differential- und Integralrechnung III. Integrationstheorie. Kurven- und Flächenintegrale (Heidelberger Taschenbüch 43). 2. Aufl. Ebenfalls 1977.

0.4. *Jänich, K.:* Analysis für Physiker und Ingenieure. Springer, Berlin - Heidelberg - New York - Tokyo 1983.

0.5. *Kuratowski, K.:* Introduction to Calculus (Pure and Appl. Math. 17). Pergamon – Polish Scient. Publ., Oxford - London - New York - Paris - Warszawa 1961 (Übersetzung aus dem Polnischen).

0.6. *Sikorski, R.:* Advanced Calculus. Functions of Several Variables (Monogr. Mat. 51). Polish Scient. Publ., Warszawa 1969 (Übersetzung aus dem Polnischen).

0.7. *Strubecker, K.:* Einführung in die höhere Mathematik mit besonderer Berücksichtigung ihrer Anwendungen auf Geometrie, Physik, Naturwissenschaften und Technik, Band I: Grundlagen. 2. Aufl. R. Oldenbourg, München - Wien 1966.

0.8. *Strubecker, K.:* Einführung in die höhere Mathematik ..., Band II: Differentialrechnung einer reellen Veränderlichen. Ebenfalls 1967.

0.9. *Strubecker, K.:* Einführung in die höhere Mathematik ..., Band III: Integralrechnung einer reellen Veränderlichen. Ebenfalls 1980.

0.10. *Walter, W.:* Analysis I (Grundwiss. Math. 3). Springer, Berlin - Heidelberg - New York - Tokyo 1984.

0.11. *Walter, W.:* Analysis II (Grundwiss. Math. 4). Ebenfalls 1985.

Kapitel 1

1.1. *Bolza, O.:* Vorlesungen über Variationsrechnung. Teubner, Leipzig - Berlin 1909. Englische Übersetzung: Lectures on the Calculus of Variations. 2. Aufl. Dover Publications, New York 1961.

1.2. *Forsyth, A. R.:* Calculus of Variations. Cambridge Univ. Press, Cambridge 1927. 2. Aufl. Dover Publications, New York 1960.

1.3. *Fischer, E.:* Intermediate Real Analysis (Undergrad. Texts in Math.). Springer, Berlin - Heidelberg - New York - Tokyo 1983.

1.4. *Gelfand, I. M.; Fomin, S. V.:* Calculus of Variations. Prentice Hall, Englewood Cliffs 1963 (Übersetzung aus dem Russischen).

1.5. *Hestenes, M. R.:* Calculus of Variations and Optimal Control Theory (Appl. Math. Series) Wiley, New York - London - Sydney 1966.

1.6. *Krasnov, M. L.; Kiselev, A. I.; Makarenko, V. I.:* Problems and Exercises in the Calculus of Variations. 2. Aufl. Mir, Moscow 1984 (Übersetzung aus dem Russischen).

1.7. *Lauwerier, H. A.:* Calculus of Variations in Mathematical Physics. Mathematisch Centrum Amsterdam, Amsterdam 1966.

1.8. *Naylor, A. W.; Sell, G. R.:* Linear Operator Theory in Engineering and Science (Appl. Math. Sci. 40). 2. Aufl. Springer, New York - Heidelberg - Berlin 1982.

1.9. *Troutman, J. L.* with the assistance of *Hrusa, W.:* Variational Calculus with Elementary Convexity (Undergrad. Texts in Math.). Springer, Berlin - Heidelberg - New York - Tokyo 1983.

1.10. *Young L. C.:* Lectures on the Calculus of Variations and Optimal Control Theory. Saunders, Philadelphia - London - Toronto 1969.

Kapitel 2

2.1. *Bessel-Hagen, E.:* Über die Erhaltungssätze der Elektrodynamik. Mathematische Annalen 84 (1921), S. 258-276.

2.2. *Clegg, J. C.:* Calculus of Variations. Oliver and Boyd. Edinburgh 1968.

2.3. *Courant, R.; Hilbert, D.:* Methoden der mathematischen Physik I (Heidelberger Taschenbücher 30). 3. Aufl. Springer, Berlin - Heidelberg - New York 1968.

2.4. *Gelfand I. M.; Fomin, S. V.:* Calculus of Variations. Prentice Hall, Englewood Cliffs 1963 (Übersetzung aus dem Russischen).

2.5. *Hermann, R.:* Differential Geometry and the Calculus of Variations (Interdisciplinary Math. 17). 2 Aufl. Academic Press, Brookline, MA 1977.

2.6. *Ioffe, A. D.; Tihomirov, V. M.:* Theory of Extremal Problems (Studies in Math. and Its Appl. 6). North - Holland, Amsterdam - New York - Oxford 1979 (Übersetzung aus dem Russischen).

2.7. *Krasnov, M. L.; Makarenko, G. I.; Kiselev, A. I.:* Problems and Exercises in the Calculus of Variations. Nauka, Moscow 1975 (Übersetzung aus dem Russischen).

2.8. *Ławrynowicz J.:* Eine Variationscharakterisierung der Kapazität des Kondensators. Mathematische Nachrichten 60 (1974), S. 29-34.

2.9. *Ławrynowicz J.:* Über einige Variationsprinzipien der komplexen Analysis. Ebenfalls 88 (1979), S. 175-180.

2.10. *Morrey, C. B., Jr.:* Multiple Integrals in the Calculus of Variations (Grundlehren der math Wiss. 130). Springer, Berlin - Heidelberg - New York 1966.

2.11. *Narasimhan, R.:* Analysis on Real and Complex Manifolds (Advanced Studies in Pure Math. 1). Masson – North-Holland, Paris - Amsterdam 1968.

Kapitel 3

3.1. *Banach, S.:* Mechanics. (Monogr. Mat. 24). Pol. Tow. Mat. z subwencji Min. Szkół Wyższych i Nauki, Warszawa - Wrocław 1951 (Übersetzung aus dem Polnischen).

3.2. *Eilenberger, G.:* Solitons. Mathematical Methods for Physicists (Springer Series in Solid-State Sciences 19). 2. Aufl. Springer, Berlin - Heidelberg - New York - Tokyo 1983.

3.3. *Gelfand, I. M.; Fomin, S. V.:* Calculus of Variations. Prentice Hall, Englewood Cliffs 1963 (Übersetzung aus dem Russischen).

3.4. *Hersch, J.; Pfluger, A.; Schopf, A.:* Über ein simultanes Differenzenverfahren zur Abschätzung der Torsionssteifigkeit und der Kapazität nach beiden Seiten. Zeitschrift für angewandte Mathematik und Physik (ZAMP) 7 (1956), S. 89-113.

3.5. *Kühnau, R.:* Quasikonforme Abbildungen und Extremalprobleme bei Feidern in inhomogenen Medien. Journal für die reine und angewandte Mathematik, Teil 1: 231 (1968), S. 101-113, Teil 2: 238 (1969), S. 61-66.

3.6. *Kühnau, R.:* Der Modul von Kurven und Flächenscharen und räumliche Felder in inhomogenen Medien. Ebenfalls 243 (1970), S. 184-191.

3.7. *Kühnau, R.:* Über schraubungssymmetrische Potentialfelder. Mathematische Nachrichten 45 (1970), S. 345-351.

3.8. *Landau, L. D.; Lifschitz, E. M.:* Lehrbuch der theoretischen Physik. Band II. Klassische Feldtheorie. 6. Aufl. Akademie - Verl., Berlin 1973 (Übersetzung aus dem Russischen).

3.9. *Lauwerier, H. A.:* Calculus of Variations in Mathematical Physics. Mathematisch Centrum Amsterdam, Amsterdam 1966.

3.10. *Ławrynowicz, J.:* Capacities as Conformal Quasi-Invariants on Pseudo-Riemannian Manifolds. Reports on Mathematical Physics 5 (1974), S. 203-217.

3.11. *Lee, T. D.:* Particle Physics and Introduction to Field Theory (Contemporary Concepts in Physics 1). Harwood Academic Publ., Chur 1981 (Übersetzung aus dem Chinesischen).

3.12. *Meisel, J.:* Principles of Electromechanical Energy Conversion, McGraw - Hill, New York 1966.

3.13. *Mitter, H.:* Quantentheorie (B. I. Hochschultaschenbücher 701). 2. Aufl. Bibliographisches Institut, Mannheim 1979.

3.14. *Morse, P. M.; Feshbach, H.:* Methods of Theoretical Physics I. McGraw - Hill, New York - Toronto - London 1953.

3.15. *Pólya, G.; Szegö, G.:* Isoperimetric Inequalities in Mathematical Physics. Princenton Univ. Press, Princenton 1951.

3.16. *Schechter, M.:* Operator Methods in Quantum Mechanics. North-Holland, New York - Amsterdam 1981.

3.17. *Thirring, W.:* Einführung in die Quantenelektrodynamik. Deuticke, Wien 1955.

3.18. *Thirring, W.:* Lehrbuch der mathematischen Physik. Band 3. Quantenmechanik von Atomen und Molekülen, Springer, Wien 1979.

Kapitel 4

4.1. *Ahlfors, L. V.:* Conformal Invariants. Topics in Geometric Function Theory. McGraw - Hill, New York 1973.

4.2. *Betz, A.:* Konforme Abbildung. 2. Aufl. Springer, Berlin - Göttingen - Heidelberg 1964.

4.3. *Blanchard, Ph., Brüning, E.:* Direkte Methoden der Variationsrechnung. Ein Lehrbuch. Springer, Wien - New York 1982.

4.4. *Buchholz, H.:* Elektrische und magnetische Potentialfelder, Springer, Berlin 1957.

4.5. *Charzyński, Z.:* Sur les fonctions univalentes algébriques bornees. Rozprawy Matematyczne 10 (1955), 41 Seiten.

4.6. *Courant, R.:* Dirichlet's Principle, Conformal Mapping and Minimal Surfaces. With an Appendix by *M. M. Schiffer.* Interscience, New York 1950.

4.7. *Doetzsch, G.:* Handbuch der Laplace-Transformation I (Lehrbücher und Monogr., Math. Reihe 14). Birkhäuser, Basel 1950.

4.8. *Duren, P. L.:* Univalent Functions (Grundlehren der math, Wiss. 259). Springer, New York - Berlin - Heidelberg - Tokyo 1983.

4.9. *Duren, P. L.; Schiffer, M.:* A Variational Method for Functions Schlicht in an Annulus. Archive for Rational Mechanics and Analysis 9 (1962), S. 260-272.

4.10. *Gaier, D.:* Ermittlung des konformen Moduls von Vierecken mit Differenzenmethoden. Numerische Mathematik 19 (1972), S. 179-194.

4.11. *Herold, H.:* Differentialgleichungen im Komplexen (Studia Math. 2). Vanderhoek und Ruprecht, Göttingen 1975.

4.12. *John, F.:* Partial Differential Equations (Appl. Math. Sci. 1). 4. Aufl. Springer, New York - Heidelberg - Berlin 1982.

4.13. *Kruschkal, S. L.; Kühnau, R.:* Quasikonforme Abbildungen - neue Methoden und Anwendungen (Teubner - Texte zur Math. 54). Teubner, Leipzig 1983.

4.14. *Krzyż, J.; Ławrynowicz, J.:* Elementy analizy zespolonej (Elemente der komplexen Analysis). Wydawnictwa Naukowo-Techniczne, Warszawa 1981.

4.15. *Ławrynowicz, J.:* On the Parametrization of Quasiconformal Mappings in an Annulus. Annales Universitatis Mariae Curie-Skłodowska. Sectio A 18 (1964), S. 23-52.

4.16. *Ławrynowicz, J.:* On a Class of Quasi-Conformal Mappings with Invariant Boundary Points I-II. Annales Polonici Mathematici 21 (1969), S. 309-347.

4.17. *Ławrynowicz, J.* in cooperation with *Krzyż, J.:* Quasiconformal Mappings in the Plane: Parametrical Methods (Lecture Notes in Math. 978). Springer, Berlin - Heidelberg - New York - Tokyo 1983.

4.18. *Ławrynowicz, J.; Sukiennicki, A.:* On Stability of Some Domain Structures in Ferromagnets. Physics Letters 35 (1971), S. A421-A422.

4.19. *Ławrynowicz, J.; Wojtczak, L.:* On Some Domain Structures in Ferromagnets. Acta Physica Polonica 41 (1972), S. A11-A25.

4.20. *Ławrynowicz, J.; Wojtczak, L.:* On Domain Wall Width in Ferromagnets. Ebenfalls 46 (1974), S. A19-A26.

4.21. *Lindelöf, E.:* Le calcul des residus et ses applications à la théorie des fonctions, Gauthier-Villars, Paris 1905.

4.22. *Ohtsuka, M.:* Dirichlet Problem, Extremal Length and Prime Ends (Math. Studies 20). Van Nostrand Reinhold, New York - London 1970.

4.23. *Ollendorf, F.:* Berechnung magnetischer Felder, Springer, Berlin 1952.

4.24. *Pfluger, A.:* Theorie der Riemannschen Flächen (Grundlehren der math. Wiss. 89). Springer, Berlin - Göttingen - Heidelberg 1957.

4.25. *Renelt, H.:* Quasikonforme Abbildungen und elliptische Systeme Teubner - Texte zur Math. 46). Teubner, Leipzig 1982.

4.26. *Strebel, K.:* Vorlesungen über Riemannsche Flächen (Studia Math. 5). Vanderhoeck und Ruprecht, Zürich 1980.

4.27. *Strebel, K.:* Quadratic Differentials (Ergebnisse der Math. und ihrer Grenzgebiete, 3. Folge 5). Springer, Berlin - Heidelberg - New York - Tokyo 1984.

4.28. *Tamm, I. E.:* Основы теории электричества (Grundlagen der Elektrizitätstheorie). 8. Aufl. Nauka, Moskau 1966.

4.29. *Tutschke, W.:* Partielle komplexe Differentialgleichungen in einer und in mehreren komplexen Variablen. VEB Deutscher Verlag der Wiss., Berlin 1977.

4.30. *Wayland, H.:* Complex Variables Applied in Science and Engineering. Van Nostrand Reinhold, New York-London 1970.

4.31. *Weisel, J.:* Lösung singulärer Variationsprobleme durch die Verfahren von Ritz und Galerkin mit finiten Elementen - Anwendungen in der konformen Abbildung. Mitteilungen aus dem mathem. Seminar Gießen 138 (1979), VI + 156 Seiten.

4.32. *Weisel, J.:* Numerische Ermittlung quasikonformer Abbildungen mit finiten Elementen. Numerische Mathematik 35 (1980), S. 201-222.

Kapitel 5

5.1. *Athans, M.; Falb, P. L.:* Optimal Control. An Introduction to the Theory and Its Applications. McGraw - Hill, New York 1966.

5.2. *Bellman, R.:* Dynamic Programming. Princeton Univ. Press, Princeton 1957.

5.3. *Berkowitz, L. D.:* Optimal Control Theory (Appl. Math. Sci. 12). Springer, Berlin - Heidelberg - New York 1974.

5.4. *Céa, J.:* Optimisation. Théorie et algorithmes. Dunod, Paris 1971.

5.5. *Cesari, L.:* Optimization - Theory and Applications. Problems with Ordinary Differential Equations (Applications of Math. 17). Springer, New York - Heidelberg - Berlin 1983.

5.6. *Collatz, L.; Wetterling, W.:* Optimierungsaufgaben (Heidelberger Taschenbücher 15). Springer, Berlin - Heidelberg - New York 1966.

5.7. *Dem'janov, V. F.; Vasil'ev, L. V.:* Nondifferentiable Optimization (Transl. Ser. Math. and Eng.). Springer, New York - Heidelberg - Berlin 1985 (Übersetzung aus dem Russischen).

5.8. *Evtushenko, Y. G.:* Methods for Solving Extremal Problems and Their Application in Optimization Systems (Transl. Ser. Math. and Eng.). Ebenfalls 1984 (Übersetzung aus dem Russischen).

5.9. *Glashoff, K.; Gustafson, S. A.:* Linear Optimization and Approximation (Appl. Math. Sci. 45). Ebenfalls 1983.

5.10. *Hestenes, M. R.:* Calculus of Variations and Optimal Control Theory (Appl. Math. Series). Wiley, New York - London - Sydney 1966.

5.11. *Hestenes, M. R.:* Optimization Theory. The Finite Dimensional Case (Series: Pure and Appl. Math.). Wiley, New York - London - Sydney - Toronto 1975.

5.12. *Ioffe, A. D.; Tihomirov, V. M.:* Theory of Extremal Problems (Studies in Math. and Its Appl. 65). North-Holland, Amsterdam - New York - Oxford 1979 (Übersetzung aus dem Russischen).

5.13. *Knobloch, H. W.; Kwakernaak, H.:* Lineare Kontrolltheorie. Springer, New York - Heidelberg - Berlin 1984.

5.14. *Ławrynowicz, J.:* On Determining the Switching Instants in Time-Optimal Control of Linear Time-Varying Plant with Disturbances by a Suitable Choice of an Integral Transform. Equadiff 78, Firenze 24/30 maggio 1978. Ed. da *R. Conti, G. Sestini, G. Villari*. CNR, Firenze 1978, S. 351-359.

5.15. *Ławrynowicz, J.; Pełczewski, W.:* On Time-Optimal Control of Linear Plant with Disturbances and Unsymmetrical Bounds for the

Optimal Control Signal. Bulletin de la Société des sciences et des lettres de Łódź 35 (1985), Série: Recherches sur les déformations No. 22, 12 Seiten.

5.16. *Leitmann, G.:* An Introduction to Optimal Control. McGraw-Hill. New York - San Francisco - St. Louis - Toronto - London - Sydney 1966.

5.17. *Leitmann, G.:* The Calculus of Variations and Optimal Control. An Introduction (Math. Concepts and Methods in Sci. and Eng. 24). Plenum Press, New York - London 1981.

5.18. *Luenberger, D. G.:* Optimization by Vector Space Methods (Series in Decision and Control). Wiley, New York - London - Sydney - Toronto 1969.

5.19. *Luenberger, D. G.:* Introduction to Dynamic Systems. Theory, Models and Applications. Wiley, New York - Chichester - Brisbane - Toronto 1979.

5.20. *Macki, J.; Strauss, A.:* Introduction to Optimal Control Theory (Undergraduate Texts in Math.). Springer, Berlin - Heidelberg - New York 1982.

5.21. *Pallu de la Barrière, R.:* Cours d'automatique théorique (Collection universitaire de mathématiques). Dunod, Paris 1966.

5.22. *Panne, C. van de:* Methods for Linear and Quadratic Programming. North-Holland and American Elsevier, Amsterdam - Oxford - New York 1975.

5.23. *Pełczewski, W.; Ławrynowicz, J.:* On the Switching Instants in Time-Optimal Control with Some Harmonic Disturbances. Bulletin de l'Académie polonaise des sciences, Série des sciences techniques 22 (1974), S. 33-38 [251-256].

5.24. *Pełczewski, W.; Ławrynowicz, J.:* Time-Optimal Control of Linear Plant Affected by Disturbance Being Polynomial Function of Time. Ebenfalls 22 (1974), S. 41-48 [451-458].

5.25. *Pontrjagin, L. S.; Boltjanskij, V. G.; Gamkrelidze, R. V.; Miščenko, E. F.:* Mathematische Theorie optimaler Prozesse. VEB Deutscher Verlag der Wiss., Berlin 1964 (Übersetzung aus dem Russischen).

5.26. *Rolewicz, S.:* Funktionalanalysis und Steurungstheorie (Hochschultext). Springer, Berlin - Heidelberg - New York 1976 (Übersetzung aus dem Polnischen).

5.27. *Sagan, H.:* Introduction to the Calculus of Variations. McGraw-Hill, New York - London 1969.

5.28. *Schultz, D. G.; Melsa, J. L.:* State Functions and Linear Control Systems. McGraw-Hill, New York - London 1967.

5.29. *Smith, D. R.:* Variational Methods in Optimization. Prentice Hall, Englewood Cliffs 1974.

5.30. *Tichomirov, V. M. (Tihomirov, V. M.; vgl. 5.12):* Grundprinzipien der Theorie der Extremalaufgaben (Teubner-Texte zur Math. 30). Teubner, Leipzig 1982 (Übersetzung aus dem Russischen).

5.31. *Wonham, W. M.:* Linear Multivariable Control. A Geometric Approach (Lecture Notes in Economics and Math. Systems. Systems Theory 101). Springer, Berlin - Heidelberg - New York 1974.

MIX
Papier aus verantwortungsvollen Quellen
Paper from responsible sources
FSC® C105338

If you have any concerns about our products,
you can contact us on
ProductSafety@springernature.com

In case Publisher is established outside the EU,
the EU authorized representative is:
Springer Nature Customer Service Center GmbH
Europaplatz 3, 69115 Heidelberg, Germany

Printed by Libri Plureos GmbH
in Hamburg, Germany